重点大学计算机专业系列教材

C++面向对象程序设计
（第2版）

龚晓庆　付丽娜　朱新懿　李康　编著

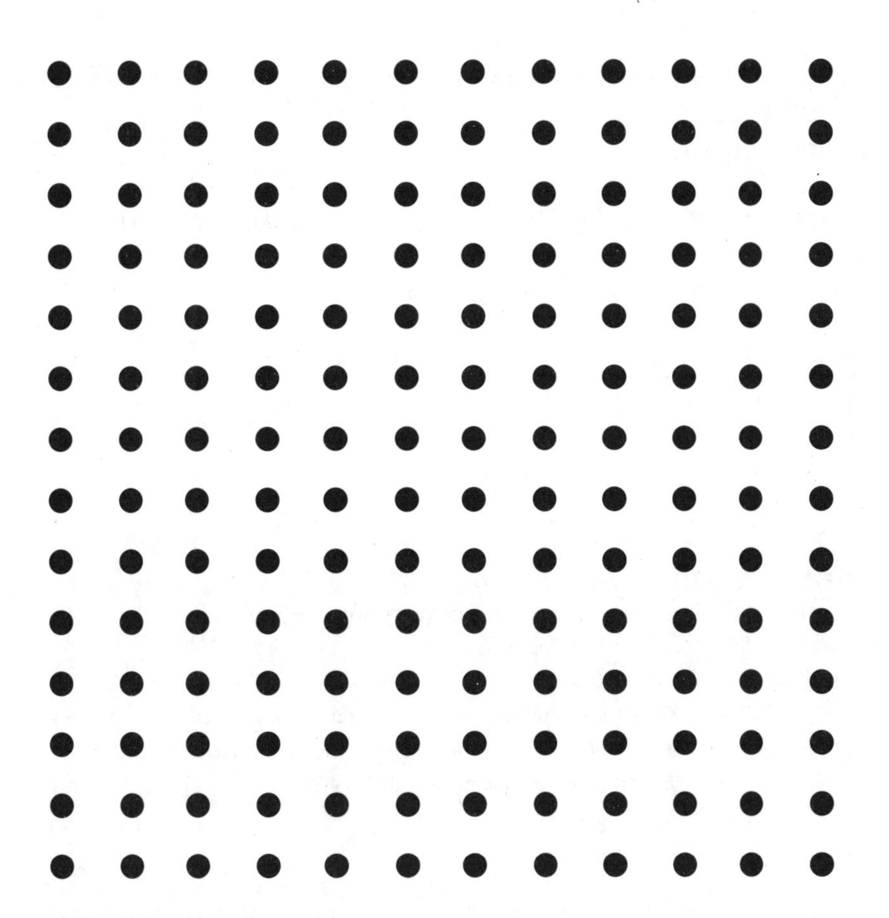

清華大学出版社
北京

内容简介

本书在第1版的基础上针对新的C++11标准重新撰写，讲解如何用C++11编写面向对象程序。本书以面向对象概念为主线索，内容由浅入深，主要包括：面向对象基础，C++语言概览和语言基础，复合类型，函数，类和对象，构造函数和析构函数，运算符重载，组合与继承，虚函数与多态性，模板与泛型编程，标准库容器和异常处理。

本书内容体系组织符合高校课程开设特点，适合作为高等院校计算机及相关专业本科生的 C++程序设计教材，也可作为学习C++和面向对象程序设计的参考读物。

图书在版编目（CIP）数据

C++面向对象程序设计 / 龚晓庆等编著. —2版. —北京：清华大学出版社，2017（2023.1重印）
（重点大学计算机专业系列教材）
ISBN 978-7-302-45883-8

Ⅰ. ①C… Ⅱ. ①龚… Ⅲ. ①C语言-程序设计-高等学校-教材 Ⅳ. ①TP312.8

中国版本图书馆CIP数据核字（2016）第319744号

责任编辑：郑寅堃 张爱华
封面设计：常雪影
责任校对：焦丽丽
责任印制：丛怀宇

出版发行：清华大学出版社
网 址：http://www.tup.com.cn, http://www.wqbook.com
地 址：北京清华大学学研大厦A座 邮 编：100084
社 总 机：010-83470000 邮 购：010-83470235
投稿与读者服务：010-62776969，c-service@tup.tsinghua.edu.cn
质 量 反 馈：010-62772015，zhiliang@tup.tsinghua.edu.cn
课 件 下 载：http://www.tup.com.cn，010-83470236
印 装 者：北京鑫海金澳胶印有限公司
经 销：全国新华书店
开 本：185mm×260mm 印 张：31 字 数：752千字
版 次：2011年3月第1版 2017年2月第2版 印 次：2023年1月第7次印刷
印 数：6001～6500
定 价：79.00元

产品编号：068406-03

FOREWORD

第 2 版前言

C++是一种通用程序设计语言，支持数据抽象、面向对象程序设计和泛型程序设计，并支持在这些风格约束之下的传统 C 程序设计技术。C++是目前使用最广泛的编程语言之一，尤其适用于系统程序和大型应用程序的设计。C++11 标准出现后，语言机制的增强和标准库的完善为 C++的编程风格带来了新的变化。

本书介绍如何用 C++语言进行面向对象程序设计，在第 1 版的基础上针对 C++11 标准重新编写。内容由浅入深，适合所有对 C++程序设计感兴趣的读者。如果已经学习过 C 语言或其他程序设计语言，对阅读和理解本书会有一定的帮助。

本书强调 C++语言的实用性，提倡从语法、语义和语用这三个层面来学习和理解 C++语言。除了详细解释 C++的语法概念及其语义之外，更着重于 C++的语用知识：在特定情况下应该使用何种语法结构，用它们来解决什么样的程序设计问题。部分章后面的习题部分还增加了一些软件公司的 C++面试题作为思考题，希望能够使读者更广泛和深入地了解 C++在实际中的应用。

本书共有 13 章，大致分为 4 部分：C++语言基础（第 2～5 章）、C++面向对象程序设计（第 1 章、第 6～10 章）、模板和泛型编程（第 11～第 12 章）和异常处理（第 13 章）。具体章节的组织和内容如下（另附本书主要内容与章节组织导图）。

第 1 章介绍面向对象的基本概念和背景知识。

第 2 章介绍 C++语言的特点和标准化现状，重点介绍 C++程序的结构和编译方式。第 3 章介绍 C++的内置基本数据类型、运算符、表达式和语句等基本语法结构。第 4 章详细介绍 C++的复合类型和一些常用的标准库类型。第 5 章介绍 C++的函数机制、命名空间和作用域。

第 6～8 章介绍 C++的面向对象编程基础，包括类、对象、构造函数、析构函数和运算符重载等概念。第 9 章介绍在类基础之上的高级面向对象编程技术，讲述组合和继承的语法及应用。第 10 章介绍在类的继承层次中实现多态性的编程技术。

第11章介绍C++的模板机制和泛型程序设计。第12章介绍C++11的标准库容器类型和泛型算法。

第13章介绍C++的异常和其他错误处理机制。

本书由西北大学的龚晓庆、付丽娜、朱新懿和李康编写，本书的编写工作得到了西北大学信息科学与技术学院和软件学院的各位老师和同学的支持与帮助，在此表示感谢。

希望本书对读者学习C++语言有所助益，也希望有机会与各位读者一起探讨C++学习和应用中的问题。限于作者水平，书中难免有不妥之处，敬请各位读者批评指正。作者的电子邮件地址：gxq@nwu.edu.cn。

龚晓庆 付丽娜 朱新懿 李康
2016年夏于西北大学

本书主要内容与章节组织导图

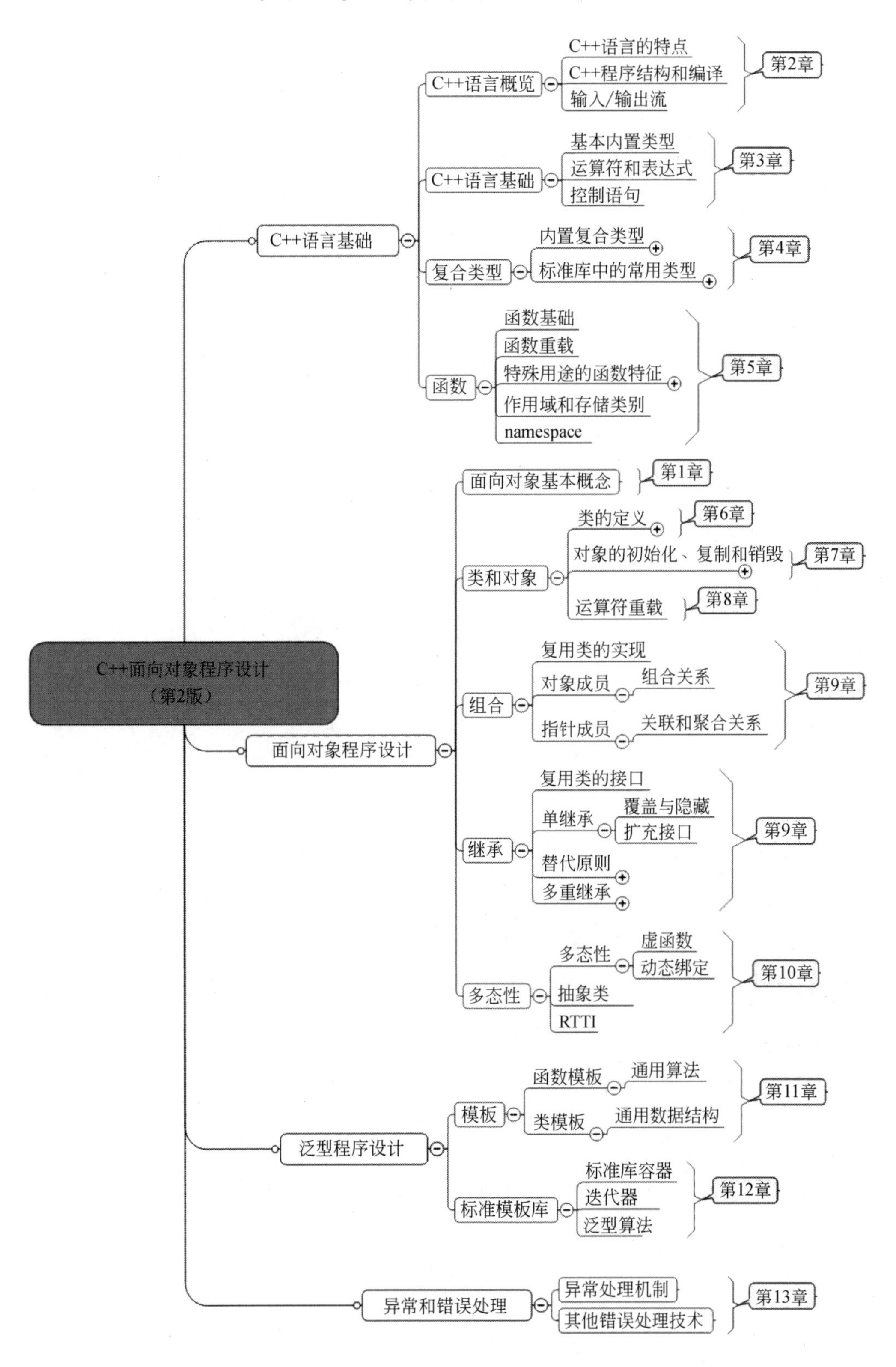

FOREWORD

第 1 版前言

C++是一种通用程序设计语言，支持数据抽象、面向对象程序设计和泛型程序设计，并支持在这些风格约束之下的传统 C 程序设计技术。C++是目前使用最广泛的编程语言之一，尤其适用于系统程序和大型应用程序的设计。

本书介绍如何用 C++语言进行面向对象程序设计，内容由浅入深，适合所有对 C++程序设计感兴趣的读者。如果已经学习过 C 或其他程序设计语言，对阅读和理解本书会有一定的帮助。

本书强调 C++语言的实用性。像学习自然语言一样，可以从语法、语义和语用这 3 个层面来学习和理解 C++语言。本书除了详细解释 C++的语法概念及其语义之外，更着重于 C++的运用知识：在特定情况下应该使用何种语法结构，用它们来解决什么样的程序设计问题。在各章的习题部分还增加了一些软件公司的 C++面试题，使读者对 C++在实际中的应用有更加广泛和深入的了解。

本书共有 12 章，大致分为 5 个部分：C++语言基础知识（第 2 章～第 4 章）、C++面向对象程序设计（第 1 章、第 5 章～第 8 章）、模板（第 9 章）、异常处理（第 10 章）和 C++标准库（第 11 章～第 12 章）。具体章节的组织和内容如下：

第 1 章介绍面向对象的基本概念和背景知识。

第 2 章是对 C++语言基本特点的概览，并介绍 C++程序的结构和编译方式。第 3 章介绍 C++的数据类型、运算符、表达式和语句等基本语法结构。第 4 章详细介绍 C++的函数机制、名字空间和作用域。

第 5 章和第 6 章介绍 C++的面向对象编程基础，包括类、对象、构造函数、析构函数和运算符重载等概念。第 7 章介绍在类基础之上的高级面向对象编程技术，讲述包含和继承的语法及应用。第 8 章介绍在类的继承层次中实现多态性的编程技术。

第 9 章介绍 C++的模板机制和泛型程序设计。

第 10 章介绍 C++的异常和其他错误处理机制。

第 11 章介绍 C++标准库提供的 I/O 流、文件流和字符串流的概念及其使用。第12章介绍C++的常用标准容器、标准算法和迭代器的概念及其使用。

本书由西北大学的龚晓庆、付丽娜、朱新懿等编写。本书的初稿已连续数年作为西北大学信息学院和软件学院的“面向对象技术与C++”课程讲义使用。本书的编写工作得到了信息学院和软件学院的各位领导与老师的大力支持与帮助，在此表示感谢。

希望本书对读者学习C++有所助益，也希望有机会与各位读者一起探讨C++学习和应用中的问题。限于作者水平，书中或有论述不妥甚至错误之处，敬请各位读者批评指正。

作者的电子邮件地址：gxq@nwu.edu.cn

龚晓庆 付丽娜 朱新懿

2010年初秋于西北大学

CONTENTS

目录

CHAPTER 1

第1章 面向对象基础

本章学习目标：

- 了解各种程序设计范型及其特点；
- 理解面向对象的基本概念：对象、类、封装、信息/实现隐藏、继承、多态性；
- 熟悉类、对象、关系的 UML 表示法；
- 理解面向对象程序的特点；
- 了解面向对象方法的发展历史。

本章介绍面向对象程序设计的基本概念。对许多人来说，如果不了解面向对象的背景知识而直接进入面向对象程序设计，可能会有些困难。这里预先介绍面向对象技术的一些基础知识，作为简要的参考。有些读者可能要看到具体的语言和程序结构之后才能了解其整体概念，那么可以跳过本章，不会妨碍后续章节 C++语言的学习。但是最终回过头来补充本章内容，对于理解对象的重要性和面向对象程序设计的必要性也有助益。

1.1 程序设计范型

编写程序的目的是解决特定问题，程序主要由算法和数据两个方面组成。在计算机的发展史上，程序的这两个主要方面一直保持不变，但它们之间的关系却在不断发展演化，形成了所谓的程序设计方法，也被称作**程序设计范型**(paradigm)。典型的程序设计范型包括过程式程序设计、基于对象程序设计、面向对象程序设计和泛型程序设计。

过程式程序设计是最传统、使用最久的方法。在过程式程序设计方法中，问题分解是控制复杂性的主要手段，一个问题可以由一组算法来建模。对一个要解决的问题进行自上而下的逐级分解，得到一组子问题；再利用子过程来分别解决这些子问题，最终通过主程序中对子过程的调用实现整个问题的解。程序处理的数据被独立存储起来，各个子过程可以在全局位置访问这些数据，或者将数据传递给过程以便其访问。著名的过程式程序设计语言有 FORTRAN、C、Pascal 等。

20 世纪 70 年代，程序设计的焦点从过程式程序设计转移到抽象数据类型（Abstract Data Type，ADT）的设计上，现在称之为**基于对象**程序设计。在基于对象程序设计方法中，通过一组数据抽象来对问题建模，这些抽象被称为类。与类相关的算法被称为该类的公有接口，数据以私有的形式被存储在各个对象中，对数据的访问与一般的程序代码隔离开来。系统则由类的对象实例之间的相互作用表现出来。Ada 是支持抽象数据类型的代表语言之一。

面向对象程序设计（Object-Oriented Programming，OOP）的核心思想是数据抽象、继承和动态绑定。利用数据抽象，可以定义接口和实现分离的类。继承机制是对已有类的复用，新类继承已有类的特性，并在此基础上进行修改或扩充。通过继承，可以对相似类型之间的关系建模，以前独立的类型之间建立起父类型/子类型的特定关系，共享的公有接口放在一般性的抽象基类中，每个特殊的子类都从抽象类继承共享的行为，它们只需要提供与自身行为相关的算法和数据。通过动态绑定，能够以基类型公共接口定义的方式使用子类型的对象，并忽略各种子类型的细节如何不同。支持面向对象程序设计方法的语言有 Smalltalk、C++、Java、C#和 Python 等。

通用型程序设计，也叫做**泛型**程序设计，针对能处理各种数据类型的通用数据结构和通用算法的设计需求，例如通用链表、通用排序算法等。这种方法的主要思想是通过数据类型的参数化，使算法对各种适当的类型和数据结构工作。泛型机制对库的设计和使用尤为重要，C++的模板支持泛型程序设计，C++11 新标准则引入了更多方便泛型程序设计的特性，Java 也从 JDK5 开始引入泛型特性。

提示：除了这些典型的程序设计范型之外，对新的程序设计方法及其相关技术的研究也一直在进行中。例如 21 世纪初新兴的**面向方面**程序设计（Aspect Oriented Programming，AOP）方法，代表了一种不同于以往的开发思想，主要针对软件的非功能需求。传统开发方法一般根据功能对系统进行划分，而非功能需求，如安全性，往往横贯在这些功能模块中，不是独立存在的。从程序设计的角度来看，程序中就会出现大量横切在各个功能模块中的实现非功能需求的代码。AOP 是针对多个横切的关注（concern）或方面（aspect）的程序设计活动，程序员用独立的模块表达各个关注的行为，最终使用一种称为编织（weaving）的技术将其融入程序代码。目前具有代表性的面向方面程序设计语言是 AspectJ。

需要注意的是，一种新程序设计方法的出现并不一定是对已有方法的摒弃和全盘否定，只是以不同的思想或者在不同的层次上来分析和解决问题。新的方法有时甚至是建立在已有方法的基础之上。例如，在面向对象程序设计中，类的操作用方法实现，即过程式语言中的过程或函数。一些程序语言的设计者认为，单一的某种程序设计方法本身并不足以轻易解决所有程序设计问题，提倡结合各种方法，形成支持多范型的程序设计语言，如 C++就是支持过程式、基于对象、面向对象和泛型程序设计的混合型语言。

1.2 面向对象的基本概念

对象已经成为现代软件无所不在的构造块，而面向对象是当代软件工程实践的普遍范型。在软件领域，“面向对象”到底是什么意思呢？迄今为止，没有人给出其精确定义，但是它总是和一系列概念相联系，并由这些概念刻画，其中出现频率最高的是对象、类、封装、信息/实现隐藏、消息传递、继承、多态性。

提示：仅就字面而言，“面向对象（object oriented）”这个术语的意思是很不确定的。在英文词典中，object 的解释是 “A thing presented to or capable of being presented to the senses（感知到的或者能够被感知到的东西）”。也就是说，对象几乎是任何事物。oriented 被定义为 “directed toward（面向）”，其作用是将术语 object oriented 变成一个形容词。因此，object oriented 的字面意思是“Directed toward just about anything you can think of（面向任何你能够想到的事物）”。

1.2.1 对象和类

在面向对象方法中，我们用对象对世界建模。**对象**（object）是应用领域中有明确角色的实体，有**状态**、**行为**和**标识**。对象是在应用上下文中有意义的概念、抽象或事物。对象可以是有形的或看得见的实体，如人或物；对象也可以是概念或事件，例如部门、业绩、婚姻、注册等；还可以是设计过程的制品，如用户界面、调度程序等。

对象具有**状态**（state），表示其数据特征，可以理解为对象储存和维护的数据。对象的状态包括对象的这些性质和取值。例如，几何图形画板系统中的圆形对象，有半径描述其大小，有圆心坐标描述其位置。一个半径等于 3、圆心位于（100, 150）的圆 C 就是一个对象。如果 C 的半径值变成 5，即 C 的状态发生了变化——这个圆的大小改变了。

对象的**行为**（behavior）表示对象能够做些什么操作，这些操作一般都是施加在对象自身储存的数据之上的。对象的行为可以是对自身状态的查询、修改或者执行一些计算。例如，对圆 C，可以查询它的半径值，可以计算面积和周长，可以移动位置。

每个对象都有唯一**标识**（identity），也就是说，没有两个相同的对象。例如，即使两个圆 C1 和 C2 有相同的半径值和圆心位置，它们也是两个可以区分的对象，可以各自独立进行自己的操作。

对象是一种抽象描述。抽象是从被研究对象中抽取出共同的、本质的、与研究问题相关的特征，而舍弃其个别的、非本质的、与研究问题无关的次要特征。抽象的过程即是一个裁剪的过程，如何抽象取决于要研究的问题。例如，对同一个人，如果是在学校的教务管理领域中将其作为一名学生，那么要描述的性质应该包括学号、姓名、专业、成绩等；如果是在医疗领域将其作为一名患者，那么要描述的性质大约就是姓名、年龄、体重、身高、视力、病史等与健康相关的信息，而专业和成绩就是无关的特征。

考虑学生的例子，学校里有成千上万名学生，可是我们一般不会单独描述每个学生对象，如“学生小明要参加考试”“学生韩梅梅要参加考试”，而是会笼统地说“学生要参加考试”，此时，以“学生”这个概念来表示所有这一类对象。学校的所有学生都是这个类中的一员，有共同的特征和行为，例如都有学号、姓名和出生日期，都可以选修课程和参加考试。

为了描述一组对象在结构和行为上的共性，可以创建抽象数据类型，称为**类**（class）。类是对一组具有相同结构和行为的对象的抽象描述，例如圆形类 Circle、学生类 Student。

类中有**属性**（attribute）和**操作**（operation）。属性描述对象的数据特征，操作描述对象的行为特征。例如，Circle 类中有描述圆心和半径的属性 center 和 radius，有计算面积的操作 getArea()；Student 类中有描述姓名和出生日期的属性 name 和 birthday，有选课操作 take()。

对象的抽象和实例化如图 1.1 所示。

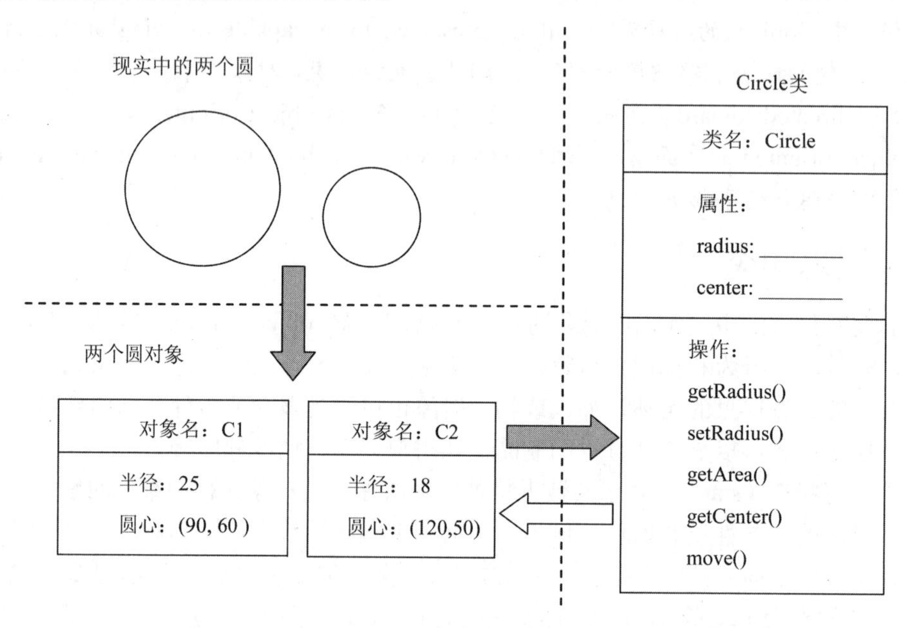

图 1.1　抽象和实例化

从程序设计的角度来看，由于类描述了一组具有相同属性和相同操作的对象，因此类实际上就是数据类型，只不过和一般的数据类型（如浮点型）相比，定义类是为了与具体问题相适应，而不是被迫使用已有的数据类型。创建类是面向对象程序设计的基本工作。类类型几乎能完全像内部类型一样工作，程序员可以创建类类型的变量，也可以操纵这些变量。类类型的变量称为对象或类的**实例**（instance）。

对象是面向对象程序的基本元素，类是创建对象的模板。一旦定义了一个类，程序员就可以创建这个类的任意数目的对象，然后操作这些对象。同一个类实例化的每个对象具有相同的结构和行为，例如每个学生都有姓名。同时，每个对象都有自己的状态，例如一个学生的姓名为“张宇”，另一个学生的姓名为“王立”。这样，在程序中，每个学生都可以被描述为唯一的实体，这个实体就是对象。每个对象都属于一个特定的类，这个类定义了它的特性和行为。

1.2.2　封装和信息/实现隐藏

软件领域中，**封装**是将一组相关的概念聚集在一个单元内，并且用单独的一个名字来引用。封装的概念几乎自软件本身出现以来就已存在。早在 20 世纪 40 年代，程序员就注意到在一个程序中相同的指令序列可能出现多次，并很快意识到可以将重复的指令序列放在某个地方并用一个名字来调用它。这就是子过程，它封装了一组指令。子过程不仅避免了相同指令序列的重复出现，节省了内存空间，而且容易使用，因为它用一个概念表达了一组指令。

面向对象的封装和子过程有相似的目的，但是结构上更加复杂。面向对象的封装是将操作和属性包装在一个对象类型中，对外部使用者公开的一些属性和操作构成对象类的接口，只能通过封装体提供的接口来访问和修改对象的状态。

提示： 封装的概念从其英文单词的构词上理解也许更为直观：名词形式为 encapsulation，动词形式为 encapsulate。capsule 是“胶囊”的意思，en 前缀加在名词前构成动词，有“放进……之中”的意思。想想胶囊，里面放了各种我们知道或不知道的药物成分，但是作为一个整体命名，并提供某种治疗功效，例如“伤风感冒胶囊”，患者只需要对症用药即可——很少人会打开胶囊将胶囊内的东西看个仔细再服下。对象就像是这样的胶囊，其中封装了数据和对这些数据的操作，对外呈现为一个单元，提供某些功能。

对象是一组数据和操作的封装体。每个对象都是一个自治的小单元，存储一组数据，执行一些操作。对象的数据只能由对象自己的操作读取或更新，其他对象不能直接操纵对象中存储的数据。操作是其他对象可见的函数或过程，可以被其他对象调用。如果想获得属性持有的信息，只能求助于该对象的某个操作。操作形成一个保护圈，将对象的核心数据包围起来，如图 1.2 所示。

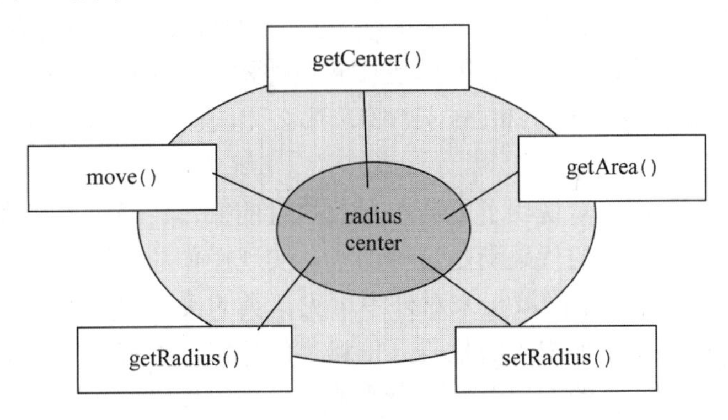

图 1.2　对象：数据和操作的封装体

图 1.2 中，Circle 对象的状态由两个属性描述：圆心 center 和半径 radius。这些属性隐藏了起来，不对外公开。从外部不能通过直接修改 center 或 radius 来改变一个圆的状态。圆形还提供了一些操作：获取圆心的操作 getCenter()，修改圆心的移动操作 move()，获取半径的操作 getRadius()和修改半径的操作 setRadius()，计算面积的操作 getArea()。这些操作对外公开，构成 Circle 的接口。通过调用接口中的这些操作，从外部就可以查询圆的状态或对圆进行移动和缩放操作。例如，使用 getRadius()操作可以获取圆的半径；调用 move()操作可以改变圆心，引起 center 属性值的变化，即改变圆的状态。

对象这一封装体可以从内部和外部两个角度来观察。所谓**信息隐藏**是指从外部不能看到对象内部的信息，而**实现隐藏**是指不能从外部看到对象的实现细节。这意味着对外部观察者来说，对象是一个黑箱，观察者可以知道对象能够做什么，但是不能知道对象是怎样做这些事情的，也不知道对象的内部构造是怎样的。

信息/实现隐藏是控制复杂性的有效技术。信息/实现隐藏在类的创建者和使用者之间建立了一个界限，这样可以带来两方面的益处。对于使用者而言，不需要了解过多的细节就可以使用类的对象，并且使用的方式不依赖于对象的内部实现。对于类的创建者而言，不必担心对象的内部结构会遭到外部有意或无意的破坏，并且对内部实现细节的修改也不会影响到已有的使用者。

提示：考虑手机的例子：对手机的使用者来说，只要看到手机的说明书，就能了解手机有哪些功能，进而通过用户界面就可以使用这些功能。而手机内部有什么部件、是什么结构、使用了什么通信技术，一般用户不得而知，但并不妨碍正常使用手机。这样有什么好处呢？对手机的使用者而言，不需要了解手机的内部结构和技术细节就可以轻松使用，而且无论硬件和技术怎样升级，只要操作界面相似，使用的方式都一样。对手机的制造者而言，手机的外壳将内部组件包装隐藏了起来，不必担心被损坏；如果对内部的某个元件进行更新或替换，也不会影响用户的使用习惯。

1.2.3 接口、实现和消息传递

面向对象的系统由对象构成，对象之间通过消息传递进行交互，相互协作实现系统的功能。一个对象可以向另一个对象发出请求，要求后者执行某个操作，这称为向对象发送**消息**（message）。

对象能够接收什么消息由对象所属的类定义，类的**接口**（interface）规定了该类对象能执行什么操作。类的接口由对外公开的操作和属性构成。例如，Circle 类的接口中包括一组操作：getRadius()、getArea()和 move()等，那么 Circle 类的对象可以接收的就是请求这些操作的消息。

类的接口只是一种规约，说明了能请求对象执行的操作，当对象接收到请求执行某个操作的消息时，必须有实际的代码满足这种请求。实现操作的代码和数据一起构成了类的**实现**（implementation），通常隐藏起来对外不可见。类的接口和实现是分离的：同一个类的接口可以有不同的实现，使用类的代码只依赖类的接口，不依赖类的实现。也就是说，只要类的接口保持不变，类的实现改变不会影响使用类的代码。

类的属性一般用存储数据的变量实现，在实例化对象时，会为每个对象分配空间，保存自己的数据。同一类型的两个对象，即使它们所有的属性值都相同，它们仍然是可以区分的两个对象。对象的唯一标识由它们的句柄实现，一般的编译器将对象在内存中的地址作为对象的句柄。

类对每个操作定义了相关的方法，通常用函数实现。当请求对象执行一个操作时，就调用相应的方法。对象根据收到的消息确定执行哪段代码。消息除了请求对象执行特定的动作之外，也可以向对象传递数据或者询问对象本身的状态。可以通过消息的参数向对象传递数据，由消息的返回值带回对象的状态。消息可以携带的参数和返回值的类型由请求的操作规定。

类的接口、实现和消息传递的概念如图 1.3 所示。左上角是 Circle 类的接口，图右是 Circle 类的实现代码。左下的程序中创建了一个 Circle 类的实例 c，c 的圆心坐标为默认值（0，0），半径为 1.5。在程序中向对象 c 发送了 getArea()消息和 move(2,3)消息。对象 c 能够满足这些请求，是因为有 Circle 类的实现：表示圆心和半径的变量，完成各个操作的函数代码。使用 Circle 类的代码只依赖其接口，例如 Circle 的圆心坐标如果不是用两个 int 变量表示，而是用一个点 Point 类的对象表示，只要保持 Circle 类的接口不变，那么使用 Circle 对象 c 的代码仍可以正常工作。

Circle 类的接口

类名：Circle
getRadius(): double setRadius (double r):void getArea():double move(x:int, y:int):void

Circle 类的实现

```
const double PI = 3.1415926;
class Circle{
   double radius = 1.0;
   int centerX = 0, centerY = 0;
public:
   Circle(double r, int x, int y)
      {radius = r; centerX = x; centerY = y;}
   double getRadius()
      { return radius;}
   void setRadius(double r)
      { radius = r; }
   double getArea()
      { return PI*radius*radius;}
void move(int x, int y)
      {centerX = x; centerY = y; }
};
```

客户程序：创建对象 c，向对象发送消息

```
Circle c(1.5);
double a;
a = c.getArea();
c.move(2,3);
```

图 1.3　对象、类、消息、接口和实现

面向对象方法使用**统一建模语言**（Unified Modeling Language，**UML**）描述分析和设计模型。类和对象的 UML 表示法如图 1.4 所示。类用一个分为三栏的矩形框表示，包括类名、属性和操作。其中类名是必须给出的，属性和操作是可选的，例如图中 Circle 类的两种表示。属性和操作名字前面的“＋”或“－”表示它们的可见性。“＋”表示操作或属性是对外公开的，而“－”表示它们是隐藏起来的，不能被外部使用。

对象也用矩形框表示，其中给出对象的名字、类型和属性值。如图中的 c1 和 c2 对象。

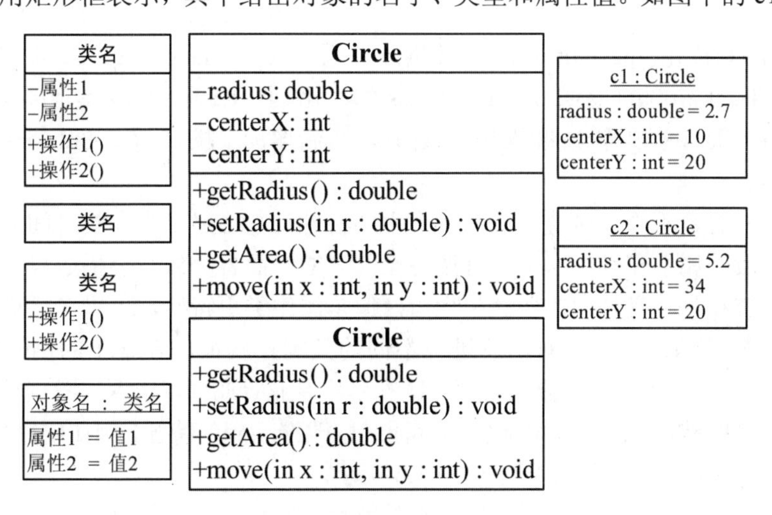

图 1.4　类和对象的 UML 表示法

类、对象、封装和信息/实现隐藏并非是面向对象独有的特征，这些概念早在抽象数据类型中就已出现。面向对象是对 ADT 的超越，下面更多的特性表明了这一点。

1.2.4 继承

分类的概念是我们所熟知的，将对象抽象为类也是一种分类的方法，例如学校里的人员可以分为教师、学生、管理人员等。当问题更复杂时，我们可能需要进一步细分。例如，大学里的学生其实有更多种类：本科生、研究生、进修生等，显然这些是更具体的学生类型。如何描述这样的关系呢？

面向对象的**继承**（inheritance）允许在已有类的基础上定义新类，这个新类自动拥有已有类的属性和操作，并且可以增加自己特有的性质或者修改继承得到的特征。如此一来，我们可以在学生类的基础上定义新的本科生类、研究生类和进修生类，这些新类将自动拥有学生类的特征：它们都是学生，而且可以增加自己特有的性质，如研究生的学习和考核方式与本科生不同。

对象的思想本身是一种很方便的机制：可以将数据和操作封装在一起，以描述问题空间中的概念，而不必使用底层的机器用语。如果在创建新类时发现它的功能和某个已有类有些相似，那么重新创建一个全新的类似乎就不是一种很好的方法。利用继承机制，可以选取已有的类，克隆它，再对这个克隆进行增加或修改，这是更好的方法。

如果 B 继承了 A，则 B 类的对象可以使用原来只有 A 类对象才能够使用的操作和属性。A 称为 B 的**超类**（superclass）、**基类**（base class）或者**父类**，B 称为 A 的**子类**（subclass）或**派生类**（derived class）。也可以说 B 是从 A 派生的。如果一个派生类只继承了一个基类，称为**单继承**。如果一个派生类继承了两个或更多的基类，则称为**多重继承**。派生类也可以进一步派生出自己的子类，这样形成的层次结构称为**继承层次**。一般用祖先类、后代类等术语表示继承层次中的非直接继承关系。

继承关系的 UML 表示法如图 1.5 所示。图中 SubClass1 和 SubClass2 继承了 SuperClass。类之间的继承关系用带空心三角箭头的连线表示，箭头指向基类，如图 1.5(a)所示；同一基类的多个派生类的箭头端可以合并，如图 1.5(b)所示。UML 中使用术语泛化（generalization）和特化（specialization）描述继承关系：SuperClass 是 SubClass1 和 SubClass2 的泛化，SubClass1 和 SubClass2 是 SuperClass 的特化。图 1.5 中的表示法隐含着 SubClass1 除了继承 SuperClass 的操作 1()和操作 2()之外，还新增加了操作 3()；SubClass2 则重写了基类的操作 1()。

继承是面向对象不同于传统方法的一个主要特性，它描述了类和类之间的相似性：基类描述比较一般的属性和操作，是所有派生类共享的；而各个派生类描述自己特有的属性和操作。派生类和基类有共同的特性和行为，但是派生类更特殊，可以包括更多的特性，也可以处理更多的消息，或者对消息进行不同的处理。例如，在学生的例子中，学生类 Student 描述所有学生共有的特征，如学号、姓名、专业等属性，选课、考试等操作。特殊的学生类继承这些共性，但可以增加新的特征或修改继承到的特征，例如研究生要做研究、而本科生和研究生的考试方式不同，如图 1.6 所示。

基类具有所有从它派生出的子类所共有的特性和行为。程序员可以创建基类来描述系统中一些对象的核心概念，再由这个基类派生出不同的类型来表述实现该核心的不同方式。派生类又可以作为基类再得到更特殊的类型。继承的这种特性可以有效地支持增量式软件开发。

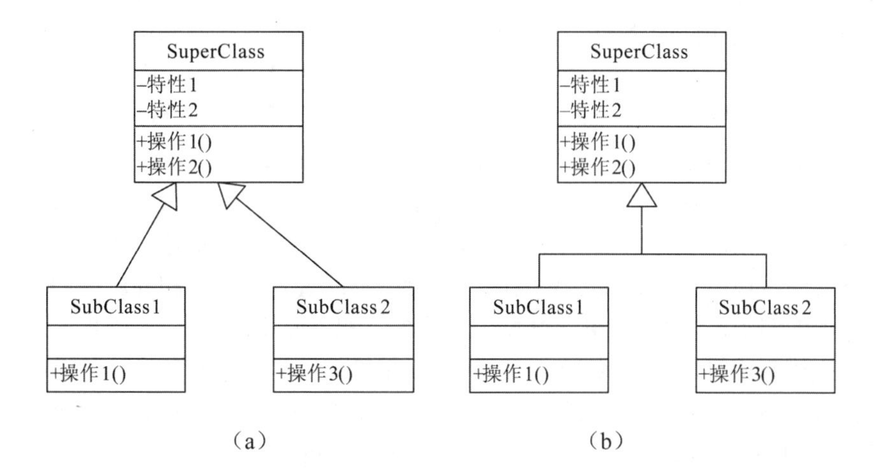

图 1.5　继承关系的 UML 表示法

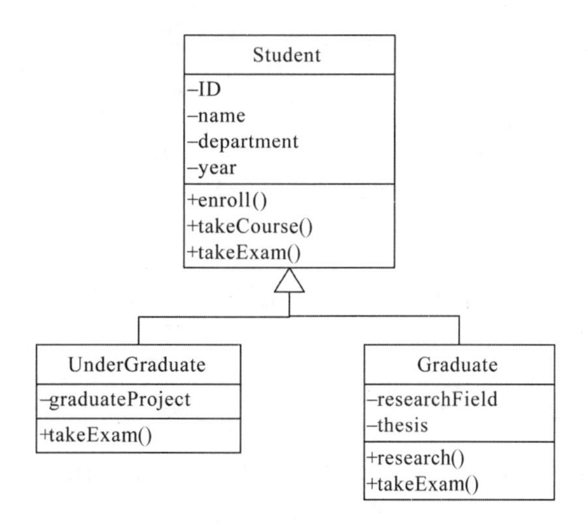

图 1.6　学生类之间的继承关系

在继承关系中，派生类不仅包含基类的所有成员，更重要的是它复制了基类的接口。也就是说，所有能够发送给基类对象的消息，也能够发送给派生类的对象。这意味着派生类是基类类型的——因为它能和基类接收相同的消息。派生类被认为是基类的子类型。例如，一个本科生类 UnderGraduate 的对象同时也是学生类 Student 的对象：本科生是学生；同样，研究生也是学生，能够执行参加考试等学生类的操作。

派生类和基类也有不同，有两种方法能使派生类区别于基类。一是向派生类中增加全新的操作，这些操作不属于基类。二是在派生类中改变已经存在的基类操作的行为，这称为**重写或覆盖**（override）。重写基类操作是在派生类中重新实现该操作，意味着希望这个操作为新类型做不同的事情。例如，图 1.6 中的研究生类 Graduate 新增加了 Student 类中没有的操作 research()，重写了 Student 类中的 takeExam()操作，意味着研究生的考试方式不同于一般学生。

如果派生类只是重写了基类中的操作，而没有增加新的操作，这就意味着派生类与基类有相同的接口，是相同的类型。这样就可以用派生类的对象代替基类的对象，这被称为纯替代。这时派生类和基类之间的关系可以看作是“is-a”关系：派生类是基类。例如图 1.6 中的本科生类 UnderGraduate 没有增加新的操作，只是重写了 takeExam()操作，它保留了和基类 Student 相同的接口，那么，“UnderGraduate is a Student”可以代替 Student 使用。

如果向派生类中增加了新的操作，就扩展了基类的接口，这样派生类对象虽然也能代替基类使用，但是不能通过基类的接口访问这些新操作，所以被描述为“is-like-a”关系：派生类有基类的接口，但还包含了其他操作，所以不能说它们完全相同。例如，图 1.7 是一个多重继承的例子：“拍照手机”继承了“手机”和“照相机”。拍照手机继承了照相机的接口，能执行照相机的拍照操作，可以代替照相机使用；但是它还增加了手机的操作，扩展了照相机类的接口。因此，可以说“拍照手机像照相机”，但不能说“拍照手机是照相机”。同样，拍照手机可以代替手机使用，但在作为手机时，只能使用手机接口中指定的操作。

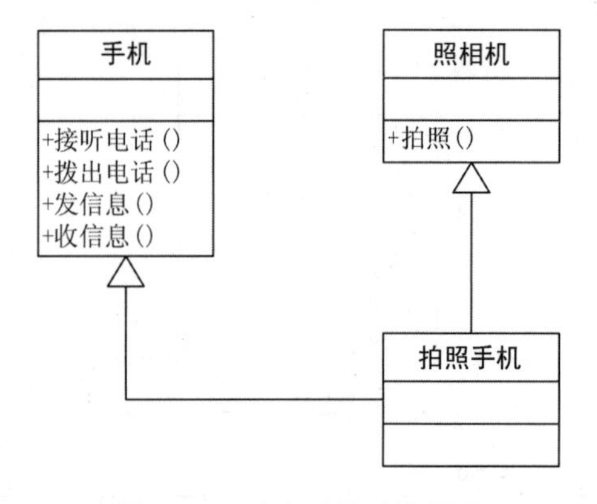

图 1.7　一个多重继承的例子

“is-a”关系和“is-like-a”关系在设计中都存在，因此这两种对基类的修改方法都很常见。

1.2.5　多态性

多态性是面向对象的又一核心概念。多态性 polymorphism 一词来自希腊语，是 many form 的意思。面向对象中的多态性是一种机制，指一个操作名字或属性名字可以在多个类中定义，并且在各个类中有不同的实现。

在现实中，经常会遇到多态性的概念，例如，人们会说开汽车、开火车、开飞机，都是“开”，但作用的对象不同，具体的动作也不同。用一个词表达类似的含义，就可以在更高的抽象级别上考虑问题。

在处理类层次结构时，如果不把对象看作是属于某一特殊类型，而是将它看作是属于基类类型的，就可以在更高的抽象层次上编写出不依赖特定类型的代码。增添新类型来处理新情况是扩展面向对象程序最普通的方法，而这种不依赖特定类型的高层次代码具有更好的可扩展性。

例如，在图 1.8 所示的 shape 类层次中，circle、triangle 和 rectangle 都是 shape，都可

以执行计算面积的操作 area()。在程序中，可以向一般的 shape 类型对象发送 area()消息，而不必关心它们是 circle、triangle 还是 rectangle，也不需要考虑该对象如何处理这个消息。这样，即使增加新的 shape 类型，程序代码也不会受到影响。例如，可以从 shape 派生出一个新的子类，如椭圆形，而不必修改处理一般 shape 的代码。

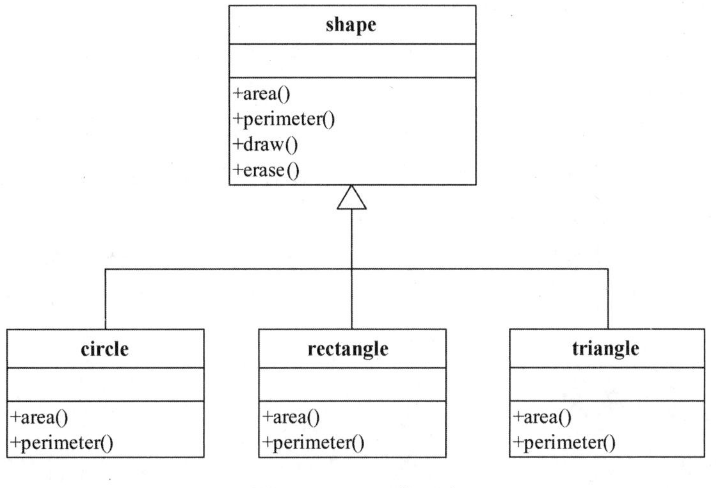

图 1.8　shape 类层次

但是，将派生类的对象看作是基类类型会产生一个问题：如果发送 area()消息给一个 shape 类对象，那么它将执行哪个特定的操作？因为它可能是 circle、triangle 或者 rectangle，执行时会调用哪个类的 area()操作呢？

在面向对象程序中，消息发送给一个对象时，编译器并不做传统意义上的函数调用处理，而是推迟到程序运行时，根据对象的实际类型确定被调用的代码。这被称为**动态绑定**或**运行时绑定**。例如下面的代码：

```
//计算任意两个图形的面积之和
double sumArea(shape& s1, shape& s2) {
    return s1.area()+s2.area();
    //这两个 area()将根据实参对象的具体类型实施调用
}
int main() {
    circle c;
    triangle t;
    rectangle r;
    double sum = sumAarea(c,t);
    //对 c 调用 circle 中的 area()代码，对 t 调用 triangle 中的 area()代码
    sum = sumArea(t,r);
    //对 t 调用 triangle 中的 area()代码，对 r 调用 rectangle 中的 area()代码
}
```

调用 sumArea()函数时，只要求参数是 shape 类型的对象，而不必知道其确切类型。circle、triangle 和 rectangle 都是 shape，所以都可以用 sumArea()处理。sumArea()在处理不

同对象时，会根据其具体类型调用正确的area()操作。这正体现了面向对象的多态性。

提示：多态性有更广泛的含义，Gardelli和Wegner将多态性分为如下4类。

- 强制多态性：通过将操作数的值转换为需要的类型，函数或运算符可以对多种不同的类型进行操作。例如“a + b”，无论a和b是整数还是浮点类型，加运算都可以对它们进行操作，并在需要时进行恰当的类型转换。
- 重载多态性：一个函数名字可以有多种含义，在调用时根据实参的类型决定调用函数的哪个定义。
- 包含多态性：一个类型是另一类型的子类型，父类型可用的函数对子类型也起作用。这样的函数可以有不同的实现，并根据运行时刻确定的子类型来调用。上面讨论的面向对象多态性就是包含多态性。
- 参数多态性：将类型作为参数，在实例化时指定。模板提供参数多态性。

强制多态性和重载多态性被称为专用多态性，包含多态性和参数多态性被称为纯多态性。这4类多态性在C++语言中都有体现。

1.2.6 类之间的关系

面向对象系统是由对象组成的，这些对象之间存在各种联系，在将对象抽象为类进行描述时，这些联系也作为对象特性的一部分，被抽象为类和类之间的关系。这几种关系从强到弱依次是组合、聚合、关联和依赖。

组合（composition）描述整体与部分关系：一个对象是另一个对象的组成部分。例如，一本书由多个章节组成，一台计算机由主机、显示器、键盘、鼠标等组成。

聚合（aggregation）描述包含关系，或者说是一种松散的组成关系。例如，一支球队由多名球员组成，网络由多台计算机组成。聚合与组合的区别在于两点：第一，组合关系的部分对象和整体对象同时存在，同时销毁；第二，参与聚合关系的成员是可以共享的。

例如，一本书的各章节如果不存在，则这本书也不存在；一本书如果丢了，其中的所有章节当然也丢掉了；一本书的章节不能放入另一本书中。聚合关系更松散一些，一支球队解散了，球员仍然存在；球员离开球队，球队仍然存在；一名球员可以同时加入多个球队，如国家队和俱乐部队。

关联（association）描述对象之间更广泛的各种关系。例如，学生选修课程，学生和课程之间就存在关联；银行客户有一个存款账户，则客户和银行账户之间就存在关联。两个类之间存在关联意味着这两个类的对象之间存在着链，可以沿着这条链传递消息。例如，学生可以知道自己所选课程的名字和学分，客户可以知道自己的账户余额。关联本身有很多性质：关联名、导航性、关联端点的重数、角色名等。

组合是特殊的聚合，聚合是特殊的关联。

需要注意的是，关联、聚合、组合关系不同于继承关系：继承是存在于类之间的父类型/子类型的关系，并不是对象之间关系的抽象；关联关系则和属性一样，是对象结构上的性质。当类实例化为对象时，类之间的关联也实例化为相应的对象之间的链接。

依赖（dependency）并非对象之间在结构上的关系，而是一种短时间存在的使用关系。例如，银行客户在取款时使用了ATM机，那么客户在取款的期间依赖了ATM机提供的服务，但并不需要永久保存ATM的信息，也没有结构上的链接。

这些关系的 UML 表示法如图 1.9 所示。组合用带实心菱形箭头的连线表示，箭头指向整体对象端。聚合用带空心菱形箭头的连线表示，箭头指向聚合对象端。关联用连接两个类的直线表示，上面可以标记关联的名字和读取方向，如图 1.9(c)所示，“员工”为“公司”“工作”。关联两端可以标记关联角色名，如“公司”在这个关系中是“雇主”角色，“员工”的角色是“雇员”。关联两端标记的数值范围叫**重数**（multiplicity），说明参与这个关系的实例数目。重数的一般形式是“*m..n*”，表示最少 *m* 个，最多 *n* 个。如，“0..1”表示 0 或 1 个，即可选；“1”表示有且必须有一个，“0..*”是 0 到多个，可简写为“*”。图 1.9(c)中关联两端的重数表示：一名员工可以为 0 或 1 家公司工作；一家公司最少有一名员工，最多不限。依赖用带单箭头的虚线表示，箭头指向被依赖的类。图 1.9(d)所示的依赖表示 Word 文档使用了打印机的功能来打印。

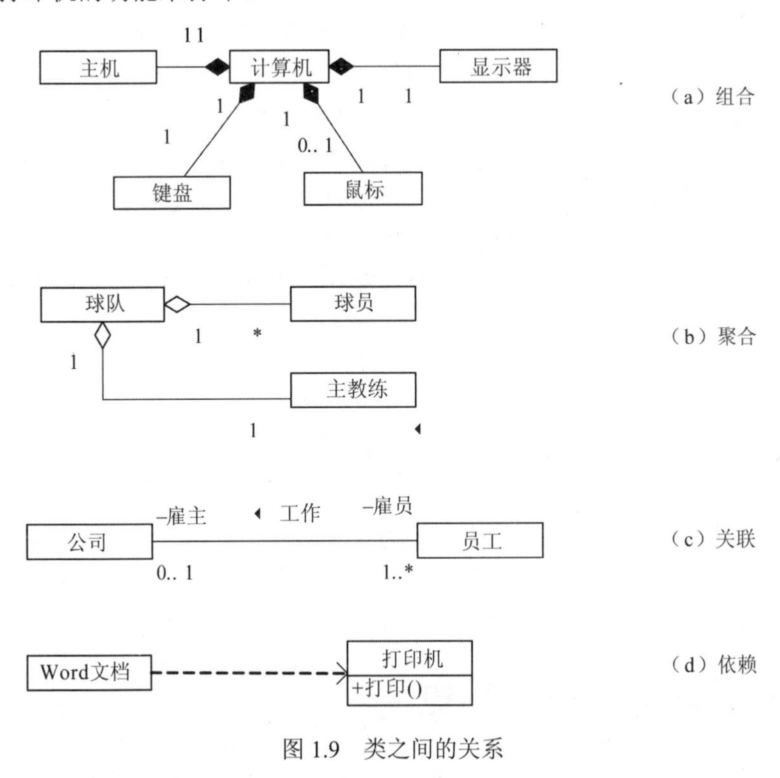

图 1.9　类之间的关系

UML 的类图描述类的静态结构和类与类之间的关系，本节介绍的这些表示法都是类图中经常出现的。

1.3　面向对象程序的特点

Alan Kay 总结了 Smalltalk 的 5 个基本特征，这些特征代表了纯面向对象程序的基本特点：

（1）任何事物都可以看作是对象。对象具有状态（静态特性）、行为（动态特性）以及唯一标识。面向对象中特有的对象和过程式程序中的变量不同，对象不仅能存储数据，还可以接收来自外界的请求，执行它对自身的操作。从理论上讲，可以将问题空间的任一概念表达为对象，并将它表示为程序中的对象。

（2）面向对象的程序就是一组对象，对象之间通过消息交互，通知对方要做些什么。向某个对象提出请求可以发送一个消息给该对象，具体讲，可以将消息看作是请求调用对象的某个函数。

（3）每个对象都有自己的存储区和唯一标识，可以和其他对象区分。在创建新对象时可以包含已有的对象，因此，程序员可以构造出任意复杂的程序，并将程序的复杂性隐藏在对象的简明性背后。

（4）每个对象都有自己的类型。每个对象都是某个类的实例，可以将“类”看作是“类型”的同义词。类最重要的特征是“能向它发送什么消息”。

（5）属于特定类型的所有对象都具有相同的类型并能接收相同的消息。例如，在一个图形系统中，circle 类型的对象也是 shape 类型的对象，circle 对象一定能接收 shape 的消息。这意味着可以编写与 shape 对象通信的代码，该代码能自动地对符合 shape 描述的任何对象进行处理。这种替换能力是 OOP 最强大的功能之一。

面向对象方法支持迭代式系统开发，一般经历制订计划、分析问题、设计对象、建立核心系统、迭代用例和演化几个阶段。对程序员而言，面向对象编程通常是在已有分析和设计模型的基础上进行，主要工作就是设计类和编写类定义的代码。

在设计面向对象程序时，始终要关注对象和它们应有的接口。运用面向对象编程思想解决问题的一般步骤如下：

（1）分析要解决的问题，研究其中的人、事物、地点、概念等，抽象出对象和对象的数据特征和行为特征，发掘对象之间的各种联系。

（2）将对象抽象为类，将对象之间的联系抽象为关系，发现类之间的共性，用继承层次描述相关的类。

（3）编写类定义的代码，并定义类之间的关系。

（4）创建各种类的对象，向对象发送消息，实现系统功能，解决初始的问题。

学会了用面向对象的风格去思考问题，就可以利用 OOP 的优点创造出好的设计。

1.4 面向对象方法发展简史

面向对象的软件开发方法是在结构化开发范型和实体关系开发范型的基础上发展而来的，它运用分类、封装、继承、消息等人类自然的思维机制和其支持技术，允许软件开发者处理更为复杂的问题域，在很大程度上缓解了软件危机。面向对象技术发端于程序设计语言，以后又向软件开发的早期阶段延伸，形成了面向对象的分析和设计。

传统的结构化方法遵循面向过程的问题求解方法，它的核心是“数据结构＋算法”，也称为面向过程的方法。采用这种方法可以对特定的、小型的、具体的问题作出精确而完善的解决。但是，与计算机硬件的飞速发展相比，传统的软件开发技术和方法就显得比较落后和低效。随着计算机在各个领域的大规模应用，也出现了一些更复杂的问题，例如人机交互的用户界面问题、多媒体技术的应用问题等。为了描述这些问题就必须用复杂的、包含多个相互管理的子系统的大系统。面对这种复杂的大系统，传统的结构化方法就无法胜任了。因而寻求解决复杂大系统的问题的新方法更加迫切。正是在这种局面下，产生了面向对象方法。

面向对象的概念和方法是从面向对象的程序设计语言发展演变而来的。

20 世纪 60 年代，O. J. Dahl 和 K. Nygard 等设计出了用于仿真的程序设计语言 Simula67，其中最早引入了类和继承的概念，被认为是面向对象语言的先驱。

20 世纪 70 年代，Xerox 公司在设计 Dynabook 系统时开发了一种语言 Smalltalk。继 Smalltalk72 之后，经过了 74、76 版的不断改进，于 1981 年推出了商用的 Smalltalk80。Smalltalk80 已经具备了面向对象语言的特征：对象、类、继承、多态性、元类等，这标志着面向对象程序设计语言已经发展成熟。至今，Smalltalk 仍被认为是面向对象理念最纯粹的实现。

其他许多基于对象的语言对面向对象程序设计语言的形成和发展也起到了积极的作用，如 Lisp、Object Pascal、CLU、Modula-2 和 Ada83 等。

还有一些语言是在已有过程式程序设计语言的基础上加入面向对象的概念形成的，如以 C 语言为基础的 Objective-C 和 C++。C++对面向对象技术的发展起了非常重要的推动作用，它的流行促进了面向对象技术的普及，使之被程序员广泛接受。

随着网络和 Internet 的发展，1995 年诞生了 Java 语言。Java 是一种纯面向对象的语言，并且具有网络化、跨平台和多线程的特性，目前已成为流行的网络编程语言。

面向对象编程语言和技术的发展逐渐延伸到软件开发的早期阶段，形成了面向对象的分析和设计，它们一起构成了面向对象的方法学。

面向对象分析（OOA）是分析系统功能应当通过哪些对象的协作来实现。为此，它引入了用于描述现实世界中的实体及其关系的基本概念以及相应的表示法。分析的结果是建立系统的分析模型。面向对象设计（OOD）是在分析模型的基础上确定如何构造符合要求的系统，并建立一个展示系统实现蓝图的设计模型。

面向对象分析和设计使用相同的建模概念，因而这两个阶段之间的分界线比较模糊。设计基本上就是向基础的分析模型中加入详尽的实现细节，分析模型在整个开发过程中将保持不变。从这个角度看，面向对象的软件开发可以被视为一个“无缝”的过程：分析、标识现实世界系统中的有关对象，并在软件中直接表示这些对象。

20 世纪 80 年代末、90 年代初，先后出现了几十种面向对象的分析设计方法。其中，Booch、Coad/Yourdon、OMT 和 Jacobson 等方法得到了面向对象软件开发界的广泛认可。各种方法对许多面向对象概念的理解不尽相同，即使概念相同，各自技术上的表示法也不同。通过 20 世纪 90 年代不同方法流派之间的争论，人们逐渐认识到不同的方法既有其容易解决的问题，又有其不容易解决的问题，彼此之间需要融合和借鉴；而且，各种方法的表示有很大差异，不利于进一步的交流与协作。缺乏统一的建模概念和表示法，所谓的“无缝”软件开发过程也只能停留在设想阶段。在这种情况下，统一建模语言（UML）于 20 世纪 90 年代中期应运而生。

UML 的产生离不开三位面向对象方法学专家 G. Booch、J. Rumbaugh 和 I. Jacobson 的通力合作。他们从多种方法中吸收了大量有用的建模概念，使 UML 的概念和表示法在规模上超过了以往任何一种方法，并且提供了允许用户对语言做进一步扩展的机制。UML 使不同厂商开发的系统模型能够基于共同的概念，使用相同的表示法，呈现彼此一致的模型风格。1997 年，UML 被对象管理组织（OMG）正式采纳为标准的建模语言，并在随后的几年中迅速发展为事实上的面向对象建模语言国际标准，而且可以预料，在可预知的将来 UML 会作为主要的面向对象建模表示法继续发展下去。

1.5 小结

- 过程式程序设计、基于对象程序设计、面向对象程序设计和泛型程序设计代表了不同的程序设计范型。
- 面向对象方法最核心的特征是封装、继承和多态性。
- 对象是属性和操作的封装体，类是对一组具有相同结构和行为的对象的抽象描述。
- 对象通过消息传递相互通信，协作实现系统功能。
- 通过继承可以在已有类的基础上创建新类，新类自动拥有已有类的特性。
- 继承是一种复用已有类接口的方法，描述“is-a”关系。
- 多态性由动态绑定实现，通过基类接口可以操纵一组派生类对象，并根据实际对象的类型来调用适当的操作。
- UML 是标准的面向对象建模语言，UML 的类图主要描述类的静态结构和类之间的关系。
- 类之间的关系有泛化、关联、聚合、组合和依赖。

1.6 习题

1. 典型的程序设计范型有哪些？各自有什么特点？
2. 面向对象方法有哪些特征？
3. 什么是封装？什么是信息隐藏和实现隐藏？它们有什么意义？
4. 什么是对象？什么是类？类和对象有什么关系？请举例说明。
5. 什么是继承？它描述什么样的关系？请举例说明。
6. 继承层次中派生类和基类有什么关系？派生类如何区别于基类？
7. 什么是多态性？请举例说明。
8. 查阅 UML 的文献资料，了解类、对象、继承、关联、聚合、组合这些概念的 UML 表示法。

CHAPTER 2

第2章 C++语言概览

本章学习目标：

- 了解 C++语言的标准化历程和发展现状；
- 了解 C++语言的特点和适用性；
- 理解 C++程序的基本结构；
- 学会编写有输入输出的简单 C++程序；
- 掌握编写、编译、运行 C++程序的过程；
- 了解并逐渐熟练掌握一种 C++集成开发环境。

C++是一种混合的面向对象程序设计语言，尤其适用于系统程序设计。C++以 C 语言为基础，支持过程式程序设计、数据抽象、面向对象程序设计和泛型程序设计。本章通过一个简单的程序介绍 C++的程序结构、输入和输出，在此过程中简要介绍如何编译和运行 C++程序。

2.1 C++语言的特点

C++最初的设计目标是支持数据抽象、面向对象程序设计和泛型程序设计，并支持在这些风格约束之下的传统 C 程序设计技术。经历了 C++98/03 和 C++11 几个标准化版本的修订，在延续强调编程效率的同时，C++语言也在不断发展演进。

现代 C++语言可以看作是由以下三部分组成：

- 低级语言，大部分继承自 C 语言。
- 现代高级语言特性，允许程序员定义自己的类型以及组织大规模的程序和系统。
- 标准库，利用高级特性提供了有用的数据结构和算法。

2.1.1 C++的发展和标准化

C++于 20 世纪 80 年代早期由 Bjarne Stroustrup 创建，以广泛使用的 C 语言作为基础，加入源自 Simula67 的面向对象编程的特性。其主要的设计目标是与 C 兼容、高效率、解决实际问题的能力、与传统工具和开发环境兼容。

1986 年，Stroustrup 所著的 *The C++ Programming Language* 一书中包含了 C++语言参考手册部分。1990 年，Ellis 和 Stroustrup 所著的 *The Annotated C++Reference Manual* 中主要描述了 C++核心语言，没有涉及库。

1998 年，第一个国际化的 C++语言标准 C++98（IOS/IEC 14882:1998）诞生。当时正值面向对象概念开始盛行，与基于过程的编程语言相比，基于面向对象、泛型编程等概念的 C++无疑非常先进。C++98 标准的制定以及各种符合标准的编译器的出现，在客观上推动了编程方法的革命。在接下来的很多年中，C++似乎是使用最为广泛的编程语言。

2003 年，C++标准委员会 WG21 提交了一份技术勘误表（TC1），对 C++98 进行了修订，使得 C++03（IOS/IEC 14882:2003）取代了 C++98 成为了最新的 C++标准名称。不过由于 TC1 主要是对 C++98 标准中的漏洞进行修复，核心语言规则部分没有改动，核心库与 C++98 保持了一致，因此习惯上将两个标准合称为 C++98/03 标准。

2011 年 11 月，长久以来以 C++0x 为代号的 C++11 标准（IOS/IEC 14882:2011）终于被 C++标准委员会批准通过。从最初的代号 C++0x 到最终的名称 C++11，C++的第二个真正意义上的标准姗姗来迟，距 C++98 标准的通过已经 13 年。

设计 C++11 的目的是为了取代 C++98/03。与 C++03 标准相比，C++11 带来了数量可观的变化，通过大量新特性的引入，让 C++的面貌焕然一新。C++11 在核心语言部分和标准库部分都进行了很大的改进，但整体与先前的 C++标准兼容。

2014 年 8 月 18 日，C++标准委员会通过了现行的 C++14 标准（IOS/IEC 14882:2014）。标准在正式通过之前名为 C++1y。C++14 对 C++11 的语言特性做了一些小修改，主要完成 C++11 标准的剩余工作，目的是使 C++成为更清晰、更简单和更快速的语言。C++14 修改的语言特性涉及 lambda 函数、constexpr、类型推导和变量模板等，另外还增加了一些新的标准库特性。

C++标准委员会计划于 2017 年产生 C++17 标准，其中将包含更多新的语言特性。

相比于其他语言的频繁更新，C++真正意义上的标准化只有两次，且间隔了十余年，这让人们印象中的 C++是一种特性稳定、性能出色、易于学习而难于精通的语言。在此期间，各种编程语言也在迅速发展，如今流行的编程语言几乎无一不支持面向对象的概念。随着 Web 开发、移动开发逐渐盛行，一些新流行起来的编程语言由于在应用的快速开发、调试、部署上有着独特的优势，逐渐成为了这些新领域中的主流。这并不意味着 C++正在失去用武之地。C++继承了 C 语言能够进行底层操作的特性，因此，使用 C/C++编写的程序往往具有更佳的运行时性能。在构建包括操作系统的各种软件层以及构建一些对性能要求较高的应用程序时，C/C++往往是最佳选择。即使是其他语言编写的程序，往往也离不开由 C/C++编写的编译器、运行库、操作系统或虚拟机等提供的支持。因此，C++仍然是编程技术中的中流砥柱。

2.1.2　C++的特点

C++是以 C 语言为基础的通用程序设计语言。除了 C 语言提供的机制，C++还提供了额外的数据类型、类、模板、异常、名字空间、内联（inline）函数、运算符重载、函数名重载、引用、自由存储运算符和附加的库功能。C++11 引入的统一初始化、移动语义、右值引用、线程等新特性又在泛型编程、并行编程和库的构建等方面进行了显著增强。

C++98/03 的设计目标是：

- 比 C 语言更适合系统编程，且与 C 语言兼容。
- 支持数据抽象。
- 支持面向对象编程。
- 支持泛型编程。

而 C++11 的整体设计目标是：

- 使 C++成为更易于教学的语言，使语言更为统一，语法更加一致化和简单化。
- 使 C++成为更好的适用于系统开发及库开发的语言，使标准库更简单、安全、使用更高效，使编写高效率的抽象和库变得更简单。
- 保证语言的稳定性，以及和 C++98/03 及 C 语言的兼容性。

一方面，C++是更好的 C 语言。与 C 语言相比， C++是一种更安全、表达能力更强的语言，可以不必关心低层技术。由于引入了类，程序员在编程时涉及的是较高层的概念，更易于表达问题和理解系统。

对于一些程序设计的问题，在 C++里存在着比 C 语言更好的解决方式：

- C++里几乎不需要使用宏。用 const 或 enum 可以定义命名常量，用 inline 可以避免函数调用的额外开销，用 template 可以刻画一族函数或类型，用 namespace 可以避免全局名字冲突。
- 在需要变量的时候才去声明它，以确保能够立即对变量进行初始化。声明可以出现在能够出现语句的任何位置，甚至可以出现在分支语句的条件中和循环语句的初始化部分。
- 不必使用库函数 malloc()和 free()。new 运算符和 delete 运算符能将同样的事情做得更好。C++11 中的智能指针让动态内存管理更简单、更安全。
- 不必使用 void*、指针算术、共用体和强制类型转换。在某些函数或类实现的深层，如果不可避免地要使用强制类型转换，可以使用适当的显式类型转换运算符。
- 与使用传统的 C 语言风格字符串和 C 语言数组相比，使用 C++标准库的 string 和 vector 可以让程序设计更简单。C++11 则增加了更多的标准类型和标准算法。
- 如果要符合 C 语言的链接规则，可以将 C++函数声明为具有 C 语言链接的。
- 最重要的一点，可以将程序看作是由一组类和对象表示的相互作用的概念，而不是一堆数据结构和处理这些数据结构中的二进制位的函数。

另一方面，C++是更庞杂的语言。为了支持多种程序设计的思维模式，C++的语法、语义、对象模型都比较复杂，需要深入理解和思考。不过，各种不同的设计方式——包括过程式、面向对象和泛型编程，都可以直接在 C++语言中表现并有效地实现；程序员可以定义新的更具弹性的数据类型；只要明智地选择适当的语言成分，就可以使 C++程序设计更容易、更直观、更有效、更少错误。而新标准 C++11 引入的新特性则进一步为程序员创造了很多更有效、更便捷的编码方式，可以用更简短的代码完成 C++98/03 中同样的功能。

2.2　第一个 C++程序

下面是最简单的 C++程序，什么都不做，只是返回给操作系统一个值。

程序 2.1 最简单的 C++程序。

```
//-----------------------------------------
int main()
{
    return 0;
}
//-----------------------------------------
```

2.2.1 程序基本结构

每个 C++程序都包含一个或多个**函数**，其中必须有一个函数名为 **main**。操作系统通过调用 main()函数来运行 C++程序，程序从 main()函数的第一条语句开始执行。程序 2.1 就只有一个 main()函数。

main()函数的定义和其他函数一样，包含 4 部分：**返回类型**、**函数名**、**形参列表**和**函数体**。格式为

返回类型 函数名(形参列表) {**函数体**}

main()函数的返回类型必须为 int，不能省略。int 是 C++语言内置的一种整数类型。

形参列表由一对括号括起来，空括号表示函数没有参数。

函数体是一个语句块，即一对花括号“{”和“}”括起来的语句序列。程序 2.1 的函数体中只有一条语句：“return 0;”。分号“;”是语句的结束符，不能忽略。

return **语句**结束函数的执行，并返回调用者；“0”是返回给调用者的值。return 返回的值必须与函数的返回类型相容。本例中的返回值“0”是一个 int 类型的值。

main()函数的返回值在大多数系统中表示状态。返回 0 值表示成功，返回非 0 值表示各种类型的错误，具体的值和含义由系统定义。标准 C++允许省略 main()函数的返回语句，默认为返回 0。

注：有的 C++编译器对 main()函数的处理和标准不符，例如在 Visual C++ 6.0 中：①可以将 main()函数的返回类型定义为 void，不返回结果，这在标准 C++中是不允许的。②如果 main()函数的返回类型为 int，则必须有 return 语句，不能省略。

程序 2.1 什么都不做，如果希望程序能做点什么，需要在 main()函数中增加更多的语句。下面是真正意义上的第一个 C++程序。

程序 2.2 第一个 C++程序。

```
//-----------------------------------------------------------------
//displays a message
#include <iostream>                          //预处理器指令
using namespace std;                         //使标准库中的名字定义可见
int main()
{
    cout << "Hello, welcome to C plus plus!";   //显示消息
    cout << endl;                               //换行
    return 0;
```

```
}
//------------------------------------------------------------
```

程序的运行结果：

```
Hello, welcome to C plus plus!
```

程序中出现了一些新元素，这些将在 2.3 节详细说明。现在我们面临的问题是：如何运行这个程序，以看到输出结果呢？

2.2.2　程序的编译和运行

编写、编译和运行 C++程序的具体方式取决于所使用的计算机环境和 C++编译器，一般的步骤如图 2.1 所示。

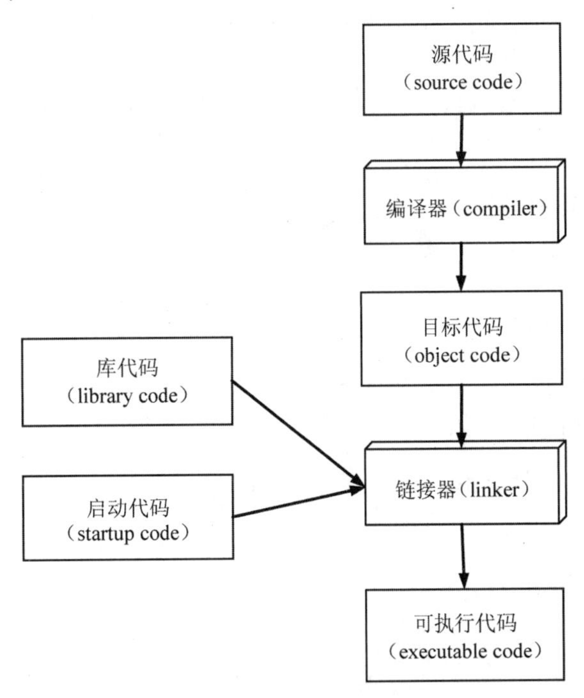

图 2.1　编程步骤

可以使用任意的文本编辑器编写程序，例如 UltraEdit 或 Windows 记事本。编写完成的程序保存在一个文件中，称为**源文件**（source file）或**源代码**（source code）。C++源文件的命名方式为“文件名.后缀”。后缀（扩展名）表示文件的类型是 C++源程序文件。不同编译器使用不同的后缀命名约定，最常见的有 cpp、cxx、cc、cp 以及 c。例如程序 2.2 可以保存为 hello.cpp。

编写好的程序需要编译之后才能运行。如何编译一个程序依赖于所用的操作系统和编译器。

编译器（compiler）将源代码翻译为内部语言或机器语言程序，称为**目标代码**（object code）。链接器（linker）链接目标代码和其他代码，如程序中使用的库的目标代码、标准的启动代码，最终的结果叫做**可执行代码**（executable code）。如果代码中有语法错误，编译器会报告错误的原因和位置。

如果源程序中包含预处理指令，如#define 或#include，那么在编译之前，预处理器要对源程序中的预处理指令进行替换和处理，这会部分地改变我们所编写的程序。

最常用的 C++编译器是 GNU GCC、Visual Studio、CLang 和 Intel C++编译器。大部分编译器都提供了命令行界面，也可以和 IDE 包装在一起使用。

如果使用命令行界面编译程序，通常是在一个控制台窗口内，如 Windows 系统的命令提示符窗口。以 GCC 在 Windows 系统中的使用为例，编译程序 2.2 的命令为

```
c:\> g++ -o sayhi hello.cpp
```

编译器使用默认 C++标准，编译生成的可执行程序名为 sayhi.exe。其中“**c:\>**”是命令行提示符，参数“-o”的作用是指定生成的可执行文件的名字。如果没有指定“**-o** sayhi”，则生成的可执行程序默认为 a.exe。

如果程序中使用了 C++11 的新特性，编译时可以指定命令参数**-std=c++0x** 或**-std=c++11**。例如：

```
c:\> g++ -std=c++0x hello.cpp
```

或者

```
c:\> g++ -std=c++11 hello.cpp
```

上面的两个命令指定编译器使用 C++11 标准，生成的可执行程序名为默认的 a.exe。这些命令参数可以同时使用，如：

```
c:\> g++ -o sayhi -std=c++11 hello.cpp
```

在 Windows 下运行生成的可执行程序只要在命令行窗口输入文件的名字，不需要带后缀，如运行 sayhi.exe 的命令：

```
c:\> sayhi
```

2.3 输入和输出

C++语言没有定义输入输出（I/O）语句，而是由标准库提供 I/O 机制。终端 I/O 由标准库 iostream 提供，其中包含输入流类型 istream 和输出流类型 ostream。使用输入输出时要包含头文件<iostream>。

iostream 库预定义了 4 个标准流对象：istream 类型的对象 cin，ostream 类型的对象 cout、cerr 和 clog。在程序 2.2 中，使用了 cout 对象输出消息。

标准输入 cin 用于从终端输入数据，标准输出 cout 用于向终端输出数据，标准错误 cerr 用来输出警告和错误消息，clog 则用于输出程序运行时的一般性信息。标准流的默认输入输出设备是控制台终端，即程序所运行的窗口。cin 从正在运行程序的窗口提取输入，而 cout、cerr 和 clog 会输出到该窗口。

2.3.1　标准输入输出

我们通过一个简单的程序来了解标准输入 cin 和标准输出 cout 的用法。

程序 2.3　输入两个整数，计算它们的和并输出。

```
//--------------------------------------------------------------
#include <iostream>                               //①
using namespace std;                              //②
int main()
{
    cout << "Enter two numbers: " << endl;        //③
    int number1 = 0, number2 = 0;                 //④
    cin >> number1 >> number2;                    //⑤
    cout << "The sum of "
        << number1 << " and " << number2
        << " is " << number1 + number2
        << endl;                                  //⑥
    return 0;
}//--------------------------------------------------------------
```

代码行①：程序中使用标准库时要包含相应的头文件，格式为

```
#include <header>
```

程序 2.3 中使用标准输入输出时包含头文件 iostream：

```
#include <iostream>
```

代码行②：C++标准库定义的所有名字都在命名空间 **std** 中，所以，在使用 cin 和 cout 时要加上命名空间的名字 std 作为限定前缀，用作用域运算符“::”指出，如 std::cout，std::cin，称为限定名。为了能以简单名字直接使用 cin 和 cout，上面的程序中使用了 using namespace std，称为 using 指令，作用是在这个程序中可以不用 std 限定，直接使用标准库中定义的名字。C++引入命名空间（namespace）的目的之一是为了避免全局名字冲突的问题，此部分内容我们将在第 5 章进一步讨论。

代码行③：这行代码的作用是输出提示用户输入的信息“Enter two numbers:”，并换行。输出运算符“<<”在标准输出 cout 上打印数据，格式为

```
cout << 数据;
```

输出运算符“<<”的左操作数是 ostream 对象，右操作数是要打印的值，结果返回左操作数：此处结果是 cout。所以 cout 可以连用“<<”输出多项数据：

```
cout << 数据 1 << 数据 2 << … << 数据 n;
```

等同于

```
cout << 数据 1;
```

```
cout << 数据2;
⋮
cout << 数据n;
```

endl 是一个特殊值，是 iostream 中预定义的操纵符，输出 endl 的效果是输出一个换行符，然后刷新输出缓冲区。更多的操纵符见附录 A。

代码行④：提示用户输入数据之后，接下来就要读入用户的输入。在此之前，需要先定义两个变量保存输入的值。int 是 C++的内置类型，表示整数，此处将 number1 和 number2 定义为 int 类型的变量，并初始化为 0。

代码行⑤：输入运算符“>>”从标准输入 cin 提取输入数据。格式为

```
cin >> 变量;
cin >> 变量1 >> 变量2 >> … >> 变量n;
```

输入运算符与输出运算符类似，左操作数为 istream 类对象，右操作数是一个变量。从给定的 istream 读入数据，并保存在给定变量中，结果返回左操作数。

输入运算符在读取输入时，会忽略前导的空白字符（空格或制表符），从非空白字符开始读取，遇到空白字符停止。如果需要输入包括空白字符的任意字符，可以使用函数 cin.get()，读入单个字符并作为 int 返回。

代码行⑥：程序最后输出两个变量的和。可以看到，cout 输出的多个数据可以不是相同类型的：有字符串，如“The sum of”；有 int 类型的变量，如 number1；还有算术表达式 number1 + number 2 的计算结果。

学习过 C 语言的读者已经熟悉了库函数 printf()和 scanf()的使用。虽然不建议，但是在 C++中仍然可以使用这两个函数，不过需要包含的头文件名为<cstdio>。C 语言标准库的头文件在 C++中在名字前都要加一个“c”，且不需要加后缀“h”。例如，C 语言的数学函数库<math.h>在 C++中名为<cmath>。

cin 和 cout 与库函数 scanf()和 printf()完全不同：

- cin 和 cout 是对象，不是函数。
- 使用 cin 输入数据时，直接用变量名字，不需要加取地址运算符“&”。
- 使用 cout 时不需要指定格式化串，而是直接输出各种类型的数据，有必要时可以通过操纵符控制输出格式。
- 操纵符 endl 不同于“\n”，它不仅输出换行符，还有刷缓冲区的功能。

显然，使用 cin 和 cout 进行输入输出更简单直观，这也是很多 C 程序员最快接受的 C++特色。

2.3.2 注释

为了方便说明程序 2.3 中的代码，我们在有些代码行的行尾加了编号，如“//①”，增加的这些内容是注释，并不会影响程序的编译和执行。

注释是帮助阅读程序的人理解程序的，通常用于概述算法、描述变量的用途，或者解释难懂的代码段。编译器会忽略注释，因此注释对程序的行为和性能不会有任何影响。注释的作用是增强程序的可读性和可理解性，其重要性不亚于代码本身，因此要确保注释的

正确性和及时更新。

C++中有两种格式的注释，一种是“/*...*/”注释对，也称**界定符注释**，注释内容包括在注释对内，与 C 语言相同。另一种是由双斜线“//”开始的**单行注释**，注释内容从斜线开始到本行尾。通常将多行注释或大段的说明放在注释对中，而短小的说明使用单行注释。

需要注意的是，界定符注释以“/*”开始，以“*/”结束，因此不能嵌套。

注释在编程时还有一个用途：在修改或调试程序的时候想要让一段代码不起作用，或者暂时不能确定是否要永久删除这段代码，可以将代码段暂时注释掉。这种情况下通常使用单行注释注释掉代码的每一行，因为如果代码段中原本有界定符注释，再使用界定符注释可能会引起注释嵌套错误。

提示：IDE 的源代码工具中通常会提供快捷命令方便我们注释掉代码段的每一行和取消注释。例如 Eclipse 中的“Ctrl+/”切换加注释和取消注释，Code::Blocks 中的“Ctrl+Shift+C”加注释和“Ctrl+Shift+X”取消注释。

2.4　集成开发环境的使用

C++的开发工具多种多样，比较流行的是各种**集成开发环境**（IDE），如功能强大的 Microsoft Visual C++，小巧简洁的 DEV-C++，开源工具 Eclipse IDE for C/C++ Developers、Code::Blocks 等。更多 C++开发工具的相关资料在 Internet 上可以获得，在此不再赘述。

一般而言，集成开发环境中包括编辑工具、源代码工具、编译器和连接器、调试工具。像 Microsoft Visual C++这样的开发工具功能强大，又带有自己的 MFC 类库和大量资源，非常便于 Windows 应用程序的开发。Eclipse IDE for C/C++ Developers 也是十分专业的开发平台，但是需要 JRE 的支持，还要额外安装 GCC 编译工具和 GDB 调试工具，这些工具的安装和配置对于 C++语言的初学者而言比较复杂。开源工具 Code::Blocks 的功能强大，支持多种语言，而且有包含最新 GNU GCC 编译器的安装版本，安装和使用都比较简单，作为初学 C++语言的练习工具，也是一种选择。

需要说明的是，由于不同编译器或者编译器的不同版本之间存在对 C++标准版本支持程度的差异，最终导致不同开发工具之间存在平台差异性，例如，你可能会看到有些 C++代码在不同的开发平台上会得到不一样的编译结果。但是，随着 C++语言的标准化进程和开发工具的升级改进，这样的现象会逐步减少。

主流 C++编译器对新语言特性的支持正在有条不紊地开发：Clang 声称“完全实现了（C++14）草案的所有内容”；GCC 和 Visual Studio 也对 C++14 的新特性提供了一定程度的支持。如果使用 C++11/14 的特性，请查看特定编译器的参考手册，了解其对 C++11/14 特性的支持情况。

本教材中例子程序使用的编译工具是 TDM-GCC 4.9.2 的 GCC/G++，支持 C++11 标准的绝大多数特性，对 C++14 标准的支持尚有不足。考虑到编译工具的支持，除非特别说明，教材中的语言特性将采用 C++11 标准。

2.4.1　使用 IDE 开发 C++程序

使用 IDE 编写 C++程序的一般步骤如下：

（1）建立一个新工程（project），工程将一个程序的所有代码和资源组织在一起。Windows 系统下常见的工程类型有命令行（console）程序、Windows 应用程序、静态库 LIB、动态链接库 DLL 等。

（2）创建和编辑源文件、头文件，并将它们加入工程。

（3）编译链接，运行程序，检查执行结果。

（4）在需要的时候调试和修改程序。

在 IDE 中编译和运行工程时有一些命令可以选择，当然，不是所有命令都同时出现在一个 IDE 中。常见的命令和术语如下：

- Compile（编译）。一般指编译当前打开的源文件中的代码。
- Build/Make（构建）。编译工程中的所有源代码文件。这个过程通常是增量式的，也就是说如果工程中有多个源文件，只有其中一个修改了，那么只重新编译修改的那一个源文件。
- Build All（全部构建）。从头重新编译所有的源代码。
- Run/Execute（运行）。运行程序，如果没有完成之前的编译和构建步骤，会进行之前的步骤之后再运行。
- Debug（调试）。一步一步地运行程序，通常可以设置一些选项，如断点、查看变量等。
- 可执行程序的 Debug 版本和 Release 版本。Debug 版本中包含了一些支持详细调试的特征，这些附加的代码会增加程序大小，使程序执行速度减慢。

2.4.2 Code::Blocks 使用示例

下面以开源 IDE 工具 Code::Blocks 为例，说明创建、编辑、编译、运行 C++程序的过程。其他 IDE 工具的使用大同小异，此处不再列举。

提示：访问网站 http://www.codeblocks.org/可以下载最新版本的 Code::Blocks。其中的 mingw-setup 安装包中额外包含了 TDM-GCC 的 GCC/G++编译器和 GDB 调试工具，对于初学者来说比较简单方便，不需要再单独下载、安装和配置这些工具。

1. 创建 C++工程

（1）在主菜单中选择 File→New→Project，显示 New Project 对话框，如图 2.2 所示。在 Category 部分选择 Console application，然后单击 Go 按钮。

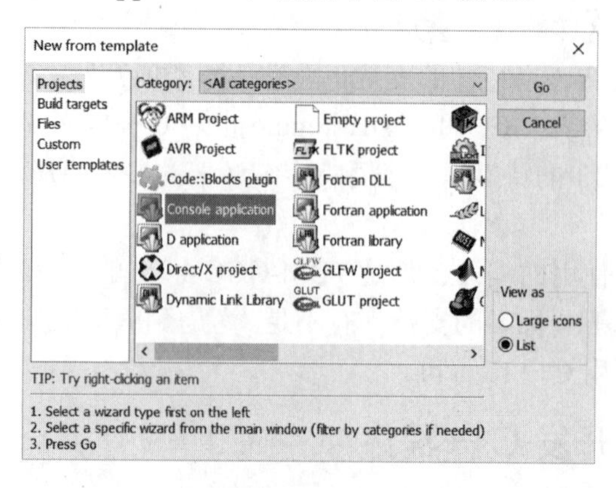

图 2.2　用 New Project 对话框创建一个新工程，并指定工程类别

（2）选择使用的语言为 C++，单击 Next 按钮，如图 2.3 所示。

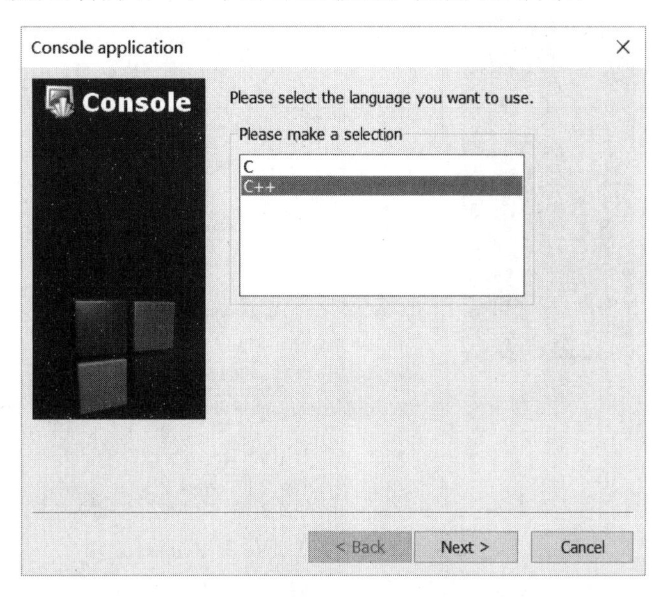

图 2.3　选择所用的语言为 C++

（3）在 Project title 中输入工程名，如 demo，在 Folder to create project in 中选择放置工程的文件夹，如 C:\program，单击 Next 按钮，如图 2.4 所示。

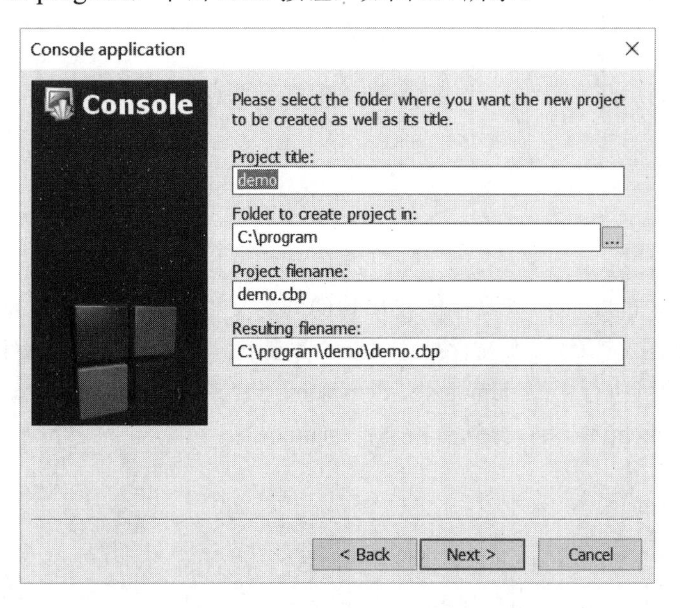

图 2.4　输入工程的名字和存储位置

（4）在 Compiler 列表中选择要使用的编译器 GNU GCC Compiler，Debug 和 Release 使用默认配置，单击 Finish 按钮，如图 2.5 所示。

（5）创建的工程 demo 如图 2.6 所示，其中包含一个默认的源文件 main.cpp，功能是显示“Hello world!”。

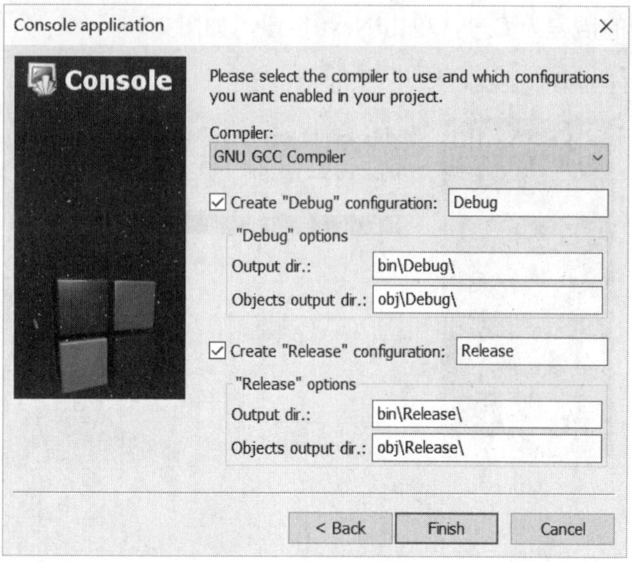

图 2.5　选择编译器，配置 Debug 和 Release 选项

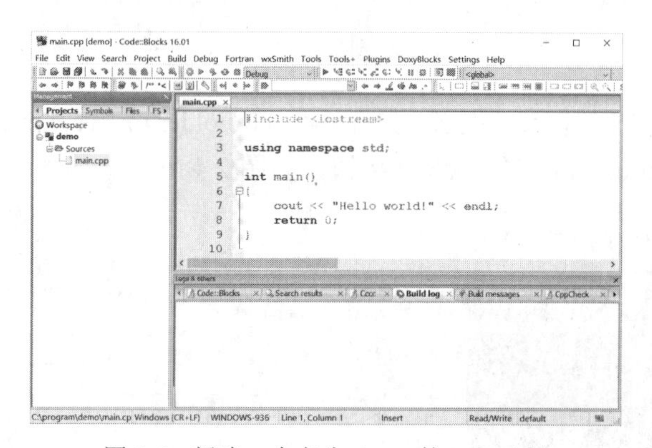

图 2.6　新建一个名为 demo 的 C++工程

工程 demo 中的文件和资源存储在单独的同名文件夹 demo 中，位于指定的文件夹 C:\program 下，如图 2.7 所示。源文件位于 demo 目录下，demo\bin 子目录下分别存储 Debug 和 Release 版本的可执行程序 demo.exe，demo\obj 子目录下存储源程序编译后的目标文件，后缀为 o，如 main.cpp 编译后得到目标文件 main.o。

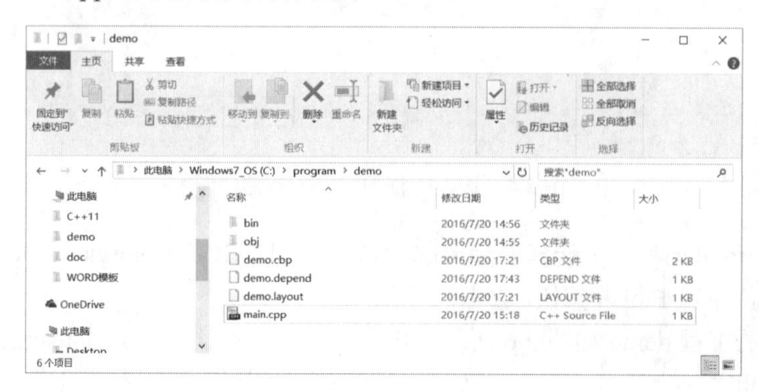

图 2.7　工程 demo 的文件夹

2. 编译和运行程序

（1）在主菜单中选择 Build→Compile current file，编译当前的源文件，如 main.cpp，如图 2.8 所示。也可以在文件名 main.cpp 上右击，在弹出的快捷菜单中选择 Build file。

选择 Build→Build，将编译并链接生成可执行程序 demo.exe。编译时的状态信息都在右下方的 Build log 输出窗口中显示，如图 2.9 所示。也可以通过右击项目名 demo，在弹出的快捷菜单中选择 Build 生成可执行程序。

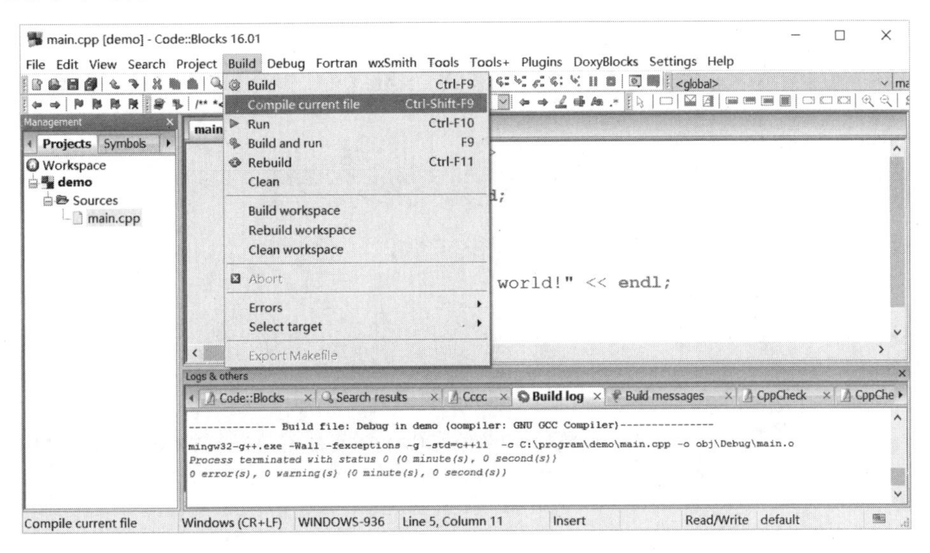

图 2.8　编译 main.cpp 源文件，编译信息在右下方 Build log 窗口显示

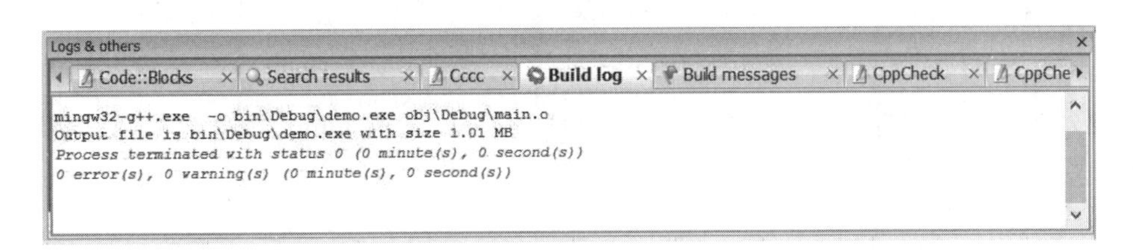

图 2.9　选择 Build，生成 demo.exe，右下方 Build log 窗口显示的信息

（2）工程 demo 的可执行程序名为 demo.exe，在主菜单中选择 Build→Run，即可在命令行窗口中运行程序，如图 2.10 所示。

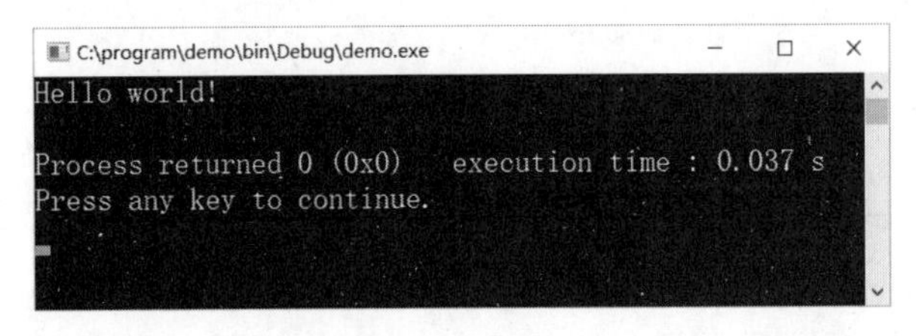

图 2.10　运行 demo.exe，命令行窗口显示运行结果、程序返回值和执行时长

3. 新建源文件

如果希望程序做其他事情，可以直接编辑 main.cpp 修改代码。练习编程时，为了节省

时间，我们不会反复创建新的工程，而是在原工程中加入和移除源文件，得到不同的程序。一个工程表示一个程序，一个程序中可以包含多个源文件，但是只能有一个 main()函数。如果需要保留 main.cpp 文件中的内容，可以将 main.cpp 从工程中移除，再新建源文件加入工程。从工程中移除的文件并不会从磁盘上删除，仍位于工程所在的文件夹中。

（1）在文件名 main.cpp 上右击，从弹出的快捷菜单中选择 Remove file from project，main.cpp 将从工程 demo 中移除，如图 2.11 所示。

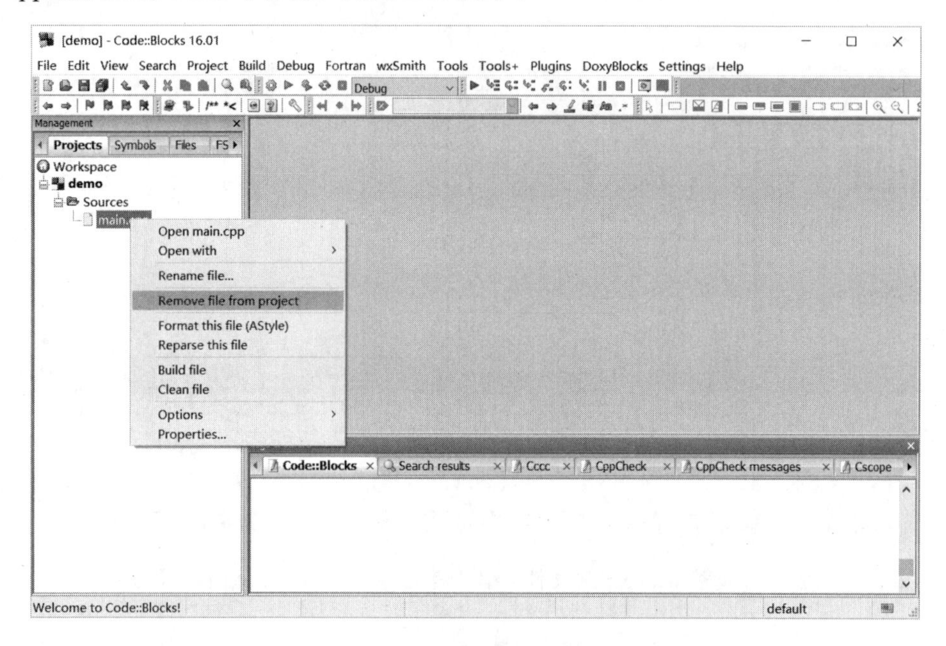

图 2.11　从 demo 工程中移除 main.cpp

（2）在主菜单中选择 File→New→File，打开 New from template 对话框，选择 C/C++ Source 文件类型，单击 Go 按钮，如图 2.12 所示。

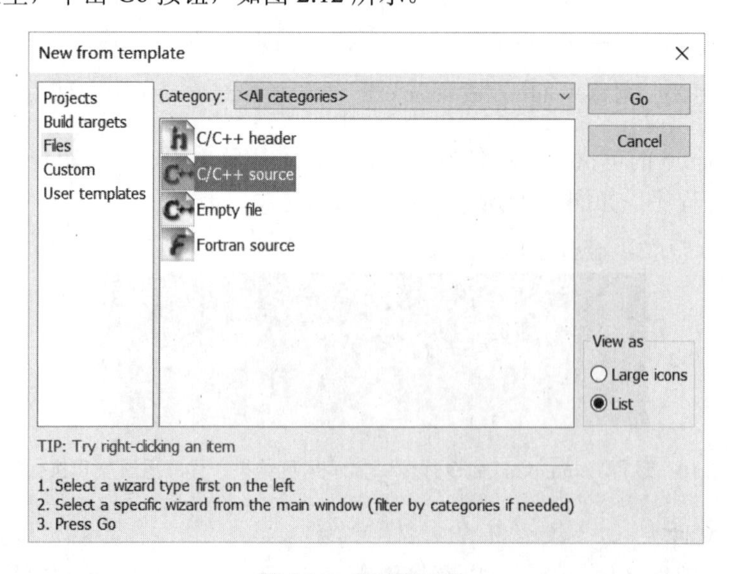

图 2.12　新建源文件

（3）选择源文件的语言 C++，单击 Next 按钮，如图 2.13 所示。

（4）在 Filename with full path 中输入源文件的名字和位置，选中 Add file to active project in build target 复选框，将源文件加入工程的 Debug 和 Release，单击 Finish 按钮，如图 2.14 所示。

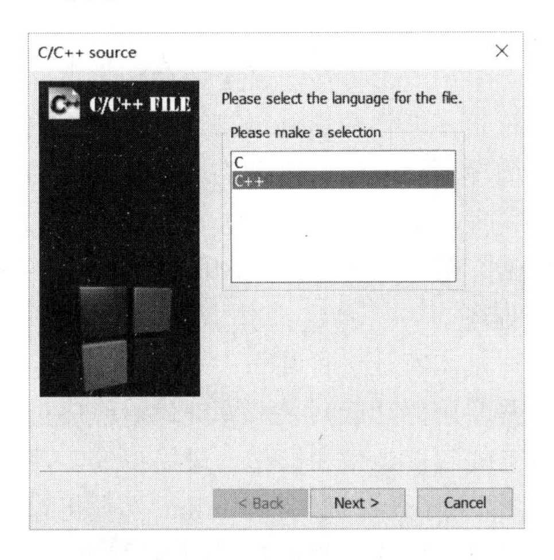

图 2.13　选择源文件语言为 C++

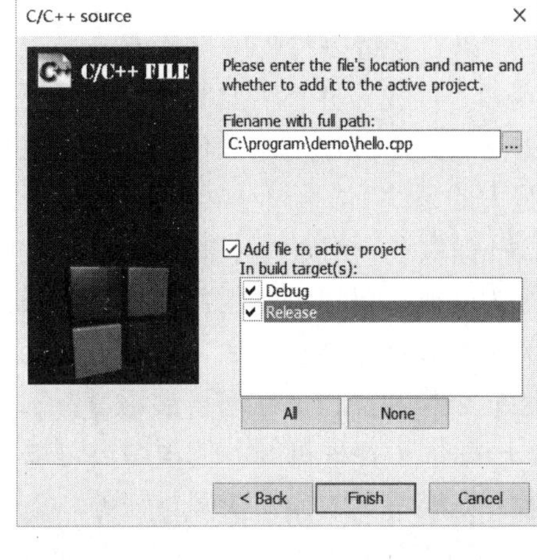

图 2.14　输入源文件的名字和存储位置

（5）新创建的源文件 hello.cpp 被加入 demo 工程中，可以在编辑窗口中编写代码，如图 2.15 所示。源文件 hello.cpp 也将保存在 demo 工程的文件夹中。

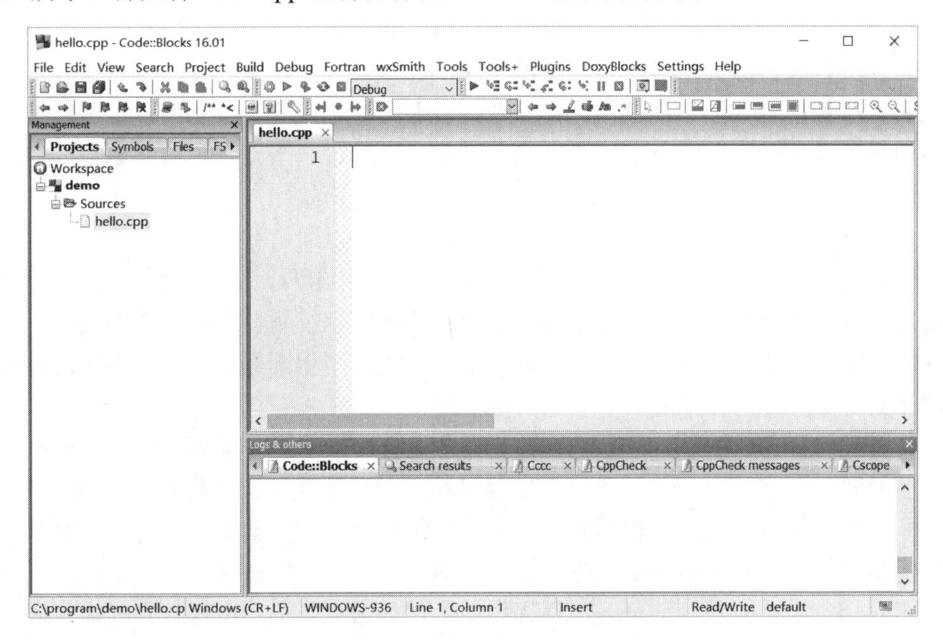

图 2.15　编辑源文件

对工程的其他操作也可以通过在工程名 demo 上右击，从弹出的快捷菜单中选择，或者在主菜单 Project 中进行选择。

为了适应不同熟练程度的用户，IDE 中常用的操作命令除了在主菜单中和快捷菜单中提供之外，还定义了快捷键和工具条按钮。在使用 IDE 的过程中，我们可以不断发掘这些使编程更快速便捷的方式，提高效率。

2.5 C++语言特性概览

C++语言支持多种程序设计方法，因此包含了非常多的特性，甚至会让初学者望而却步。实际上，我们并不需要等到掌握了所有这些特性才能使用这种语言，学习编程语言最好的方法就是写程序，从只使用基本语法结构的简单程序开始，逐渐构造更加复杂的、功能更强大的系统。

C++提供了一组最基本的特征，包括内置数据类型、运算符、控制流语句。以这些基本特征为基础，可以编写任何风格和规模的 C++程序。

为了使语言功能更强大，可以通过两种方式对基本特征进行补充：一是允许程序员定义自己的类型和操作，从而扩展语言；二是将一些常用的功能封装成库提供给程序员。

C++提供了各种机制，使程序员可以定义自己的数据类型和操作。最简单的，可以定义函数，完成特定的操作或例行任务。C++为函数引入了一些新特性。inline 函数可以提高频繁调用的小程序的性能，函数重载允许用相同的名字定义一组针对不同参数表的类似操作。C++中的参数传递方式除了传值，还提供了传引用的方式，不仅解决了在函数内修改外部参数的问题，还能提高较大的对象做函数实参时参数传递的效率。

C++最重要的特征是提供了类类型，通过定义类，程序员可以将数据和操作封装在一起，与内置类型区分开，描述特定问题领域的概念和实体，方便用程序描述解决方案。类中的数据成员和成员函数分别描述其属性和操作，成员的访问控制实现了信息和实现隐藏。为了让类类型像内置类型一样使用，C++提供了运算符重载机制，允许内置运算符作用于类类型的对象操作数。程序员在设计自己的类时可以通过一些工具更精细地控制对象的初始化、赋值、复制、移动和销毁。构造函数定义对象的初始化方式，析构函数负责对象销毁时的清理，赋值、复制、移动行为牵涉的深层语义可以通过相应的成员函数来定义。

作为面向对象程序设计语言，C++在语法上直接支持继承，令相关类型的定义更简单。动态绑定通过虚函数实现，可以写出与类型无关的代码，忽略继承层次中的类型之间的差异。在 C++中也提供了多重继承、虚继承、运行时刻类型识别等机制，作为解决特殊设计问题的工具。

基于上述特征，C++标准库实现了丰富的类和函数。最常用的字符串类 string 完全替代了 C 风格的字符数组字符串，使字符串处理更简单、更直观、性能更高。基本的 I/O 库除了控制台输入输出流之外，还提供了读写文件的文件流和进行内存 I/O 操作的字符串流。标准库的核心是一族容器和泛型算法，这些设施可以帮助程序员编写出简洁高效的代码。向量 vector、线性表 list、映射 map，是程序中常用的数据结构。在这些容器的基础上实现的泛型算法库为各种经典算法提供了高效的实现，如排序和查找，还有其他一些常用操作。

当对 C++的基本知识和类的定义有了更深入的理解时，可以利用 C++的模板机制定义自己的泛型类型和泛型算法。函数模板和类模板可以让程序员定义与类型无关的通用类和函数。可变参数模板、模板类型别名以及控制实例化的方法也作为新特性被引入。

C++语言能解决的问题规模千变万化，有的小到一个程序员几小时就可以完成，有的则是包含数千数万行代码的大型系统，需要程序员团队一起开发几年。为了适应大规模程序的开发，C++还引入了其他一些特征，包括命名空间和异常处理。

命名空间为防止名字冲突提供了可控的机制。命名空间分割了全局作用域，每个命名空间都是一个作用域，将库的名字定义在库开发者自己的命名空间中，可以避免在大型程序中使用多个库时可能发生的名字冲突。

异常处理将检测异常的代码和处理异常的代码分开，并通过抛出异常和捕获异常在两段代码之间通信。异常是一个对象，在错误的地方抛出异常，并由一段用以处理特定类型错误的异常处理代码来捕获这个异常。异常处理是一个单独的执行路径，不会影响正常的执行代码。另外，被抛出的异常不同于由函数返回的错误值或错误标志，它是不容许被忽略的，必须在某个点进行处理。采用异常处理机制能使错误的处理更加规范和清晰。而且，异常还提供了一种从错误状态进行可靠恢复的方法，这有助于构建更健壮的系统。

可以看到，C++语言的内容相当丰富，C++语言标准的文本长度也反映了这一点：从最初 300 多页，到 C++98 的将近 800 页，到 C++11/14 已经长达 1300 多页。以一本教材而言，完全覆盖这些特性几乎是不可能的。本书的方法是从面向对象编程的思想和实用性出发，介绍 C++语言的基本元素和支持面向对象程序设计的特性，使读者能尽快开始使用这门语言，并在实际编程的过程中进一步深入学习感兴趣的内容。

2.6 小结

- C++是一种混合的面向对象程序设计语言，支持过程式、基于对象、面向对象和泛型程序设计。
- 目前的新 C++标准是 C++11/14，C++98/03 是之前广泛使用的标准。
- 编写 C++程序的基本工具包括编辑器、编译工具、调试工具，IDE 将这些工具集成在一起，方便使用。
- C++程序逻辑上由多个函数构成，其中必须有且只能有一个 main()函数。
- C++程序物理上由多个文件构成，包括源文件和头文件，程序以源文件为单位进行编译。
- main()函数的返回类型是 int，不能省略。
- C++程序中的输入和输出由标准库提供，使用时包含头文件<iostream>。
- cin 和 cout 是 iostream 标准库中预定义的两个对象，分别绑定到标准输入设备和标准输出设备。

2.7 习题

1. C++程序在结构上具有哪些特点？程序、源文件、头文件和函数这些术语之间有些什么关联？

2. 通过 Internet 了解目前流行的 C++开发工具有哪些，其一般评价如何。

3. 你使用的是哪种 C++开发工具？它有什么特征？你使用的是哪种编译器？对 C++11/14 标准的支持程度如何？

4. 熟悉你使用的C++开发工具，试着用它编辑、编译并运行本章的示例程序。

5. 编写程序，在标准输出上打印3行“Hello, World!”。

6. 编写程序，输入两个整数，输出对它们进行加（+）、减（-）、乘（*）、除（/）的计算结果。

7. 编写程序，显示如下表格：

```
a       a^2     a^3
1       1       1
2       4       8
3       9       27
4       16      64
```

8. 编写程序，计算并显示半径为6.5的圆的面积和周长。

CHAPTER 3

第3章 C++语言基础

本章学习目标：

- 了解 C++语言支持的数据类型；
- 熟悉 C++的内置基本类型：字符、布尔、整数、浮点；
- 掌握变量和常量的定义、声明和初始化语法；
- 理解作用域的概念；
- 熟练掌握常用的运算符：书写规则、含义和用途；
- 理解运算符的优先级、结合性、副作用和表达式的值等概念；
- 熟练掌握各种基本语句及其用法；
- 熟练掌握分支结构：if 语句和 switch 语句；
- 熟练掌握循环结构：while 语句、for 语句、范围 for、do-while 语句；
- 学会编写有基本数据处理和控制流的 C++程序。

简单来说，程序就是为了得到所需结果而对一组数据进行加工处理的过程。因此，程序设计语言必须提供相应的元素或机制来描述程序要处理的数据和对这些数据的处理过程，于是就有了各种描述数据结构的数据类型、描述对数据进行处理的运算、描述复杂处理过程的语句和控制结构。编写程序就是熟悉这些元素并且恰当而准确地运用它们。本章介绍 C++语言的内置基本数据类型、运算符和表达式、控制语句。

我们以一个简单的问题开始本章的学习：编写一个程序，要求用户输入表示圆半径的数值，程序计算这个圆形的面积并输出结果。

解决这个问题需要一些什么呢？

首先，简要描述出程序的处理流程：

步骤 1：读取用户输入的半径并存储；

步骤 2：用圆面积计算公式 πR^2 计算面积；

步骤 3：输出面积。

完成这些步骤的程序中需要包括下列元素：

- 表示半径和面积的数据：一个变量保存输入的半径值，根据半径值的特点，这个数据是能表示小数的浮点类型；另一个变量保存计算得到的面积值，显然这个面积值也是浮点类型。

- 表示 π：和上面两个数值不同，π 的值是固定的，即常量，也是浮点类型。
- 表示面积计算公式：面积计算公式用包含算术运算符的表达式书写；结果通过赋值运算存放到面积变量中。
- 输入和输出：利用 I/O 流库中的 cin 和 cout。

最终，编写的程序如 3.1 所示。

程序 3.1 输入圆的半径，计算并输出其面积。

```
//-----------------------------------------------------------
#include <iostream>
using namespace std;
int main(){
    const double PI = 3.14159;              //常量π的定义
    cout << "请输入圆的半径: " << endl;
    double radius, area = 0;                //定义变量 radius 和 area
    cin >> radius;                          //输入半径
    area = PI * radius * radius ;           //计算面积
    cout << "半径为 " << radius
        << " 的圆的面积为 " << area << endl; //输出结果
    return 0;
}
//-----------------------------------------------------------
```

3.1 基本内置类型

程序中的各种加工和处理都是针对某些数据进行的，这些数据由**数据类型**描述。数据类型是程序的基础，决定了程序中数据的意义和能对数据执行的操作。

C++语言支持广泛的数据类型。它定义了内置的基本类型和复合类型，同时为程序员提供了自定义数据类型的机制。C++标准库基于此定义了一些常用的类型，以便程序员使用。C++中数据类型的大致分类如图 3.1 所示。

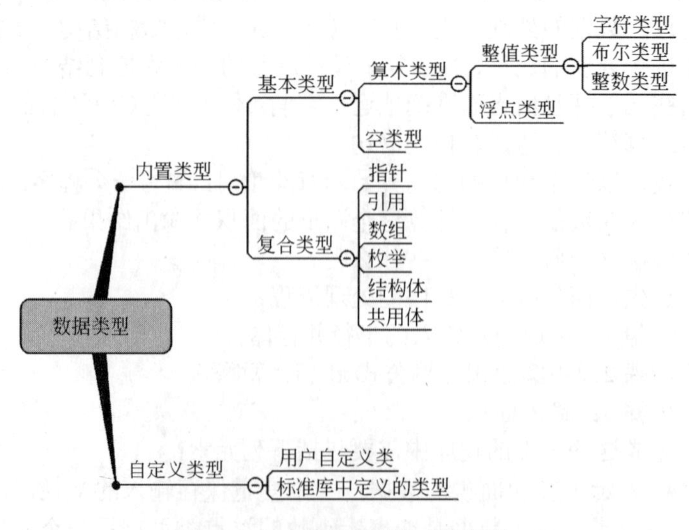

图 3.1 C++数据类型的大致分类

C++定义了一组基本数据类型，包括**算术类型**和**空类型**（void）。算术类型包括字符类型、布尔类型、整数类型和浮点类型。空类型不对应具体的值，用于指针和函数返回类型。

3.1.1 算术类型

算术类型分为**整值类型**（包括布尔类型和字符类型）和**浮点类型**两类。数据类型规定了数据的存储结构（宽度和布局）、可以进行的运算和取值范围。算术类型的宽度，即占据的内存位数在不同机器上有所差别。C++标准规定了算术类型内存位数的最小值，如表 3.1 所示，编译器在实现时可以赋予更大的值。

表 3.1 C++算术类型

类型		含义	最小位数
布尔类型	bool	逻辑值	未定义
字符类型	char	ASCII 字符	8 位
	wchar_t	宽字符	16 位
	char16_t	Unicode 字符	16 位
	char32_t	Unicode 字符	32 位
整数类型	short	短整型	16 位
	int	整型	32 位
	long	长整型	32 位
	long long	长整型（C++11）	64 位
浮点类型	float	单精度浮点数	6 位有效数字
	double	双精度浮点数	6 位有效数字
	long double	扩展精度浮点数	10 位有效数字

提示：计算机内存由有序的字节（byte）序列组成，用于存储程序中的数据。大多数机器的一个字节占 8 位（bit）。各种类型的数据都被编码为字节序列，数据如何编码和解码根据编码模式确定，由系统自动完成。在指定机器上进行整数运算的自然单位是字（word），一般来说，字的空间足够存放地址。每个字由若干个字节组成，例如，32 位机器的每个字通常占据 4 个字节，64 位机器的每个字占 8 个字节。

内存中的每个字节都有一个唯一的地址，用这个地址确定字节的位置，以便存储和获取数据。内存中的每个字节有两项相关信息：一是字节的地址，二是该字节中存放的内容。内存字节的内容永远非空，一旦放入新信息，该字节的原有内容就会消失。

布尔类型表示逻辑值，用 **bool** 关键字定义。bool 类型只有两个值：**true**（真）或 **false**（假）。

基本的**字符类型** char，通常用来表示单个字符或小整数，宽度和一个机器字节一样，足以存放机器基本字符集中任意字符对应的数字值。标准库头文件<limits>中的符号常量 CHAR_BIT 定义了 char 的位数。

其他字符类型用于扩展字符集。wchar_t 类型用于确保可以存放机器扩展字符集中的任意一个字符；char16_t 用于存储 UTF-16 编码的 Unicode 数据；char32_t 用于存储 UTF-32 编码的 Unicode 数据。wchar_t 类型是 C++98 标准为了支持 Unicode 编码引入的，但未定义其宽度，在不同机器上有不同实现：8 位、16 位、32 位，导致了移植性差的问题。C++11

标准引入了后两种新的字符类型来存储不同编码长度的Unicode数据。

short、int、long、long long表示不同宽度的**整数类型**。C++标准规定：short的宽度最少16位；int至少和short一样大；long最少32位宽度且至少和int一样大；long long最少64位且至少和long一样大。

浮点类型可以表示单精度、双精度和扩展精度值。浮点数的内部表示不同于整型，采用类似于数值和缩放因子两部分表示的方式。C++编译器大都实现了比标准规定更高的精度。通常float以32位表示，double以64位表示，long double以96或128位表示。float和double一般分别有7和16个有效数位；long double常用于有特殊浮点需求的硬件，精度随具体实现而不同。

各种类型数据在内存空间中实际占据的大小依赖于具体实现，即由编译器及其平台决定。C++的**sizeof运算符**可以计算得出类型或变量在内存中占据的字节数，如程序3.2所示。

程序3.2 内置基本数据类型的内存字节数。

```
//--------------------------------------------------------------------
#include <iostream>
using namespace std;
int main(){
    //整值类型
    cout << "bool: " << sizeof(bool) << endl;
    cout << "char: " << sizeof(char) << endl;
    cout << "wchar_t: " << sizeof(wchar_t) << endl;
    cout << "char16_t: " << sizeof(char16_t) << endl;
    cout << "char32_t: " << sizeof(char32_t) << endl;
    cout << "short: " << sizeof(short) << endl;
    cout << "int: " << sizeof(int) << endl;
    cout << "long: " << sizeof(long) << endl;
    cout << "long long: " << sizeof(long long) << endl;
    //浮点类型
    cout << "float: " << sizeof(float) << endl;
    cout << "double: " << sizeof(double) << endl;
    cout << "long double: " << sizeof(long double) << endl;
    return 0;
}
//--------------------------------------------------------------------
```

程序的运行结果（Windows 10平台，GCC4.9.2编译器）：

```
bool: 1
char: 1
wchar_t: 2
char16_t: 2
char32_t: 4
short: 2
int: 4
```

```
long: 4
long long: 8
float: 4
double: 8
long double: 12
```

3.1.2　带符号和无符号类型

除去布尔类型和扩展的字符类型，其他整型可以划分为**带符号**的（signed）和**无符号**的（unsigned）两种。带符号类型可以表示正数、负数或 0，无符号类型仅能表示大于等于 0 的值。

short、int、long、long long 都是带符号的，在类型名前面加关键字 unsigned 就得到相应的无符号类型，如 unsigned long。类型 unsigned int 可以缩写为 unsigned。

字符类型比较特殊，被分为三种：char、signed char 和 unsigned char。要注意的是，char 和 signed char 并不相同。字符型虽然有三种，但表现形式只有带符号和无符号的两种。类型 char 实际表现为其中的哪一种，由编译器决定。

无符号类型的所有位都用来存储值，例如，8 位的 unsigned char 类型可以表示的数值范围是 0～255。如果是 signed char 类型，表示的数值则是–128～127。

标准库头文件<limits>中定义了各种整数类型数据的取值范围。其中定义了一些表示各种类型的最大值和最小值的符号常量，可以查看编译工具标准库（通常 include）目录下的 limits.h 文件。例如，对 int 类型，定义了带符号的最大值 INT_MAX、最小值 INT_MIN 和无符号的最大值 UINT_MAX。

程序 3.3 是一个无符号类型使用的例子，可以看到，超出整数类型的表示范围时会出现溢出。

程序 3.3　整数类型的使用和溢出现象。

```
//--------------------------------------------------------------------
#include <iostream>
#include <limits>                        //其中定义了整数类型数据的最大、最小值
using namespace std;
int main(){
    short tom = SHRT_MAX;                //变量 tom 的初值为 short 类型的最大值
    unsigned short jerry = tom;          //jerry 和 tom 的值相同
    cout << "Tom has " << tom << " dollars and Jerry has " << jerry;
    cout << " dollars deposited." << endl
            << "Add $1 to each account." << endl << "Now ";
    tom = tom + 1;                       //Tom 存入 1 元钱
    jerry = jerry + 1;                   //Jerry 存入 1 元钱
    cout << "Tom has " << tom << " dollars and Jerry has " << jerry;
    cout << " dollars deposited.\nPoor Tom!" << endl;
    tom = 0;                             //账户余额都为 0
    jerry = 0;
    cout << "Tom has " << tom << " dollars and Jerry has " << jerry;
```

```
    cout << " dollars deposited." << endl;
    cout << "Take $1 from each account." << endl << "Now ";
    tom = tom - 1;                    //Tom 取出 1 元钱
    jerry = jerry - 1;                //Jerry 取出 1 元钱
    cout << "Tom has " << tom << " dollars and Jerry has " << jerry;
    cout << " dollars deposited." << endl << "Lucky Jerry!" << endl;
    return 0;
}
//--------------------------------------------------------------------
```

程序的输出结果：

```
Tom has 32767 dollars and Jerry has 32767 dollars deposited.
Add $1 to each account.
Now Tom has -32768 dollars and Jerry has 32768 dollars deposited.
Poor Tom!
Tom has 0 dollars and Jerry has 0 dollars deposited.
Take $1 from each account.
Now Tom has -1 dollars and Jerry has 65535 dollars deposited.
Lucky Jerry!
```

在选择算术数据类型时，可以遵循一些经验准则：

- 只有知道数值永远不可能为负时，才选择无符号类型。
- 整数运算优先选择 int，int 是机器处理效率最高的整数。当数值超过 int 表示的范围时，选择 long long。在实际中，short 的宽度过小，long 的宽度一般和 int 相同。
- 如果 short 比 int 小，那么使用 short 可以节省存储空间，对大量的数据，例如非常大的整数数组，或者节省空间特别重要的情况下，使用 short。
- 如果只需要一个字节，使用 unsigned char。
- 算术表达式中不要使用 char 或 bool，只有存放字符或布尔值时才使用它们。
- 浮点数运算选择 double，因为 float 精度不够，而且 doule 和 float 的计算代价相差无几，甚至在有些机器上 double 更快。long double 的精度一般没有必要，且运行代价大。

3.1.3 字面值常量

当一个数值，例如 5，出现在程序代码中时，它被称为**字面值常量**（literal constant）：“字面值”是因为只能以它的值的形式指代它，“常量”是因为它的值不能被改变。每个字面值常量都有相应的类型，其类型由它的形式和值决定。

整数字面值可以写作十进制、八进制或十六进制的形式。例如，23 可以写成

```
23          //十进制
027         //八进制，以 0 开头，由数字 0~7 构成
0x17        //十六进制，以 0x 或 0X 开头，由数字 0~9 和字母 a~f 或 A~F 构成
```

C++14 允许用 0B 或 0b 前缀表示二进制整数字面值。例如，23 可以写成

```
0B10111          //二进制，以 0b 或 0B 开头，由数字 0 或 1 构成
```

十进制整数字面值常量的默认类型是 int，如果数值超出 int 能够表示的范围，那么其类型是 long，再超出是 long long 类型。八进制和十六进制整数字面值的类型是 int、unsigned int、long、unsigned long、long long、unsigned long long 中第一个范围足够表示该数值的类型。如果一个字面值用与之关联的最大数据类型也放不下，将产生错误。

浮点型字面值默认为 double 类型，可以写成普通的十进制形式或科学计数法形式，例如，浮点数 235.8 可以表示为

```
235.8   2.358E2
```

bool 类型的字面值只有 true 和 false。

字符型字面值是用单引号括起来的单个字符或以反斜线开头的转义字符，如'a'，'\n'。一些常用的转义字符见表 3.2。

表 3.2　常用的转义字符

转 义 字 符	含　　义	转 义 字 符	含　　义
\n	换行符	\r	回车
\b	退格	\a	响铃符
\t	水平制表键	\v	垂直制表键
\\	反斜线	\?	问号键
\'	单引号	\"	双引号
\ooo	八进制数 ooo 表示的字符	\xhh	十六进制数 hh 表示的字符

为字面值添加表 3.3 所列的前缀或后缀，可以改变整型、浮点型和字符型字面值的默认类型。例如：

```
116u             //unsigned 类型
120UL            //unsigned long 类型，同时使用 U 和 L 后缀
2LL              //long long 类型
3.14F            //float 类型浮点数
2.5E3L           //long double 类型
L'a'             //wchar_t 类型字符
u8"hi!"          //utf-8 字符串字面值
```

表 3.3　指定字面值的类型

字面值	前　　缀	后　　缀	含　　义	类　　型
字符和字符串	u		Unicode 16 字符	char16_t
	U		Unicode 32 字符	char32_t
	L		宽字符	wchar_t
	u8		UTF-8 字符（仅用于字符串字面常量）	char
整型		u 或 U		unsigned int
		l 或 L		long
		ll 或 LL		long long
浮点型		f 或 F		float
		l 或 L		long double

用双引号括起来的零或多个字符是字符串类型的字面值，如"A"、"123"。字符串字面值的实际类型是常量字符数组，编译器会在每个字符串的结尾处加一个空字符'\0'，因此字符串字面值的实际长度比它的内容多1。例如，'A'表示单个字符A，而"A"则是一个字符的数组，其中有两个字符：'A'和'\0'。

如果紧邻的两个字符串字面值仅由空格、缩进和换行符分隔，那它们可以拼接成一个整体。在程序中如果字符串字面值比较长，写在一行不合适时，可以分开书写，例如：

```
cout << "A very, very long string literal that"
        " cannot be written in a single line." ;    //输出是一个长字符串
```

C++11 新增加了一种原始（raw）字符串类型。在原始字符串中，字符表示的就是自己。例如转义字符'\n'不表示换行符，而表示两个字符：斜线和n，因此屏幕上显示时，将显示这两个常规字符。原始字符串以R为前缀，以"(和)"作为界定符，格式为

```
R"(字符串)"
```

例如：

```
cout << R"(abc\n)";            //输出: abc\n
cout << R"(a\b\c\d\t)";        //输出: a\b\c\d\t
cout << R"(He said,"OK.")"; //输出: He said,"OK."
```

前缀R也可以和其他前缀结合使用，如“uR”、“RU”等。

3.1.4 数据的输入和输出

标准流库中的std::cin和std::cout对象可以处理基本内置类型数据的终端I/O，直接使用输出操作符“<<”和输入操作符“>>”。

如果要格式化输入输出的细节，可以利用C++预定义的操纵符修改I/O流对象的格式状态，如整型数值的进制基数、浮点数的精度等。标准操纵符见附录A。

1. bool值的输出

输出流的默认状态是noboolalpha，将true和false表示为1和0输出。操纵符boolalpha将true和false表示为字符串形式输出。例如：

```
cout << true << "\t" << false;                  //输出: 1 0
cout << boolalpha << true << "\t" << false;     //输出: true false
cout << noboolalpha;                            //恢复默认状态
```

2. 整数输出格式

输出流的默认状态为noshowbase（不显示进制基数前缀）、noshowpos（不显示非负值的正号）、dec（十进制格式）。操纵符 showbase（显示进制基数前缀）、showpos（显示非负值的正号）、oct（八进制格式）、hex（十六进制格式）可以修改输出流状态。例如：

```
int n = 86;                     //输出结果:
cout << n << endl;              //86
cout << showpos << n << endl;   //+86
```

```
cout << oct << n << endl;       //126，八进制
cout << hex << n << endl;       //56，十六进制
cout << showbase;
cout << oct << n << endl;       //0126，显示前缀“0”
cout << hex << n << endl;       //0x56
cout << uppercase << n;         //0X56
cout << 58 << endl;             //0X3A，输出流的状态维持之前的设置
cout << dec << 58 << endl;      //+58，恢复十进制格式
```

操纵符 uppercase 和 nouppercase 控制输出十六进制的“0x”、“a~f”以及科学计数法的“e”时用大写或小写，默认 nouppercase（小写）。

3. 浮点数输出

与浮点数输出格式相关的操纵符有 fixed 和 scientific，分别以小数形式和科学计数法形式显示小数，默认为小数形式。如果要控制小数部分的位数，可以使用 cout 的 precision()操作，格式为

```
cout.precision(小数位数);
```

例如：

```
cout << 123.456 << endl;                    //123.456，默认格式
cout << 12.00 << endl;                      //12，默认小数部分的 0 不显示
cout << fixed << 12.00 << endl;             //12.000000，带小数部分，默认 6 位
cout <<12.34e2 << endl;                     //1234.000000，小数格式
cout << scientific << 123.456 << endl;  //1.234560e+002，科学计数法
cout << fixed << 12.34e3 << endl;           //12340.000000
cout.precision(2);                          //设置格式为输出 2 位小数
cout << fixed << 123.456 << endl;           //123.46，2 位小数
cout << 12.3 << endl;                       //12.30， 2 位小数
```

4. 字符输入输出

ASCII 字符的输出和其他数据的输出相同，只是其中有些不可见字符不能在终端上显示。利用 cout 的 width()和 fill()操作可以控制下一个输出字符的宽度和填充符号，格式如下：

```
cout.width(输出宽度);
cout.fill(填充字符);
```

例如：

```
char c = 'a';
char nl = '\n';
cout << c << nl;            //输出：a，宽度为 1
cout.width(3);              //设置下次输出宽度为 3，不足时左边填充空白
cout << c << nl;            //输出：  a，宽度 3，前面填充两个空格
cout.width(5);              //设置下次输出宽度为 5
```

```
cout.fill('*');           //设置填充字符为"*"
cout << c << nl;          //输出：****a，前面填充4个*
```

ASCII字符的输入可以使用输入操作符，例如：

```
char ch;
cin >> ch;
```

输入操作符不能读入空白字符（空格、换行符、制表符）。假设需要逐个字符输入一段文字并进行处理，那么其中的空白字符，如空格，就不能被忽略。

cin.get()可以读入任意一个字符，包括空格、换行等。与之相对应的输出单个字符的操作为cout.put(ch)。使用示例如下：

```
char ch = cin.get();          //输入一个字符，保存在ch中，不会略过空白
cout.put(ch);                 //输出读入的字符
```

cin.get()也可以在提示"输入任意字符继续"之类的情形下使用，等待用户输入，继续之后的操作。

Unicode字符的输出要微妙一些。例如：

```
cout << "UTF-8: " << u8"\u4F60\u597D" << endl; // "你好"
cout << "UTF-16: " << u"hello" << endl;
cout << "UTF-32: " << U"hello equals \u4F60\u597D" << endl;
```

这段代码的预期输出是

```
你好
hello
hello equals 你好
```

但实际上可能输出的是乱码或一串十六进制数字，可以在自己的系统中测试一下结果。

C++11虽然在语言层面对Unicode编码进行了支持，但语言层面并不是唯一的决定因素。

例如，基于Unicode字符集的常见编码方式就有UTF-8、UTF-16和UTF-32。以UTF-8为例，其采用了1~6个字节的变长编码方式编码Unicode，英文通常使用1字节表示，且与ASCII兼容，而中文常用3字节表示。UTF-8编码比较节约存储空间，使用比较广泛。现行桌面系统中，Mac OS和Linux等采用了UTF-8编码方式，而Windows内部则采用了UTF-16的编码方式。在中文语言地区，还有一些更常见的字符集及其编码方式，如GB2312、GBK和BIG5。GB2312使用基于区位码的编码方式，BIG5和GBK则是使用2字节编码方案。

不同的编码方式对于相同的二进制字符串的解释是不同的。例如，如果一个UTF-8编码的网页中的字符串按照GB2312编码进行显示，就会出现乱码。程序中的字符串字面值最终产生什么结果以及会按照什么类型解释，由编译器的实现决定。因此，要在自己的系统上看到正确的Unicode文字，还需要输出环境、编译器，甚至是代码编辑器等的支持。

3.2　变量和常量

程序中经常需要存储信息，例如某只股票的价格、本市的平均温度、搜索率最高的热词等。要在计算机中存储一项信息，程序必须跟踪记录三项基本特性：①信息存储在哪里；②其中保存的是什么值；③存储的是哪类信息。

在程序中，**变量**提供一个有名字的、可供操作的存储空间，可以通过程序代码对其进行读、写和处理。C++中每个变量都有数据类型，决定了变量所占内存空间的大小和布局、该空间能存储的值的范围以及该变量能参与的运算。变量有时也被称为**对象**，指一块能存储数据并具有某种类型的内存空间。

3.2.1　变量定义

变量定义的基本形式为：

（1）类型说明符，说明随后的变量名列表中每个变量的类型；

（2）一个或多个变量名组成的列表，变量名之间以逗号分隔，最后以分号结束；

（3）可选的变量初始值。

变量定义的一般格式为

```
类型　变量名;
```

也可以一次定义多个同类型的变量：

```
类型　变量名 1, 变量名 2, … 变量名 n;
```

例如：

```
int count;                          //count 是 int 类型的变量
int count = 0;                      //定义 count 的同时指定初值
double salary;                      //salary 是 double 类型的变量
double sum = 0;                     //定义 sum 并指定初值
double salary, sum = 0;             //一次定义两个 double 类型的变量
int x = 10, y = x;                  //定义了 int 变量 x 和 y，x 在定义之后就可以使用了
```

3.2.2　标识符

引用变量时要通过变量的名字，变量由标识符命名。**标识符**可以由字母、数字以及下画线组成，但必须由字母或下画线开头，并且区分大小写字母。上面代码中 count、sum 和 salary 都是标识符。

标识符用来为程序中的变量、常量、函数、类型等命名。C++保留了一些名字供语言本身使用，不能被用作标识符，如关键字和操作符替代名（见附录 A）。另外，C++也为标准库保留了一些名字。用户自定义的标识符中不能连续出现两个下画线，也不能以下画线紧连大写字母开头。定义在函数体外的标识符不能以下画线开头。

变量应该使用有意义的名字，遵循一些命名惯例或规范能有效提高程序的可读性。

提示：为变量恰当地命名关系到程序的可读性，在这方面有许多命名规范可以参考。一般需要注意以下几点。

- 变量名字要完全、准确地描述出该变量所代表的事物。
- 变量名不能过短——太短的名字无法传达足够的信息，也不能过长——太长的名字很难写且不实用。研究表明，变量名的最佳长度是 9 ~ 15 个字符。
- 使用 i、j、k 这些名字作为循环变量是约定俗成的，但不要在其他场合使用。
- 给布尔变量赋予隐含“真/假”含义的名字，如 done、error、found、success 或 ok 等。
- 变量名和函数名一般用小写名字，如果由多个单词组成，第一个单词小写，后续每个单词首字母大写，如 outputFileName。
- 用户自定义的类和其他类型的名字混合大小写，一般以大写字母开头，如 Student、ProductItem。
- 除了在特定前缀中，不要用下画线作为名字中的分隔符，如 student_name，用 studentName 更好。
- 应该避免使用这些名字：令人误解的名字或缩写，具有相似含义的名字，带有数字的名字，拼写错误的单词，仅靠大小写区分的名字，混用多种自然语言（如混用汉语拼音和英语），标准类型和函数的名字。
- 避免在名字中包含易混淆的字符：例如，数字一（1）、大小写字母 L（l）和大小写字母 i（I），数字 0 和大小写的字母 O（o），数字 2 和大小写的字母 Z（z）。

3.2.3 初始化

定义变量的同时可以为变量提供初始值，称为**初始化**变量。引用未初始化变量的值是程序中常见的错误，且不易被发现，因此建议为每个定义的变量提供一个初始值。

C++语言定义了几种不同形式的初始化，这也反映了初始化问题的复杂性。例如，想要定义一个名为 count 的变量并初始化为 0，以下前 4 条语句都可以做到：

```
int count = 0;              //拷贝初始化
int count(0);               //直接初始化
int count = {0};            //列表初始化
int count{0};               //列表初始化，省略等号的形式
int count;                  //默认初始化，count 被赋予默认值，是什么呢?
```

用等号“=”初始化变量的方式是沿用 C 语言的，也是容易让人误认为初始化就是一种赋值。需要注意的是，初始化不是赋值，初始化的含义是创建变量时赋予变量一个初始值，而赋值的含义是把对象的当前值擦除，用一个新值来代替。

直接初始化是将初始值写在一对圆括号中，这是 C++98 中惯用的形式。如果要初始化的变量是类类型的，例如一个平面坐标点 Point 类，初始值需要指定 x 和 y 轴两个坐标值，如（10，20），用“=”的形式显然无法应对。

```
Point location = 10,20; //错误形式
Point location(10,20);  //直接初始化，正确
```

列表初始化在 C++98 中用于初始化数组或结构体变量，C++11 将其扩展到了全面应用。

列表初始化的初始值由一对花括号括起，可以是一个值或多个逗号隔开的初始值列表。例如：

```
int count{0};                    //一个数据值
Point location = {10,20};        //两个初始值
Point location{10,20};           //省略等号的形式
```

对内置类型来说，直接初始化和拷贝初始化没有差别，但列表初始化会有不同。如果使用列表初始化且初始值存在丢失信息的风险，编译器将报错：

```
long double ld = 3.1415926536;
int a{ld};              //错误：从 long double 到 int 的窄化转换
int b = {ld};           //错误：从 long double 到 int 的窄化转换
int c(ld);              //正确
int d = ld;             //正确
/*编译器差异：在 GCC4.9.2 编译环境下，上面的编译错误被作为警告，程序可以通过编译。如果
在编译器设置选项中选择了“Warnings as errors”，即[-Werror]，报告为编译错误。*/
```

如果定义变量时没有指定初始值，即没有显式地初始化，则变量被默认初始化，此时变量被赋予默认值。默认值是什么由变量的类型和定义变量的位置决定。

- 在所有函数之外定义的内置类型变量，被初始化为 0。
- 在函数体内部定义的内置类型变量，不被初始化，变量值是未定义的。试图复制或以其他形式访问未定义的值将引发错误，虽然大多数编译器会提出警告，但是并未要求编译器必须检查此类错误。因此，使用未初始化的变量将带来无法预计的后果，建议初始化每一个内置类型的变量。
- 对于类类型的对象，默认初始化方式由类自己定义。有的类允许对象的默认初始化，则初始值是什么由类决定。有的类要求必须显式初始化对象，如果创建对象而没有明确的初始化操作，则引发错误。

3.2.4　赋值

变量和字面值的区别在于变量是可寻址的，对于每个变量，都有两个值与之关联：

（1）变量的数据值，存储在某个内存地址中，也被称为右值。字面值常量和变量都可以被用作右值。

（2）变量的地址值，即存储数据值的那块内存的地址，也被称为变量的左值。

赋值运算可以用一个新值覆盖变量当前的值，形式为

变量 = **表达式**

例如：

```
int sum = 0;                     //初始化 sum 的值为 0
sum = 1 + 2 + 3 + 4 + 5;         //sum 的新值为求和的结果 15
```

对下面的赋值表达式：

```
count = count + 5
```

变量 count 同时出现在赋值运算符的左边和右边。右边的变量被读取，读出其关联的内存中的数据值。而左边的 count 用作写入，原来的值会被加法操作的结果覆盖。在这个表达式中，赋值号右边的 count 和“5”用作右值，而左边的 count 用作左值。

赋值运算符的左操作数必须是可修改的左值，右操作数的类型必须与左操作数的类型完全匹配，否则编译器会自动将右操作数的类型转换为左操作数的类型；如果不能进行转换，会引起编译错误。

需要注意的是，赋值和初始化不同，即使是给变量第一次赋值也并非初始化。例如：

```
int a;              //定义变量，默认初始化
a = 0;              //第一次赋值，不是初始化
int b = 0;          //虽然使用了赋值号，但是在定义变量时是初始化不是赋值
```

3.2.5　类型转换

如果在程序的某处需要一种类型，而使用的是另一种类型，程序会自动进行类型转换，将对象从给定的一种类型转换为目标类型。例如下面的代码：

```
bool b = 42;                //b: true
int i = b;                  //i: 1
i = 3.14;                   //i: 3
double pi = i;              //pi: 3.0
unsigned char uc = -1;      //uc: 255
signed char sc = 256;       //sc: 未定义
```

类型所能表示的值的范围决定了转换的过程：

- 把其他类型的算术值赋给 bool 类型时，初始值为 0 则结果为 false，非 0 则结果为 true。
- 把 bool 值赋给其他类型时，初始值为 false 则结果为 0，初始值为 true 则结果为 1。
- 把浮点数赋给整数类型时，结果值仅保留浮点数中小数点之前的整数部分。
- 把整数值赋给浮点类型时，小数部分记为 0。如果该整数所占的空间超出了浮点类型的容量，精度可能有损失。
- 赋给无符号类型一个超出它表示范围的值时，结果是初始值对无符号类型表示数值的总数取模后的余数。例如，8 位的 unsigned char 可以表示 0~255 范围内的值，如果赋给它一个范围以外的值，则结果是对 256 取模的余数。
- 赋给带符号类型一个超出它表示范围的值时，结果未定义。程序可能继续工作，可能崩溃，也可能产生垃圾数据。

因此，使用算术类型时：①无符号类型和带符号类型切勿混用；②bool 类型不要参与算术运算。

3.2.6　变量声明

为了在使用变量时了解其信息，如变量的类型和名字，在使用变量之前必须定义或者

声明变量。

变量定义（definition）会引起相关内存的分配，因为一个变量只能在内存中占据一个位置，所以程序中的每个变量只能定义一次。变量的定义同时也是声明，但声明不一定都是定义。

变量声明（declaration）的作用是使程序知道该变量的类型和名字。声明不会引起内存分配，程序中可以包含对同一变量的多个声明。

为什么有了变量定义，还需要变量声明呢？

设想一下：为了开发一个大系统，多个程序员要一起工作，共同来编写一个程序，要如何来安排呢？

分别编译机制允许将一个程序分割为若干个文件，每个文件可以被独立编译。要将一个程序分为多个文件，就需要有能在文件之间共享代码的方法。例如，一个文件要使用另一个文件中定义的变量，如我们使用标准库中定义的 std::cout。

C++语言支持分别编译，为此，将变量定义和变量声明区分开来。声明使得名字为程序所知，定义负责创建与名字关联的实体。如果在一个文件中定义了一个全局变量，其他的文件中要使用这个变量时就必须声明该变量。

声明全局变量的格式为

```
extern 类型 变量名;
```

例如：

```
//module1.cpp
int k = 2;            //定义变量 k，同时也是在 module1.cpp 中对 k 的声明
//module2.cpp
extern int k;         //声明变量 k，说明在 module2.cpp 之外的某处有 k 的定义
int main(){
  int t = 3;          //定义变量 t,也是对 t 的声明
  k = t + 2;          //使用变量 k
}
```

任何包含了显式初始化的声明即成为定义。如果给一个 extern 标记的变量指定了初始值，那么这个 extern 语句就成了定义，而不是声明了。例如：

```
extern double pi = 3.1416;     //定义变量 pi 并初始化
```

变量能且只能被定义一次，但可以被声明多次。如果要在多个文件中使用同一个变量，就必须将声明和定义分离。变量定义只能出现在一个文件中，其他用到该变量的文件都必须对其进行声明，却绝对不能重复定义。

3.2.7　名字的作用域

程序中使用的每个名字都指向一个特定的实体：变量、函数、类型等。同一个名字如果出现在程序的不同位置，有可能指向的是不同实体。用来区分名字含义的上下文就是**作用域**（scope）。作用域是程序的一段区域，每个名字都有作用域，指的是该名字可以在哪

些程序文本区使用。大多数情况下，C++是用花括号来界定作用域的。

程序 3.4 名字的作用域。

```
//-----------------------------------------------
#include <iostream>
using namespace std;
int times = 3;                      //全局变量 times
int main(){
    int sum = 0,i = 1;              //局部变量 sum 和 i
    while(i <= times)               //循环语句
    {    //循环体语句块开始
        int temp;                   //块作用域变量 temp
        cin >> temp;
        sum += temp;
        i++;
    }    //循环体语句块结束
    cout << sum << endl;
}
//-----------------------------------------------
```

在程序3.4中，定义了times、main、sum、i和temp五个名字，使用了标准库中的cin、cout和endl三个名字。名字times、main定义在所有花括号之外，在整个程序范围内都可见。像这种定义在任何函数之外的名字具有**全局作用域**，在整个程序中都可以使用。sum、i定义在main()函数的花括号范围内，在main()函数内可见，main()函数之外不可见。定义在函数之内的名字具有**局部作用域**。temp定义在while语句块中，仅在while语句中使用，具有**块作用域**。

作用域可以**嵌套**，被包含在内的作用域称为**内层作用域**，包含着别的作用域的作用域称为**外层作用域**。全局作用域是不包含在任何函数或块中的作用域，整个程序只有一个全局作用域。程序3.4中，全局作用域中包含着main()函数块作用域，main()函数的作用域中又包含着while语句块作用域。

作用域中声明的名字可以在它所嵌套的所有内层作用域中访问。如，while语句块中可以使用其外层作用域main()函数中声明的变量sum和i；main()和while中都可以使用全局变量times。

同一作用域中不能重复定义相同的名字，但内层作用域中可以重新定义外层作用域已有的名字。此时，在内层作用域中，起作用的是内层作用域中的名字定义，外层作用域中的定义不再起作用，称为被**隐藏**。要显式访问全局变量，使用作用域解析符“::”。例如：

```
//-------------------------------------------------------------------
int reused = 12;              //reused 有全局作用域
int main(){
    int unique = 25;          //unique 有块作用域
    cout << reused <<" " << unique << endl;//输出: 12 25
    int reused = 9;           //块作用域内重复的 reused
```

```
    cout << reused <<" " << unique << endl;//输出: 9 25
    cout << ::reused <<" " << unique << endl;   //::指定名字为全局作用域
}
//------------------------------------------------------------------
```

3.2.8　const 对象

程序中的有些数据是自始至终保持不变的，称为**常量**，如一个人的生日、圆周率、班级人数。这样的常数如果直接以字面值的形式出现在程序中，会降低程序的可读性和可维护性。

C++中的 **const 限定符**可以将一个对象限定为只读的，在程序运行期间不能修改。例如：

```
const int BufSize = 1024;
const double PI = 3.14159;
```

const 限定的 BufSize 为一个只读的对象，被定义为常量，初始值为 1024，企图修改这个对象的值会导致编译错误：

```
BufSize = 512;        //错误: 试图给 const 对象写入值
```

因为 const 对象的值不能修改，所以必须在定义时进行初始化，初始值可以是任意复杂的表达式。例如：

```
const int size = getSize();     //正确: 运行时用函数的返回值初始化 size
const int a = 20;               //正确: 编译时初始化 a
const int b;                    //错误: b 未初始化
```

与字面值常量相比，const 对象有几个优点：第一，const 对象有名字，适当的名字能反映其含义，提高了程序的可读性。第二，如果 const 对象的值不再合适，很容易对其进行调整，提高了程序的可维护性。

在任何函数之外定义的 const 对象的作用域默认为**文件作用域**，即仅在定义该 const 对象的文件内有效。如果希望定义一个全局作用域的 const 对象，可以在定义和声明时加上 extern 关键字。例如

```
//file1.cpp
extern const int BufSize = 1024;    //定义全局作用域的常量 BufSize
//file2.cpp
extern const int BufSize;           //在另外的文件中声明常量 BufSize
```

与编译预处理指令#define 定义的常量相比，const 对象是有类型的，可以进行类型检查，更安全，而且 const 对象有作用域。

注：C++也继承了 C 语言用预处理指令#define 定义符号常量的方法。例如：

```
#define PI 3.1416
#define STUDENT_NUMBER 60
int main(){
```

```
    double area = PI * 2.4 * 2.4;        //预处理时用 3.1416 替换 PI
    ...
}
```

这种常量的缺点在于它只是进行简单的字符串替换，不进行类型检查，且无视C++语言中关于作用域的规则。PI在编译预处理时只被视为字符串3.1416的一个符号，没有类型信息。不建议在C++中沿用这种定义常量的方法。

由const关键字限定的对象在程序运行期间是不可改变的。const除了限定数据对象，还可以限定指针、引用、类的成员、函数的参数和返回值等，我们将在后续相关章节中介绍。

3.2.9 常量表达式和constexpr

常量表达式是指值不会改变并且在编译过程中就能计算出结果的表达式。显然，字面值属于常量表达式，用常量表达式初始化的const对象也是常量表达式。

虽然在不同的使用条件下，const有不同的意义，不过大多数情况下，const描述的都是“运行时常量性”的概念，即运行时数据的不可更改性。不过有时我们需要的是编译时期的常量性，如数组的大小、case标号的值，这是const关键字无法保证的。

一个对象或表达式是不是常量表达式由它的数据类型和初始值共同决定。例如：

```
const int size = 20;                //size 是常量表达式
const int limits = size + 1;        //limits 是常量表达式
int max = 80;                       //max 不是常量表达式
    //max 的初始值 80 是字面值常量，但 max 不是 const，不保证运行时不变
const int lines = get_size();       //lines 不是常量表达式
    //lines 本身是个常量，但它的值，即 get_size()的结果运行时才能获得
```

C++11新标准规定，可以将对象声明为**constexpr类型**，以便编译器来验证对象的值是否是一个常量表达式。通过这种方法可以获得编译时常量。

声明为constexpr的数据对象一定是一个常量，而且必须用常量表达式初始化。例如：

```
constexpr int size = 20;                //20 是常量表达式
constexpr int limits = size + 10;       //size+10 是常量表达式
constexpr int max = length();           //正确吗？取决于 length()函数
    //只有 length()是一个 constexpr 函数时，max 的声明才正确
```

不能用普通函数作为constexpr对象的初始值，但是C++11允许定义constexpr函数，我们将在第5章介绍。

一般来说，如果认定某个对象是常量表达式，就把它声明为constexpr类型。

constexpr和用const对象有什么不同吗？例如：

```
constexpr int a = length();     //必须在编译时能计算出 length()返回值
const int b = length();         //b 的值可以在运行时才获得，之后不改变
```

大多数情况下constexpr和const在使用上没有区别。但有一点是肯定的，如果b是全局作用域中的名字，编译器一定会为b分配空间。而对于a，如果没有代码明确要使用它

的地址，编译器可以选择不为 a 分配存储空间，而仅将其当作编译时期的值，类似于字面值常量。

3.2.10　auto 和 decltype

编程时经常要把表达式的值赋给变量，这就要求在声明变量时清楚地知道表达式的类型。要做到这一点并不容易，有时甚至根本做不到。为了解决这个问题，C++11 引入了 **auto** 类型说明符，用它声明变量的类型，由编译器去自动分析表达式的类型，推断出变量的实际类型。显然，定义 auto 变量必须有初始值。例如：

```
auto x = 5;                    //5 是 int 类型，所以 x 是 int 类型
auto size = sizeof(int);       //x 是表示内存字节数的类型，具体不清楚
auto name = "world";           //name 要保存字符串"world"，具体不清楚
cout << "hello, " << name;     //此时 name 的类型是什么并不重要
auto a;                        //错误：没有初始值
auto r = 1, pi = 3.14;         //错误：r 和 pi 推断得到的类型不一致
```

auto 声明的变量必须被初始化，以使编译器能够从初始化表达式中推断出其类型。从这个意义上看，auto 并非是一种“类型”声明，而是一个类型声明时的占位符，编译器在编译时期会将 auto 替换为变量实际的类型。

注：C++98 和 C 语言中就有 auto 关键字，用于自动存储类别的局部变量的声明，但因为是默认的，所以并不常使用。C++11 中重定义了这个关键字，完全废除了之前的用途。从语法来说， C++98 和 C++11 在这一点上是不兼容的。

如果希望从表达式推断出要定义的变量的类型，但是又不想用这个表达式的值初始化该变量，为了满足这一要求，C++11 引入了 **decltype** 类型指示符，作用是选择并返回操作数的类型。编译器会分析表达式的类型，并不真正计算表达式的值。例如：

```
decltype(sizeof(int)) size; //size 的类型是 sizeof(int)结果的类型
const int ci = 0;
decltype(ci) x = 1;            //x 的类型是 const int
decltype(f()) y = sum;         //y 的类型是函数 f()的返回值类型
```

auto 和 decltype 可以让我们不用去记忆和书写复杂的类型名字，例如某些复合类型、函数指针类型、标准库中的某些类型。它们的使用还有很多细则，将在后续的相关章节中讨论。

简化类型还有一种方法是使用类型别名。**类型别名**是一个名字，作为某种类型的同义词。

有两种方法可以定义类型别名，一种是用传统的 **typedef** 关键字。格式如下：

```
typedef 类型名 别名;
```

例如：

```
typedef unsigned long ID;         //ID 是 unsigned long 的同义词
ID stuId;
```

```
typedef long long int64_t; //int64_t是long long的同义词
int64_t bigNumber = 23LL;
```

定义类型别名的第二种方法是C++11引入的**别名声明**。格式如下：

```
using 别名 = 类型名;
```

例如：

```
using uint32_t = unsigned int;  //unit32_t是unsigned int的同义词
using PBI = PhoneBookItem;      //PBI是类型PhoneBookItem的别名
```

类型别名和类型的名字等价，只要是类型的名字能出现的地方，都可以使用类型别名。

3.3 运算符和表达式

C++语言提供了丰富的运算符，并定义了这些运算符作用于内置类型的运算对象时所执行的操作。当运算对象是类类型时，C++允许用户指定这些运算符的含义。

3.3.1 基本概念

表达式由一个或多个**运算对象**（也叫**操作数**）组成，对表达式求值将得到一个**结果**。字面值和变量是最简单的表达式，其结果就是字面值和变量的值。把一个运算符和一个或多个运算对象组合起来就可以生成更复杂的表达式。

根据运算对象的个数，运算符可以分为一元运算符、二元运算符；C++还有一个作用于三个运算对象的三元运算符（?:）。例如，负号（–）是一元运算符，赋值（=）是二元运算符。不限制运算对象个数的是函数调用运算符。

有些运算符有多重含义，如符号“–”，既可以是一元运算符“负号”，又可以是二元运算符“减法”。根据上下文可以决定运算符的不同含义。

一个含有两个或多个运算符的表达式叫做**复合表达式**。复合表达式的求值结果与运算符的优先级、结合性和运算对象的求值顺序相关。

对复合表达式求值时，要先确定运算符如何与运算对象组合在一起，这由运算符的**优先级**和**结合性**决定。表达式中括号括起来的部分被当作一个单元求值，然后再与其他部分一起计算。因此，使用括号可以强制改变表达式的组合方式。例如：

```
2 * 3 + 4 * 5        //乘*的优先级高于加+，组合方式为(2*3)+(4*5)，表达式值为26
2 + 3 + 4 - 5        //加和减的优先级相同，此时结合性决定运算对象组合方式从左向右
                     //组合方式为 ((2+3)+4)-5，表达式值为4
2 * (3 + 4) * 5      //括号改变了运算对象的组合方式，(3+4)组合，表达式值为70
2 * (3 + 4 * 5)      //表达式值为46
```

表达式的求值顺序与优先级和结合性无关。优先级和结合性规定了运算对象的组合方式，但没有说明运算对象的求值顺序。例如：

```
2 + 3 + 4 * 5        //表达式值为25，先计算2+3还是先计算4*5未定义
```

```
(2 + 3) * (4 + 5)    //表达式值为 45，先计算 2+3 还是先计算 4+5 未定义
```

可以看到，C++算术表达式的值和对应的数学算式的计算结果相同。

附录 A2 中给出了 C++的所有运算符，按照优先级由高到低排列，1 最高，18 最低，每一段中的运算符优先级相同。其中第 3 级的所有一元运算符、所有赋值运算符、条件运算符是右结合，其余运算符是左结合。

有四种运算符明确规定了操作数的求值顺序，其他运算符的操作数求值顺序是未定义的。这四种运算符是：逻辑与（&&）、逻辑或（||）、条件运算符（?:）和逗号运算符（,）。

表达式的值可能是左值或右值。不同的运算符对运算对象是左值或右值也有要求，得到的结果也可能是左值或右值。一个重要的原则是，在需要右值的地方可以用左值代替，此时使用它的值（内容）；但不能把右值当成左值使用。

所有的运算符都会从运算对象中产生一个值，大多数运算符都不会改变运算对象，但是有的运算符会修改运算对象的值，这称为**运算符的副作用**。对运算对象产生副作用的运算符要求该运算对象是左值。

除了根据操作数的个数对 C++运算符分类之外，也可以根据运算符的特点进行分类，例如算术运算符、逻辑运算符、位运算符、赋值运算符等。

3.3.2　算术运算符

算术运算符包括二元运算符*（乘）、/（除）、%（求余数）、+（加）和–（减）以及一元运算符+（正号）和–（负号）。

算术运算符可以作用于任意算术类型以及能转换为算术类型的操作数。算术运算符的操作数和求值结果都是右值，没有副作用。表达式求值前，小整数类型的操作数被提升为较大的整数类型，所有操作数转换为同一类型。

“/”和“%”运算的右操作数不能为 0。两个整数的“/”运算结果还是整数，即整除。左、右操作数同号商为正，否则商为负，商一律向 0 取整，即直接切除小数部分。“%”运算符只能应用于整值类型操作数，两个非负整数进行“%”运算，余数为非负值，否则余数的符号和左操作数相同。

“+”和“–”也可以作用于指针类型的变量，将在第 4 章的指针部分讨论。

算术表达式有可能产生未定义的结果。一是除数为 0 的情况，二是计算的结果溢出，即超出该类型所能表示的范围。程序 3.3 就出现了结果溢出的现象。

3.3.3　关系和逻辑运算符

关系运算符有<（小于）、<=（小于等于）、>（大于）、>=（大于等于）、==（等于）和 !=（不等于）。

逻辑运算符有 !（逻辑非）、&&（逻辑与）和 ||（逻辑或）。除了逻辑非是一元运算符之外，其余都是二元运算符。

关系运算和逻辑运算通常出现在程序中需要判断条件的地方。关系运算和逻辑运算的结果是 bool 类型的，即 true 或 false。在需要整值类型的环境中，它们的结果会被自动提升

为1（true）或者0（false）。这两类运算符的运算对象和结果都是右值。

逻辑与和逻辑或运算的计算次序都是从左至右，只要能够得到表达式的值，运算就会结束，这种现象被称为逻辑运算的**短路**。即，对于表达式expr1 && expr2，如果expr1的计算结果为false，则整个逻辑与表达式的值为false，不再计算expr2；对于表达式expr1 || expr2，如果expr1的计算结果为true，则整个逻辑或表达式的值为true，不再计算expr2。

3.3.4 赋值运算符

赋值运算符包括“=”和复合赋值运算符。赋值运算可以用一个新值覆盖变量当前的值。

赋值运算符的左操作数必须是可修改的左值。赋值运算是有副作用的，它改变了左操作数。赋值运算的结果是它的左操作数，并且是一个左值。结果的类型是左操作数的类型，如果左右操作数类型不同，将右操作数转换为左操作数的类型。例如：

```
int ival;
ival = 1;           //赋值表达式的值是 ival，副作用是 ival 的值被更新为 1
ival = 2.5;         //赋值的结果是 ival，int 类型
```

C++11允许使用初始值列表作为赋值运算的右操作数。初始值列表可以为空，编译器将创建一个值初始化的临时量并将其赋给左操作数。例如：

```
ival = {3};
ival = {3.12};      //错误或警告：窄化转换
ival = {};          //初始值列表为空，赋值 0
```

赋值运算符是右结合的。例如：

```
int a, b, c;
a = b = c = 1;      //从右向左计算，都赋值为 1
```

C++还提供了一组复合赋值运算符，一般的语法格式为

```
a op= b
```

其等价于

```
a = a op b
```

这里的op=可以是下面的运算符之一：

```
+=  -=  *=  /=  %=  <<=  >>=  &=  |=  ^=
```

在编写程序时，关系运算符“==”有时会被误写为赋值运算符“=”，引起程序的逻辑错误。例如，以下判断变量x的值如果等于y就执行某个操作的代码将“==”误写为“=”：

```
if (x = y)      //只要 y 不为 0，这个条件就为 true，因为其结果是赋值表达式的值
    doSomething;
```

3.3.5 自增和自减

自增（++）和自减（--）运算符为对象加 1 和减 1 提供了方便简短的表示。它们最常用于对数组下标、迭代器或指针进行递增或递减操作。

自增和自减是一元运算符，其操作数是可修改的左值。自增和自减都有副作用，参与运算后操作数的值被加 1 或减 1。

自增和自减都有前缀和后缀两种形式。后缀++（或--）表达式的值是操作数被加 1（或减 1）之前的值，即对象的原始值，是右值。前缀++（或--）运算时，操作数被加 1（或减 1）之后作为表达式的值，是左值。例如：

```
int a=5, b=5;
int ival;
ival = a++;      //表达式 a++的值是 5，因而 ival 的值是 5，而 a 的值是 6
ival = ++b;      //b 的值是 6，表达式++b 的值是 6，ival 的值是 6
```

建议除非必须，否则只使用自增和自减运算符的前缀版本，不要使用后缀版本。因为前缀版本的自增避免了不必要的工作，把值加 1 后直接返回改变后的运算对象。而后缀版本需要将原始值保存下来以便返回，如果不需要修改以前的值，后缀版本的操作就是一种浪费。

3.3.6 位运算符

C++提供了一组位运算符，位运算符将操作数解释为有序的二进制位的集合，每个位是 0 或 1。位运算符允许程序员设置或测试独立的位或一组位。通常使用无符号的整值数据类型进行位操作。

按位非运算符（~）对操作数的每一位取反，原来的 1 置为 0，0 置为 1。

移位运算符（<<，>>）是二元运算，形式为

```
E1 << E2
E1 >> E2
```

移位运算将左操作数 E1 按位向左或向右移动 E2 位，操作数中移到外面的位被丢弃。左移运算（<<）将右边的空位补 0，对无符号整数，左移一位相当于乘 2。如果 E1 是无符号数或者非负的有符号数，则右移运算（>>）将在左边空位插入 0，即右移一位相当于除以 2。如果是有符号数的负数，右移运算在左边空位或者插入符号位，或者插入 0，这由具体的编译器实现定义，因此建议仅将位运算用于无符号数。例如：

```
unsigned char ch = 0x04;         //ch 的二进制值为"00000100"
ch = ch << 2;                    //左移后 ch 为"00010000",即 16
ch = ch >> 3;                    //右移后 ch 为"00000010",即 2
```

按位与（&）、按位或（|）和按位异或（^）都需要两个整值操作数。对两个操作数进行对应每个位的与、或和异或运算。按位与和按位或不同于逻辑与和逻辑或。例如，3（011）和 5（101）的位运算：3&5 结果是 1（001），3|5 结果是 7（111），3^5 结果是 6（110）。

按位与和按位或经常用于检测某个数位的值。例如：

```
unsigned char byte;
if ((byte & 0x80) == 0) //测试byte的最高位是否为0
    doSomething;
```

利用位运算的特性，还可以实现一些有趣的算法。例如：

```
//交换变量x和y的值
x = x^y;
y = x^y;
x = x^y;
//这个算法的性能未必最佳，但是最节省空间
```

3.3.7 sizeof 运算符

sizeof 运算符的作用是计算一个类型或对象在内存中占据的字节数，操作数可以是对象或类型名，计算结果是 size_t 类型。size_t 是一种与实现相关的 typedef 定义，在标准库头文件<cstddef>中定义。

sizeof 表达式有以下两种形式：

```
sizeof (type)
sizeof expr
```

第二种形式 sizeof 返回表达式结果类型的大小。

在所有 C++编译器实现中，sizeof 应用在 char、unsigned char、signed char 类型上的结果都是 1；对其他内置类型应用 sizeof 运算，其结果由实现决定。sizeof 应用在枚举类型上的结果是表示枚举类型数值的底层整值类型的字节数。

sizeof 运算符应用在数组上时，返回的是整个数组占据的内存字节个数，即数组长度乘以每个元素的字节数。sizeof 应用在指针上时返回的是指针的字节长度，即使指针是指向数组的。例如：

```
int ia[] = {0, 1, 2};                 //ia是有3个int类型元素的数组
size_t arraysize = siezeof ia;        //32位机器上，arraysize的值是12
int* pa = ia;
size_t pointersize = siezeof(pa);     //pointersize的值是4
```

应用在引用类型上的 sizeof 运算符返回的是被引用对象的字节数。例如：

```
char ch = 'a';
char &rc = ch;  //sizeof(rc)=1
char *pc = &ch; //sizeof(pc)=4
```

sizeof 运算符在编译时计算，因此是常量表达式。它可以用在任何需要常量表达式的地方，如数组的大小等。

3.3.8 条件运算符

条件运算符为简单的 if-else 语句提供了一种便利的替代表示法。它是 C++中唯一的三

元运算符。条件运算符的语法格式如下：

```
expr1 ? expr2 : expr3
```

计算条件表达式时，首先计算 expr1。如果值为 true，则计算 expr2，expr2 的值作为条件表达式的值；否则计算 expr3，expr3 的值作为条件表达式的值。例如：

```
max = (ia < ib) ? ia : ib;
```

是如下代码的简写形式

```
if (ia < ib)
  max = ia;
else
  max = ib;
```

3.3.9　逗号运算符

逗号运算符分隔两个或多个表达式，这些表达式从左向右计算，逗号表达式的结果是最右边表达式的值。例如：

```
a = 1, b = 2, a + b //表达式的值是 3
```

3.3.10　类型转换

一个表达式中的多个操作数可能属于不同类型，在计算时如何处理呢？例如：

```
int ival;
ival = 3.54 + 2;    //如何计算?
```

最终 ival 的结果是 5。这里首先要把两个不同类型的数值相加，但 C++并不是真的将 double 和 int 值加在一起，而是提供了一组算术转换，以便在执行算术运算之前，将两个操作数转换成相同的类型。基本的转换规则是小类型被提升为大类型，以防止精度损失。因此加法计算的结果是 5.54，double 类型。下一步将结果赋给 ival。赋值运算的两个操作数类型不同时，会尝试将右操作数转换为左操作数的类型。这个例子中，double 值被截取，变成 5，赋给 ival。因为从 double 到 int 的转换会损失精度，编译器一般会给出警告。

上述转换过程由编译器自动完成，因此被称为**隐式类型转换**。也可以指定显式类型转换来禁止这种自动转换。例如：

```
ival = static_cast<int>( 3.54 ) + 2;    //将 3.54 显式转换为 int 类型再计算
```

下面将分别讨论隐式类型转换和显式类型转换。

1. 隐式类型转换

C++定义了一组内置类型对象之间的标准转换，在必要时编译器自动应用这些转换。隐式类型转换发生在下列情况下。

（1）混合类型的算术表达式中。在这种情况下，最宽的数据类型成为转换的目标类型。这也称为**算术转换**。

算术转换保证二元运算的两个操作数被提升为相同的类型，并用它表示结果的类型。算术转换有两个指导原则：第一，为防止精度损失，必要时类型总是被提升为较宽的类型；第二，所有含有小于 int 的整值类型的算术表达式在计算之前其类型都会被转换为 int，称为**整值提升**。

进行整值提升时，类型 char、signed char、unsigned char、short int 都被提升为 int 类型。如果机器上的 int 类型足够表示 unsigned short 类型的值，则 unsigned short 被转换为 int，否则提升为 unsigned int。枚举类型被提升为能够表示其底层类型所有值的最小整值类型。

（2）用一种类型的表达式赋值给另一种类型的对象。在这种情况下，目标转换类型是被赋值对象的类型，即，将赋值号右边的表达式转换为左操作数的类型。

（3）一个表达式作参数传递给一个函数调用，表达式的类型与形参类型不同。这时，目标转换类型是形参的类型，即，将实参转换为形参类型。

（4）从函数返回一个表达式，表达式的类型与返回类型不同。在这种情况下，目标转换类型是函数的返回类型。

除了算术转换之外还有几种隐式类型转换，其中涉及的复合类型将在第 4 章介绍。其包括：

- **数组转换为指针**。大多数用到数组的表达式中，数组自动转换为指向数组第一个元素的指针。
- **指针转换**。常量整数值 0 或字面值 nullptr 转换成任意的指针类型；指向任意非常量的指针转换成 void 指针；指向任意对象的指针转换成 const void*。
- **转换为布尔类型**。从算术类型或指针类型可以自动转换为布尔类型。如果指针或算术类型的值为 0，转换结果是 false；否则转换结果是 true。
- **转换为常量**。允许将指向非常量类型的指针转换为指向相应的常量类型的指针，对于引用也是如此。
- **类类型定义的转换**。类类型能定义由编译器自动执行的转换，编译器每次只能执行一种类类型的转换。

2. 显式类型转换

显式转换也被称为**强制类型转换**。C++提供了四个显式类型转换运算符：static_cast、dynamic_cast、const_cast 和 reinterpret_cast。使用强制类型转换就关闭了 C++的类型检查设施，容易引起错误。但是有些情况下需要使用强制类型转换。

例如，void*指针被称为通用指针，可以指向任何类型的数据。但是不能直接对 void*指针解引用，因为它没有类型信息，所以，void*的指针在使用之前必须先转换为特定类型的指针。C++不允许从 void*指针到其他类型指针的自动转换，所以这时需要强制类型转换。

另外，如果希望改变通常的标准转换，或者避免因存在多种可能的转换而引起的二义性，在这些情况下，都需要显式转换。

使用显式转换运算符的一般形式如下：

```
castname< 类型名 >( 表达式 );  //将表达式强制转换为指定类型
```

这里的 castname 是 static_cast、dynamic_cast、const_cast 和 reinterpret_cast 之一。

const_cast 将去掉表达式的 const 限定。例如：

```
int main()
```

```
{
 const int i = 0;
 int* j = &i;                    //错误
 j  = const_cast<int*>(&i);      //正确
}
```

用 const_cast 执行一般的类型转换，或者用其他三种转换来去掉常量性都会引起编译错误。

static_cast 可以显式进行编译器隐式进行的任何类型转换、“窄化”转换、具有潜在危险的类型转换，如 void*指针的强制类型转换、算术值到枚举型的强制转换，还可以进行基类对象（或指针、引用）到其派生类对象（或指针、引用）的强制转换。例如：

```
int i = 10, j = 4;
double q = i / j;                   //q 的值是 2.0
q = static_cast<double>(i) / j;     //q 的值是 2.5
```

reinterpret_cast 通常对操作数的位模式执行一个比较低层次的重新解释，它的正确性在很大程度上依赖于程序员的主动管理。例如：

```
//------------------------------------------------
#include <iostream>
#include <cstring>
using namespace std;
struct student{
    char name[16];
    long id;
    int score;
};
int main(){
    student wangli;
    strcpy(wangli.name, "Wang Li");
    wangli.id = 2009123;
    wangli.score = 87;
    cout<<wangli.name<<"\t"<<wangli.id<<"\t"
        <<wangli.score<<endl;
    //将 student 类型的变量作为整型数组解释
    int* pt = reinterpret_cast<int*>(&wangli);
    for(int i=0; i<sizeof(wangli)/4; i++)
        cout<<*(pt+i)<<" ";
}
//------------------------------------------------
```

程序的输出结果：

```
Wang Li 2009123 87
1735287127 6900768 2293560 4253206 2009123 87
```

dynamic_cast 支持在运行时刻识别由指针或引用指向的类对象，对 dynamic_cast 的讨论见 10.5 节。

早期版本的 C++强制类型转换语法有下面两种形式：

```
类型名 ( 表达式 );        //函数形式的强制类型转换
( 类型名 ) 表达式;        //C 语言风格的强制类型转换
```

旧式转换可以用来代替 static_cast、const_cast 和 reinterpret_cast，但可读性差，不建议使用。

3.4 语句

程序最小的独立单元是语句，语句由分号结束。C++程序包含简单语句和复合语句，默认情况下语句以出现的顺序执行。控制语句可以根据条件改变语句的执行顺序。本节讨论 C++支持的程序语句类型。

3.4.1 简单语句和复合语句

程序语句最简单的形式是**空语句**，即仅有一个分号。空语句被用在程序语法上要求一条语句，但逻辑上却不需要的时候。例如下面的 C 风格字符串的复制：

```
while ( *string++ = *inBuf++ )
        ;         //空语句
```

多余的空语句不会产生编译错误，但并非总是无害的。如果在 if 或 while 的条件后面多写了额外的分号，就可能改变程序员的初衷，出现逻辑错误。例如：

```
while ( index != last );         //多余的分号使循环体变成了空语句
        ++index;                 //会执行，但不是循环的一部分了
```

在表达式末尾加上分号“;”，就构成**表达式语句**。常用的表达式语句有赋值语句，自增、自减语句，函数调用语句等。执行表达式语句时，将计算表达式，虽然不一定保留表达式的值，但运算对操作数产生的副作用将持续。例如：

```
int a = 5, b = 10;
a++;         //自增语句，但表达式的值 5 被丢弃，副作用是 a 递增为 6
b = 3;       //赋值语句，赋值表达式的值 b 被丢弃，副作用是 b 的值变为 3
a + b;       //加法语句，计算结果 9 没有保留，对 a 和 b 也没有任何副作用
```

简单语句由单个语句构成，上面的表达式语句都是简单语句。

有些控制结构在语法上只允许执行一条指定的语句，如条件和循环，但在逻辑上却需要一个多条语句的序列才能完成相关功能。在这种情况下，可以用复合语句来代替单个语句。

复合语句也称**块**，是由一对花括号“{}”括起来的语句和声明序列。一个块就是一个作用域，在块中声明的名字只能在块内部以及嵌套在块中的内层作用域中访问。块中声明

的名字从声明处开始，到所在块的结尾处都可见。

复合语句被视为一个独立的单元，它可以出现在程序中任何需要单个语句的地方。块以花括号界定，结束时不加分号。没有包含任何语句的块是空块，作用等价于空语句。

3.4.2 声明语句

在 C++中，对象的声明被作为一条语句，可以放在程序中任何允许语句出现的地方。**声明语句**将一个或多个新的标识符引入当前块中，说明它们的属性：类型、存储类别等。

使用声明语句，可以在需要的时候再定义变量，并同时进行初始化。声明语句可以出现在被定义的对象首次使用的局部域内，使声明具有局部性。

提示：在 C 中，总是要在一个程序块的最开始就定义所有的变量。这种风格给书写和阅读程序带来了一些不便，例如需要到块的最开头去查看相关变量的定义。如果变量定义紧靠着变量的使用点，程序的可读性会更强。而且，在程序最开头定义变量时不能获得所需的初始化信息，变量在定义时往往不能初始化，容易导致误用。

C++允许在 if 语句、switch 语句、while 语句和 for 语句的控制结构内甚至是条件部分定义变量。在控制结构或条件部分定义的变量只在相应的控制语句内部可见，一旦语句结束，变量就超出了作用范围。如果其他代码也需要访问控制变量，则必须在控制语句的外部定义该变量。

3.4.3 if 语句

程序中有些动作的执行是有条件的，例如，程序 3.1 计算圆面积时并没有检验输入的半径值是否有效，直接进行了面积计算。如果输入的半径值是负数呢？这时应该不能进行正常的计算。

C++语言提供了两种按条件执行的语句：一种是 if 语句，一种是 switch 语句。

if 语句根据条件决定控制流，测试指定表达式的值是 true 或 false，有条件地选择执行一条语句或一个语句块。if 语句有两种语法形式，一种是简单 if 形式：

```
if (condition)
    statement;        //如果 condition 为 true，则执行 statement
```

另一种是 if-else 形式：

```
if (condition)
    statement1;       //如果 condition 为 true，执行 statement1
else
    statement2;       //如果 condition 为 false，执行 statement2
```

if 语句的执行流程如图 3.2 所示。

对第一种简单 if 语句，如果 condition 为 true，则执行 statement。当 statement 执行完成之后，程序继续执行 if 语句之后的其他语句。如果 condition 为 false，则跳过 statement，继续执行 if 语句之后的其他语句。

对第二种 if-else 语句，如果 condition 为 true，则执行 statement1；当 statement1 执行完成之后，程序继续执行 if 语句之后的其他语句。如果 condition 为 false，则执行 statement2；

当 statement2 执行完成之后，程序继续执行 if 语句之后的其他语句。

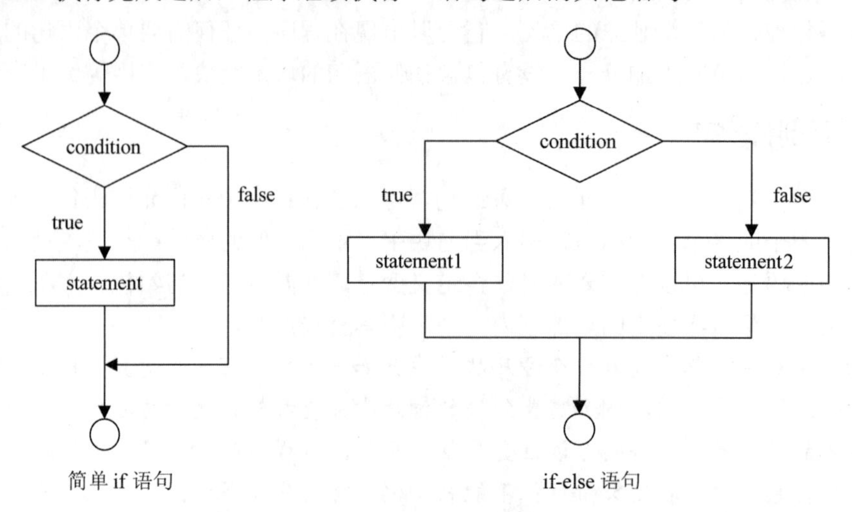

图 3.2　if 语句的执行流程

条件表达式 condition 必须用圆括号括起来，其可以是表达式或是一个具有初始化功能的声明。在 condition 中声明的对象，只在 if 控制的语句或语句块中可见（包括 else 部分），在 if 语句外访问该对象会导致编译错误。例如：

```
if (int ival = x + y)        //声明了 ival
{
    //ival 在这个语句块中可见
}
else
{
    //ival 在这个语句块中可见
}
x = ival;        //错误，ival 不可见
//注意：较早的某些编译器对这种变量声明方式可能会有不同的实现，如 VC++ 6.0
```

if 语句的条件部分如果用到各种类型 0 值的比较，需要注意编码的风格。例如，如果要判断一个 bool 类型的变量是 true 或是 false，应该如何写条件呢？如果判断一个整数是否等于 0 又该如何写条件？如果是判断一个浮点数是否等于 0 呢？例如：

```
//----------------------------------------------------------
bool sucess; …
if (sucess == false)…              //可以吗？
if (sucess != false)…              //虽然正确，但不是良好的风格，不简练
if (sucess == 0)…                  //那这样写呢？
if (sucess != 0)…                  //更差，都看不出来 sucess 的 bool 类型了
if (!sucess)…                      //判断 false 应该这样写：“如果不成功……”
if (sucess)…                       //判断 true 应该写：“如果成功了……”
int number;…
```

```
if (number == 0)…                  //整数判断是否为 0 可以这样写吗?
if (number != 0)…                  //正确，这是整数是否等于 0 的恰当写法
double value;…
if (value == 0.0)…                 //浮点数是这样判断对吧? 一看 0.0 就是浮点类型
if (value != 0.0)…                 //别忘了，计算机不能准确地表示浮点数
//不要用==和!=比较浮点数，应转化为>=和<=之类形式，例如
const double AVERYSMALLVALUE = 0.1E-6; //很小的浮点数，近似等于 0
if ((value >= -AVERYSMALLVALUE) && (value <= AVERYSMALLVALUE))...
//上面是浮点数是否等于 0 的判断条件: 非常接近 0
//-----------------------------------------------------------
```

if 语句可以嵌套，如果 if 子句的数目多于 else 子句的数目，会出现**空悬 else** 问题，引起二义性。C++规定，else 子句总是与最近的未匹配的 if 语句相匹配，从而解决二义性问题。有些编码风格建议在 if 和 else 语句中应该总是使用复合语句括号，来避免修改代码可能带来的混淆和错误。

if 语句的条件部分可以是包含复杂条件组合的复合表达式，使用时要注意运算符的优先级和求值顺序，避免逻辑错误。

程序 3.5　判断用户输入的年份是否是闰年。

```
//-----------------------------------------------------------
#include <iostream>
using namespace std;
int main(){
    cout << "Enter a year: " << endl;
    int year;
    cin >> year;
    if(((year % 4 == 0) && (year % 100 != 0))
            || (year % 400 == 0))        //注意条件表达式中的括号
        cout << year << " is a leap year." << endl;
    else
        cout << year << " is not a leap year." << endl;
    return 0;
}
//-----------------------------------------------------------
```

3.4.4　switch 语句

在多分支选择的情况下，使用嵌套的 if-else 语句会降低程序的可读性，并且容易出错。例如下面统计元音字母出现次数的代码：

```
//------------------------------------------
//统计元音字母的出现次数
if ( ch == 'a' || ch == 'A')
    ++aCnt;
else
if ( ch == 'e' || ch == 'E')
```

```
    ++eCnt;
else
if ( ch == 'i' || ch == 'I')
    ++iCnt;
else
if ( ch == 'o' || ch == 'O')
    ++oCnt;
else
if ( ch == 'u' || ch == 'U')
    ++uCnt;
//-------------------------------------------
```

这种语句在语法上是正确的，但逻辑不够清晰。C++提供了switch语句，作为在一组互斥的项目中进行选择的替代方法。**switch语句**计算一个整值表达式的值，然后根据这个值从几条执行路径中选择一条。

switch语句的一般形式如下：

```
switch ( expression )
{
  case const_epxr1:  语句序列 1;
  case const_expr2:  语句序列 2;
  ⋮
  case const_exprn:  语句序列 n;
  default:  语句序列 n+1;
}
```

switch关键字后面的expression是一个要被计算的整值表达式。case后接一个整值类型的常量表达式，构成**case标号**，后面有一组语句序列与之关联。**default标号**是可选的，最多只能有一个。

执行switch语句时，计算其整值表达式的值并依次与各个case常量值进行比较，如果某个case常量等于条件表达式的值，那么控制流转移到匹配的case标号后的语句执行；如果没有匹配条件的case常量，检查是否存在default标号；如果存在default标号，则控制进入default标号后的语句，否则switch中的语句都不被执行，程序控制将到达switch语句之后的第一条语句。

case标号和default标号只是标记一个语句序列的开始位置，它们本身并不改变程序的控制流。一个case标号之后的语句执行完成后，如果没有遇到控制转移语句，那么会继续执行后续的case标号语句，直到遇到转移语句或switch语句结束。例如，下面统计元音个数的switch语句就是不正确的：

```
//-----------------------------------------------------
switch ( ch ) {
  case 'a':  aCnt++;         //继续执行后续的 case 语句
  case 'e':  eCnt++;         //继续执行后续的 case 语句
  case 'i':  iCnt++;         //继续执行后续的 case 语句
```

```
   case 'o':  oCnt++;         //继续执行后续的 case 语句
   case 'u':  uCnt++;         //执行 switch 语句之后的语句
}
//--------------------------------------------------------
```

这段程序的执行流程如图 3.3 所示。

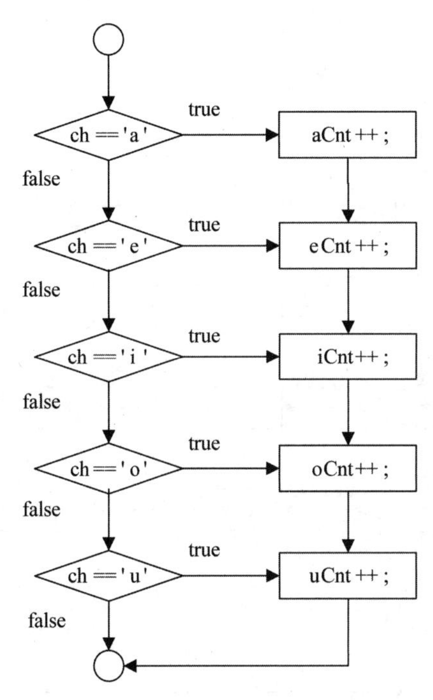

图 3.3　没有 break 的 switch 语句流程图

要在执行某个 case 标号语句之后退出 switch，可以使用 **break** 语句：在该 case 标号语句序列的最后加一条 break 语句来退出 switch。例如：

```
//------------------------------------------------------------
switch ( ch ) {
    case 'a':
        aCnt++;
        break;   //执行了 aCnt++之后，执行 break，退出 switch 语句
    case 'e':
        eCnt++;
        break;
    case 'i':
        iCnt++;
        break;
    case 'o':
        oCnt++;
        break;
    case 'u':
```

```
            uCnt++;
            break;  //最后一个分支，不需要 break，但加上更安全
        }
    //break 使控制转移到这里
    …
```

这段程序的流程如图 3.4 所示。当遇到 break 语句时，switch 语句被终止，控制转移到紧跟在 switch 结束花括号之后的语句。

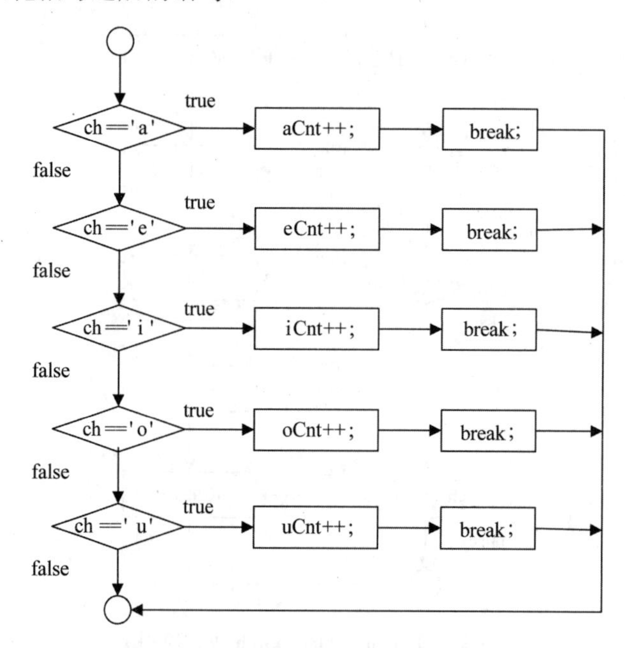

图 3.4　带 break 的 switch 语句流程图

在有些情况下，如果希望由相同的动作序列处理两个或多个标号值，可以省略 break 语句，但是最好提供一条注释，以指明这种省略是故意的。例如：

```
//------------------------------------------------
switch ( ch ) {
   case 'A':
   case 'a':
     aCnt++; break;
   case 'E':
   case 'e':
     eCnt++; break;
   case 'I':
   case 'i':
     iCnt++; break;
   case 'O':
   case 'o':
     oCnt++; break;
   case 'U':
```

```
  case 'u':
    uCnt++; break;
}
//-----------------------------------------------
```

书写程序时，case 标号之后不一定非要换行，有时为了强调几个 case 标号代表的是某一个范围内的值，可以将它们写在一行。例如：

```
//-----------------------------------------------
switch ( ch ) { //另一种合法的书写形式
case 'A': case 'a':
    aCnt++; break;
case 'E': case 'e':
    eCnt++; break;
case 'I': case 'i':
    iCnt++; break;
case 'O': case 'o':
    oCnt++; break;
case 'U': case 'u':
    uCnt++; break;
}
//-----------------------------------------------
```

3.4.5　while 语句

大多程序都会涉及在某个条件保持为真时重复执行一组语句的情况，例如，只要没有到达文件末尾，就依次读入并处理文件中的数据。

C++提供了三种循环控制语句，支持当某个特定的条件保持为真时，重复执行一条语句或一个语句块。这三种循环语句是 while、for 和 do-while。

while 循环的语法形式如下：

```
while( condition )
    statement;
```

while 语句的执行流程如图 3.5 所示。首先计算 condition 的值，如果为 true，就执行 statement。当执行完 statement 之后，再次对 condition 求值；重复这一过程。如果 condition 为 false，结束循环，执行 while 语句之后的其他语句。

condition 可以是表达式或变量的初始化定义，在每次执行 statement 之前检测。

statement 是单个语句或复合语句，称为**循环体**。循环体的每一次执行称为一次**迭代**，循环语句也被称为迭代语句。

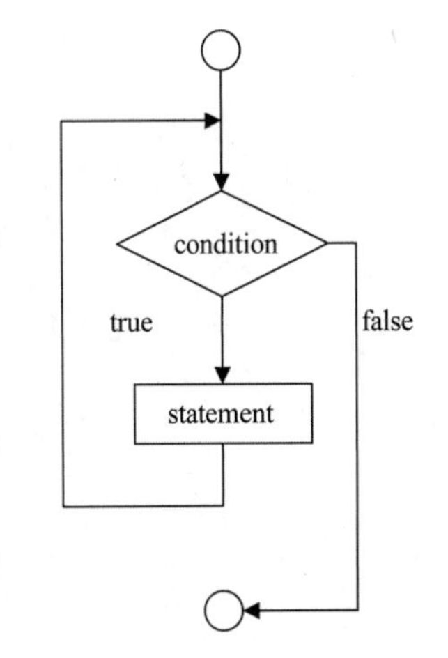

图 3.5　while 语句的执行流程

while 循环适用于不确定迭代次数的情况。例如：

```
//-----------------------------------------------
//累加用户输入的数据，直到输入 0 时结束
```

```
int sum = 0, number;
cin >> number;              //用户输入number
while (number != 0)         //检测循环控制条件
{        //循环体
    sum += number;
    cin >> number;
}
cout << sum << endl;
//-----------------------------------------------
```

在 condition 部分定义的变量和在循环体块内定义的变量只能在 while 语句的控制范围内使用，在 while 语句之外不可见。

3.4.6 for 语句

for 循环的语法形式如下：

```
for( init-statement; condition; expression )
    statement;
```

for 语句的执行流程如图 3.6 所示。init-statement 可以是声明或表达式，一般用来对循环控制变量进行初始化。condition 用作循环控制条件，当其计算结果为 true 时，statement 被执行。statement 可以是单个语句，也可以是复合语句。expression 在循环的每次迭代后计算，一般用它来修改循环控制变量的值。如果 condition 第一次计算的结果是 false，则 statement 不会执行，expression 也不会被计算。init-statement、condition 和 expression 都可以省略，但不能省略分号。

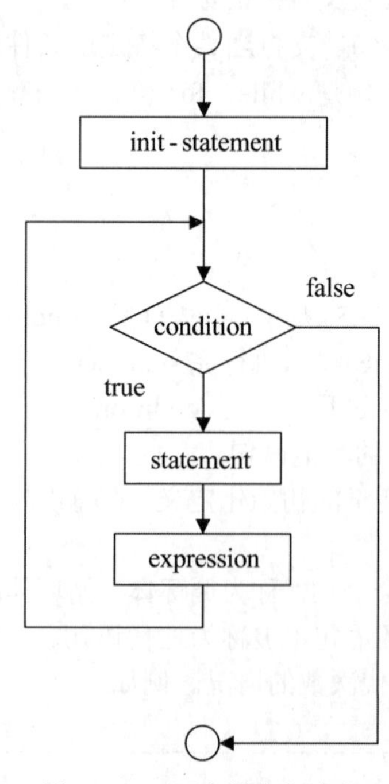

图 3.6　for 语句的执行流程

for 循环适用于循环次数确定的情况。例如：

```
//-------------------------------------------------------------
//累加用户输入的 20 个整数
int sum = 0;
for (int i = 0; i < 20; ++i)    //初始化部分定义 i
{   //循环体
    int number;                 //number 在 for 语句块内定义，for 外不可见
    cin >> number;
    sum += number;
}//i 在 for 语句的初始化部分定义，此处是 for 语句之外，i 不可见
cout << sum << endl;
//-------------------------------------------------------------
```

C++11 新定义了一种简化的 for 语句，称为**范围 for**（range-for）语句。这种语句可以从头至尾对容器或序列的所有元素逐个执行某种操作。范围 for 的语法形式如下：

```
for( declaration : expression )
    statement;
```

其中 expression 必须是一个序列，例如用花括号括起来的初始值列表、数组、vector 或 string 等类型的对象，它们的共同特点是能返回迭代器的 begin 和 end 成员。

declaration 定义一个变量，序列中的每个元素都需要能转换为该变量的类型。确保类型相容最常用的方法是使用 auto 类型说明符，让编译器推断合适的类型。如果需要改变序列中的元素执行写操作，变量应该声明为引用，引用的概念在第 4 章介绍。

循环每迭代一次都会重新定义循环控制变量，将其初始化为序列的下一个值，之后执行 statement。statement 可以是一条语句或一个语句块。当序列中的所有元素处理完毕之后循环终止。例如：

```
//-------------------------------------------------------------
//累加 20 以内的素数
int sum = 0;
for(int e : {2, 3, 5, 7, 11, 13, 17, 19})  //用 auto 类型更好
    sum += e;
cout << sum << endl;            //输出 77
//将数组的每个元素加倍
int arr[] = {1, 3, 5, 7, 9};    //定义数组 arr，初始化为 5 个奇数
for(auto ele : arr)             //声明 ele，与数组 arr 关联在一起，用了 auto
{
    ele = ele * 2;              //修改一下数组：逐个元素乘以 2
    cout << ele << " ";         //输出 ele 看看
}  //输出：2 6 10 14 18
//貌似成功修改了，再逐个输出数组元素确认一下吧
for(auto ele : arr)
    cout << ele << " ";         //输出：1 3 5 7 9  为什么呢？下一章讨论
//-------------------------------------------------------------
```

使用范围 for 语句的时候要注意，在 for 的语句块内不应该改变正在遍历的序列的大小。可以理解为范围 for 是简化的 for 语句，而被省略的 for 循环初始化部分已经预存了序列的

开头和结尾位置，因而不能再改变序列的大小了，例如不能向序列中加入元素或删除元素。

3.4.7 do-while 语句

for 语句和 while 语句的条件第一次计算结果为 false 时，就不会执行循环体。for 循环和 while 循环因此被称为入口条件循环。

例如，如果要求写一个交互程序，重复输入数字 1～5 选择进行某些处理，输入 0 时退出，那么用 while 循环编写的程序大致如此：

```
//---------------------------------------------------------------
int ival;
cout << "请输入一个1~5的数字选择功能，输入0退出";
cin >> ival;
while (ival) {
    switch(ival) {        //对ival进行处理
        case 1: …         //功能1
        ⋮
        case 5: …         //功能5
    };
    cout << "请输入一个1~5的数字选择功能，输入0退出";
    cin >> ival;
} //end of while
//---------------------------------------------------------------
```

这个循环必须在外部为 ival 设置一个非 0 值才能启动，可以使用 do-while 循环来代替。

do-while 循环是出口条件循环，在执行循环体中的语句之后检查条件，因而至少会执行一次循环体。do-while 的语法形式如下：

```
do
    statement;
while( condition );
```

statement 在 condition 被计算之前执行，如果 condition 计算结果为 false，则循环终止，但 statement 至少会被执行一次。do-while 语句的执行流程如图 3.7 所示。

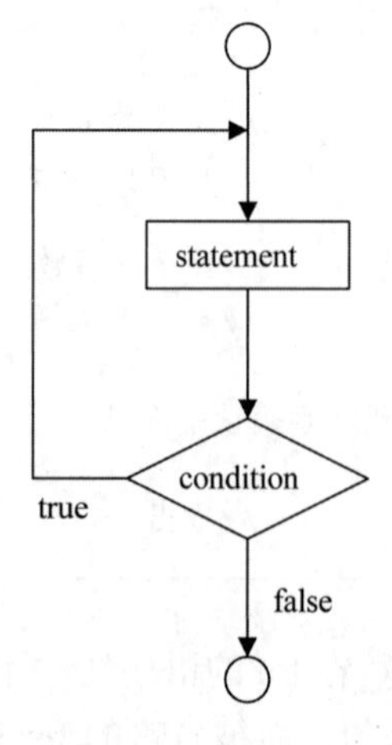

图 3.7　do-while 语句的执行流程

用 do-while 循环改写上面的交互程序结构如下：

```
//------------------------------------------------------------------
int ival;
do {
    cout << "请输入一个 1 ~ 5 的数字选择功能，输入 0 退出";
    cin >> ival;
    //对 ival 进行处理
    switch(ival) {
    case 1: …    //功能 1
    ⋮
    case 5: …    //功能 5
    };
} while( ival );
//------------------------------------------------------------------
```

需要检测用户输入的一些程序也经常用 do-while 循环。例如：

```
//------------------------------------------------------------------
//累加用户输入的数据，直到输入 0 时结束
int sum = 0;
int number;               //number 的定义不能放在循环体中，否则在 while 处不可见
do  {
    cin >> number;
    sum += number;        //在这里输入为 0 不影响累加结果，否则应该先检测
} while (number != 0);
cout << sum << endl;
//------------------------------------------------------------------
```

不同于 for 和 while 循环，do-while 的条件部分不支持对象定义。另外，在 do-while 语句的条件部分出现的变量，其作用域也不能在循环体块内，因为 while 已经在右花括号外面，即块作用域之外了，所以循环体中定义的块作用域变量在 while 处已离开作用域，不可见了。

三种形式的循环——while、for 和 do-while 在表达上是等价的，也就是说可以使用其中任意一个来编写循环程序。通常，如果已经知道迭代的次数，就采用 for 循环。如果无法确定迭代次数，就采用 while 循环。如果在检验继续条件之前需要执行循环体，就用 do-while 循环代替 while 循环。不过，建议使用自己觉得最自然、使用最得心应手的一种循环语句。

无论使用哪种形式的循环语句，编写循环程序时要注意避免最常见的错误：一是迭代次数多一次或者少一次；二是无限循环，又叫做死循环。

迭代次数多一次或少一次，往往是因为在条件部分没有控制好循环变量的边界值。例如：

```
for(int i = 0; i <= 10; ++i)…;       //迭代 11 次而不是 10 次
for(int i = 0; i < 10; ++i)…;        //迭代 10 次
```

```
for(int i = 1; i <= 10; ++i)…;          //迭代10次
for(int i = 1; i != 10; ++i)…;          //迭代9次
```

无限循环则是因为循环条件永远为真，或者控制循环的变量没有向着终止循环的方向趋近，致使循环永远不能结束。例如：

```
for(int i = max; i > 0;  ++i)…;         //习惯用++了，南辕北辙
while(x < val)…;                        //循环体中没有修改x的值
```

编写循环程序时应该考虑以下三个步骤。

第1步：确定要重复的语句。

第2步：将这些语句放在一个循环中。例如：

```
while(true){
    语句组;
}
```

第3步：编写循环继续的条件，并添加控制循环的适当语句。

```
while(循环继续条件){
    语句组;
    用于控制循环的附加语句;
}
```

3.4.8　break和continue语句

跳转语句中断当前的执行过程。C++语言提供了四种跳转语句：break、continue、goto和return。本章介绍前三种，return语句在5.3节介绍。

如果希望在循环条件不为false时就提前结束整个循环或某次迭代，可以使用控制转移语句break或continue。

break语句终止自己所在的while、do-while、for或switch语句；程序的执行权被传递给紧接在被终止语句之后的语句。

我们在switch语句中已经使用过break，下面是一个循环的例子：提示用户输入最多10个整数，程序计算这些整数的和；如果总和到达了100就提前终止程序。

程序3.6　在循环中使用break。

```
//------------------------------------------------------------
#include <iostream>
using namespace std;
int main(){
    int sum = 0, count = 0;
    while(count < 10)        //条件1
    {
        int n;
        cout << "Enter a number: " << endl;
        cin >> n;
```

```
        ++count;
        sum += n;
        if(sum >= 100)       //条件 2
            break;
    }
    cout << count << " number(s) entered."<< endl;
    cout << "The sum is " << sum << endl;
    return 0;
}
//-----------------------------------------------------------
```

break只能出现在循环或switch语句中。当break出现在嵌套的switch或循环语句中时，包含break的最内层switch或循环语句被终止，并不影响外层的switch或循环。

continue 语句导致最近的循环语句的当前迭代结束，执行权被传递给循环控制条件计算部分，即 continue 语句将控制转移到循环体最后一条语句的结束处。continue 语句不会像break那样结束整个循环，而只是终止当前一次迭代。continue语句只有出现在循环语句中才是合法的。

3.4.9 goto 语句

goto语句提供了函数内部的无条件分支，它从goto语句跳转到同一函数内部某个位置的一个标号语句。goto语句的语法形式如下：

```
goto label;
```

这里的 label 是用户定义的标号。标号语句只能用作 goto 的目标，由冒号结束，语法形式如下：

```
label:
```

goto语句只能转向自身所在的函数中的标号语句。goto语句不能向前跳过没有被语句块包围的变量初始化语句，否则会导致编译错误。例如：

```
void func(){
    int x;
    …
    if ( x>0 ) goto lab;         //Error: 跳过了 y 的初始化
    int y = 20;
    …
  lab:                           //标号语句
    int z = x + y;
    …
}
```

goto语句可以说是已经过时的一种语法结构，它的大多数用法可以用条件或循环语句来代替，应该尽量避免使用。

下面是一段代码示例，在一个三重循环的最内层，如果判断条件done为true，则立即终止整个三重循环。在这里使用了 goto 语句。

```
//-----------------------------------------------
bool done;
    for(int i=0; i<10;i++)
    {
        … //循环中的一些处理，可能改变 done 的值
        for (int j=0; j<10 ; j++)
        {
            …   //循环中的一些处理，可能改变 done 的值
            for(int k=0; k<10; k++)
            {
                …   //循环中的一些处理，可能改变 done 的值
                if (done) //判断条件 done 是否满足
                    goto lab;
            }
        }
    }
    lab: //标号
 … //循环外的语句
//-----------------------------------------------
```

使用 break 配合条件语句是否能够改写上面的代码？如何改写呢？在这种情况下，你更倾向于使用哪种结构呢？

3.5 编程示例：显示素数

本章介绍了 C++语言的基本数据类型、运算符和表达式、控制语句。这些基本构造几乎是任何一个 C++程序中都不可或缺的，掌握了它们，就可以编写很多程序了。本节以一个显示素数的例子结束本章。

问题：编写一个程序，显示前 50 个素数，要求分 5 行显示，每行 10 个数字。

要编程解决复杂的问题，关键之处在于把问题分解成简单一些的子问题，然后逐个解决每个子问题，最终得到完整的解决方案。

这个问题可以分解为以下任务：

（1）判断一个给定的数是不是素数。

（2）对数字 number＝2，3，4，5，6，…，测试它是否为素数。

（3）统计已确定的素数个数。

（4）打印已确定的素数，控制每行打印 10 个。

显然，程序中要反复检测新的 number 是否是素数。如果 number 是素数，计数器加 1。计数器的值从 0 开始，等于 50 时，循环结束。因此，这个问题的算法如下：

```
//-----------------------------------------------
设置计数器 count 对素数个数计数，初始值为 0;
```

```
设置要检测的数 number，初始值为 2;
while(count < 50){
    测试 number 是否是素数;
    if number 是素数 {
        打印 number; count 加 1;
    }
    number 加 1;
}
//--------------------------------------------------
```

算法中还有一个问题需要解决，就是如何测试 number 是否是素数。

要判断 number 是不是素数，最简单的方法是检测它能否被 2、3、4、…直到 number/2 的整数整除。如果能被其中某一个整除，它就不是素数。所以，判断 number 是否是素数的算法可以如下描述：

```
//检测 number 是否是素数:
设置布尔变量 isPrime，初值为 true，假定 number 是素数
for(int divisor = 2; divisor <= number / 2; ++divisor)
{
    if(number % divisor == 0) //被整除了，不是素数
    {
        isPrime 设置为 false; 退出循环;
    }
} //此时，isPrime 的值为 true 则 number 是素数; 为 false 则不是
//--------------------------------------------------------------
```

完整的程序代码如程序 3.7 所示。

程序 3.7　分 5 行打印前 50 个素数，每行 10 个数字。

```
//--------------------------------------------------------------
#include<iostream>
using namespace std;
const int NumberOfPrimes = 50;  //前 50 个素数
const int NumberPerLine = 10;   //每行 10 个
int main(){
    int count = 0;              //素数个数的计数器
    int number = 2;             //要测试的数
    cout << "The first 50 prime numbers:" << endl;
    while(count < NumberOfPrimes){
        //检测 number 是否素数
        bool isPrime = true;
        for(int divisor = 2; divisor <= number/2; ++divisor){
            if(number % divisor == 0){
                isPrime = false;
                break;
            }
        }
        if(isPrime){                          //number 是素数，计数增加，输出
```

```
                ++count;
                if(count % NumberPerLine == 0)  //一行数字个数满 10 个
                    cout <<number << "\n";
                else                             //不足 10 个
                    cout << number << "  ";
            }
            ++number;                            //下一个数
        }
}
//-------------------------------------------------------------
```

程序的运行结果：

```
The first 50 prime numbers:
2    3    5    7    11   13   17   19   23   29
31   37   41   43   47   53   59   61   67   71
73   79   83   89   97   101  103  107  109  113
127  131  137  139  149  151  157  163  167  173
179  181  191  193  197  199  211  223  227  229
```

3.6 小结

- C++预定义了一组内置数据类型，表示整数、浮点数、字符和布尔值，还提供了内置复合类型，并允许用户自定义类型。
- 在定义变量时，要指定变量的名字和类型；变量在使用之前必须声明。
- 利用类型说明符 auto 和 decltype 可以让编译器推断出类型信息。
- C++不建议用宏定义常量，而应该使用 const 限定词。
- C++提供了丰富的运算符，对内置类型数据进行各种操作。
- C++的关系运算和逻辑运算不同于 C 语言，其结果是 bool 类型。
- C++中提供了四个显式类型转换运算符：static_cast、const_cast、dynamic_cast 和 reinterpret_cast，分别适用于不同场合中的强制类型转换。
- C++提供了各种语句结构，用于表达程序中的处理和控制逻辑。
- if 语句或 switch 语句用来表达条件和分支结构。
- while、do-while 和 for 语句用来表达循环和迭代结构，范围 for 是一种更简单的 for 语句。
- break、continue、goto 和 return 语句会引起程序控制的转移。

3.7 习题

一、复习题

1．C++与 C 语言的数据类型有什么不同？

2．C++与 C 语言的运算符有什么不同？

3．Java 语言中是没有 sizeof 关键字的，但是为什么 C++需要？有什么作用？

4．什么叫做运算符的副作用？列举 C++中有副作用的运算符。

5．变量声明与定义的作用各是什么？它们之间有何不同？

6．初始化和赋值有什么不同？C++初始化变量的方式有哪些？

7．auto 类型说明符有什么作用？

8．在什么情况下会发生隐式类型转换？

9．比较旧式强制类型转换与 C++新引入的 static_cast、const_cast 和 reinterpret_cast。

10. 比较三种循环语句，将它们的基本形式分别转换为另两种循环语句。

二、编程题

1. 编写程序，从控制台读入 double 类型的摄氏温度，将其转换为华氏温度，并显示结果。转换公式：华氏温度 = (9/5) * 摄氏温度 + 32。

2. 编写程序，读取一个 0～1000 的整数，并将该整数的各位数字相加。例如，输入整数 372，各位数字之和为 12。

3. 编写程序，提示用户输入两个点（x1，y1）和（x2，y2），计算两点之间的距离并输出。

注：求 a 的平方根的库函数为 sqrt(a)，要包含标准库<cmath>。

4. 编写程序，随机产生一个 1～12 的整数，根据数值显示相应的英文月份名。例如生成的数为 3 时显示 March。

注：生成随机数的库函数为 rand()，返回一个 0 ~ RAND_MAX 之间的 int 值，要包含标准库<cstdlib>。RAND_MAX 是库中定义的常量，值最小为 32 767。例如，生成 10 以内的随机数代码为 rand()%10。

5. 编写程序，提示用户输入三个整数，以升序的形式输出这三个整数。

6. 编写程序，读取三角形的三边长，如果输入值合法，就计算三角形的周长；否则，显示这些输入值不合法。

7. 编写程序，提示用户输入年份和月份，显示这个月的天数。例如，输入年份为 2016，月份为 2，则应输出 29 天。

8. 编写程序，提示用户输入 0～15 的一个整数，显示其对应的十六进制数。例如，输入 13，则显示 D；输入 5，则显示 5。

9. 利用 switch-case 结构判断学生成绩等级，学习成绩≥90 分输出“优秀”，80 分≤学生成绩＜90 分输出“良好”，60 分≤学生成绩＜80 分输出“及格”，学习成绩＜60 分输出“不及格”。

10. 编写程序，读入不定个数的整数，判断读入的正数和负数各有多少个，0 不计数，然后计算这些输入值的总和及其平均值。当输入 0 时，程序结束。输出各项统计信息，其中平均值以浮点数格式显示，结果保留 2 位小数。

11. 编写程序提示用户输入体重和身高，然后显示身体质量指数（BMI）值和体重状况说明。

注：BMI 的计算公式为 $BMI = weight / height^2$，体重单位为 kg，身高单位为 m。成人 BMI 值说明：（1）BMI<18.5：偏瘦；（2）18.5 ≤ BMI<25.0：正常；（3）25.0 ≤ BMI<30.0：超重；（4）BMI ≥ 30.0：过胖。

12. 假设某大学今年的学费为 5000 元，学费的年增长率为 5%。编写程序：（1）计算 10 年后的学费；（2）计算今年入学的新生 4 年共交多少学费；（3）计算学费翻一番需要几年。

13. 编写程序，打印如图 3.8 所示的 1～9 的阶梯。

```
        1
       2 2
      3 3 3
     4 4 4 4
    5 5 5 5 5
   6 6 6 6 6 6
  7 7 7 7 7 7 7
 8 8 8 8 8 8 8 8
9 9 9 9 9 9 9 9 9
```

图 3.8　编程题 13 附图

14. 编写程序，打印 100 以内的素数。

15. 编写程序，计算 1!+2!+…+10!。

16. 编写程序，计算 e=1+1/1!+1/2!+1/3 !+…+1/n!+…的近似值，要求误差小于 0.00 001。

17. 编写程序，打印如图 3.9 所示的九九乘法表。

```
1*1=1
1*2=2  2*2=4
1*3=3  2*3=6   3*3=9
1*4=4  2*4=8   3*4=12  4*4=16
1*5=5  2*5=10  3*5=15  4*5=20  5*5=25
1*6=6  2*6=12  3*6=18  4*6=24  5*6=30  6*6=36
1*7=7  2*7=14  3*7=21  4*7=28  5*7=35  6*7=42  7*7=49
1*8=8  2*8=16  3*8=24  4*8=32  5*8=40  6*8=48  7*8=56  8*8=64
1*9=9  2*9=18  3*9=27  4*9=36  5*9=45  6*9=54  7*9=63  8*9=72  9*9=81
```

图 3.9　编程题 17 附图

18. 编写程序，反向打印如图 3.10 所示的九九乘法表。

```
9x9=81  9x8=72  9x7=63  9x6=54  9x5=45  9x4=36  9x3=27  9x2=18  9x1=9
        8x8=64  8x7=56  8x6=48  8x5=40  8x4=32  8x3=24  8x2=16  8x1=8
                7x7=49  7x6=42  7x5=35  7x4=28  7x3=21  7x2=14  7x1=7
                        6x6=36  6x5=30  6x4=24  6x3=18  6x2=12  6x1=6
                                5x5=25  5x4=20  5x3=15  5x2=10  5x1=5
                                        4x4=16  4x3=12  4x2=8   4x1=4
                                                3x3=9   3x2=6   3x1=3
                                                        2x2=4   2x1=2
                                                                1x1=1
```

图 3.10　编程题 18 附图

19. 编写程序，列出由数字 1、2、3、4 组成的互不相同且无重复数字的三位数。

20. 编写程序，读入一个整数，然后以升序显示它的所有最小因子。例如，输入整数 120，则输出应该是：2，2，2，3，5。

21. 编写程序，求 $n^2>12\,000$ 的最小整数 n 的值。

22. 编写程序，求 $n^3<12\,000$ 的最大整数 n 的值。

三、思考题

1. C++是 C 的超集吗？可以用 C++编译器来编译 C 代码吗？

2. 要计算抵押贷款的偿还金额，利率、本金和付款额应分别选用哪种类型？请说明原因。

3. 用最有效率的方法算出 2 乘以 17，并简单解释效率高在什么地方。

4. 交换两个变量的值，不能使用中间变量。

5. 写出下面语句序列的执行结果。

a=5; b=6; a+=b++;

6. 如果 a=5,b=5，写出下式的执行结果。

(a++) == b ? a : b

7. 下列选项中哪两个是等价的？

（1）int b;

（2）const int* a = &b;

（3）const* int a = &b;

（4）const int* const a = &b;

（5）int const* const a = &b;

8. 请给出下面一段程序的输出。

```
int main(){
    int a[][3] = {1,2,3,4,5,6};
    int (*ptr)[3] = a;
    cout << (*ptr)[1] << (*ptr)[2];
    ++ptr;
    cout << (*ptr)[1] << (*ptr)[2]);
}
```

9. 以下为 Windows NT 下的 32 位 C++程序，计算 sizeof 的值。

```
char str[] = "Hello" ;
char *p = str ;
int n = 10;
//请计算:
//sizeof (str ) = ______
//sizeof ( p ) = ______
//sizeof ( n ) = ______
void Func ( char str[100]) {
//请计算:
    //sizeof( str ) = ______
}
```

```
void *p = malloc( 100 );
//请计算:
//sizeof ( p ) = ______
```

10. 简述以下两个 for 循环的优缺点。

```
//第一个
for (i=0; i<N; i++){
if (condition)
    DoSomething();
else
    DoOtherthing();
}
//第二个
if (condition){
    for (i=0; i<N; i++)
        DoSomething();
}
else{
    for (i=0; i<N; i++)
        DoOtherthing();
}
```

CHAPTER 4

第4章 复合类型

本章学习目标:

- 了解 C++语言支持的内置复合类型和类类型;
- 掌握指针的概念、特点、定义和使用语法;
- 掌握引用的概念、特点、定义、初始化和使用;
- 理解 const 限定的引用和指针;
- 掌握数组的概念、特点、定义和使用语法;
- 了解结构体、共用体和枚举等复合类型的定义和使用语法;
- 熟练掌握 string 类的用法;
- 熟练掌握 vector 的用法;
- 理解迭代器的概念和用法;
- 掌握用标准文件流读写文件的方法。

复合类型是指在其他类型的基础上定义的类型。C++语言有内置的复合类型，包括指针、引用、数组、结构体、共用体和枚举。C++允许用户以类的形式定义自己的类型，以便描述实际应用中的各种对象，例如学生的成绩单、银行账户、图书借阅记录、订单等。C++标准库中也提供了一些常用的类和数据结构，如字符串类 string、变长数组 vector。本章介绍 C++的复合类型和几种常用的标准库类型。

4.1 指针和引用

程序运行时，代码和需要的数据都被存储在内存中。内存是有序的字节序列，每个字节都有唯一的地址，使用这个地址就可以确定字节的位置，用以存储和获取数据。程序中定义的变量会被分配一定的内存单元，当需要存取这个变量的值时，可以通过变量的名字访问这块内存。

除了通过名字**直接访问**变量的内存单元，也可以使用内存地址找到存放数据的单元，**间接访问**其中的内容。指针可以持有对象的地址，引用则是对象的别名。

4.1.1 指针

指针持有一个对象的地址，称为指针“指向”这个对象。通过指针可以间接操纵它指向的对象。

每个指针都有相关的类型，需要在定义指针时指出。定义指针变量的语法为

```
类型 *指针变量;
```

例如：

```
int  *pi;             //pi是一个指针，存放int变量的地址，或者说指向int变量
int* pi;              //*写在类型int后面也可以，和上一行作用一样
char *pc1, *pc2;      //pc1和pc2都是指向字符变量的指针；pc2前面要有*
char* pc1, pc2;       //就算*写在char后面，也是和变量名pc1结合，所以等同于下一行
char *pc1, pc2;       //pc1是指针类型，而pc2是char类型
char* pc1, *pc2;      //这才是两个char指针变量
```

指针存放指定类型的对象的地址，要获取对象的地址，使用**取地址**运算符“**&**”。例如：

```
int ival = 120;
int  *pi = &ival;            //pi存放int变量ival的地址，或者说pi指向ival
char ch = 'a', *pc = &ch;    //pc指向字符型变量ch
```

指针本身也是对象，指向一个对象的指针有两个存储单元与之相关：一个是指针自己的存储单元，里面存放着所指对象的地址；另一个就是指针指向的对象的存储单元，里面存放该对象的值。自然，也可以定义存放pi的地址的指针。例如：

```
int **ppi = &pi;  //ppi是指针的指针，存放pi的地址，例如图4.1中的22ff70H
```

如果指针指向一个对象，则可以通过指针间接访该对象，使用指针**解引用**运算符“*”。例如：

```
int x = 100, y = 20;
int *pi = &x;
*pi = y;     //间接操作pi指向的x，即x = y
```

程序 4.1 指针的基本概念。

```
//----------------------------------------------------------------
#include <iostream>
using namespace std;
int main(){
    int ival = 1024;
    int *pi = &ival;
    cout << " sizeof(pi):" << sizeof(pi) << endl;     //指针在内存中所占大小
    cout << " sizeof(ival):" << sizeof(ival) << endl;//ival在内存中所占大小
    cout << " &pi:" << &pi << endl;           //指针在内存中的地址
    cout << " pi:" << pi << endl;             //指针中存放的内容，即ival的地址
    cout << " &ival:" << &ival << endl;       //ival的地址
```

```
    cout << " *pi:" << *pi << endl;        //指针所指内存中存放的内容,即 ival 的值
    cout << " ival:" << ival << endl;     //ival 的值
}
//------------------------------------------------------------------
```

程序的输出结果（程序运行结果可能因机器、编译器的不同有所变化）：

```
sizeof(pi):4
sizeof(ival):4
&pi:0x22ff70
pi:0x22ff74
&ival:0x22ff74
*pi:1024
ival:1024
```

可以看出，指针 pi 在内存中占 4 个字节，首地址是 0x22ff70（即 22ff70H），其中存放的是它所指向对象的首地址（本例中就是 ival 的首地址 22ff74H）。int 变量 ival 在内存中也占 4 个字节，首地址是 0x22ff74（22ff74H），这块内存中存放的是 ival 的值 1024，如图 4.1 所示。

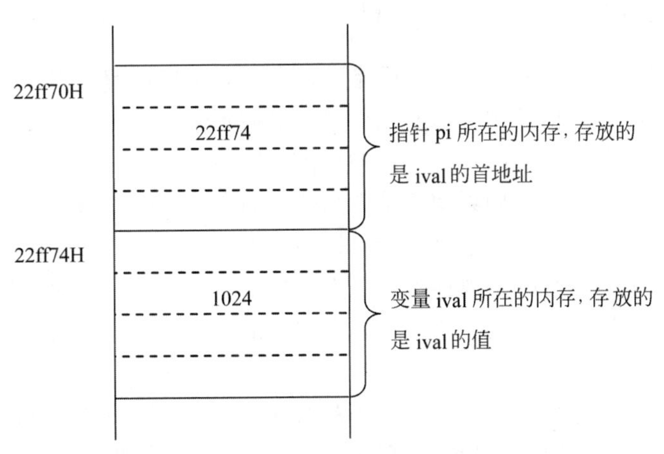

图 4.1　pi 和 ival 的内存分布图

定义指针时指定的类型实际上是指针指向的对象的类型，指针不能指向不同类型的对象。不同类型指针的表示方法和保存的地址值并没有分别，区别只是指针指向的对象类型不同，即指针解引用运算之后得到的结果类型不同。指针的类型指出了如何解释该内存地址保存的内容，以及该内存区域应该有多大。例如：

```
int ival = 10, *pi = &ival;
//如 ival 的 内存地址是 1000，则 pi 指向的地址空间是 1000~1003 共 4 个字节
char ch = 'a', *pc = &ch;
//如 ch 的内存地址是 1000，则 pc 指向的只是 1000 这 1 个字节的区域
```

指针不能保存非地址值，也不能被赋值或初始化为不同类型的地址值。例如：

```
int ival = 100;
```

```
int *pi = &ival;         //pi 被初始化为 ival 的地址
int *pi2 = ival;         //编译错误，ival 不是地址
double dval = 1.5;
pi = &dval;              //编译错误
pi2 = 0;                 //正确: pi2 是空指针
```

指针值为0时表示它是一个**空指针**，即不指向任何对象的指针。为了更清晰地表示空指针，C++11引入了字面值 **nullptr**。用nullptr初始化或赋值给一个指针，会使指针成为空指针。生成空指针还有第三种方法，使用头文件<cstdlib>中定义的预处理常量 NULL，它的值就是0。

```
//生成空指针的 3 种方法
int *p1 = nullptr;          //等价于 int *p1 = 0;
int *p2 = 0;                //直接将 p2 初始化为 0，空指针
//#include<cstdlib>
int *p3 = NULL;             //等价于 int *p3 = 0;
//但是不能写成下面的样子
int zero = 0;
int *p4 = zero;             //错误: 不能把 int 变量直接赋给指针，即使其值为 0
```

解引用只适用于确实指向某个对象的指针，不能对空指针解引用。

定义指针时，应该对指针进行初始化。使用未初始化的指针是引发运行时错误的一大原因，且难以发现和调试。访问未初始化的指针引发的后果无法预料，通常会造成程序崩溃。在大多数编译器环境下，如果使用了未初始化的指针，则该指针所占内存空间当前的内容会被看作一个地址值。访问这个指针，相当于去访问一个本不存在的位置上的本不存在的对象。如果这个内容恰好是内存中某个重要数据的地址值，那就危险了。因此，建议初始化所有的指针，尽量在定义了对象之后再定义指向它的指针。如果实在不确定指针应该指向何处，应该初始化为nullptr。

同类型的指针可以进行相等（==）或不相等（!=）的比较操作，比较的结果是布尔类型。如果两个指针存放的地址值相同，则它们相等；反之不相等。这里的地址值相同有三种可能：同为空指针，指向同一个对象，指向同一个对象的下一地址。

指针还可以进行加或减整数值的算术运算，这时地址值增加或减少的数目取决于指针的类型。自增、自减运算同样适用于指针。指针只有在指向数组元素时，其算术运算才有意义。例如：

```
int a = 10;
char ch = 'k';
int* pi = &a;
char* pc = &ch;
pi++;                  //在原地址值上加 4; 因为 int 占 4 个字节
pc++;                  //在原地址值上加 1; 因为 char 占 1 个字节
```

C++提供了一种通用指针，即 **void*指针**，它可以持有任何类型的地址值。void*只能

表明相关的值是个地址，但是该地址保存的对象类型不知道。因而不能操纵 void 指针指向的对象，而只能传送该地址值或者和其他地址值进行比较。C++也不允许 void 指针到其他类型指针的直接赋值。例如：

```
int a = 10;
char ch = 'k';
void* pv = &a;        //正确
pv = &ch;             //正确
int* pi = pv;         //错误，应该使用强制类型转换 pi = static_cast<int*>(pv);
```

指针的典型用法如下：

（1）构建链式的数据结构，如链表和树。

（2）管理程序运行时动态分配的对象。

（3）作为函数的参数。

4.1.2　new 和 delete

在 C++中，对象可以静态分配空间，即编译器在处理程序源代码时分配内存，也可以动态分配空间，即程序运行时调用运行时刻库函数来分配内存。这两种内存分配方法的主要差异在于效率和灵活性。静态内存分配是在程序执行之前进行的，因而效率比较高，但是缺乏灵活性，因为它要求程序在执行之前就知道所需内存的类型和数量。而存储未知数目的元素却需要动态内存分配的灵活性。

静态和动态内存分配在语法上的主要区别如下：

（1）静态对象是有名字的变量，可以直接对其进行操作；而动态对象没有名字，要通过指针间接地对它进行操作。

（2）静态对象的空间分配与释放由编译器自动处理，动态对象的空间分配与释放必须由程序员显式地管理。

程序使用动态内存出于以下三种原因之一：

（1）程序不知道自己需要使用多少对象。

（2）程序不知道所需对象的准确类型。

（3）程序需要在多个对象间共享数据。

系统为所有程序提供了一个运行时可用的内存池，这个内存池被称为程序的**自由存储区**或**堆**（heap）。在 C 语言中，动态内存分配是由 malloc()等库函数提供的，动态内存的释放由库函数 free()完成。C++语言则通过 new 和 delete 两个运算符来进行动态存储空间的管理。new 在动态内存中为对象分配空间，并返回一个指向该对象的指针，可以选择对对象进行初始化。delete 接受一个动态对象的指针，销毁指针指向的对象，并释放与之关联的内存。

1. new

new 运算符在堆上动态分配空间，创建对象，并返回对象的地址。一般将 new 返回的地址保存在指针变量中，以便间接访问堆上的对象。

new 表达式有三种形式。第一种形式用于分配特定类型的单个对象，并返回其地址。

语法形式为

```
new 类型
```

或者

```
new 类型(初始值)
```

例如：

```
int* ip1 = new int;          //在堆上分配一个 int 类型的对象，并返回它的地址
*ip1 = 512;                  //这个对象只能通过指针间接操作
int* ip2 = new int(100);     //在堆上分配一个 int 对象，初始化为 100，返回它的地址
```

new 表达式的第二种形式可以在堆上分配指定类型和大小的数组，并返回数组首地址，但是不能对数组进行显式的初始化。语法形式为

```
new 类型[数组大小]
```

例如：

```
int* ipa = new int[100]; //在堆上分配一个大小为 100 的 int 数组并返回数组的首地址
```

熟悉 C 语言的读者需要注意：这里的数组大小是指数组元素的个数，而不是像 C 语言中的 malloc()函数那样，要指定字节数。

用 new 分配的数组大小不必是常量，可以在程序运行期间指定。

注：用 new 分配的内存虽然被称为动态数组，但实际上并不是真正的数组类型：因为用 new 分配数组时，并未得到一个数组类型的对象，而是得到一个数组元素类型的指针。因此，对数组使用的某些函数不能应用在动态数组上，如 begin()和 end()。

new 表达式的第三种形式允许程序员将对象创建在已经分配好的内存中。这种形式被称为**定位 new** 表达式，其形式如下：

```
new (指针)类型;
```

在指针指向的空间中创建一个指定类型的对象。程序员可以预先分配大量的内存，以后通过定位 new 表达式在这段内存中创建对象。使用定位 new，必须包含标准库头文件 <new>。例如：

```
#include <iostream>
#include <new>
using namespace std;
char* buf = new char [1000];     //预分配一段空间，首地址在 buf 中保存
int main(){
    int* pi = new (buf) int;
    //在 buf 中创建一个 int 对象，此时不再重新从堆上分配空间
}
```

2. delete

堆上的空间在使用之后必须释放，否则会造成内存泄漏。new 运算符分配的空间用

delete 运算符释放。

释放 new 分配的单个对象的 delete 形式为

```
delete 指针;
```

例如：

```
int* ip = new int;
*ip = 512;
//不再使用这个 int 对象时，释放内存
delete ip;  //释放指针指向的 int 对象，将空间归还给动态存储区
```

执行 delete 运算后，指针 ip 指向的空间被释放，不能再使用 ip 指向的内存，但是 ip 这个指针变量自己的存储空间不受影响。delete 后的 ip 不是空指针，而是“**空悬指针（dangling pointer）**”，即指向不确定的单元。实际上，在大多 C++实现中，执行 delete 操作之后，ip 中保存的仍然是 delete 之前的地址值，但是这个地址单元的使用权已经通过 delete 操作归还给动态存储区，再继续通过 ip 间接使用这个单元是非法的，会引起不可预料的运行错误。例如：

```
int* ip = new int;
*ip = 512;          //正确
delete ip;          //释放了指向的空间，ip 成为空悬指针
…
*ip = 100;          //危险！不能再使用 ip 指向的单元
int x;
ip = &x;            //正确,仍然可以使用 ip 这个指针变量
```

释放 new 分配的数组的 delete 形式为

```
delete [] 指针;
```

例如：

```
int* pa = new int[100];
//不再使用这个数组时，释放内存
delete[] pa;    //释放指针 pa 指向的数组，将空间归还给动态存储区
```

由于定位 new 并不实际在堆上分配空间，因此没有对应的 delete 表达式。

使用动态内存有时是必要的，但正确地管理动态内存却相当棘手。使用 new 和 delete 管理动态内存存在如下三个常见问题：

（1）忘记 delete 内存。忘记释放动态内存会导致“内存泄漏”问题，因为这种内存永远不可能归还给自由空间了。查找内存泄漏错误非常困难，因为通常应用程序运行很长时间之后，真正耗尽内存，才能检测到这种错误。

（2）使用已经释放掉的对象。通过在释放内存后将指针置为空，有时可以检测出这种错误。

（3）同一块内存释放两次。当有两个指针指向相同的动态内存分配对象时，可能发生

这种错误。如果对其中一个指针使用了 delete，对象的内存就被归还给自由空间。如果随后又对第二个指针执行 delete，自由空间就可能被破坏。

注：为了更容易、更安全地使用动态内存，C++11 提供了智能指针类型 shared_ptr 和 unique_ptr 来管理动态内存，在<memory>头文件中定义。智能指针的行为类似常规指针，重要的区别是它负责自动释放所指向的对象。新标准库提供的两种智能指针的区别在于管理底层指针的方式：shared_ptr 允许多个指针同时指向同一个对象；unique_ptr 则独占所指向的对象。标准库还定义了一个伴随类 weak_ptr，是一种弱引用，指向 shared_ptr 所管理的对象。

只使用 C++标准库的智能指针，就可以避免上述动态内存管理问题。对于同一块内存，只有在没有任何智能指针指向它的情况下，智能指针才会自动释放它。对智能指针的更多讨论见第 7 章。

4.1.3 引用

术语“引用”在 C++11 中被改称为“**左值引用**”，因为 C++11 新增加了“**右值引用**”的概念。在不引起歧义的情况下，一般仍使用“引用”来指“左值引用”。下面先介绍定义和使用左值引用的基本语法。

引用又称别名，它可以作为对象的另一个名字。通过引用可以间接地操纵对象，使用方式类似于指针，但是不需要指针的语法。定义左值引用的方式如下：

```
类型 &引用变量 = 初始值;
```

引用由类型标识符和一个取地址符（&）来定义，引用必须被初始化，初始值是一个有内存地址的对象，如变量。例如：

```
int ival = 100;
int &refVal = ival;      //正确，refVal 是变量 ival 的引用，绑定到 ival
int &refVal2;            //错误：引用没有初始化
int &refVal3 = &ival;    //错误：不能用对象的地址来初始化引用
int &refVal4 = 10;       //错误：不能用没有内存地址的数值来初始化引用
```

引用一旦初始化，就不能再绑定到其他的对象，对引用的所有操作都会被应用在它所绑定的对象上。例如：

```
int x = 100, y = 20;
int &r = x;        //r 是 x 的引用
r = y;             //r 不会变成 y 的引用，而是 x = y
```

应注意引用的初始化和赋值极为不同。初始化时引用“绑定到”一个对象；赋值时，引用被作为所指对象的别名。

一般在初始化变量时，初始值会被复制到新建的对象中。然而定义引用时，程序把引用和它的初始值绑定在一起，而不是将初始值复制给引用。一旦初始化完成，引用将和它的初始值对象一直绑定在一起。因为无法令引用重新绑定到另外一个对象，所以引用必须初始化。

引用并非对象，它只是为一个已经存在的对象所起的另外一个名字。引用只能绑定到对象上，不能与字面值或某个表达式的计算结果绑定在一起。因为引用本身不是一个对象，所以不能定义引用的引用。

虽然标准 C++语言规范没有规定引用的实现方式，但是在很多 C++编译器中，引用被实现为与所指对象占据同一地址空间。

程序 4.2　引用的实现示例。

```
//----------------------------------------------------
#include <iostream>
using namespace std;
int main() {
    int a = 10;
    int &ra = a;
    int *pa = &a;
    cout<<"a="<<a<<"\t"<<"&a="<<&a<<endl;
    cout<<"ra="<<ra<<"\t"<<"&ra="<<&ra<<endl;
    cout<<"pa="<<pa<<"\t"<<"&pa="<<&pa<<endl;
    ra = 20;
    cout<<"a="<<a<<"\t"<<"&a="<<&a<<endl;
    cout<<"ra="<<ra<<"\t"<<"&ra="<<&ra<<endl;
}
//----------------------------------------------------
```

在 GCC 编译环境中，程序的输出结果如下：

```
a=10    &a=0x69fee8
ra=10   &ra=0x69fee8
pa=0x69fee8     &pa=0x69feec
a=20    &a=0x69fee8
ra=20   &ra=0x69fee8
```

引用和指针既有相似之处，又存在很多不同。

（1）定义和初始化。指针的定义形式如下：

```
类型 *指针变量;
```

指针保存指定类型的对象的地址，一个指针可以指向同类型的不同对象。例如：

```
int x = 10, y = 20;
int *pi;     //可以不初始化
pi = &x;     //p 指向 int 类型的对象 x
pi = &y;     //p 也可以重新指向 y
```

引用的定义形式为

```
类型 &引用名 = 初始值;
```

引用是一个对象的别名，定义引用时必须用有内存地址的对象初始化。引用在初始化之后，一直绑定该对象。例如：

```
int a = 10, b=20;
```

```
int &ri = a;     //必须初始化，ri是a的引用，是a的别名
ri = b;          //对ri的操作就是对a的操作，等同于a=b;
```

（2）使用方式。指针通过解引用（*）运算间接访问指向的对象；引用作为对象的别名，可以直接访问对象。例如：

```
pi = &x;
*pi = 30;        //x=30
int &ri = a;
ri = 40;         //a=40
```

（3）指针可以不指向任何对象，其值为 0，表示空指针。引用必须绑定到一个对象，而且一直绑定该对象，不存在“空”引用。引用的值如果为0，表示它绑定的单元值为0。例如：

```
pi = 0;     //pi是空指针，不指向任何对象
ri = 0;     //a=0
```

（4）指针之间的相互赋值会改变指向关系；引用之间的相互赋值是它们绑定的对象之间的赋值，引用关系本身并不改变。例如：

```
int x = 100, y = 20;
int *p1 = &x, *p2 = &y;
p1 = p2;         //p1=&y, p1和p2都指向y
int &r1 = x, &r2 = y;
r1 = r2;         //x = y, r1仍是x的引用
```

在实际程序中，很少使用这样的独立引用，而是用引用作为函数的形式参数以传递大型对象或改变默认的参数传递语义。引用作为函数参数将在第5章讨论。

4.1.4 右值引用

C++11标准引入了一种新的引用类型——**右值引用**，目的是支持移动操作。右值引用就是必须绑定到右值的引用。右值引用有一个重要的性质：只能绑定到一个将要销毁的对象。因此，可以自由地将一个右值引用的资源移动到其他对象中。

注：左值和右值的定义与其判别方法是一体的。最典型的判别方法就是：在赋值表达式中，出现在赋值号左边的就是左值，而在赋值号右边的则称为右值。C++中还有一个被广泛认同的说法，那就是可以取地址的、有名字的就是左值；反之，不能取地址的、没有名字的就是右值。在C++11中，将右值的概念划分得更为细致，一个是纯右值(pure rvalue)，一个是将亡值（expiring value）。纯右值就是C++98中右值的概念，例如表达式的运算结果，如1+3产生的临时变量，或者函数返回的非引用的临时变量，字面值常量也是纯右值。将亡值则是C++11新增的跟右值引用相关的表达式，这样的表达式是将要被移为他用的对象，例如返回右值引用的函数返回值、std::move的返回值等。在C++11的程序中，所有的值必属于左值、纯右值和将亡值三者之一。

返回左值引用的函数、赋值、下标、解引用和前缀自增/自减运算符，都是返回左值的

表达式。可以将左值引用绑定到这类表达式的结果上。返回非引用类型的函数，连同算术、关系、位运算、后缀自增/自减运算符，都是返回右值的表达式，字面值常量、要求转换的表达式都生成右值。不能将左值引用绑定到这类表达式上，但可以将右值引用或 const 左值引用绑定到这类表达式上。

定义右值引用的形式如下：

类型 &&右值引用变量 = 右值表达式;

右值引用由类型标识符和两个取地址符（&&）来定义，右值引用必须被初始化，初始值是右值表达式，不能将右值引用直接绑定到一个左值上。例如：

```
int i = 42;
int &r = i;               //正确：左值引用
int &&rr = i;             //错误：右值引用不能绑定到左值上
int &r2 = i * 5;          //错误：i*5 是一个右值
int &&rr2 = i * 5;        //正确：将 rr2 绑定到乘法表达式的结果上
```

可以看到，右值引用只能绑定到临时对象，也就是说，右值引用引用的对象将要被销毁，而且该对象没有其他使用者。这个特性意味着使用右值引用的代码可以自由接管所引用的对象的资源，这也是右值引用支持移动操作的基础。

变量是左值，因此不能将右值引用直接绑定到变量上，即使这个变量是右值引用类型也不行。例如：

```
int &&rr1 = 10;           //右值引用
int &&rr2 = rr1;          //错误：表达式 rr1 的类型是 int 左值
```

可以显式地将一个左值转换为对应的右值引用类型。方法是调用标准库<utility>中定义的函数 **std::move()**。move()函数返回给定对象的右值引用。

```
int &&rr3 = std::move(rr1); //正确
```

调用 std::move()是告诉编译器希望像对待右值那样处理一个左值。所以，对一个对象调用 std::move()后，可以销毁它，也可以给它赋予新的值，但不能使用被移动后的对象的值。

注： 标准库中的名字，如 std::cout，在 using namespace std 声明之后，可以不加前缀 std 直接使用，如 cout。但是 move()不同于大多数标准库名字，应该直接使用全名 std::move()，以避免名字冲突。

右值引用在 C++11 中用于对象的移动、复制操作，在第 7 章介绍。

4.1.5　const 限定指针和引用

const 限定词将一个对象限定为常量。const 也可以限定指针和引用。

1. 指向常量的指针

回顾程序 4.1，如果不允许修改 ival 的值（即 1024），可以将 ival 定义为常量：

```
const int ival = 1024;
```

那么能否通过间接方式修改一个常量呢？例如：

```
const int ival = 1024;
int *pi = &ival;
*pi = 500;  //可以修改吗？
```

这段代码会导致编译错误，并不是第三条语句试图通过指针间接修改 const，而是第二条语句：“试图将一个 const 地址赋值给一个非 const 指针”。在这段代码中，ival 的地址类型是 const int*，而不是 int*，C++不允许将 const 地址赋值给非 const 指针，所以在语句 int *pi = &ival 处会报告编译错误。要保存 ival 的地址，只能将 pi 定义成一个指向 const int 的指针，成为指向常量的指针：

```
const int ival = 1024;
const int *pi = &ival;                  //正确
//或者这样写：int const *pi = &ival;  //正确
*pi = 500;                              //错误：因为*pi 是一个 const int
```

在上面的代码中，pi 是一个指向常量的指针，它所指向的内存中的内容不可以改变，如图 4.2 所示。

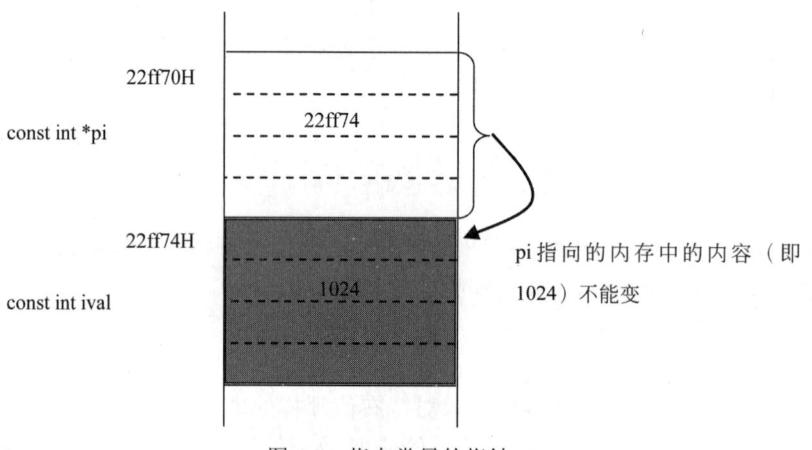

图 4.2　指向常量的指针 pi

了解到 C++的这种规定，可以知道想要利用语句

```
ival = 500;
```

直接修改 ival 是行不通的，原因是规定了 ival 是 const int，如果通过指针间接修改 ival，ival 的值也无法被修改。

上面的 pi 虽然是一个指向常量的指针，但 pi 本身的值可以改变，指向另一个 const int。

程序 4.3　指向常量的非 const 指针。

```
//----------------------------------------------
#include <iostream>
using namespace std;
int main(){
```

```
    const int ival = 1024;
    const int *pi = &ival;  //pi 首先指向 ival
    cout << "   &pi:" << &pi << endl;
    cout << "    pi:" << pi << endl;
    cout << " &ival:" << &ival << endl;

    const int ival1 = 100;
    pi = &ival1;  //pi 再指向 ival1
    cout << "   &pi:" << &pi << endl;
    cout << "    pi:" << pi << endl;
    cout << "&ival1:" << &ival1 << endl;
}
//-----------------------------------------------
```

程序的输出结果：

```
&pi:0x22ff70
pi:0x22ff74
&ival:0x22ff74
&pi:0x22ff70
pi:0x22ff6c
&ival:0x22ff6c
```

程序运行过程中的指针变化如图 4.3 所示。

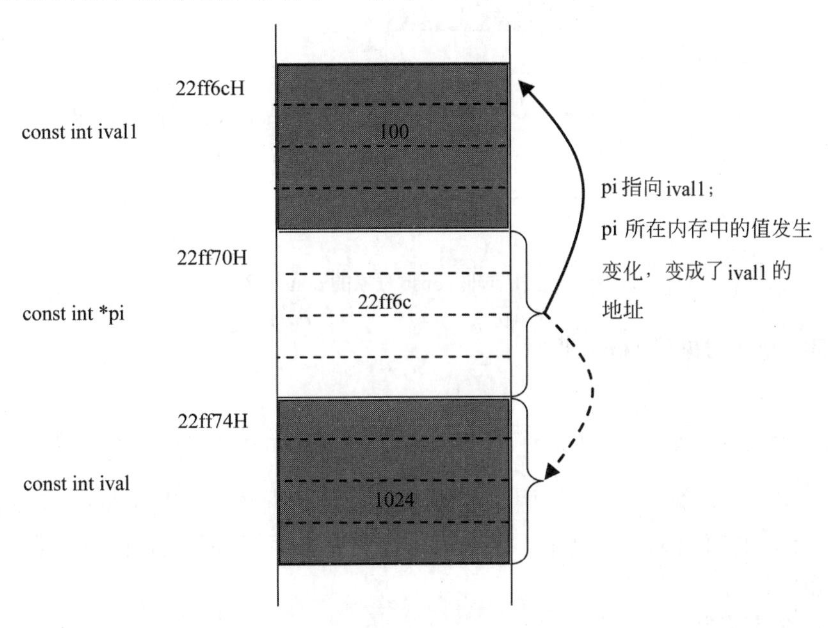

图 4.3　指向 const int 的非 const 指针 pi

C++允许将一个非 const 地址赋值给 const 指针。例如：

```
int ival =1024;
```

```
const int *pi = &ival;
ival = 500;       //正确,ival 没有被限定为 const，可以改变
*pi = 500;        //错误：不可以通过 pi 改变 ival，因为 pi 是 const int*
```

2. 指向非 const 对象的 const 指针

也可以定义指向非 const 对象的指针常量，该指针在内存中的值不允许改变，即该指针一旦用某个单元的地址值初始化，那么指针值就不能再改变，但它所指向单元的值可以改变。例如：

```
int ival = 1024;
int* const pi = &ival;  //const 是限定 pi 的
//即 pi 是一个常量，它指向并且一直指向 ival
//但是*pi 可以改变,因为 pi 指向的是一个 int 而不是 const int
*pi = 500;              //正确
int ival1 = 100;
pi = &ival1;            //错误：不能改变 pi 的值
```

定义 const 指针时必须初始化。指向非 const 对象的指针常量如图 4.4 所示。

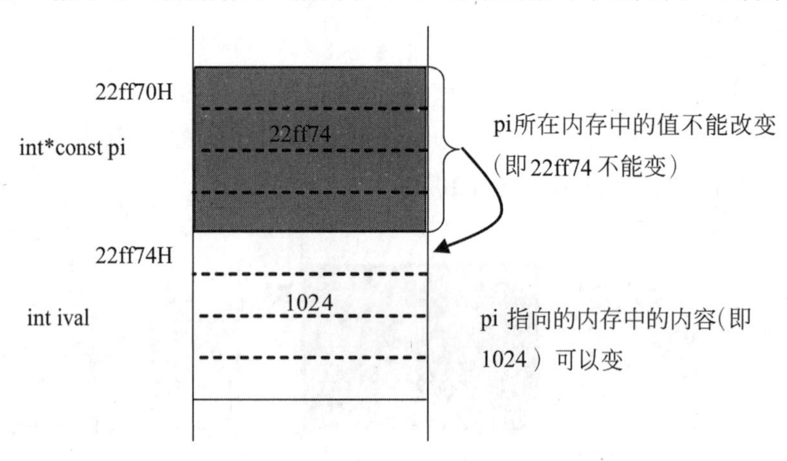

图 4.4　指向非 const 对象的 const 指针

3. 指向 const 对象的 const 指针

```
const int ival = 5;
const int* const pi = &ival; //pi 是一个指向 const 对象的 const 指针
```

在 pi 的定义中，第一个 const 限定 int，表示指针指向的单元是常量；第二个 const 限定 pi，表示指针的值也是一个常量。因此该指针所在内存的值不允许改变，它所指向内存的值也不能改变。

4. const 限定引用

把引用绑定到 const 对象上就像绑定到其他对象上一样，称为常量的引用。与普通引用不同的的是，const 引用不能用来修改它所绑定的对象。例如：

```
const int ival = 5;
```

```
const int &r1 = ival;          //正确：引用和所引用的对象都是 const int
r1 = 10;                       //错误：r1 是 const 的引用，不能修改
int &r2 = ival;                //错误：不能用非 const 引用指向 const 对象
```

const 引用对所引用对象的类型要求也不同于普通引用。普通引用的类型必须与其所引用的对象的类型一致，但是，const 引用可以绑定到非 const 对象，也可以用任意表达式初始化 const 引用，只要表达式的结果能转换为引用的类型即可。例如：

```
int ival = 10;
const int &r1 = ival;          //正确：允许将 const 引用绑定到非 const 对象上
const int &r2 = r1 * 2;        //正确：r2 是 const 引用
int &r3 = r1 * 2;              //错误：r3 是普通非 const 引用
int& r4 = 10;                  //错误：r4 是普通非 const 引用，字面值 10 不可寻址
const int &r5 = 10;            //正确：r5 是 const 引用
//编译器生成一个值为 10 的临时对象，r5 指向这个对象
```

const 引用仅对引用自己可参与的操作进行了限定，对所指向的对象本身是不是常量未作限定。因为指向的对象也可能不是 const，所以允许通过其他途径改变它的值。例如：

```
int ival = 5;
const int &r1 = ival;          //正确：r1 可以绑定 ival，但是不能通过 r1 修改 ival
int &r2 = ival;                //r2 也绑定对象 ival
r1 = 0;                        //错误：r1 是一个 const 引用，不能修改
r2 = 0;                        //r2 并非常量，可以修改 ival 为 0
```

const 也可以限定右值引用，但没有实用意义，因为右值引用主要就是为了移动语义，要求右值是可以被修改的。如果要不可以更改的右值，const 左值引用就足够了。const 左值引用或右值引用可以绑定到生成右值的表达式。

5. volatile 限定词

当一个对象的值可能在编译器的控制或检测之外被改变时，应该将对象声明为 volatile，例如一个被系统时钟更新的对象。编译器执行的某些例行优化行为不能应用在 volatile 对象上。volatile 一般用在多线程或中断处理的程序设计中。

const 和 volatile 一起被称为 **CV 限定词**，volatile 的使用语法和 const 相同。

4.2　结构体、联合和枚举

结构体的概念在 C++中得到了扩展，除了数据成员之外，可以加入描述操作的成员函数，用来定义类。联合的成员存储方式使之可以作为一种节省空间的类。枚举属于字面值常量类型，是将一组整型常量组织在一起，定义新的类型。

4.2.1　结构体

结构体把一组来自不同类型的数据组合在一起构成复合类型，其中的每个数据都是结构体的**成员**。结构体由关键字 struct 定义，语法形式为

```
struct 结构体类型名{
成员声明;
};
```

结构体的成员不能独立使用，必须由结构体类型的变量通过成员选择运算符“.”来选择，或者由结构体类型的指针通过“->”运算符选择。定义结构体类型之后，就可以创建该类型的变量。例如：

```
struct X {
    char c;
    int i;
    float f;
    double d;
};                      //定义结构体类型 X
…
X s1, s2;               //定义 X 类型的变量
X* ps = &s1;
s1.c = 'a';             //通过 X 变量 s1 引用成员 c
s1.i = 1;
s1.f = 3.5;
s1.d = 0.7
s2.c = ps->c;           //通过指针 ps 引用成员 c
…
```

结构体变量的成员在内存中按声明的顺序依次存放，因而，理论上，结构体变量在内存中的大小是其所有成员的大小之和。例如：

```
struct Y {
    char c;
    int i;
};
Y st;
```

结构体变量 st 在内存中占据几个字节呢？是 5 吗？在 GCC 编译器下，sizeof(Y)的结果是 8。

这是因为，编译器为了提高访问效率，大都使用了边界对齐技术，也称补白（padding）。计算机指令是以机器字为单位在内存中存取数据的。以 32 位计算机为例，一个机器字是 4 字节，存取数据是从 4 的倍数的内存地址开始的。如果一个整数不是从 4 倍数的内存地址开始存储，那么从内存中取出它的内容就需要执行两次取数据指令，而不是一次。因此，GCC 编译器在存储结构体变量 st 时会在第一个 4 倍数内存地址位置保存 st.c，然后空出 st.c 后面的 3 个字节，从下一个 4 倍数内存地址开始存储 st.i，这样，用 sizeof 计算得到的字节数就是 8 而不是 5，如图 4.5 所示。

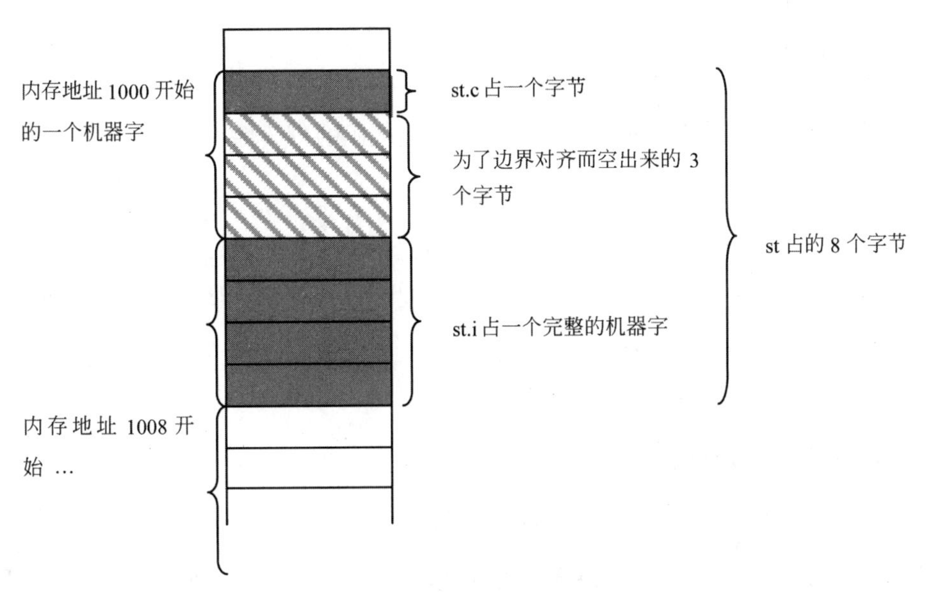

图 4.5　结构体变量存储的边界对齐

4.2.2　联合

程序中有时会使用一个变量来处理不同的数据类型，对这种情况可以使用联合。**联合**由关键字 union 定义，也称**共用体**。union 和 struct 的语法类似，只是数据成员的存储方式不同。union 的每个成员都从联合变量的首地址开始存储，所以每次只能使用一个成员。使用 union 可以节省空间，但是容易出错。联合变量存储示意如图 4.6 所示。

```
union Packed {
    char c;
    int i;
    float f;
    double d;
};          //Packed 的大小是其中 double 的大小，因为 double 是占据空间最大的元素
Packed x;
x.c = 'a';  //其余成员现在不可使用
x.d = 3.14; //覆盖了成员 c 的内容
```

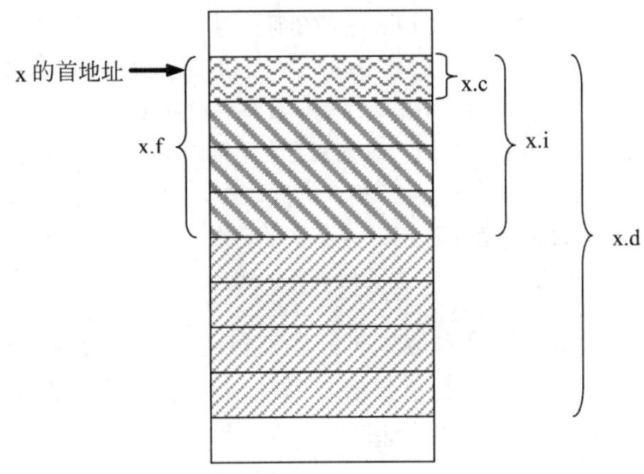

图 4.6　联合变量存储示意图

4.2.3 枚举

枚举类型定义了一组命名的整数常量，以提高代码的可读性。例如：

```
enum TrafficLight { red, green, yellow };
```

TrafficLight枚举类型定义了三个常量：0、1、2分别和名字red、green以及yellow关联。TrafficLight是一个枚举类型，可以用它来定义枚举变量，变量的值只能是枚举成员。例如：

```
TrafficLight stop = red;
```

也可以自己指定枚举成员的值：

```
enum ShapeType { circle=10, square=20, rectangle };
```

未指定值的枚举成员，编译器会赋给它相邻的下一个整数值，所以rectangle成员的值是21。

可以使用未命名的枚举类型定义常量。例如：

```
enum {False, True};
```

定义了两个常量False和True，值分别是0和1。

上面用关键字enum定义的枚举在C++11标准中被称为**不限定作用域的枚举**类型。C++11引入了**限定作用域的枚举**类型，用关键字enum class或enum struct定义。例如：

```
enum clsss open_mode {read, write, append};
//或者: enum struct open_mode {read, write, append};
```

在限定作用域的枚举中，枚举成员的名字遵循常规的作用域准则，并且在枚举类型的作用域外是不可访问的。与之相反，在不限定作用域的枚举类型中，枚举成员的作用域与枚举类型本身的作用域相同。例如：

```
enum Light {red, yellow, green};//不限定作用域的枚举类型，成员和Light同作用域
enum Pepper {red, yellow, green};//错误：重复定义了成员名字，和Light成员冲突
enum class Color {red, yellow, green}; //正确：成员作用域限定为Color
Light stop = red;   //正确：不限定作用域枚举的成员在Light的作用域内直接使用
Light go = Light::green; //也可以显式指定不限定作用域枚举成员的作用域，不是必须的
Color pencil = Color::red; //正确：使用Color的成员red，赋值给Color类型
Color ink = red;//错误：直接用red是指不限定作用域枚举的成员，类型Light不匹配
                    //要指定Color类型的成员red，则必须用作用域限定Color::red
```

枚举类型在必要时，如参与算术运算时，会被自动提升为算术类型。枚举的成员名字是不可打印的，输出的是它所表示的整数值。另外，不能使用枚举成员进行迭代，C++不支持枚举成员之间的前后移动（递增或递减）。

4.3　内置数组

数组是能够存储多个同类型对象的数据结构，每个对象存储在一个独立的数组元素中，计算机在内存中依次存储数组的各个元素。这些元素本身没有名字，需要通过其在数组中的位置访问。C++中除了内置数组之外，还可以使用标准库的 vector 类型或 array 类型定义数组。本节介绍内置数组的概念和语法。

4.3.1　定义和初始化数组

定义数组时需要指定元素类型、数组名和数组大小。形式为

类型 数组名[数组大小];

定义数组时必须指定数组的类型，不允许使用 auto 关键字由初始值的列表推断类型。数组的元素应该是对象，因此不存在引用的数组。

数组大小是一个常量表达式，必须大于 0。元素个数也属于数组类型的一部分，所以编译时数组的大小应该是已知的。数组的大小在定义之后是固定不变的，不能再向数组中增加元素。例如：

```
int ia[10];                     //ia 是包含 10 个 int 对象的数组
constexpr unsigned size = 100;  //数组大小用 unsigned int 类型
double da[size];                //da 的大小由常量 size 的值指定
```

定义数组的同时可以对数组进行列表初始化，此时可以省略数组的大小，编译器会根据初始值的个数推测出数组的大小。如果指明了数组大小，那么初始值的个数不能超出指定的大小。如果初始值的个数少于指定的数组大小，那么用初始值初始化前面的元素，剩下的元素被初始化为默认值。在不指定初值的情况下，数组的元素被默认初始化。例如

```
int ia[3] = {1, 2, 3};       //列表初始化
int ib[] = {4, 5, 6, 7};     //ib 数组的大小为 4，编译器根据元素个数确定
int ic[10] = {0, 1, 2};      //前三个元素分别为 0、1、2，其余初始化为 0
int ie[10];           //默认初始化，如果是函数内定义的局部数组，数组元素的值未定义
```

字符数组有一种额外的初始化方式，可以用字符串字面值初始化字符数组，此时，字符串末尾的空字符也会被复制到字符数组中。例如：

```
char a1[] = {'A', 'B', 'C'};           //列表初始化，数组有 3 个元素
char a2[] = {'A', 'B', 'C', '\0'};     //列表初始化，含显式的空字符
char a2[] = "ABC";                     //数组有 4 个元素：'A','B','C','\0'
char a3[5] = "Hello";                  //错误：数组空间不足
```

一个数组不能被另一个数组初始化，也不能被直接赋值给另一数组。例如：

```
int ia[3] = {1,2,3};
int ib = ia;                  //错误：不能用数组初始化另一个数组
int &ria = ia;                //错误：不能定义数组的引用
```

```
int ival1 = 0,ival2 = 1;
int &r[2] = {a,b};            //错误：不能定义引用的数组
int &rv1 = ival1, &rv2 = ival2;
int rv[2]={rv1,rv2};          //正确
```

也可以定义多维数组，每一维的大小由一对方括号指定。例如：

```
int ia[4][3];                 //ia 是一个 4 行 3 列的二维数组
```

多维数组也可以被初始化。例如：

```
int ia[3][2] = {
    {0, 1},
    {2, 3},
    {4, 5}
};
```

4.3.2 访问数组元素

数组中的元素没有命名，可以通过它们在数组中的位置进行访问，即下标访问。数组元素的下标从 0 开始，到数组大小减 1。但是，C++并不提供对数组下标范围越界的检查，需要程序员自己保证访问的正确性。例如：

```
int ia[10];           //ia 是包含 10 个 int 对象的数组
ia[3] = 7;            //数组中下标为 3 的元素被赋值为 7
ia[10] = 21;          //错误：下标越界，但编译器不报告
int ia[4][3];         //ia 是一个 4 行 3 列的二维数组
ia[1][2] = 5;         //访问多维数组的元素时要指定每一维的下标
```

使用数组下标时，通常将其定义为 **size_t 类型**。size_t 是一种机器相关的无符号类型，在<cstddef>头文件中定义，用来表示内存中任意对象的大小。

逐个访问数组的元素时可以用 for 循环或范围 for 语句。例如：

```
int ia[10];
//将数组的元素依次赋值为 1，2，3，…，10
for(size_t i = 0; i < 10; ++i)  //下标 i 的类型也可以用 auto
    ia[i] = i + 1;              //下标访问
//逐个输出数组元素，使用范围 for，因为数组大小固定，范围 for 更简洁
    for(int e : ia)     cout << e << "  ";
//将数组的每个元素都加倍
//如果要通过范围 for 改变数组每个元素的值，应该用引用声明
    for(int &e : ia)    //e 声明为引用，依次用数组元素初始化，e 就是元素的引用
        e = e*2;        //修改 e 就是通过引用修改数组元素自身，因而元素值变了
//如果声明 e 时没有引用，则不能通过 e 修改数组元素
//e 是一个 int 变量，依次用数组的元素初始化，是元素的副本，修改 e 只是副本改变
    for(int e : ia)     //e 声明为 int 变量
        e = e*2;        //修改 e 不会改变数组元素，只是修改了 e 这个副本
```

4.3.3　数组与指针

在 C++语言中，指针和数组有着非常紧密的联系。使用数组的时候编译器一般会把它转换为指针。数组名字代表数组第一个元素的地址，它的类型是数组元素类型的指针。例如，对下面的数组定义：

```
int ia[5];
```

ia 是一个 int*类型的指针常量，ia 和&ia[0]都表示数组第一个元素的地址。因而，除了使用下标访问数组元素之外，还可以使用指针对数组进行访问。例如：

```
int a[10];
for(int *p = a; p < a+10; p++)  //指针访问数组元素
        cout << *p;
```

在很多用到数组名字的地方，编译器都会自动将其替换为一个指向数组第一个元素的指针。在一些情况下数组的操作实际上是指针的操作，例如，当使用数组作为一个 auto 变量的初始值时，得到的类型是指针而不是数组：

```
int ia[] = {1, 2, 3, 4, 5};
auto ia2(ia);          //ia2 是一个指针，指向 ia 的第一个元素：int* ia2 = ia;
ia2 = 42;              //错误：ia2 是指针，不能用 int 值给指针赋值
```

要注意的是，当使用 decltype 关键字时，上面的转换不会发生。decltype(ia)返回的类型是由 5 个整数构成的数组：

```
//ia3 是一个包含 5 个元素的 int 数组；
decltype(ia) ia3 = {6, 7, 8, 9, 10};    //ia3 和 ia 同样
ia3 = p;               //错误：不能用指针给数组赋值
ia3[2] = 5;            //正确：可以给数组元素用 int 赋值
```

C++的一维数组元素在内存中按下标顺序依次存放，例如，一维数组 a[n]的元素 a[i]在内存中地址是 a+i。

多维数组在内存中按行序存储。例如，数组 ia[3][2]的元素在内存中存储的次序是 ia[0][0], ia[0][1], ia[1][0], ia[1][1], ia[2][0], ia[2][1]。也就是说，二维数组 a[m][n]的元素 a[i][j]在内存中的地址是 a+(i*n+j)。

使用指针访问数组时需要控制指针的范围，确保指针指向数组的元素。例如：

```
for(int *p = a; p < a+10; p++)……
```

为了让指针的使用更简单、更安全，C++11 引入了两个库函数 begin()和 end()。这两个函数在头文件<iterator>中定义，用法为：

```
begin(数组名)
end(数组名)
```

begin()函数返回指向数组第一个元素的指针，end()返回指向数组最后一个元素的下一

个位置的指针，如图 4.7 所示。

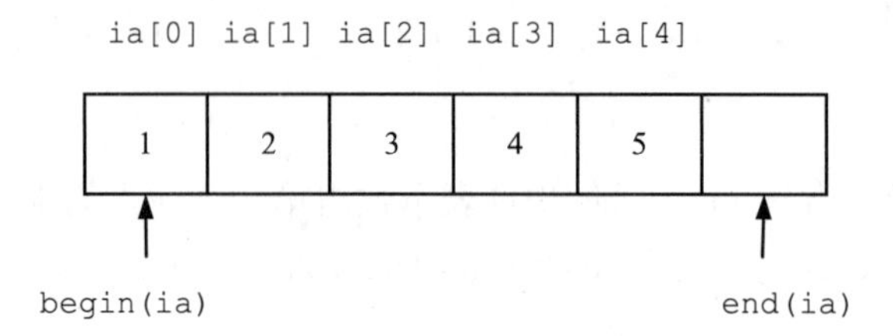

图 4.7　begin()和 end()函数

利用 begin()和 end()很容易写出处理数组元素的循环程序。例如，在数组 arr 中查找第一个负数：

```
int *pb = begin(arr), *pe = end(arr);
while(pb != pe && *pb >= 0)
    ++pb;
```

指向数组的指针可以执行解引用、自增、自减、加或减一个整数、两个指针相减、比较等运算。

指针加或减一个整数 n，结果仍是指针。新指针指向的元素与原来的指针相比前进或后退了 n 个位置。指针加或减一个整数，得到的新指针仍需指向同一数组的其他元素。

两个指针相减的结果是它们之间的距离。参与运算的两个指针必须指向同一个数组中的元素。

两个指针如果指向同一个数组的元素，可以利用关系运算符对其进行比较。如果两个指针分别指向不相关的对象，则不能比较。

注：C++14 还引入了另外两组库函数 cbegin()/cend()和 rbegin()/rend()，分别返回数组的 const 指针和逆向迭代指针，用法与 begin()/end()类似。

4.3.4　字符数组和 C 风格字符串

C++保留了 C 语言中用字符数组表示字符串的方式，称为 **C 风格字符串**。C 风格字符串并不是一种类型，而是为了表示和使用字符串而形成的一种约定俗成的写法。C 风格字符串存放在字符数组中，以空字符结束，即在字符串的最后一个字符后面跟着一个空字符'\0'。一般利用指针来操作这些字符串。

可以通过库函数对 C 风格字符串进行操作。使用处理 C 风格字符串的库函数时要包含标准库头文件<cstring>。常用的函数如表 4.1 所示。

传给这些函数的指针必须指向以空字符结束的数组。需要注意的是，这些函数都不负责验证其字符串参数，也就是说，在调用这些函数时，调用者需要自己保证字符数组满足函数的要求。例如：

表 4.1 C 风格字符串的函数

函 数	说 明
strlen(p)	返回 p 的长度，空字符不计入
strcmp(p1,p2)	比较 p1 和 p2：如果 p1==p2 返回 0；如果 p1>p2 返回一个正值；如果 p1<p2 返回一个负值
strcat(p1,p2)	把 p2 附加到 p1 之后，返回 p1
strcpy(p1,p2)	将 p2 复制到 p1 中，返回 p1

```
const char cs1[] = "One string";
const char cs2[] = "Another string";
//比较 C 风格字符串
//不正确的方式
if(cs1 < cs2)            //未定义：试图比较两个无关的 const char*指针的值
//正确的方式
if(strcmp(cs1, cs2) < 0)//字符串 cs1 小于 cs2
//字符串复制和连接：要保证有足够的空间容纳连接后的结果，包括空字符的空间
//要连接 cs1 和 cs2，中间加一个空格，字符数组 largerstr 需要多大空间
char largerstr[?];
strcpy(largerstr, cs1); //strlen(cs1) + 1
strcat(largerstr, " "); //+1
strcat(largerstr, cs2); //+strlen(cs2)
//估算这个空间的大小真是不容易，而且内容一旦改变，空间大小就要重新检测
```

可以看到，使用 C 风格字符串的效率和安全性都存在不足。C++标准库的 string 类提供了更安全、更高效的字符串表示和操作方式。

4.4 标准库类型 string

标准库类型 string 表示可变长度的字符序列。string 类支持字符串对象的各种初始化方式，支持字符串之间的复制、比较和连接等操作，还支持对字符串长度的查询和是否为空的判断，并且也可以访问字符串中的单个字符。使用 string 类要包含头文件<string>。

程序 4.4 string 的简单使用。

```
//---------------------------------------------------------------
#include <iostream>
#include <string>
using namespace std;
int main(){
    string s1, s2;                  //创建两个空字符串对象
    string s3 = "Hello, World!";    //创建 s3，初始化为字符串字面值
    string s4("I am ");
    s2 = "Today";                   //赋值
    s1 = s3 + " " + s4;             //字符串连接
    s1 += " 5 ";                    //末尾追加
```

```
    cout << s1 + s2 + "!" <<endl;   //输出字符串内容
    //输出字符串长度
    cout <<"Length of s1 is :" << s1.size() << endl;
    for (size_t i = 0; i < s1.size(); ++i)
      cout << s1[i] <<" ";            //逐个输出 s1 中的字符
}
//---------------------------------------------------------------
```

程序的输出结果：

```
Hello, World! I am  5 Today!
Length of s1 is :22
H e l l o ,   W o r l d !   I   a m     5
```

4.4.1 定义和初始化 string 对象

string 类提供了多种初始化方式，如表 4.2 所示。

表 4.2 初始化 string 对象的方式

方　式	说　明
string s1	默认初始化，s1 是一个空串
string s2(s1)	s2 是 s1 的副本
string s2 = s1	等价于 s2(s1)
string s3("value")	s3 是字面值"value"的副本，除了字面值最后的空字符外
string s3 = "value"	等价于 s3("value")，s3 是字面值"value"的副本
string s4(n, 'c')	把 s4 初始化为由连续 n 个字符 c 组成的串

例如：

```
//默认初始化
string s1;                  //s1 是一个空串，没有任何内容
//拷贝初始化：把=右边的初始值复制到左边新创建的对象中
string s2 = s1;             //s2 是 s1 的副本
string s3 = "hello"         //s3 是这个字符串字面值的副本
//直接初始化：初始值可以有一个或多个
string s4("welcome");       //s4 是这个字符串字面值的副本
string s5(5, 'a');          //s5 的内容是 aaaaa
```

4.4.2 string 对象上的操作

string 类的常用操作如表 4.3 所示。

表 4.3 string 的操作

操　作	说　明
os << s	将 s 写到输出流 os 中，返回 os
is >> s	从输入流 is 读取字符串赋给 s，字符串以空白分隔，返回 is
getline(is, s)	从输入流 is 中读取一行赋给 s，返回 is

续表

操　　作	说　　明
s.empty()	s 为空返回 true，否则返回 false
s.size()	返回 s 中字符的个数
s[n]	返回 s 中第 n 个字符的引用，位置 n 从 0 开始计
s.c_str()	转换，返回 s 中内容对应的 C 风格字符串首地址
s1 = s2	赋值，用 s2 的副本替换 s1 原来的内容
s1 + s2 s1 += s2	连接，返回 s1 和 s2 连接后的结果 追加，把 s2 的内容追加到 s1 后面
s1 == s2 s1 != s2 <, <=, >, >=	如果 s1 和 s2 中的字符完全一样，则相等 string 对象的比较对字母区分大小写 利用字符在字典中的顺序进行比较，字母区分大小写

1. 读写 string 对象

使用标准库中 iostream 可以读写 string 对象。

程序 4.5　读写 string 对象。

```
//------------------------------------------------------------------
#include<iostream>
#include<string>
using namespace std;
int main(){
    string s;                   //定义一个空字符串 s
    cin >> s;                   //输入字符串，略过前导空白，遇到空白停止
    cout << s << endl;          //输出 s
    return 0;
}
//------------------------------------------------------------------
```

程序运行结果：

```
输入：abc  def
输出：abc
输入：   abcd  ef
输出：abcd
```

用输入操作符“>>”从标准输入读取字符串时，会忽略开头的空白（空格符、换行符、制表符等），从第一个非空白字符开始读起，直到遇到下一处空白为止。

输入操作符返回输入流对象，如果输入流对象处于有效状态，表示没有遇到文件结束或非法输入。可以用循环读取未知数量的 string 对象。例如：

```
//读取输入流中的单词，直到文件结束
string word;
while(cin >> word)              //反复读取单词，直至遇到文件末尾
  cout << word << endl;         //逐个输出单词，每行一个
```

如果希望在读取的字符串中能保留输入时的空白符，使用getline()函数。getline()函数带两个参数：输入流对象和存放读入字符串的string对象。函数从指定的输入流中读取内容，直到遇到换行符为止；然后将所读的内容存入指定的string对象中。需要注意的是，流中的换行符也被读取了，但是不存入string对象，而是丢弃了。getline()遇到换行符就结束读取操作并返回结果，所以，如果一开始就是换行符，所得的结果就是一个空 string。getline()返回输入流参数，所以也可以用getline()的结果作为条件。例如：

```
//每次读取一行文本，直到文件结束
string line;
while(getline(cin, line))        //反复读取整行文本，直至遇到文件末尾
  cout << line << endl;          //逐行输出，加上读入时丢弃的换行
```

2. 判断stirng对象是否为空

empty()函数判断string对象是否为空，返回一个布尔值。例如：

```
//每次读取一行文本，输出非空的行
string line;
while(getline(cin, line))
  if(!line.empty())     //line不为空，输出
    cout << line << endl;
```

3. 获取string对象的长度

size()函数返回string对象的长度，即string对象中字符的个数。例如：

```
//每次读取一行文本，输出长度超过80个字符的行
string line;
while(getline(cin, line))
  if(line.size() > 80)      //line不为空，输出
    cout << line << endl;
```

size()函数返回的长度并不是int类型或unsigned类型，而是string::size_type类型。如果要定义存放string对象长度的变量，除了直接使用string::size_type类型之外，可以用auto或decltype来推断变量的类型。例如：

```
string line = "hello";
string::size_type len1 = line.size();
auto len2 = line.size();               //根据初始值推断类型
decltype(line.size()) len3 = 0;        //表达式的类型
```

4. 比较string对象

string类定义了比较字符串的运算符。这些运算符逐一比较两个string对象中的字符。

两个string相等意味着它们的长度相同，并且所包含的字符也完全相同。两个字符串的大小关系是依照字典顺序定义的，且区分大小写字母。

（1）如果两个string对象的长度不同，而且较短string对象的每个字符都与较长string对象对应位置上的字符相同，就说较短string对象小于较长string对象。

（2）如果两个 string 对象在某些对应位置的字符不同，则 string 对象比较的结果就是两个 string 对象中第一对相异字符比较的结果。

例如：

```
string s1 = "hello";            //s1 < s2, s1 > s3
string s2 = "hello world";      //s2 > s1, s2 > s3
string s3 = "Hello";            //s3 < s1, s3 < s2
```

5. string 对象的赋值和连接

允许把一个 string 对象的值赋给另一个 string 对象。例如：

```
string s1 = "hello", s2;             //s1 的内容是 hello，s2 是空字符串
s2 = s1;                             //s2 的内容也是 hello
```

两个字符串的连接可以直接使用运算符“+”，结果得到一个新的 string 对象。复合赋值运算符“+=”则将右操作数的内容追加到左操作数的后面。

```
string s1 = "hello, ", s2 = "world! " ;
string s3 = s1 + s2;                 //s3 的内容是 hello, world
s1 += s2;                            //等价于 s1 = s1 + s2
//string 的加法运算符要求至少有一个运算对象是 string
string s4 = s1 + "\n";               //正确：可以把 string 对象和字面值相加
string s5 = "hello" + "\n";          //错误：两个操作数都不是 string 对象
string s6 = s1 + " world" + "\n";    //正确：第一个+的结果是 string
string s5 = "hello" + "," + s2;      //错误：不能把字面值直接相加
```

需要注意的是，C++中的字符串字面值并不是 string 类型，而是 const char*类型。可以将一个 C 风格的字符串赋给 string 对象，但反之不可。要将 string 对象转换为 C 风格字符串，使用 c_str()操作，其返回结果为 const char*，即转换得到的 C 风格字符串首地址。例如：

```
string s1 = "If you really want it.";
int x = strlen(s1);      //错误：strlen 要求的参数类型是 const char*
x = strlen(s1.c_str()); //正确
```

4.4.3 处理 string 对象中的字符

我们经常需要处理 string 对象中的单个字符，例如检查一个 string 对象中是否包含数字，或者将其中的字母都改成大写。使用下标运算符可以获取 string 对象中指定位置的字符，而字符的特性可以利用库函数获得。

1. 处理字符的标准库函数

在<cctype>头文件中定义了一组标准库函数，可以获取或者改变字符的特性，如表 4.4 所示。

2. 处理每一个字符

要处理 string 对象中的每一个字符，可以使用 for 循环或范围 for。

表 4.4　cctype 中的函数

函　　数	说　　明
isalnum(c)	当 c 是字母或数字时为真
isalpha(c)	当 c 是字母时为真
iscntrl(c)	当 c 是控制字符时为真
isdigit(c)	当 c 是数字时为真
isgraph(c)	当 c 不是空格但可以打印时为真
islower(c)	当 c 是小写字母时为真
isupper(c)	当 c 是大写字母时为真
isprint(c)	当 c 是可打印字符时为真
ispunct(c)	当 c 是标点符号时为真
isspace(c)	当 c 是空白时为真
isxdigit(c)	当 c 是十六进制数字时为真
tolower(c)	如果 c 是大写字母，返回对应的小写字母；否则返回原字符 c
toupper(c)	如果 c 是小写字母，返回对应的大写字母；否则返回原字符 c

程序 4.6　分别统计一行文本中的字母和数字的个数。

```
//-------------------------------------------------------
#include<iostream>
#include<string>
#include<cctype>
using namespace std;
int main(){
    string line;
    cout << "Enter a line of text:" << endl;
    getline(cin, line);
    string::size_type cntLetter = 0, cntDigit = 0;
    for(auto c : line)
        if(isalpha(c))
            ++cntLetter;
        else if(isdigit(c))
            ++cntDigit;
    cout << "letter is " << cntLetter << endl;
    cout << "digit is " << cntDigit << endl;
    return 0;
}
//-------------------------------------------------------
```

要用范围 for 改变 string 对象中字符的值，必须把循环变量定义为引用类型。例如，将一个字符串转换为全部大写：

```
//-----------------------------------------------------
string text = "Hello, World!";
for(auto &c : text)          //c是引用
    c = toupper(c);          //赋值语句改变引用 c 绑定的对象，即 text 中的字符
```

```
cout << text << endl;       //输出: HELLO, WORLD!
//-----------------------------------------------------
```

3. 随机访问 string 中的字符

用下标运算符可以访问 string 对象中指定位置的字符。string 对象 s 的第一个字符是 s[0]，最后一个字符是 s[s.size()- 1]。下标变量的类型是 string::size_type 类型。例如：

```
//-----------------------------------------------------
//将 s 中的第一个词改成大写形式
string s = "Hello, World!";
decltype(s.size()) index = 0;
while (index != s.size() && !isspace(s[index])) {
   s[index] = toupper(s[index]);
    ++index;
}
cout << s << endl;       //输出: HELLO, World!
//-----------------------------------------------------
```

除了顺序地访问 string 对象的所有字符或部分字符之外，也可以直接用随机的下标值获取相应位置的字符。同样地，使用下标时必须确保有效的范围。

例如，要编写一个程序将 0～15 之间的十进制数转换成对应的十六进制形式。可以初始化一个字符串，其中存放 16 个十六进制的数字，用“查表”的方式就可以获得指定十进制数对应的十六进制形式。

程序 4.7　将 0～15 之间的十进制数转换成对应的十六进制形式。

```
//----------------------------------------------------------------
#include <iostream>
#include <string>
#include <cstddef>
using namespace std;
int main(){
    const string hexdigits = "0123456789ABCDEF";    //十六进制数字字符
    cout << "Enter a numbers between 0 and 15: " << endl;
    string::size_type n;
    cin >> n;
    if (n < hexdigits.size())                        //检查下标范围
        cout << "Your hex number is: "<< hexdigits[n] << endl;
    else
        cout <<"Invalid input." << endl;
    return 0;
}
//----------------------------------------------------------------
```

string 本身虽然不是容器，但支持很多与容器类型相似的操作，例如查找、替换、插入、删除等，将在第 12 章介绍。

4.5 标准库类型 vector

标准库类型 vector 表示对象的集合，其中所有对象的类型都相同，可以通过索引访问各个对象。像 vector 这样容纳着其他对象的对象被称为**容器**。vector 是长度可变的向量，为内置数组提供了一种更灵活、更高效的替代表示。要使用 vector，必须包含头文件 <vector>。vector 可以像数组一样使用，还可以按标准模板库（STL）习惯使用。

程序 4.8 vector 的数组习惯用法。

```
//-------------------------------------------------
#include <vector>
#include <iostream>
using namespace std;
int main(){
    vector<int> iv(10);                //iv 是一个大小为 10 的 int 数组
    for(int id = 0; id < 10; id++)  //逐个给 iv 的元素赋值
        iv[id] = id;
    vector<int> anotherv;              //anotherv 是未指定大小的 int 数组
    anotherv = iv;                     //同类型的 vector 之间可以直接赋值
    cout<<"size:"<<anotherv.size()<<endl;
    //size()操作返回 vector 中的元素个数
    for(int id = 0; id < 10; id++)  //逐个输出 anotherv 的元素
        cout<<anotherv[id]<<" ";
}
//-------------------------------------------------
```

程序的输出结果：

```
size:10
0 1 2 3 4 5 6 7 8 9
```

程序 4.9 vector 的 STL 习惯用法。

```
//-------------------------------------------------
#include <iostream>
#include <vector>
using namespace std;
int main(){
    vector<double> dv;                 //dv 是一个未指定大小的 double 数组
    for(int id = 0; id < 5; id++)
        dv.push_back((id+1)/4.0);      //在数组末尾逐个追加元素
    cout<<"size: "<< dv.size()<<endl;
    //从头至尾输出每个数组元素
    vector<double>::iterator it;           //迭代器
    for(it = dv.begin(); it != dv.end(); it++)
        cout<< *it <<" ";
```

```
    for(int id = 0; id < 3; id++)
        dv.pop_back();                //从数组末尾删除元素
    cout<<"\nsize: "<<dv.size()<<endl;
    for(it = dv.begin(); it < dv.end(); it++)
        cout<< *it <<" ";
}
//------------------------------------------------
```

程序的输出结果：

```
size: 5
0.25 0.5 0.75 1 1.25
size: 2
0.25 0.5
```

push_back()操作向 vector 的末尾插入元素，pop_back()操作删除 vector 末尾的元素，size()操作返回 vector 中的元素个数。常用的还有 empty()操作，测试 vector 是否为空。

vector 能容纳大多数类型的对象作为其元素，但是不能定义包含引用的 vector，因为引用不是对象。其他大多数内置类型和类类型都可以构成 vector 对象，甚至可以定义 vector 的 vector。不同于内置数组，vector 可以直接相互赋值，也可以用一个 vector 初始化另一个 vector。

4.5.1　定义和初始化 vector

定义 vector 时必须指定元素的类型，格式为

```
vector<元素类型> 变量名;
```

定义的同时可以初始化 vector 对象，常用方法如表 4.5 所示。

表 4.5　初始化 vector 对象的方法

方　　法	说　　明
vector<T> v1	v1 是空 vector，元素是 T 类型的，默认初始化
vector<T> v2(v1)	v2 中包含 v1 所有元素的副本
vector<T> v2 = v1	等价于 v2(v1)
vector<T> v3(n, val)	v3 包含 n 个重复的元素，每个元素的值都是 val
vector<T> v4(n)	v4 包含 n 个重复执行值初始化的元素
vector<T> v5{a,b,c,…}	v5 包含初始值个数的元素，被赋予相应的初始值
vector<T> v5={a,b,c,…}	等价于 v5{a,b,c,…}

例如：

```
//------------------------------------------------------------------
//默认初始化
vector<string> svec;              //svec 不含任何元素
vector<int>  ivec;                //空的 vector
//拷贝初始化
```

```
vector<int>  ivec2(ivec);       //把 ivec 的元素复制给 ivec2
vector<int>  ivec3 = ivec;      //把 ivec 的元素复制给 ivec3
vector<string> svec(ivec2);     //错误：元素类型不同
//列表初始化
vector<string> svec1{"how", "are", "you"}; //svec1 包含 3 个元素
vector<string> svec2("how", "are", "you"); //错误：括号
//创建指定数量的元素
vector<int> ivec(10, 1);        //ivec 包含 10 个 int 元素，每个都初始化为 1
vector<string> svec(10, "hi"); //svec 包含 10 个 string 对象"hi"
//值初始化
vector<int> ivec(10);           //ivec 包含 10 个 int 元素，每个都初始化为 0
vector<string> svec(10);        //svec 包含 10 个 string 对象，默认都是空
//注意容易混淆的问题：各种括号
vector<int> v1(10);             //v1 有 10 个 int 元素，每个都初始化为 0
vector<int> v2{10};             //v2 有 1 个元素，值是 10
vector<int> v3[10];     //v3 是有 10 个元素的数组，每个元素都是一个空 vector 对象
vector<int> v4(10, 1);  //v4 有 10 个 int 元素，每个都初始化为 1
vector<int> v5{10, 1};  //v5 有 2 个 int 元素，值分别是 10 和 1
//-------------------------------------------------------------------
```

初始化 vector 时可以指定 vector 对象的大小和初始值。但更多情况下，在创建 vector 的时候并不知道确切的元素个数和值。为此，vector 类型提供了添加元素的函数 push_back() 和其他一些常用的操作，大多数都和 string 的相关操作类似，如表 4.6 所示。

表 4.6　vector 支持的操作

操　　作	说　　明
v.empty()	v 中没有任何元素返回 true，否则返回 false
v.size()	返回 v 中元素的个数
v.push_back(t)	向 v 的尾端添加一个值为 t 的元素
v.pop_back()	删除 v 末尾的元素，如果 v 为空，行为未定义
v[n]	返回 v 中第 n 个位置上元素的引用，位置 n 从 0 开始计
v.at(n)	返回 v 中第 n 个位置上元素的引用，下标越界抛出异常
v1 = v2	赋值，用 v2 中元素的副本替换 v1 的元素
v = {a,b,c,...}	用列表中元素的副本替换 v 的元素
v1 == v2 v1 != v2	v1 和 v2 相等当且仅当它们的元素数量相同且对应位置的元素值都相同
<, <=, >, >=	以字典顺序进行比较

4.5.2　向 vector 中添加元素

常见的 vector 用法是创建一个空的 vector，再根据需要用 push_back()函数向 vector 中添加元素。push_back()将一个值添加到 vector 的末尾，并使 vector 的大小增加。例如：

```
//-------------------------------------------------------------------
//向空的 vector 中添加元素
```

```
vector<int>  iv;              //空的 vector 对象，iv.size()为 0
for(int i = 0; i < 10; ++i) //添加 10 个元素
  iv.push_back(i);
//此时 iv 中有 10 个元素：值为 0~9
//向已初始化的 vector 中添加元素
vector<int> iv2(5);           //iv2 中有 5 个元素，值都是 0，iv2.size()为 5
iv2.push_back(8);             //向 iv2 尾端添加一个元素 8，iv2 中现在有 6 个元素
//从标准输入中读取单词，将其存储在 vector 中
string word;
vector<string> text;
while(cin >> word)
  text.push_back(word);
//-----------------------------------------------------------------
```

push_back()函数向 vector 中添加元素时，都是创建参数的一个副本，添加的是这个新值而不是原始值。需要注意的是，如果要用循环向 vector 对象中添加元素，不能使用范围 for，范围 for 不能改变所遍历的容器的大小。

使用 pop_back()函数可以删除 vector 对象末尾的元素。如果 vector 对象为空，pop_back()函数的行为未定义，所以要先检测对象是否为空。

```
//清空 vector 对象中的元素，同时会改变 vector 的大小
while(!v.empty())
  v.pop_back();
//循环结束时 v.size()为 0
```

4.5.3 访问 vector 中的元素

使用下标运算符可以获取 vector 中指定位置的元素。vector<T>类型对象的下标类型是 vector<T>::size_type。用下标访问 vector 中的元素和数组操作类似，要确保下标的合理范围。

程序 4.10 输入成绩，以 0 结束。输出总成绩和平均成绩。

```
//-------------------------------------------------------------
#include <iostream>
#include <vector>
using namespace std;
int main(){
//输入成绩，添加元素到 vec
    cout << "Enter scores: Enter 0 when finished" << endl;
    vector<int> vec;
    int score;
    while(cin >> score && score!=0)
        vec.push_back(score);
//计算总成绩
    int sum = 0;
```

```
    for(decltype(vec.size()) i = 0; i < vec.size(); ++i)
        sum += vec[i];          //下标访问vec元素
//计算平均成绩
    double average;
    if(vec.empty())
        average = 0;
    else
        average = sum * 1.0 / vec.size();
//输出结果
   cout << "Total score is " << sum << endl;
    cout << "average score is " << average << endl;
    return 0;
}
//------------------------------------------------------------
```

需要注意的是：不能用下标运算符向vector中添加元素，下标运算符只能访问已经存在的元素。例如：

```
//------------------------------------------------------------
//向vector中加入10个元素的错误方法
vector<int> vec;          //空的vector
for(decltype(vec.size()) i = 0; i < 10; ++i)
    vec[i] = i;           //错误：vec中不包含任何元素
//下面的操作却是可以进行的
vector<int> vec(10);      //vec不是空的，而是初始化为有10个值为0的元素
for(decltype(vec.size()) i = 0; i < 10; ++i)
    vec[i] = i;           //正确：不是添加元素，而是为已存在的元素赋值
//------------------------------------------------------------
```

除了vector类型之外，标准库还定义了其他几种容器。访问标准容器的元素的通用方法是使用迭代器，只有少数几种容器支持下标运算符。这里简单介绍迭代器的概念和基本用法，更详细的内容在第12章介绍。

4.6 迭代器

迭代器类似于指针类型，提供对对象的间接访问。迭代器在容器或string对象上使用，所以迭代器指向的对象是容器中的元素或string中的字符。使用迭代器可以访问容器中的某个元素，也可以在容器上移动。迭代器只有在指向某个元素或指向容器最后一个元素的下一个位置时才是有效的。

支持迭代器的类型都有返回迭代器的成员：**begin()**和**end()**。通过这两个操作可以获取容器上的迭代器。begin()返回指向第一个元素或字符的迭代器，end()则返回指示容器或string的最后一个元素的下一个位置的迭代器，end()的返回值也称**尾后迭代器**或**尾迭代器**，如图4.8所示。如果容器为空，begin和end返回同一个迭代器，都是尾迭代器。

```
vector<int> v ={1,2,3,4,5};
```

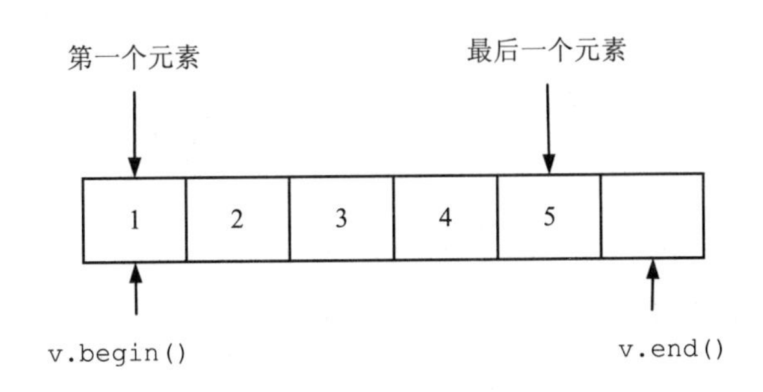

图 4.8 begin()和 end()迭代器

标准库容器用 iterator 和 const_iterator 表示迭代器的类型。例如：

```
vector<int>::iterator it1;          //it1 能读写 vector<int>的元素
vector<string>::iterator it2;       //it2 能读写 vector<string>的元素
string::iterator it3;               //it3 能读写 string 对象中的字符
vector<int>::const_iterator it4;    //it4 只能读 vector<int>的元素，不能写
string:: const_iterator it5;        //it5 只能读 string 对象中的字符,不能写字符
```

迭代器的类型可以交给编译器去确定，定义迭代器时由 begin()或 end()函数的返回值初始化即可。例如：

```
vector<int> v;              //vector 对象
const vector<int> cv;       //const vector 对象
auto it1 = v.begin();       //it1 类型是 vector<int>::iterator
auto it2 = cv.begin();      //it2 类型是 vector<int>::const_iterator
//cbegin 和 cend 函数可以直接返回 const_iterator,无论容器是否是 const 的
auto it3 = v.cbegin();      //it3 类型是 vector<int>::const_iterator
                            //通过 it3 不能修改 v 中的元素，但 v 本身不是 const
```

迭代器支持运算符操作，有些是所有标准容器迭代器都支持的，有些则是特殊迭代器如 vector 和 string 迭代器才支持的，如表 4.7 所示。

表 4.7 迭代器支持的运算符

运 算 符		说 明
标准容器迭代器的运算符	*iter	解引用，返回迭代器所指元素的引用
	iter->mem	解引用 iter 并获取该元素的成员 mem，等价于(*iter).mem
	++iter	令 iter 指向容器中的下一个元素
	--iter	令 iter 指向容器中的上一个元素
	iter1 == iter2 iter1 != iter2	判断两个迭代器是否相等（不相等），如果两个迭代器指示的是同一个元素或者它们是同一个容器的尾后迭代器，则相等；否则不相等
vector 和 string 迭代器支持的运算符	iter1 - iter2	指向同一容器的两个迭代器之间的距离
	iter + n iter - n	迭代器加（减）整数值结果还是迭代器，指示的新位置比原来向前（向后）移动了 n 个元素。结果或者指示容器内的一个元素，或者指示容器最后一个元素的下一个位置

续表

运　算　符		说　　明
vector 和 string 迭代器支持的运算符	iter += n iter -= n	加法的复合赋值 减法的复合赋值
	<, <=, >, >=	指向同一容器的两个迭代器的比较运算；如果一个迭代器指向的位置在另一个迭代器指向的位置之前，则前者小于后者

例如，下面的程序将 string 的第一个单词改为全大写：

```
//-----------------------------------------------------
//利用迭代器将 s 中的第一个词改成大写形式
string s = "Hello, World!";
auto it = s.begin();
while (it != s.end() && !isspace(*it)) {
  *it = toupper(*it);
  ++it;
}
cout << s << endl;      //输出：HELLO, World!
//-----------------------------------------------------
```

与使用内置数组和字符数组相比，使用 vector 和 string 的代码更简洁、更高效。更重要的是，string 和 vector 都是可变长度的，编写相应的代码比使用动态内存管理更容易且不易出错。虽然不知道 string 类和 vector 类型具体是如何实现的，但是并不妨碍正确地使用它们，这正是封装带来的简单性：不需要知道对象的内部实现细节，只需要对它们的接口编程。

4.7　编程示例：文件数据处理

某位教务员有一份成绩记录的文件，格式为每行一名学生的姓名和若干门课程的成绩，学生选修的课程多少不同，所以成绩数量不等。要求编写一个程序，帮助这位老师计算每位学生的平均成绩，并将结果保存在另一份文件中，格式为每行一位学生的姓名、总分、课程门数、平均成绩。例如，输入文件中有两行数据为

```
ChenFan 76 80 78 67
LinMing 60 73 78 81 76
```

则相应的输出数据应为

```
ChenFan 301 4 75.2
LinMing 368 5 73.6
```

4.7.1　算法和数据结构

这个问题可以分为以下几个步骤解决。

步骤 1：逐行读取文件中的数据，并分别提取其中的姓名和成绩。

步骤 2：累加成绩，计算平均值。

步骤 3：按照格式逐行写文件。

在解决读写文件的问题之前，首先要考虑如何在程序中保存读出的数据。根据文件中的数据格式，可以这样设计数据结构：

- 每个学生的记录用结构体 ScoreItem 保存，包括姓名 name 和成绩 scores 两部分，因为每人的成绩数量可能不同，所以用 vector<int>保存成绩。
- 整个成绩单用一个 vector<ScoreItem>保存。

因此，基本的数据结构如下：

```
//---------------------------------------------------
struct ScoreItem{
    string name;                    //学生姓名
    vector<int> scores;             //各门课的成绩
};
vector<ScoreItem> scoreSheet;       //整个成绩单
//---------------------------------------------------
整个程序的算法如下:
//---------------------------------------------------
//将成绩文件的内容读入 scoreSheet 中
…//读文件的代码出现在这里
for(auto it = scoreSheet.begin(); it != scoreSheet.end(); ++it)
{//处理数据
    int sum = 0;
    for(auto e: it -> scores)
        sum += e;
    double average;
    int courseNumber = it -> scores.size();
    if(courseNumber != 0)
        average = sum * 1.0 / courseNumber;
    else
        average = 0;
//按要求的格式输出 it->name, sum, courseNumber, average
…//写文件的代码出现在这里
}
//---------------------------------------------------
```

4.7.2　文件读写

1. 输入输出重定向

最简单的读写文件方法是使用文件重定向，也就是将标准输入和标准输出与命名文件关联起来。这种方法适合在测试程序时使用，可以避免反复输入数据。输入输出重定向的命令行格式如下：

```
c:\> program <inputfile >outputfile
```

即运行名为 program.exe 的可执行程序，用文件 inputfile 作为输入，用文件 outputfile 作为输出。

程序 4.11 读入以 0 结束的整数序列，求和后输出。

```
//----------------------------------------------------
//addNumbers.cpp
#include <iostream>
using namespace std;
int main(){
    cout << "Enter numbers:" << endl;
    int number, sum = 0;
    cin >> number;
    while(number != 0){
        sum += number;
        cin >> number;
    }
    cout << "sum is: " << sum << endl;
}
//----------------------------------------------------
```

程序运行结果：

```
输入 1 2 3 4 5 0
输出 sum is: 15
```

假如程序 4.11 编译后的可执行文件名为 addNumbers.exe，那么下面的命令行命令从标准输入读取数据，运行结果写到标准输出设备：

```
c:\> addNumbers
```

假如使用输入重定向，输入数据保存在文件 numbers.txt 中，则命令行命令为

```
c:\> addNumbers <numbers.txt
```

这个命令在运行程序时会从文件 numbers.txt 中读取数据，运行结果写到标准输出设备。如果要将运行结果写入文件 output.txt，可以同时使用输出重定向：

```
c:\> addNumbers <numbers.txt >output.txt
```

这两个文件都位于当前目录下。如果文件 output.txt 不存在，会在输出数据时创建这个文件；如果存在，文件中原有内容会被丢弃。如果不存在 numbers.txt 文件，则程序不能读取数据。

2. 标准库文件流

要在程序代码中实现对文件的读写操作，则需要使用 C++标准库中的文件流。

- ifstream 类：istream 的派生类，是用来输入（读文件）的文件流。
- ofstream 类：ostream 的派生类，用来输出（写文件）的文件流。
- fstream 类：iostream 的派生类，把文件连接到流对象用来输入和输出（读写）。

使用文件流要包含头文件<fstream>。因为继承关系，istream（ostream、iostream）的操作在 ifstream（ofstream、fstream）中都可以使用。因此，C++的文件读写可以使用与终端 I/O 相同的运算符和操作。

进行文件操作的大致步骤如下。

（1）新建一个文件流对象：读文件用 ifstream，写文件用 ofstream。

（2）把文件流对象和文件关联起来，打开文件，使用文件流的 open 函数；可以以不同的模式打开文件流，ios::in（只读模式）和 ios::out（输出模式）分别是打开 ifstream 和 ofstream 的默认模式；常用的还有追加模式 ios::app。

（3）操作文件流：使用与终端 I/O 相同的操作读写文件。

（4）关闭文件流：使用文件流的 close()函数。

程序 4.12　从指定文件读入以 0 结束的整数序列，求和后将结果输出到另一文件。

```
//------------------------------------------------------------
#include <fstream>                      //文件流标准库头文件
using namespace std;
int main(){
    //要定义输入文件流对象并打开文件
    ifstream in("numbers.txt");         //定义对象和打开文件一步完成
    int number, sum = 0;
    in >> number;                       //从文件中读数据，方式和 cin 一样
    while(number != 0){
        sum += number;
        in >> number;
    }
    in.close();                         //关闭文件
    //将结果写入文件
    ofstream out;                       //定义输出流对象 out 用来写文件
    out.open("output.txt");             //打开指定的文件
    //定义输出流对象和打开文件也可以一步完成: ofstream out("output.txt");
    out << "sum is: " << sum << endl;           //输出方法和 cout 一样
    out.close();                        //完成操作后关闭文件
}
//------------------------------------------------------------
```

4.7.3　字符串流

读写文件的问题已经解决了，可是还存在两个小问题。

（1）我们读取一个学生的记录时是处理整行文本，但统计姓名和成绩却要对行内的单个单词进行，就像是一行信息需要以不同的方式处理两次，该如何存储才方便这样的处理呢？

（2）输出统计数据时，要输出的内容是由多项数据逐步构造出来的，而且有一定的格式要求，这样的内容要如何存储才方便信息的整合和格式化呢？

C++标准 I/O 流库中还有一种字符串流，用于内存 I/O，即在字符串上进行 I/O 操作。

- istringstream：istream 的派生类，用来从 string 对象中读取数据。
- ostringstream：ostream 的派生类，用来向 string 对象写入格式化的内容。
- stringstream：iostream 的派生类，既可以从字符串读取数据，也可以将数据写入字符串。

使用字符串流要包含标准库头文件<sstream>。字符串流的使用方式和其他 I/O 流相似。

在定义字符串流对象时，可以直接用 string 对象初始化，也可以使用下面与字符串相关的两个特殊操作：

- strm.str()，返回字符串流 strm 中保存的字符串的副本。
- strm.str(s)，将字符串 s 复制到字符串流 strm 中，返回 void。

字符串流的作用就像是输入输出的缓冲区：

- 从输入流一次性读取一大块数据，以字符串形式保存在 istringstream 对象中，再用适当的输入操作逐项从 istringstream 对象中提取各个数据项。
- 将所有要输出的内容先用输出操作写到 ostringstream 对象上，再一次性地将这个 ostringstream 对象中保存的字符串写入输出流。

例如，利用 istringstream，读取并处理一行学生记录的代码大致如下：

```
//-----------------------------------------------------
struct ScoreItem{
    string name;                //学生姓名
    vector<int> scores;         //各门课的成绩
};
vector<ScoreItem> scoreSheet;   //整个成绩单
//-----------------------------------------------------
//从输入文件流 in 中读一行学生成绩并存入 scoreSheet 中
ScoreItem item;                 //创建一个结构体对象存放学生记录
string buffer;
getline(in, buffer);            //从文件中读一整行文本存入 string 对象 buffer
istringstream is(buffer);       //创建字符串流，用字符串 buffer 初始化
is >> item.name;                //从流中提取数据：读取 name
int score;
while(is >> score)              //逐个读取成绩，直到字符串结束
    item.scores.push_back(score);
scoreSheet.push_back(item);     //将一个学生的完整记录放入 scoreSheet 中
//-----------------------------------------------------
```

利用 ostringstream 构造并输出一个学生的统计信息的代码大致如下：

```
//-----------------------------------------------------
//处理 scoreSheet 中的一个元素，即一个学生的记录
ostringstream format("");           //输出字符串流初始化为空串
format << (it -> name) << " ";      //向 format 上先写入姓名
//统计成绩总和和平均值的代码
//…
```

```
//总成绩在变量 sum 中，平均成绩在 average 中，课程门数在 courseNumber 中
//按格式将这些数据继续写入 format
format.precision(1);              //小数点后保留 1 位
format <<sum << " " << courseNumber << " " << fixed << average;
//构造的输出信息格式为: 姓名 总成绩 课程门数 平均成绩
out << format.str() << endl;     //一次性写入输出文件流 out 中
//------------------------------------------------------
```

C++标准流包括 I/O 流、文件流、字符串流，可以进行终端、文件和内存的输入与输出。使用流的一般步骤如下。

（1）创建流对象：根据输入输出的类型选择创建 I/O 流、文件流或字符串流。

（2）打开流对象：将流对象连接到具体的设备、文件或内存字符串上。

（3）操作流对象：通过流对象的操作来操纵相应的设备、文件或字符串。

（4）关闭流对象。

C++标准流库的更多操作见附录。

4.7.4　完成的程序

程序 4.13　读取文件中的学生成绩记录，统计并将结果输出到另一个文件。

```
//-----------------------------------------------------------
#include <iostream>
#include <string>
#include <vector>
#include <fstream>
#include <sstream>
using namespace std;
//学生记录
struct ScoreItem{
    string name;
    vector<int> scores;
};

int main(){
    vector<ScoreItem> scoreSheet;        //所有学生的成绩
//从文件中读取数据并存入 scoreSheet
    ifstream in("scores.txt");           //存放原始数据的输入文件
    while(!in.eof()){
        ScoreItem item;
        string buffer;
        getline(in, buffer);             //读取一行文件，即一个学生的所有数据
        if(buffer.empty()) continue;     //略过空行
        istringstream is(buffer);        //利用字符串流逐项提取学生的数据
        is >> item.name;                 //姓名
        int score;
```

```
        while(is >> score)          //提取每门成绩，逐个加入学生记录 item 中
            item.scores.push_back(score);
        scoreSheet.push_back(item); //将完成的一个学生数据加入 vector
    }
    in.close();                     //完成读取，关闭文件
//统计总成绩和平均成绩并按要求的格式输出的文件
    ofstream out("averagescore.txt");   //打开输出文件准备写结果
    for(auto it = scoreSheet.begin();
            it != scoreSheet.end(); ++it) {
        ostringstream format("");       //逐项构造一个学生的输出信息
        format << (it -> name) << " ";
        int sum = 0;
        for(auto e: it -> scores)   sum += e;
        double average;
        int courseNumber = it -> scores.size();
        if(courseNumber != 0)
            average = sum * 1.0 / courseNumber;
        else
            average = 0;
        format.precision(1);
        format <<sum << " "
            << courseNumber << " "
            << fixed << average;
        out << format.str() << endl;    //格式化的信息写入文件,加换行
    }
    out.close();                        //完成输出操作，关闭文件
    return 0;
}
//------------------------------------------------------------
```

在这个例子的最终程序中，应用了 C++的结构体、string、vector、迭代器、文件流、字符串流等类型。利用复合类型，可以根据实际应用中的问题定义恰当的数据结构，合理地利用标准库提供的类型，可以使编程更简便、更高效。

4.8 小结

- C++提供了指针、引用、数组、结构体、联合、枚举等复合类型。
- 指针可以保存地址值，nullptr 是不指向任何对象的空指针。
- （左值）引用是另一个对象的别名，右值引用绑定到未命名的临时对象。
- C++中可以使用指针与 new 和 delete 两个运算符进行动态存储空间管理。
- C++标准库中定义了常用的字符串类 string，可以替代字符数组。
- C++标准模板库中定义了向量类型 vector，可以替代数组。
- 迭代器是应用在容器上的指针的抽象，可以在 string、vector 和其他容器上使用。
- C++标准流包括 I/O 流、文件流和字符串流，通过继承关系，可以使用相同的方式

对终端、文件和内存字符串进行输入输出。

4.9　习题

一、复习题

1. 说明引用和指针的不同之处。
2. 动态存储空间分配与静态分配有什么区别？
3. new 和 C 语言的库函数 malloc()有什么不同？delete 和 free()有什么不同？
4. 到目前为止，你如何理解 const 限定符的作用？
5. 标准库 string 类和字符数组有什么不同？
6. 标准库 vector 类型和内置数组有什么相同与不同？
7. 迭代器和指针有什么相同与不同？
8. 在文件操作时应该注意哪些问题？
9. 字符串流有什么用途？举例说明。

二、简答题

1. 写出以下代码的运行结果。

```
int main(){
    int refToArray[] = {10, 11};
    int var = 1;
    refToArray[var-1] = var = 2;
    cout << refToArray[0] <<" "<< refToArray[1] << endl;
}
```

2. 有数组 a[M][N]，请问下面哪种算法效率高，并阐明原因。

```
(1) for(int i=0;i<M;i++)
        for(int j=0;j<N;j++)
            xxx=a[i][j] …
(2) for(int i=0;i<N;i++)
        for(int j=0;j<M;j++)
            xxx=a[j][i] …
```

3. 写出下面程序的执行结果。

```
char * str1="hello";
char * str2="hello";
*str1='p';
cout<<str2<<str1<<endl;
```

4. 下列选项中哪两个是等价的。

```
(1) int b;
(2) const int* a = &b;
(3) const* int a = &b;
(4) const int* const a = &b;
(5) int const* const a = &b;
```

5. 请给出下面一段程序的输出。

```
int main(){
    int a[][3] = {1,2,3,4,5,6};
    int (*ptr)[3] = a;
    cout << (*ptr)[1] << (*ptr)[2];
    ++ptr;
    cout << (*ptr)[1] << (*ptr)[2]);
}
```

三、编程题

1．编写程序，提示用户输入一个十进制整数，然后输出对应的二进制值。

2．编写程序，提示用户输入字符，以“#”结束。分别统计输入的字符中字母、数字和其他字符的个数并输出。

3. 将 1～100 放入一个有 99 个元素的数组 a[99]中，编写程序找出没有被放入数组中的数。

4．8、64、256 都是 2 的阶次方数（如 64 是 2 的 6 次方），用两种方法编写程序判断一个整数是不是 2 的阶次方数，并说明哪种方法更好。

5．编写程序，将字符数组 a 中的前 n 个字符复制到 b 数组去。

6．利用多维数组编写程序实现以下操作：对给定的两名学生的各三门成绩，输出所有成绩中的最高分和最低分，并输出每个学生的平均分。

7．编写程序，判断两个数组是否相等，然后利用 vector 编写一段类似的程序。

8. 编写程序，比较两个 string 类型的字符串，然后编写另一个程序比较两个 C 风格字符串。

9．编写程序，生成 100 个 0~9 的随机整数，然后显示每一个数出现的次数。

10．编写程序，提示用户输入一组整数，找出其中最小的数。

11．编写程序，产生一个 6×6 的矩阵，随机填入 0 和 1，显示这个矩阵，检测是否每行和每列都有偶数个 1。

12. 编写程序，提示用户输入两个字符串，检测第二个字符串是否是第一个字符串的子串。

13．编写程序，从一个文本文件中删除所有指定的某个字符串。

14．编写程序，将一个文件 file 中的所有单词 word1 全部替换为 word2。file、word1 和 word2 由用户输入。

15．编写程序，提示用户输入一个字符串，显示该字符串中大写字母的数目。

16．文件 data.txt 中有一组整数，编程循环读入文件中的整数，判断其能否被 3、5、7 整除，并对每个整数输出它能被 3、5、7 中的哪个或哪些整除。

17．读入一个浮点数文件 float.dat，依次用其中的每对浮点数构造一个复数，并输出这些复数。

18．提取一个文本文件中的数值，将它们写入另一个新文件，由空白或其他字符分开的数字被认为是不同的数值。例如，如果文件内容为“ab7c d234bk jalf 34 78k3j4 a 59jfd45”，那么提取的数值依次是 7，234，34，78，3，4，59，45。

19．编写程序，读入文件 file1.txt，加行号后输出到文件 file2.txt，统计并输出读入的行数和最长行的长度。

20．编写程序，提示用户分别输入两个文件 file1 和 file2 的名字，合并两个文件的内容。如果文件不存在，给出错误信息。

CHAPTER 5

第5章 函 数

本章学习目标:

- 掌握函数定义、调用和声明的语法;
- 理解向函数传入参数和从函数返回值的过程;
- 理解不同的参数传递方式: 按值、按引用、按指针;
- 理解函数重载的概念和语法规则, 了解重载函数的解析过程;
- 理解 inline 函数的特点和适用性;
- 理解默认实参的含义、语法和作用;
- 了解 constexpr 函数的含义和作用;
- 了解函数指针的语法和用途;
- 理解名字的作用域、对象的存储类别和存储空间分配方式;
- 了解命名空间的作用、定义和使用语法;
- 理解 C++程序的分别编译机制和头文件的作用;
- 了解设计高质量的函数要遵循的一些指导原则。

本章讨论 C++的函数机制。函数主要用来实现各种算法，由这些算法完成特定的任务。C++程序由函数构成，函数之间通过传递参数和返回值进行通信。C++支持按值和按引用传递参数。C++允许重载函数，即几个不同的函数可以使用相同的名字，编译器会选择与函数调用相匹配的版本。

函数中可以定义自己的数据，这些数据不在整个程序中使用，可以将其限制在一定的访问范围内。作用域提供了一种机制，让程序员能够限制程序中声明的各种名字的可见性。本章还将介绍 C++程序中的各种作用域以及对象的存储方式。

5.1 函数基础

函数是一个命名的代码块，通过调用函数可以执行相应的代码。在第 4 章的程序中调用过一些库函数，如 strlen()、toupper()。程序员也可以编写并使用自己的函数，需要定义函数、声明函数、调用函数。

5.1.1 函数定义

函数可以被看作是一个由用户定义的操作。函数一般用一个名字表示，即函数名。函数的操作数称为参数，由参数列表指定。函数的结果称为返回值，返回值的类型称为函数返回类型。函数执行的动作在函数体中指定。**返回类型、函数名、参数列表**和**函数体**构成了函数定义。

函数定义的语法形式为

返回类型　函数名(参数列表) { 函数体 }

下面是一个求阶乘的函数定义的例子：

```
// n! = 1 * 2 * … * (n-1) * n
int fact (int n)      //函数名 fact，返回类型 int，一个 int 类型的形参 n
{                     //函数体
    int ret = 1;
    while ( n > 1 )       //求阶乘
        ret *= n--;
    return ret;           //返回结果
}
```

这个函数名为 fact，返回 int 类型的结果，需要一个 int 类型的参数；花括号“{}”括起来的是函数体，函数体由语句序列构成。

函数的参数列表不能省略。如果函数没有任何参数，可以用空参数表或 void 参数表表示。例如，下面的两个声明是等价的：

```
int foo ();           //隐含定义空形参表
int foo (void);       //与 C 语言兼容的写法
```

参数列表由逗号分隔的形参类型列表构成，每个形参类型之后跟一个可选的形参名字。例如：

```
int print (int value, int base){ … }
int exchange (int v1, int v2){ … }
```

如果形参没有名字，则该参数不能在函数体中使用。例如：

```
int print (int value, int)
{… //第二个参数没有名字，不能在函数体中使用
}
```

函数返回类型可以是内置类型、复合类型或用户自定义的类类型。函数和内置数组不能用作返回类型，但是，可以返回函数指针和数组首地址。

函数必须指定一个返回类型，没有指定返回类型的函数声明或定义会引起编译错误。如果函数不返回任何结果，可以将其返回类型声明为 void。

5.1.2 函数调用

函数名后紧跟着调用操作符“()”时，该函数就被调用执行。如果函数定义要求接收

参数，在调用这个函数时就需要为这些参数提供相应的数据，形式为：

函数名(实参列表);

例如，要调用 fact()函数，必须提供一个整数作为实参，调用得到的结果也是一个整数：

```
//在 main()函数中调用 fact()函数并接收其返回结果
int main(){
    int val = fact(5);          //调用 fact()函数，实参为 5，结果保存在 val 中
    cout << "5! = " << val << endl;
    return 0;
}
```

函数定义中的参数被称为形式参数，简称**形参**。在调用函数时提供的数据称为实际参数，简称**实参**。C++程序在编译时会对每个函数调用的实参执行参数类型检查。若实参类型与相应的形参类型不匹配，如果有可能，就会应用一个隐式的类型转换；如果不可能进行隐式转换或者实参的个数不正确，就会产生一个编译错误。例如：

```
//---------------------------------------------------------
fact("hello");       //错误：实参类型不正确
fact();              //错误：实参数量不足
fact(10, 3, 2);      //错误：实参数量过多
fact(3.14);          //正确：该实参能转换为 int 类型，3
//对下面的函数 func()的定义
void func(int* pi){...}
//a 和 b 的定义如下
int a = 10;
const int b = 5;
// 则下面的两个调用
func(&a);            //正确：形参 int*类型，实参 int*类型，类型匹配
func(&b);            //错误：实参 const int*类型，不能转换为 int*类型
//如果有函数 goo()定义如下
void goo(const int* cp){...}
goo(&a);         //正确：实参 int*类型，可以转换为形参 const int*类型
goo(&b);         //正确：实参 const int*类型，匹配
//---------------------------------------------------------
```

函数调用时完成两项工作：一是用实参初始化函数对应的形参，二是将控制权转移给被调用的函数。此时，主调函数的执行暂时中断，被调函数开始执行。

当遇到 return 语句时，结束函数的执行。return 语句有两个作用：一是返回 return 语句中的值（如果有的话），二是将控制权从被调函数转移回主调函数。函数的返回值用于初始化调用表达式的结果，之后继续完成调用所在的表达式的剩余部分。

例如，在 main()函数中调用 fact(5)时，执行 fact 的第一步是创建一个变量 n 并用实参 5 初始化，接着执行 fact 的函数体，直到遇到 return ret，此时，返回 ret 中的值 120，并将控制权交回给 main()函数。函数调用表达式 fact(5)的结果，即返回值 120，用来初始化 main()函数中的变量 val，接着继续 main()函数的执行。

5.1.3 函数声明

函数在使用之前必须声明。一个函数可以在程序中多次声明。函数定义也可以被用作声明，但是函数在程序中只能定义一次。

函数声明由函数返回类型、函数名和形参列表构成。例如：

```
int fact(int n);          //阶乘函数的声明
```

在函数声明中，形参的名字不是必需的，如果有，函数声明中的形参名也可以和函数定义中的形参名不同，但有意义的参数名可以提高程序的可读性。

例如，求两点(x1,y1)和(x2,y2)之间的距离的函数 distance()的三个不同声明：

```
//形参有名字，但是不能清晰反映出其用途
double distance(double a, double b, double c, double d);
//形参没有名字，需要额外注释说明各个参数的作用
double distance(double, double, double, double);
//形参的名字能说明数据的含义，有助于理解程序
double distance(double x1, double y1, double x2, double y2);
```

函数名、函数返回类型和形参列表构成了**函数原型**。函数原型规定了函数的接口，接口描述了调用函数时需要提供的参数的类型和个数，以及函数返回结果的类型。函数原型说明了调用该函数所需的全部信息，函数的用户对函数接口编程。

函数声明说明了函数的接口，它将函数返回值的类型以及参数的类型和数量告诉编译器。编译器根据函数声明检查函数调用有没有提供相应的实参，如何到指定的位置取得返回值。

C++允许将一个程序放在多个文件中，分别编译这些文件，然后将它们链接起来。在这种情况下，假如编译器正在编译 main()函数所在的源文件，而 main()函数调用了在另一个源文件中定义的函数 func()，此时编译器不能停下正在进行的编译工作去访问另一个文件中的函数代码。如果调用的函数位于库中，情况也是如此。如果在调用函数 func()的源文件中都事先声明了该函数，编译器根据函数原型就可以进行函数调用的检查了。

为了避免同一函数的多次声明出现不一致，一般将函数声明放在头文件中，在定义该函数的源文件和调用该函数的源文件中包含这个头文件即可。例如下面的三个文件：

```
//------------------------------------------------------------
//头文件 fact.h
int fact(int n);          //函数声明
//------------------------------------------------------------
//------------------------------------------------------------
//源文件 main.cpp
#include<iostream>        //包含标准库头文件
#include "fact.h"         //包含自定义的头文件
using namespace std;
int main(){
    int val = fact(5);           // fact()函数调用
```

```
    cout << "5! = " << val << endl;
    return 0;
}
//-------------------------------------------------------------
//-------------------------------------------------------------
//源文件 fact.cpp
#include "fact.h"        //包含头文件，由编译器验证函数定义和声明是否匹配
int fact (int n){        //函数定义
    int ret = 1;
    while ( n > 1 )
        ret *= n--;
    return ret;
}
//-------------------------------------------------------------
```

使用分别编译机制还有一个好处：如果程序的多个源文件中某一个进行了修改，那么只需要重新编译修改过的源文件，其余文件不必重新编译。

5.1.4　递归函数

直接或间接调用自己的函数称为**递归函数**。例如，计算阶乘的函数也可以如下定义：

```
int fac(int n){
    if(n > 1)
        return n * fac(n-1);        //递归调用
    return 1;
}
```

递归函数必须定义一个停止条件，否则会陷入无限递归调用。通常的方法是将递归放在 if 语句中，例如，void 类型的递归函数 recurs()的代码如下：

```
void  recurs(argumentlist){
  statements1;                //按照函数调用的次序执行
  if (condition)              //condition 最终应为 false，断开调用链
     recurs(arguments);       //递归调用
  statements2;                //按照函数返回的次序执行（与调用次序相反）
}
```

由于函数调用带来的额外开销，递归函数可能比相应的非递归函数（通常使用迭代）执行得慢一些，但是，递归函数一般更小且更易于理解。例如对树的遍历等操作，适宜用递归函数实现。

5.2　参数传递

参数传递是指用函数调用的实参来初始化函数形参存储区的过程。C++函数的参数传递方式有两种：**传值**和**传引用**。

函数的形参和函数体内部定义的对象都是局部对象，仅在函数的作用域内可见。每次调用函数时，会创建形参变量，并用传入的实参初始化形参。形参的类型决定了实参初始化形参的方式，如果形参是引用类型，那么它将绑定到对应的实参上，否则，将实参的值复制后赋给形参。

当形参是引用类型时，对应的实参被称为**按引用传递**，或者**传引用调用**函数。此时，引用形参绑定到实参，是实参对象的别名。当实参的值被复制给形参时，形参和实参是两个独立的对象，实参被称为**按值传递**，或**传值调用**函数。

5.2.1 按值传递

C++中默认的参数传递方式是把实参的值复制到形参的存储区中，即用实参值初始化形参，这称为按值传递。

C++中，实际的函数调用发生在程序运行时。如果想较好地理解 C++函数参数传递和返回值的语义，了解 C++函数的调用过程是很必要的。

程序 5.1 按值传递参数和函数调用过程。

```
//-------------------------------------------
#include <iostream>
using namespace std;
int test(int left, int right){
    return left + right;
}
int main(){
    int lval = 2;
    int rval = 3;
    int result = test( lval , rval );
}
//-------------------------------------------
```

程序 5.1 的执行过程如下（函数调用示意如图 5.1 所示）：

（1）程序从 main()函数开始执行，系统为 main()分配一块栈空间。

（2）执行 int lval = 2; 为 lval 分配 4 个字节的内存（类型 int 决定内存大小），并初始化为 2；为 rval 分配 4 个字节的内存，并初始化为 3。

（3）调用 test(lval,rval)；挂起 main()函数；为 test 分配一块栈空间，并进行参数传递；将实参 rval 和 lval 的值先后压栈，分别初始化形参 right 和 left。

这里需要注意的是，尽管实参和形参有对应关系，但是实参的求值顺序并没有规定，编译器可以按照任意顺序对实参求值。大多数编译器在处理函数调用时对参数按照从右到左的次序进行压栈处理：先将 rval 入栈——相当于为 right 分配空间并将 rval 的值复制到 right，再将 lval 入栈。

（4）执行 test()，将 left 和 right 的值相加，结果 5 放到存储函数返回值的外部单元中，此处是寄存器 eax。

（5）test()执行结束，test()的栈空间被收回，left 和 right 的空间也因而被撤销；函数返回，恢复main()函数的执行。

（6）为result分配4个字节的空间，并将test()的返回值即寄存器eax的值5放入其中。

（7）main()的执行即将结束，做些清理工作（如清空寄存器eax），程序结束。

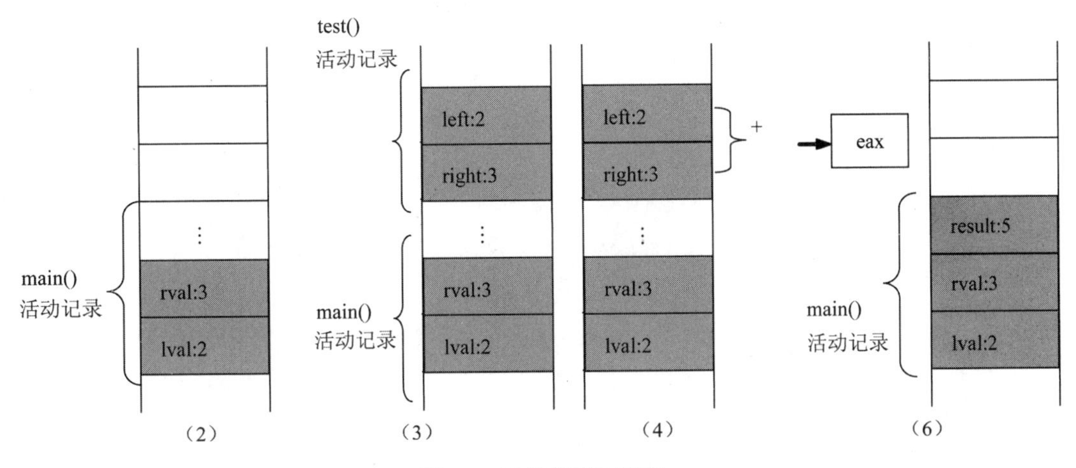

图5.1　函数调用示意图

通过以上的例子可以看到：

- 函数调用会使程序的控制权传递给被调函数，而当前活动函数的执行被挂起。当被调函数执行完成时，主调函数从调用语句之后的语句恢复执行。函数在执行完函数体的最后一条语句或遇到return语句时返回。
- 每个函数在运行时都会使用到程序运行栈中分配的存储区。这块存储区一直与该函数相关联，直到函数结束时，存储区自动释放。函数的这个存储区被称为**活动记录**。
- 默认情况下，函数的返回值是按值传递的，即得到控制权的主调函数将接收return语句中指定的表达式的副本。本例中，main()函数得到寄存器eax中的值。

按值传递实参时，函数不会访问当前调用的实参，函数中处理的只是实参的副本，这些副本在运行栈中存储，改变这些值不会影响实参。函数执行结束后，函数的活动记录将从栈中弹出，这些局部值就消失了。

按值传递参数不会改变实参的内容，但在下列情况下并不适合：

- 当大型的类对象或结构体变量作为参数按值传递时，为对象在运行栈中分配空间并复制对象的时间和空间开销往往过大。
- 如果必须要修改实参的值时，按值传递无法做到。例如：

```
//swap 不能交换两个实参的值，交换的只是实参在 swap 函数中的本地副本
void swap ( int v1, int v2) {
  int t = v1;
  v1 = v2;
  v2 = t;
}
```

要想获得期望的结果，可以使用两种方法。第一种方法是将参数声明为指针，用变量的地址实施调用。

程序 5.2 传递指针参数，交换两个变量的值。

```
//------------------------------------------
#include <iostream>
using namespace std;
void pswap ( int *pv1, int *pv2){
//pswap 将交换 pv1 和 pv2 指向的值
    int t;
    t = *pv1;
    *pv1 = *pv2;
    *pv2 = t;
}
int main( ){
    int ival1 = 10;
    int ival2 = 20;
    int *p1 = &ival1;
    int *p2 = &ival2;
    cout << ival1 << " " << ival2 <<endl;
    pswap(p1,p2);
    cout << ival1 << " " << ival2 <<endl;
}
//------------------------------------------
```

调用 pswap()函数时，需要传递两个对象的地址，而不是对象本身。这种参数传递方式从本质上说仍然是值传递，只不过传递的是地址值而已（如图 5.2 所示）。

程序 5.2 的执行过程如下：

（1）程序从 main()函数开始执行，系统为 main()分配一块栈空间。

（2）执行 int ival1 = 10;为 ival1 分配 4 个字节的内存，并初始化为 10；执行 int ival2 = 20;为 ival2 分配 4 个字节的内存，并初始化为 20。

（3）执行 int *p1 = &ival1;为指针 p1 分配 4 个字节的内存，并用 ival1 的地址初始化 p1。执行 int *p2 = &ival2;为指针 p2 分配 4 个字节的内存，并用 ival2 的地址初始化 p2。

（4）执行 cout << ival1 << " " << ival2 <<endl;输出结果为 10 20。

（5）做执行 pswap(p1,p2)前的准备：为 pswap()分配活动空间，进行参数传递，即用 p2、p1 的值初始化形参 pv2，pv1。

（6）执行 pswap(p1,p2)，控制转移给 pswap()函数：

（6.1）执行 int t;为 t 分配 4 个字节的内存。

（6.2）执行 t = *pv1;通过 pv1 中存储的值（即 ival1 的地址）间接访问 ival1，将 ival1 中的值 10 赋给 t。

（6.3）执行*pv1 = *pv2; 通过 pv2 中存储的值（即 ival2 的地址）间接访问 ival2，通过 pv1 中存储的值（即 ival1 的地址）找到 ival1，将 ival2 中的值赋给 ival1。

（6.4）执行*pv2 = t; 通过 pv2 中存储的值（即 ival2 的地址）间接访问 ival2，将 t 的值赋给 ival2。

（6.5）pswap()函数返回，继续执行 main()函数。

（7）执行 cout << ival1 << " " << ival2 <<endl;输出结果为 20 10。

（8）程序结束。

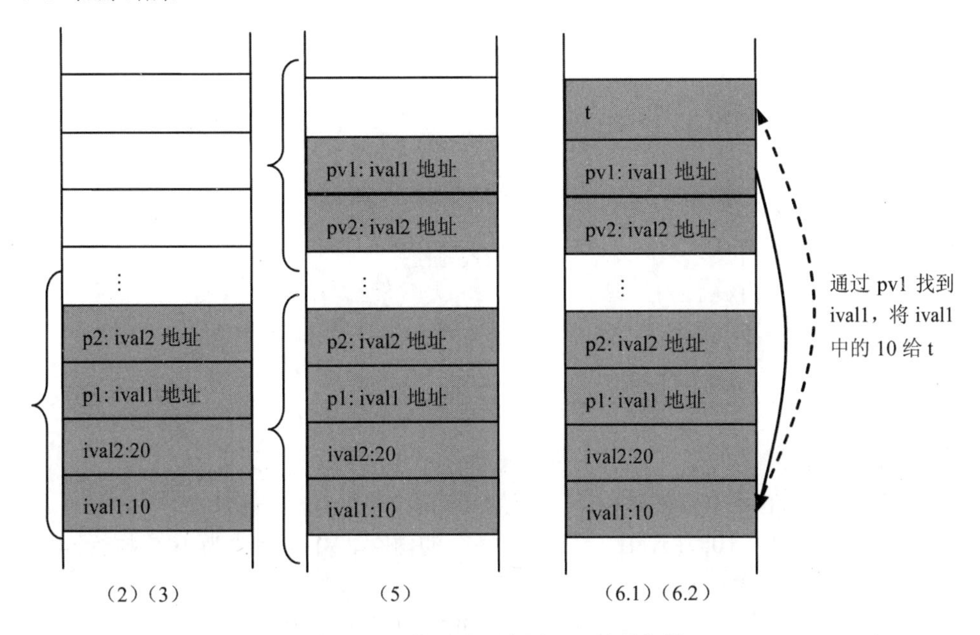

图 5.2　函数调用示意图——传递指针

第二种方法是将参数声明为引用。

```
//rswap 将交换 rv1 和 rv2 的值
void rswap ( int& rv1, int& rv2) {
    int t;
    t = rv1;
    rv1 = rv2;
    rv2 = t;
}
```

调用 rswap()的方式和调用 swap()相同，但是实参的值会被交换。

5.2.2　按引用传递

将参数声明为引用，实际上改变了默认的参数传递方式。按值传递时，函数操作的是实参的本地副本。当参数是引用时，函数接收的是实参的左值而不是值的副本，即形参是实参的引用，或者说是别名，函数操纵的形参是实参的别名（在大多编译器实现中实际上和实参占据相同的内存空间），因而可以改变实参的值。

程序 5.3　传递引用参数，交换两个变量的值。

```
//-----------------------------------------
#include <iostream>
using namespace std;
```

```
void rswap ( int& rv1, int& rv2){
//传递引用，交换两个实参的值
    int t;
    t = rv1;
    rv1 = rv2;
    rv2 = t;
}
int main( ){
    int ival1 = 10;
    int ival2 = 20;
    cout << ival1 << " " << ival2 <<endl;
    rswap(ival1,ival2);
    cout << ival1 << " " << ival2 <<endl;
}
//-------------------------------------------
```

程序 5.3 的执行过程如下（传递引用示意如图 5.3 所示）。

（1）程序从 main()函数开始执行，系统为 main()分配一块栈空间。

（2）执行 int ival1 = 10;为 ival1 分配 4 个字节的内存，并初始化为 10；执行 int ival2 = 20;为 ival2 分配 4 个字节的内存，并初始化为 20。

（3）执行 cout << ival1 << " " << ival2 <<endl;输出结果为 10 20。

（4）做执行 rswap(ival1,ival2)前的准备：为 rswap()分配栈空间，进行参数传递，即用 ival2 和 ival1 分别初始化形参 rv2 和 rv1；rv1 和 rv2 将分别作为 ival1 和 ival2 的引用。

（5）执行 rswap(ival1,ival2)：

（5.1）执行 int t;为 t 分配 4 个字节的内存。

（5.2）执行 t = rv1;通过 rv1 将 ival1 中的值 10 赋给 t。

（5.3）执行 rv1 = rv2; 通过 rv2 和 rv1 将 ival2 中的值给 ival1。

（5.4）执行 rv2 = t; 通过 rv2 将 t 的值给 ival2。

（5.5）返回 main()函数，恢复执行。

（6）执行 cout << ival1 << " " << ival2 <<endl;输出结果为 20 10。

（7）程序结束。

引用参数一般有三种用途。第一种就是像程序 5.3 中那样，通过传递引用在函数内修改实参的值。

引用参数的第二种用途是向主调函数返回额外的结果。一个函数最多只能返回一个值，如果希望得到多于一个的结果，就需要通过函数的实参带回额外的值。

例如，look_up()函数在数组中查找一个指定元素，如果存在，则返回它第一次出现的位置和它出现的次数，如果不存在，返回–1。

```
//-----------------------------------------------
int look_up (int a[], size_t size, int val, int& occurs)
//在大小为 size 的数组 a 中查找 val，返回 val 第一次出现的位置和出现次数
//函数的返回值是元素第一次出现的位置，出现的次数则由参数 occurs 带回
```

```
{
    int loc = -1;
    occurs = 0;
    for (size_t ix = 0; ix < size; ++ix)
        if ( a[ix] == val ){
        if ( loc == -1)  loc = ix;
        ++occurs;
        }
    return loc;
}
//---------------------------------------------------
```

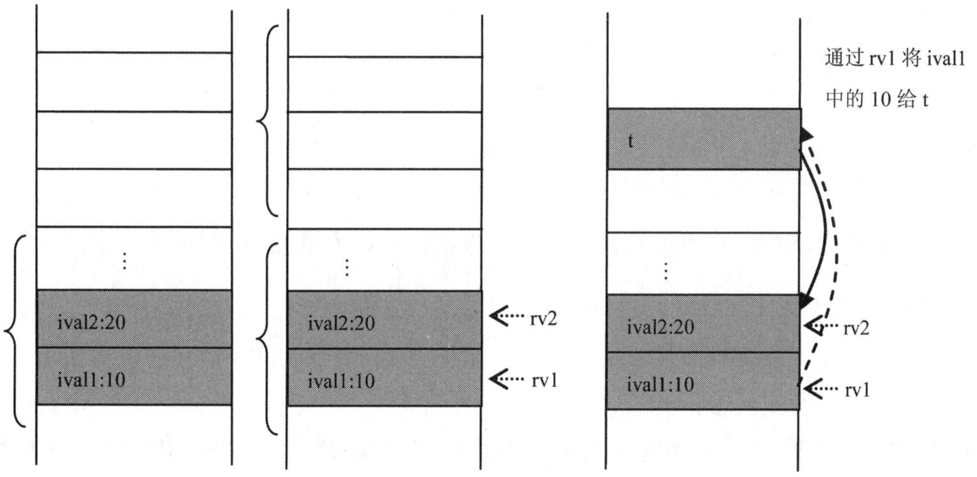

图 5.3　函数调用示意图——传递引用

引用参数的第三种用途是向函数传递一个大型的结构体变量或类对象。按值传递大型对象时，每次调用函数都要复制大对象，效率比较低。使用引用作参数可以避免复制，但仍然可以访问实参对象。例如：

```
struct Huge {
  int stuff[1000];
};
void foo(Huge& h){…}
```

调用 foo()时，不需要复制实参对象。

如果担心传递引用会导致实参被函数修改，那么可以将参数声明为 const 引用，避免在函数内部修改引用参数。

```
void foo(const Huge& h){…}  //函数体内修改 h 的代码会引起编译错误
```

引用参数还用于类的拷贝构造函数和重载的运算符函数中，这将在第 7 章和第 8 章讨论。

5.2.3 参数传递方式的选择

在实际编程时应该选择传值、传指针还是传引用呢？一般的经验如下：

- 对于内置类型的小对象，传值的方式更简单直接。
- 如果想在函数内改变实参，可以使用传引用或传指针的方式。但是更多人倾向于使用传指针，这样虽然语法比引用复杂一些，但使用起来更清晰明确。
- 对于类类型的对象，尽量使用引用传递参数，效率更高。使用 const 限定可以避免实参被修改。

5.2.4 数组参数

在 C++中数组永远不会按值传递，数组作参数时，将传递数组第一个元素的地址。数组的长度与参数声明无关。例如，下面三个声明是等价的：

```
void foo( int *a );
void foo( int a[] );
void foo( int a[10] );
```

如果在函数内部要使用数组的长度，那么应该将它作为单独的一个参数。例如：

```
void foo ( int a[], int size );
```

被调函数内对参数数组的改变将应用到数组实参上，可以通过将形参数组声明为 const 来表明不希望改变数组元素。

也可以使用标准库中的 string 和 vector 对象作为函数的参数，string 和 vector 是对象，知道自己的长度，因而不需要额外的参数指定。

5.2.5 main()函数的参数

也可以为 main()函数声明参数表：

```
int main(int argc, char* argv[]){…}
```

main()函数的参数表用于从命令行接收参数，处理命令行选项。argc 是命令行参数的个数，字符串数组 argv 的每个元素依次保存接收到的参数字符串。

例如，在命令行方式下执行程序 test，并接收两个字符串作为参数：

```
D:\CPP\> test abc def
```

参数个数 argc 的值是 3；argv 中依次存储实参字符串：argv[0]为"test"，即可执行程序的名字；argv[1]为"abc"，argv[2]为"def"。在 main()函数中可以使用这些参数。

程序 5.4 带参数的 main()函数。

```
//---------------------------------------------------------------
#include <iostream>
#include <cstring>
using namespace std;
```

```
int main(int argc, char* argv[]){
    if(argc != 3)   {
        cout<<"参数个数错误! "<<endl;
        exit(1);    //退出程序，main()函数返回1
    }
    cout<<"字符串:"<<argv[1]<<endl;
    cout<<"字符串:"<<argv[2] <<endl;
    cout<<"两个字符串是否相同? ";
    cout<<(strcmp(argv[1],argv[2])?"no":"yes")<<endl;
}
//---------------------------------------------------------------
```

程序在命令行方式下的三次运行结果：

```
D:\cpp\test\Debug>test
参数个数错误!
D:\ cpp\test\Debug>test abcd 1234
字符串:abcd
字符串:1234
两个字符串是否相同? no
D:\ cpp\test\Debug>test 123 123
字符串:123
字符串:123
两个字符串是否相同? yes
```

5.2.6 不定个数的参数

有时候无法列出传递给函数的所有实参的类型和个数，或者希望一个函数可以带不同个数或类型的参数，在这种情况下，可以使用含可变形参的函数。

C++有三种处理不同数量实参函数的方法，后两种是C++11中新引入的：

（1）省略号形参，这种方法一般只用于与C函数交互的接口程序。

（2）如果可变部分的所有实参类型都相同，可以传递一个名为initializer_list的标准库类型。

（3）如果实参的类型不同，可以编写可变参数模板，在第11章介绍。

第一种方法使用省略号（…）指定函数参数表，省略号参数将挂起类型检查机制。这种方法是为了便于C++程序访问某些特殊形式的C代码而设置的，不应用于其他目的。

不定个数的参数表有两种形式：

```
void foo( 参数列表, … );
void foo(…);
```

第一种形式声明了部分函数参数。在这种情况下，调用函数时，对于显式声明的参数，将进行相应实参的类型检查；对于省略号对应的实参则挂起类型检查。标准C库的printf()函数就是一个使用省略号参数的例子：

```
int printf( const char*, … );
```

大多数带省略号参数的函数都会利用显式声明的参数中的一些信息来获取函数调用中提供的其他可选实参的类型和数目，因此第一种形式的函数声明比较常用。

第二种方法传递的标准库类型 initializer_list 是一种模板类型，在头文件<initializer_list>中定义，用于表示某种特定类型的值的数组。和 vector 类似，定义 initializer_list 时要指定列表中的元素类型，但不同的是，列表中的元素永远是常量值，无法改变。可以利用 intializer_list 对象的 size()函数获得参数的个数，利用 begin()和 end()函数返回指向第一个参数和尾元素下一位置的指针。

向 initializer_list 形参传递实参序列时，要用一对花括号将实参值序列括起来。

程序 5.5 不定个数的参数。

```
//---------------------------------------------------------------
#include <iostream>
#include <string>
#include <initializer_list>
using namespace std;
//输出错误信息的函数 error_msg，实参数量可变，都是 string 类型的
void error_msg(initializer_list<string> lst){
//逐个输出列表中的元素
    for(auto beg = lst.begin(); beg != lst.end(); ++beg)
        cout << *beg << " ";
    cout << endl;
}
int main(){
    string expected("abcd");
    string actual;
    cout << "enter a string: " << endl;
    cin >> actual;
    if(expected != actual)
        error_msg({"Error", expected, actual});//3 个实参
    else
        error_msg({"Okay"});                         //1 个实参
    return 0;
}
//---------------------------------------------------------------
```

带 initializer_list 形参的函数也可以同时有其他类型的形参。例如：

```
void error_msg(ErrCode e, initializer_list<string> lst)
{...}
```

5.3 返回类型和 return 语句

函数的执行结果由 return 语句返回。return 语句放在函数体内，它结束当前正在执行

的函数，将控制权返回给函数的调用者。return 语句有两种形式：

```
return;
return 表达式;
```

第一种形式用在返回类型为 void 的函数中，这时 return 语句不是必需的，它的作用主要是强制函数结束。隐式的 return 发生在函数执行完最后一条语句时。

return 语句的第二种形式返回函数的执行结果，可以是任意复杂的表达式，甚至也可以包含函数调用。

声明了非 void 返回类型的函数必须返回一个值，否则会引起编译错误。如果 return 的表达式类型与函数声明的返回类型不匹配，将尝试应用隐式类型转换；如无法转换，则产生一个编译错误。

5.3.1 返回值

返回一个值的方式和初始化一个变量或形参的方式完全一样：返回的值用于初始化调用点的一个临时量，该临时量就是函数调用的结果。

默认情况下，函数的返回值是按值传递的，即得到控制权的函数将接收 return 语句中指定的表达式值的副本。例如，下面的 test()函数返回值存放在 eax 寄存器中：

```
int test(int left, int right) { return (left + right); }
```

必须注意函数返回局部变量时的初始化规则，例如下面的函数：

```
//判断 ctr 的值，如果大于 1，返回 word 的复数形式；否则返回 word 的原型
string make_pl(size_t ctr, const string& word, const string& ending){
    return (ctr > 1) ? word + ending : word;
}
```

函数的返回类型是 string，按值返回，意味着返回值将被复制到调用点。因此，该函数返回 word 的副本，或者内容为 word+ending 的未命名临时对象。

5.3.2 返回引用

可以将函数声明为返回指针或引用，此时不需要对 return 语句中的表达式进行复制，而是返回对象本身。

如果函数返回引用，则该引用仅是它所指向对象的一个别名。例如：

```
//找出 s1 和 s2 中比较短的一个并返回其引用
const string& shorter(const string& s1, const string& s2){
    return (s1.size() <= s2.size()) ? s1 : s2;
}
```

函数的返回类型是 const string 的引用，所以返回结果时不会真正复制对象，返回的就是 s1 或 s2 本身。同样的，形参也是 const string 的引用，调用函数时传递引用，也不会复制实参。

函数的返回类型决定了函数调用表达式是否是左值。调用一个返回引用的函数得到左值，其他返回类型得到右值。返回引用的函数调用表达式可以作为左值使用，特别是可以为返回类型是非 const 引用的函数的结果赋值。

程序 5.6 返回引用的函数。

```
//------------------------------------------------------------
#include <iostream>
#include <string>
using namespace std;
string& longerString(string &sa, string &sb){
    return sa.size() > sb.size() ? sa : sb;
    //返回对象本身，不进行复制
}
int main(){
   string s1 = "cat",s2 = "at";
   longerString(s1 , s2)[0] = 'h'; //相当于 s1[0] = 'h';
   cout << s1 << endl;
}
//------------------------------------------------------------
```

程序运行结果：

```
hat
```

如果函数返回引用，则对返回值的修改会改变实际返回的对象，为了避免这种情况，可以将返回值声明为 const。

```
const string& longerString(string &sa, string &sb){
    return sa.size() > sb.size() ? sa : sb;
}
```

此时编译器会对“longerString(s1 , s2)[0] = 'h';”报错。

如果在函数中不改变参数，也可以用 const 限定形参。例如：

```
const string& longerString(const string &sa, const string &sb){
    return sa.size() > sb.size() ? sa : sb;
}
```

下面是返回引用的另一个典型的例子。

程序 5.7 返回数组元素的引用。

```
//------------------------------------------------------------
#include <iostream>
using namespace std;
int& searchElement(int array[],int index){
    return array[index];
    //返回的不是array[index]的副本，而是array[index]本身
```

```
}
int main(){
    int arr[5] = {0,1,2,3,4};
    searchElement(arr , 2)=5;
    cout<<"arr[2]:"<<arr[2]<<endl;
}
//------------------------------------------------------------
```

注意：不能返回自动局部对象的指针或引用。当函数执行结束后，函数占用的栈存储空间被释放，原本位于这段存储空间中的局部对象和临时对象都被释放，返回的局部变量的引用或指针将指向不再有效的内存区域。

```
const string& manip(){
    string ret;
    …  //对 ret 做某些操作
    if(! ret.empty())
        return ret;          //错误：返回局部对象 ret 的引用
    else
        return "Empty";      //错误：返回临时变量"Empty"的引用
}
```

5.3.3　返回列表

C++11 新标准规定，函数可以返回花括号包围的值的列表。此处的列表用来对表示函数返回结果的临时量进行初始化。如果列表为空，临时量执行值初始化；否则，返回的值由函数的返回类型决定。

例如，下面的函数返回字符串列表：

```
vector<string> func(){
    //str1 和 str2 是 string 对象
    if(condition)
        return {};                          //返回一个空的 vector 对象
    else
        return {"Okay", str1, str2};    //返回列表初始化的 vector 对象
}
```

如果函数返回的是内置类型，则花括号括起来的列表最多包含一个值，而且这个值所占的空间不应该大于返回值类型的空间。如果函数返回类类型，由类本身定义初始值如何使用。

5.3.4　main()函数的返回值

main()函数的返回类型定义为 int，作为程序返回给系统的值。main()函数返回 0 表示执行成功，返回非 0 值表示执行失败，其中非 0 值的具体含义依机器而定。

其他函数如果返回类型不是 void，就必须返回一个值。而 main()函数略有不同：允许 main()函数没有 return 语句直接结束。如果控制到达了 main()函数的结尾处而没有 return 语

句，编译器隐式地插入一条表示返回 0 的 return 语句。

标准库<cstdlib>中定义了两个宏 EXIT_SUCCESS 和 EXIT_FAILURE，可以用作 main()函数的返回值，分别表示 main()函数执行成功和失败。

5.3.5 尾置返回类型

C++11 支持尾置返回类型的语法。尾置返回类型跟在形参列表之后，以“->”符号开头。为了表示函数真正的返回类型跟在形参列表之后，在原返回类型位置放置一个 auto。语法形式为

```
auto 函数名(形参列表) -> 返回类型;
```

例如：

```
auto fac(int n) -> int;
auto shorter(string& s1, string& s2) -> string&;
```

这种语法形式对返回类型比较复杂的函数最有效，如返回类型是数组的指针或数组的引用时。例如：

```
// func 带一个 int 参数、返回指向大小为 10 的 int 数组的指针
int (*func(int i))[10];
// 使用尾置返回类型语法，返回类型更清晰
auto func(int i) -> int(*)[10];
```

5.4 函数重载

有时需要定义一组函数，它们对不同类型的数据执行同样的一般性动作，表达相同的概念，例如打印参数指定的值。如果一个函数名只能定义一次，那么需要为每个函数给出一个唯一的名字。例如：

```
void print_int_range(const int *first, const int *last){…}
void print_int_array(const int ia[], size_t size){…}
void print_chars(const char *cp){…}
```

但是对用户而言，这些函数只是同一种操作，并不关心其细节。而记忆这一组不同的名字会给程序员和用户带来不便。

5.4.1 重载函数

C++的**函数重载**机制允许多个函数共享同一个函数名，但是针对不同的参数类型提供不同的操作。

如果同一个作用域内的几个函数名字相同但形参列表不同，则它们是**重载函数**。

例如，可以对 print()函数做如下定义：

```
void print (const int *b, const int *e){…}
void print (const int ia[], size_t size){…}
```

```
void print (const char *cp){…}
```

当调用重载函数时，编译器会根据实参的类型推断出要调用的是哪个函数。

```
int arr[5] = {1, 2, 3, 4, 5};
print("Hello!");                    //调用 print (const char *)
print(arr, 5);                      //调用 print (const int*, size_t)
print(begin(arr), end(arr));        //调用 print (const int*, const int*)
```

重载函数的名字相同，但它们的参数表必须不同：或者参数个数不同，或者参数类型不同。返回类型不能区分两个重载函数，因为调用时可以忽略函数的返回值。例如：

```
int foo(int a);                     //声明 f(int)
int x = foo(5);                     //正确，保存返回值
foo(10);                            //正确，不保存返回值
//如果加上下面的错误声明
void foo(int b);                    //错误声明：只有返回类型不同
foo(10);                            //显然不能确定调用哪一个 foo
```

有时候两个形参列表看似不同，实际上是相同的。例如：

```
int foo(const string& str);
int foo(const string&);             //同一函数：省略了形参名
typedef A B;                        //A 是类型，B 是 A 的别名
void goo(A&);
void goo(B&);                       //同一函数：A 和 B 类型相同
```

非指针和引用上的 const 限定词不能区分重载函数。例如：

```
int foo(int);                       //内置类型
int foo(const int);                 //同一函数的重复声明
```

const 限定指针或引用时，通过区分指向的是常量对象还是非常量对象可以实现函数重载。例如：

```
//重载函数
void foo(string& str);              //非 const 引用
void foo(const string& str);        //const 引用
//重载函数
int goo(int*);                      //非 const 指针
int goo(const int*);                //const 指针
```

判断重载函数的更详细的规则见 5.4.3 节。

如果不同的函数名所提供的信息使程序更易于理解，就没有必要使用重载函数。使用语言的特性应该遵从应用的逻辑，不能因为它存在就一定要使用。

5.4.2　重载函数的调用

定义一组重载函数之后，以合理的实参就可以调用它们。编译器根据调用的实参类型

和个数，确定调用的是一组重载函数中的哪一个，在这个过程中可能应用隐式类型转换。

调用重载函数时有三种可能的结果：

（1）编译器找到一个与实参最佳匹配的函数，生成调用该函数的代码。

（2）编译器找不到任何一个函数与调用的实参匹配，编译器报告无匹配的错误消息。

（3）编译器找到了多个与调用匹配的函数，而且匹配的程度一样好，此时发生二义性调用错误。

所谓最佳匹配，就是比较调用的实参和函数形参的类型匹配程度。其基本思想就是不需要类型转换的比需要类型转换的更匹配；在需要进行参数类型转换的情况下，实参类型与形参类型越接近的越匹配。

大多数情况下，比较容易判断重载函数的调用是否合法，也能确定调用的是哪个函数。当参数个数相同且参数类型可以相互转换时，确定函数会困难一些。例如：

```
//------------------------------------------------------------
void func(const int *){}
int main(){
    int a =5;
    const int b = 10;
    func(&a);                   //正确: 实参 int*可以转换为形参 const int*
    func(&b);                   //正确: 匹配
}
//------------------------------------------------------------
//如果增加了一个重载函数 func(int*)的定义
void func(const int *){}
void func(int *){}              //重载函数
int main(){
    int a =5;
    const int b = 10;
    func(&a);                   //调用 func(int*)，不需要转换
    func(&b);                   //调用 func(const int*)
}
//------------------------------------------------------------
```

可以看到，在没有定义非 const 指针参数的函数版本时，func(&a)调用的是 const 指针参数版本。增加了新版本的 func()函数之后，虽然 func(&a)调用两个函数都可以，但是，编译器会优先选择非 const 指针的版本，因为无须进行参数类型转换。

编译器对重载函数调用的详细解析规则见 5.4.4 节。

5.4.3　重载函数的判断

当一个函数名在某个作用域中多次声明时，编译器根据下面的规则判断这些函数是否重载：

- 如果两个函数的参数表中参数的个数或类型不同，则这两个函数是重载的。
- 如果两个函数的返回类型和参数表都精确匹配，则认为是同一函数的重复声明。

- 如果两个函数的参数表相同，但返回类型不同，则认为是错误的重复声明。
- 如果两个函数的参数表中，只有默认参数值不同，则认为是重复声明。
- 参数类型是const或volatile时，对函数声明的识别并不影响。但是如果一个程序中同时提供两个函数定义，而这两个定义中参数的区别只是const或volatile限定符时，会产生重复定义错误。如果const或volatile应用在指针或引用参数上，在判断函数声明是否相同时，需要考虑const和volatile修饰符。

例如：

```
//-----------------------------------------------
//重载函数：参数类型不同
void print( int val );
void print( const string& );
//同一个函数的重复声明
void print( const string& s1);
void print( const string& s2);
//错误的重复声明：只有返回类型不同
int print( int val);
void print( int val);
//同一个函数的重复声明
void max( int* ia, int az);
void max( int* , int = 10);
//同一个函数的重复声明
void f ( int );
void f ( const int );
//重复定义错误：普通函数只能定义一次
void f ( int ival){ … }
void f ( const int ival) { … }
//声明了不同的函数：const X*和X*是不同类型
void f ( int* );
void f ( const int* );
//声明了不同的函数
void f ( int& );
void f ( const int& );
//-----------------------------------------------
```

5.4.4 重载函数解析

如果存在多个同名函数，那么将根据函数调用中指定的实参来选择执行其中的某个函数。将函数调用与重载函数集合中的一个函数相关联的过程称为**重载函数解析**。重载函数的解析过程实际上就是在一组函数中选择最匹配的一个函数，这里进行匹配的是函数调用中实参的数目和类型与函数形参的数目和类型，其中可能应用到隐式类型转换。

重载函数解析的步骤如下。

（1）确定函数调用考虑的候选重载函数的集合，确定函数调用中实参表的属性。候选函数具有两个特征：一是与被调的函数同名，二是其声明在调用点可见。

（2）从候选重载函数集合中选择可以用指定实参调用的函数——可行函数。可行函数有两个特征：一是形参数量与调用提供的实参数量相等，二是每个实参的类型与对应的形参类型相同或者能转换成形参的类型。

（3）在可行函数中选择与调用最匹配的一个——最佳匹配函数。

为了选择最佳匹配函数，从实参到形参的类型转换被划分为不同的等级。最佳匹配函数满足两个条件：一是应用在实参上的转换不比调用其他可行函数所需的转换差；二是在某些实参上的转换比其他可行函数对该参数的转换好。

参数类型转换

参数的类型转换被划分为几个等级，从最佳到最差依次为：

（1）精确匹配，包括：

- 实参与形参的类型精确匹配。
- 左值到右值的转换。
- 数组到指针的转换。
- 函数到指针的转换。
- 限定修饰符转换。

```
//-----------------------------------------------
//精确匹配
int max(int, int);
double max(double, double);
…
int iv;
double d;
max(iv, 35);        //精确匹配 max(int, int);
max(d, 3.56);       //精确匹配 max(double, double);
//-----------------------------------------------
enum Tokens {INLINE, VIRTUAL};
void ff(Tokens);
void ff(int);
…
Tokens tok = INLINE;
ff( tok );      //精确匹配 ff(Tokens)
ff( 0 );        //精确匹配 ff(int)
//-----------------------------------------------
//函数期望一个按值传递的参数时，实参如果是一个左值，就执行从左值到右值的转换
string color("green");
vector<int> v;
void print(string);
void print(vector<int> &);
…
print( color );     //精确匹配：左值到右值的转换
print( v );         //精确匹配：没有左值到右值的转换
//-----------------------------------------------
```

```
//数组到指针的转换：函数的实参是数组时，总是被转为相应的指针类型
int ai[5];
void putValues( int *);
…
putValues(ai);        //精确匹配：从数组到指针的转换
//-----------------------------------------------
//函数到指针的转换：函数类型的参数被转换为指向函数的指针
int f(int);
typedef int (*PF)(int);
void g(int, PF);
…
g(10, f);        //精确匹配：从函数到指针的转换
//-----------------------------------------------
//限定修饰转换只应用在指针指向的类型上
void foo( const int* );
…
int *pi;
foo( pi );       //精确匹配：const 限定修饰转换
//-----------------------------------------------
//当参数是 const 或 volatile 类型，而实参不是时，不发生类型转换
void foo (const int);
…
int iv;
foo(iv);         //无限定修饰转换发生
//-----------------------------------------------
//当 const 或 volatile 限定指针时，也没有转换
void foo( int* const);
…
int *pi;
foo( pi );       //无限定修饰转换发生
//-----------------------------------------------
```

（2）标准提升，包括：

- char、unsigned char 或 short 类型的实参被提升为 int 类型。
- float 类型的实参提升为 double 类型。
- bool 类型的实参提升为 int 类型。
- 较大的 char 类型（wchar_t、char16_t、char32_t）提升为 int、unsigned int、long、unsinged long、long long 或 unsigned long long 之中能容纳转换前类型所有值的最小的一种类型。
- 枚举类型实参被提升为下列第一个能够表示其所有枚举常量的类型：int、unsinged int、long、unsinged long、long long 或 unsigned long long。

当实参是上面的源类型之一，而函数形参的类型是相应被提升的类型时，则应用该提升。

```
//-------------------------------------------
//提升
void ff (unsigned int);
void ff (int);
void ff (char);
unsigned char uc;
ff(uc);          //ff(int)被调用: uc提升为int
//-------------------------------------------
enum Stat { Fail, Pass, Other = 0x80000000 };
enum {zero};
void ff( int );
void ff( unsigned int );
void ff( char );
…
ff(Fail);        //ff(unsigned int): 枚举常量提升为unsigned int
ff(Other);       //ff(unsigned int): Other提升为unsigned int
ff(zero);        //ff(int): zero提升为int
ff(0);           //ff(int): 精确匹配
//-------------------------------------------
```

（3）标准转换，包括：

- 整值类型转换：从任何整值类型或枚举类型向其他整值类型的转换（不包括标准提升）。
- 浮点转换：从任何浮点类型到其他浮点类型的转换（不包括标准提升）。
- 浮点一整值转换：从任何浮点类型到任何整值类型或从任何整值类型到任何浮点类型的转换。
- 指针转换：从整数0到指针的转换和任何类型的指针到void*的转换。
- bool转换：从任何整值类型、浮点类型、枚举类型或指针类型到bool类型的转换。

所有的标准转换都被视为等价的，类型之间的接近程度不被考虑，例如从char到unsigned char的转换并不比char到double的转换更优先。

如果有两个可行函数都要求对实参进行标准转换才能匹配各自的形参类型，则该调用是二义的，会引起编译错误。例如：

```
//-------------------------------------------
void print( void* );
void print( double);
…
int iv;
print( iv );     //print(double): 从int到double的标准转换
print( &iv );    //print(void*): 从int*到void*的标准转换
//-------------------------------------------
void foo( long );
void foo( float );
…
```

```
foo(3.14);
//二义性错误：3.14 是 double 类型，两个函数都能通过标准转换匹配
foo (3.14f) ;    //正确：foo(float),精确匹配
//------------------------------------------------
void foo( unsigned int );
void foo( float );
…
//下列调用都有二义性
foo( 'a' );
foo( 0 );
foo( 2uL );
foo( 3.14 );
foo( true );
//------------------------------------------------
```

（4）用户自定义转换：可以为自己的类类型定义类型转换操作，这将在第 6 章类定义部分和第 8 章运算符重载部分讨论。

（5）省略号参数：函数有省略号参数，可以与任何类型和个数的实参进行匹配。

（6）无匹配：无法应用以上任何一种转换，则无匹配的函数。

```
//------------------------------------------------
void foo( unsigned int );
void foo( char* );
void foo( char );
…
int *ip;
foo( ip );        //错误：没有可行函数，无匹配
//------------------------------------------------
```

无匹配或者存在两个同等的匹配，都会引起函数调用错误。

5.5 特殊用途的函数特征

这一节介绍三种与函数相关的语言特征：默认实参、inline 函数和 constexpr 函数。这些特征在很多程序中都有用。

5.5.1 默认实参

如果有一个函数 print()，它的功能是以指定的进制输出一个整数。例如：

```
void print ( int ival, int base ){ … } //函数定义
…
int x = 20;
print ( x, 8 ); //以八进制格式输出 x
print ( x, 2 ); //以二进制格式输出 x
print ( x, 10); //以十进制格式输出 x
```

可以看到，每次调用 print()函数时，都要指定进制。但是，在多数情况下，都使用十进制形式，可仍然需要指定第二个参数为 10。是否存在某种更简便的调用方法呢？

可以在函数声明中为参数表中的一个或多个形参指定默认实参值，那么 print()函数可以如下声明：

```
void print ( int ival, int base = 10 );     //base 的默认实参值为 10
```

默认实参是一种虽然不普遍，但在多数情况下仍然适用的实参值。默认实参使得在某些情况下函数的调用更简单和方便。在调用有默认实参的函数时，对声明了默认值的形参可以不提供实参，这时函数将使用默认的实参值；也可以像普通调用一样为该形参提供实参，提供的实参将覆盖默认实参值。例如，下面对 print()的调用都是正确的：

```
print ( x );        //等价于 print ( x, 10)
print ( x, 2 );     //以二进制格式输出 x
```

函数调用的实参按位置进行解析，所以只能对函数参数表尾部的参数提供默认值。例如：

```
void foo( int  x, int y, int z = 0 );          //正确
void foo( int  x, int y = 1, int z = 0 );      //正确
void foo( int  x, int y = 1, int z );          //错误
void foo( int  x = 1, int y, int z = 0 );      //错误
```

函数调用时，如果一个参数使用了默认值，那么它后面的所有参数都要使用默认值。设计带默认实参的函数要考虑参数表中参数的排列次序，使最可能使用默认值的参数出现在后面，最可能使用用户指定值的参数出现在较前面。

参数的默认值在函数声明中指定，而不是在函数定义中指定。在一个源文件中，一个参数只能被指定一次默认值。

重载函数和带默认参数的函数都允许函数以多种方式被调用：

```
void f();
void f(int x);               //f 被重载
f();                         //调用 f()
f(10);                       //调用 f(int)
void g(int x = 0);           //g 有一个默认实参
g();                         //调用 g(0)
g(10);                       //调用 g(10)
```

重载函数和默认参数函数的根本区别在于：重载函数是根据实参的个数和类型在一组同名函数中选择一个来调用，而默认参数的函数是以不同的形式调用同一个函数。

在设计函数时，一个函数应该只实现一种算法。如果一个函数因参数的个数或参数的值不同而采取不同的算法，可以使用一组重载函数。如果函数只是用到一种算法并且可以选择一个合适的默认值，一般使用带默认实参的函数。

5.5.2 inline 函数

有时在程序中有一些包含语句非常少的小操作，如计算两个整数之中的较小值。可以

将其定义为函数。例如：

```
int min( int v1, int v2) { return (v1 < v2 ? v1 : v2); }
```

将这样的小操作定义为函数的优点是可读性好、易于修改、重用性好。但缺点是调用函数有额外的开销，如果频繁调用，比直接计算条件运算符要慢很多。

解决这个问题的一种方法是使用带参数的宏。例如：

```
#define MIN(v1, v2) v1 < v2 ? v1 : v2
```

使用这样的宏可以避免函数调用的开销，但由于宏调用是字符串替换，不进行参数类型检查，当表达式作参数展开时可能引起计算次序混乱或多次求值的问题。例如下面的宏调用：

```
MIN(a+b, c); //宏替换后产生计算次序混乱: a+b < c ? a+b : c
```

计算次序混乱的问题可以通过为宏参数加括号解决。例如：

```
#define MIN(v1, v2) (v1) < (v2) ? (v1) : (v2)
```

但是，下面的多次求值问题却无法解决：

```
MIN(++a, c); //宏替换后导致两次计算++: (++a)<(c)?(++a):(c)
```

C++的 **inline（内联）函数**为上述问题提供了一种解决方案。若一个函数定义为 inline 函数，则在编译时，它将在函数的每个调用点被“内联地”展开，从而消除了普通函数调用的额外开销。但是调用 inline 函数仍然会进行函数参数类型检查，是函数调用的语义，因此比宏更安全。

在函数定义或声明中的返回类型前加关键字“inline”，就将函数指定为内联的。例如：

```
inline int min( int v1, int v2)
{ return (v1 < v2 ? v1 : v2); }
//如果有调用 min()函数的代码如下:
cout << min(a, b) << endl;
//在编译过程中进行代码展开，类似于下面的形式:
cout << (a < b ? a : b) << endl;
```

inline 关键字对编译器来说只是一个建议，是否采用内联由编译器决定。因为复杂的函数，如递归函数，并不适合在调用点展开；函数体庞大的函数在调用点展开则会导致代码膨胀。因此，inline 只适用于很小的且被频繁调用的函数。

inline 函数的定义对编译器而言必须是可见的，以便编译器在调用点展开该函数。因此，在调用 inline 函数的源文件中，必须有 inline 函数的定义。所以，与普通函数定义不同，inline 函数的定义一般放在头文件中，在每个调用该 inline 函数的文件中包含该头文件。

5.5.3 constexpr 函数

constexpr 函数（常量表达式函数）是指能用于常量表达式的函数。定义常量表达式函数的方法是在函数返回类型前加关键字 constexpr。不过，不是所有函数都可以定义为常量表达式函数，constexpr 函数必须满足以下几个条件。

（1）函数体只有一条语句，且必须是 return 语句；如果有其他语句，只能是空语句、类型别名、using 声明等在运行时不执行任何操作的语句。

（2）函数必须返回值，不能是 void 函数。

（3）函数在使用前必须已经有定义（不是只有声明）。

（4）return 语句表达式中不能使用非常量表达式的函数、全局数据，且必须是一个常量表达式。

所有这些条件的目的是确保编译器能在编译时对 constexpr 函数求值，而不是运行时才能调用。例如：

```
constexpr int data()
{const int i = 1; return i;}             //错误：函数体不是只有一条 return 语句
constexpr int data() { return 1;}        //正确
constexpr void f(){}                     //错误：无法获得常量
```

constexpr 函数的使用和普通函数的调用不同。“使用”constexpr 函数讲的是编译时的值计算，编译器要看到函数的定义。而“调用”讲的是运行时的函数执行，编译器能看到函数声明进行调用检查就可以。例如：

```
constexpr int f();            //只有 constexpr 函数的声明，没有定义
int a = f();                  //正确：可以将编译时的计算转换为运行时的调用
const int b = f();            //正确：编译器将 f()转换为一个运行时的调用
constexpr int c = f();        //错误：c 是 constexpr，要求编译时计算，要使用 f()
constexpr int f() {return 1;}   //constexpr 函数的定义
constexpr int d = f();        //正确：f()已定义，可以使用 f()
```

constexpr 函数的 return 语句不能包含运行时才能确定返回值的函数，只有这样编译器才能够在编译时进行常量表达式函数的值计算。例如：

```
const int e(){return 1;}
constexpr int g(){return e();} //错误：调用了非 constexpr 函数
//下面的代码可以通过编译
constexpr int e(){return 1;}
constexpr int g(){return e();} //正确：e()是常量表达式函数
```

可以用 constexpr 函数初始化 constexpr 类型的变量，因为编译器能在编译时验证 constexpr 函数返回的常量表达式。例如：

```
constexpr int new_sz(){ return 100; }
constexpr int size = new_sz();
```

执行初始化任务时，编译器把 constexpr 函数的调用换成其结果值。为了能在编译过程中随时展开，constexpr 函数被隐式地指定为内联函数。constexpr 函数的定义也应该和 inline 函数一样，放在头文件中。

5.6　函数指针

函数代码被编译并载入执行就会占用一块内存，这块内存的地址就是函数的地址。可以通过函数指针使用函数地址。

5.6.1　定义函数指针

定义函数指针时需要指定它指向的函数类型。函数的类型由它的返回类型和参数表决定，函数名不是函数类型的一部分。函数返回类型和参数表组合在一起代表了不同的函数类型。例如，下面的 f 和 g 是同类型的函数，而 h 和它们是不同的类型：

```
int  f(int, int);
int  g(int, int);
void h(int);
```

下面的语句声明了一个指向函数的指针，可以指向带两个 int 参数并返回 int 值的函数：

```
int  (*pf)(int, int);   //pf是一个函数指针
int  f(int, int);       //pf可以指向函数f
int  g(int);            //pf不能指向函数g
```

可以用 typedef 定义函数指针类型。例如：

```
typedef int  (*PFT)(int, int);      //PFT可以作为类型来定义函数指针
PFT  pf;                            //pf是一个函数指针
```

对于复杂的函数指针定义或声明，可以从中间向外读。例如：

```
void * (*(*fp1)(int))[10];
/* fp1是一个指向函数的指针，该函数带一个int参数并返回一个指向有10个void指针元素
的数组的指针 */
float (*(*fp2)(int,int,float))(int);
/*  fp2是一个指向函数的指针,该函数带3个参数,并返回一个指向函数的指针,这个函数带int
参数并返回float  */
typedef double (*(*(*fp3)())[10])();
fp3 a;
/*  fp3是一个函数指针类型，fp3类型的a是一个指向函数的指针，该函数无参数，返回一个指
向有10个指向函数指针数组的指针，这些函数不带参数且返回double值  */
```

5.6.2　使用函数指针

一旦定义了函数指针，在使用之前必须赋给它一个函数的地址。函数的地址可以由函数名字表示，或者使用显式的取地址运算符“&”。可以对函数指针解引用来调用函数，也可以不使用解引用的语法。

程序 5.8　定义和使用函数指针的语法。

```
//----------------------------------------------------------
#include <iostream>
using namespace std;
void func() {
  cout << "func()  called..." << endl;
}
int main() {
  void (*fp)();                //定义指向函数的指针 fp
  fp = &func;                  //对函数取地址
  (*fp)();                     //用函数指针调用函数，对函数指针解引用
  void (*fp2)() = func;        //函数指针的定义和初始化，直接使用函数名
  fp2();                       //直接使用函数指针调用函数
}
//----------------------------------------------------------
```

5.6.3 函数指针的数组

可以声明函数指针的数组，并通过数组的下标来选择函数。这种方式可以支持函数表的概念：根据状态变量的取值选择被调用的函数，而不用条件或分支语句。这种设计对于经常要在表中添加、删除函数或动态创建函数表都十分有用。

程序 5.9 函数指针和函数表。

```
//----------------------------------------------------------
  #include <iostream>
  using namespace std;
  //定义一组函数
  void a() {  cout << "function  a  called..." << endl; }
  void b() {  cout << "function  b  called..." << endl; }
  void c() {  cout << "function  c  called..." << endl; }
  void d() {  cout << "function  d  called..." << endl; }
  void e() {  cout << "function  e  called..." << endl; }
  void f() {  cout << "function  f  called..." << endl; }
  void g() {  cout << "function  g  called..." << endl; }
  //定义函数指针数组并初始化
  void (*func_table[])() = { a, b, c, d, e, f, g };
  int main() {
  while(true) {
    cout << "输入字母 'a' 到 'g' 选择调用的函数"
      "输入 q 退出程序" << endl;         //拆开的长字符串在输出时自动连接
    char c, cr;
    cin.get(c); cin.get(cr);
```

```
    if ( c == 'q' )
      break;                          //  out of while(true)
    if ( c < 'a' || c > 'g' )
      continue;
    (*func_table[c - 'a'])();         //选择表中的一个函数调用
  }
}
//--------------------------------------------------------------
```

5.6.4 函数指针形参

和数组的情况类似，不能定义函数类型的形参，但是形参可以是指向函数的指针。同样地，虽然不能返回一个函数，但是可以返回指向函数类型的指针。

利用函数指针，可以把需要调用的函数的指针作为参数传递给一个函数，以便这个函数在处理相似事件的时候能够灵活地使用不同的方法。

例如，假设要编写一个对任意类型的数组排序的通用函数 sort()，排序算法需要有比较元素大小的操作，但是不同类型的数据比较大小的方法可能不同，此时，可以将比较函数的指针和要排序的数组一起作为参数传递给 sort()函数，类似于下面的形式：

```
void sort(T arr[], bool (*lessThan)(const T&, const T&)){…}
//假如 A 类型对象的比较小于的函数如下
bool less(const A& a1, const A& a2){…}
//B 类型对象的比较小于的函数
bool isLessThan(const B& b1,const B& b2){…}
//那么，对 A 类型的数组 a 排序：
sort(a,less);
//对 B 类型的数组 b 排序：
sort(b, isLessThan);
```

程序 5.10 利用函数指针实现回调（callback）的模拟程序。

```
//-----------------------------------------------------
//-----------------------------------------------------
//libfunc.h
//库函数声明和函数指针类型声明
#ifndef LIBFUNC_H_
#define LIBFUNC_H_
typedef void (*FP)(int);
void libfunc(int n, FP);
#endif /* LIBFUNC_H_ **/
//-----------------------------------------------------
//libfunc.cpp
```

```
//库函数的定义
#include "libfunc.h"
#include<iostream>
//库函数 libfunc 中做一些通用工作，但还有一些定制的工作要调用者完成
//通过函数指针参数 hook 将完成定制任务的函数传给 libfunc
void libfunc(int n, FP hook){
    using namespace std;
    cout << "Paint general Content " << n <<" time(s):" << endl;
    cout <<"General Content BEGIN..." << endl;       //通用的工作
//callback: libfunc 的调用者传给 libfunc 一个函数供其调用
    hook(n);            //定制的工作
    cout <<"General Content END...\n" << endl;       //通用的工作
}
//--------------------------------------------------
//测试程序 main.cpp
#include "libfunc.h"
#include<iostream>
void circle(int x){      //定制工作 1
    cout<<"Draw a CIRCLE here... " <<endl;
}
void square(int x){      //定制工作 2
    cout<<"Draw a SQAURE here... " <<endl;
}
int main(){
    libfunc(2, circle);
    libfunc(3, *square);
    return 0;
}
//--------------------------------------------------
```

程序的输出结果：

```
Paint general Content 2 time(s):
General Content BEGIN...
Draw a CIRCLE here....
General Content END...

Paint general Content 3 time(s):
General Content BEGIN...
Draw a SQAURE here...
General Content END...
```

5.7 作用域和存储类别

C++程序一旦执行，就会创建许多对象，每个对象有“生”有“灭”，这就是对象的生

存期。**生存期**是指程序执行过程中对象存在的时间。对象的生存期与对象的作用域和存储类别密切相关。

5.7.1　作用域

C++支持局部作用域、文件作用域、全局作用域、命名空间作用域和类作用域。

局部作用域包含在函数定义中。每个函数都有一个独立的局部作用域。**块作用域**也是一种局部作用域，函数中的每个块有独立的块作用域。

一个程序可以由多个源文件组成，有些对象在函数之外定义，但只能在定义它的源文件中使用，这称为**文件作用域**。

全局作用域是不包含在任何函数或块中的作用域，整个程序只有一个全局作用域。为了对全局作用域进行管理，避免名字冲突，可以将它分为易于管理的**命名空间**。用户可以定义命名空间，每个命名空间都是一个不同的作用域。全局作用域有时也被视为一个特殊的命名空间作用域：全局命名空间。

每个类定义都引入一个独立的作用域。关于类定义和类作用域见第 6 章。

不常使用的还有函数原型作用域和函数作用域。在函数声明中出现的形参名字具有函数原型作用域，即只在函数声明语句中使用。只有标号具有函数作用域，即只能在声明该标号的函数中使用。

1．全局对象

在全局作用域中可以定义函数和变量，它们在程序的整个执行过程中都存在，可以在整个程序中使用。

在全局作用域中定义的内置类型变量，如果没有指定初始值，会被初始化为 0。

全局变量和非 inline 的全局函数在程序中只能定义一次，在其他地方使用时需要声明。关键字 extern 用来声明全局对象。extern 声明不会引起内存分配，它可以在同一文件中或同一程序的不同文件中多次出现。例如：

```
//------------------------------------------------
//module0.cpp
int ival= 5;              //定义全局变量
void func(int x){…}       //定义全局函数
//------------------------------------------------
//------------------------------------------------
//module1.cpp
#include <iostream>
using namespace std;
extern int ival;          //在 module1.cpp 中使用 ival 就需要先声明
void func(int);           //声明函数，不用加 extern
int main( ){
    func(10);             //调用全局函数
    cout<<ival;           //使用全局变量
}
//------------------------------------------------
```

2．局部对象

在函数内可以声明和定义局部对象，局部对象的作用域从其声明点开始，到函数结束处为止。在语句块中声明的对象具有块作用域，只在该语句块中可见。在 for 语句的初始化部分、if 语句、while 语句和 switch 语句的条件部分声明的对象的作用域在该语句的控制范围内。

C++中的局部对象默认为自动存储的，但可以通过存储类别关键字 static 和 register 对其进行修改。

1）自动对象

C++的函数中会定义和使用一些局部变量，当执行函数时，为其中定义的局部变量分配内存空间，称为**自动对象**。函数的形参也是局部自动对象。

自动对象在函数执行到定义变量的语句时被创建，存储在程序的运行栈中，它是函数的活动记录的一部分。在函数结束时，函数的活动记录从运行栈中弹出，自动变量的存储区被释放，对象的生存期在函数结束时结束，它包含的任何值都被抛弃。

自动对象的地址不能作为函数的返回值，也不能将自动变量的地址存储在一个存储期比它长的指针中。

2）静态对象

有时候需要在同一函数的两次调用之间保留某些数据。这种数据不能使用自动变量存储，因为每次调用函数都分配不同的存储空间，调用结束后变量的值就不存在了，无法供下次调用时使用。使用全局变量虽然可以解决这个问题，但是，全局变量的作用域是整个程序，所有的函数都可以访问这个全局变量，不安全。

可以将局部对象声明为 static，这样的对象是静态存储的。静态对象在控制流程第一次到达其定义点时被初始化，如果没有提供初始值，就被自动初始化为 0。在函数的后续调用中，初始化语句被跳过。静态对象的值在函数的多次调用之间保持有效，生存期会延续到整个程序结束，但它的作用域仍然是局部的。

程序 5.11　静态局部变量。

```
//--------------------------------------------------------
#include <iostream>
using namespace std;
void fun(){
    static  int  sval=5; //第一次调用函数时进行初始化
    int ival=5;
    sval++;
    ival++;
    cout << "sval=" << sval <<"  ival=" << ival << endl;
}
int main (){
    for ( int i =0 ; i < 3; i ++ )
      fun();
}
//--------------------------------------------------------
```

程序的输出结果：

```
sval=6  ival=6
sval=7  ival=6
sval=8  ival=6
```

静态局部对象 sval 在第一次调用 fun()时被初始化为 5，之后的函数调用执行会跳过 sval 的初始化语句。

3）寄存器变量

在函数中频繁使用的自动变量可以用 register 关键字声明，例如循环控制变量：

```
int factor(int n){
   register int i=1;
   for(i=1;i<n;i++){ … }
}
```

关键字 register 对编译器而言只是一个建议。在可能的情况下，编译器会将该对象装载到机器的寄存器中；如果不能，仍在内存中存储。不能对寄存器变量取地址。

3．文件作用域

在全局变量的定义前加 static 关键字就将全局对象的作用域限制在当前源文件内，称为静态全局变量。static 关键字还可以加在函数定义前，使得这个函数只能被本文件里的其他函数调用，称为静态函数。一个源文件中定义的静态全局对象在该程序的其他源文件中是不可见的。

程序 5.12　文件作用域。

```
//----------------------------------------------
//module0.cpp
static int ival=5;        //ival 是文件作用域的
static int sf()           //函数 sf()是文件作用域的
{
    ival++;
    return ival;
}
int fun()                 //普通函数的默认作用域为全局的
{
    ival = 6;             //fun()中可以使用 ival
    return sf();          //fun()中可以使用 sf()
}
//----------------------------------------------
//----------------------------------------------
//module1.cpp
#include <iostream>
using namespace std;
```

```
extern int ival;          //错误，ival只在module0.cpp中可见
int fun();                //正确
int main(){
    cout<<ival;           //错误
    cout<<sf();           //错误，sf()的作用域是module0.cpp
    cout<<fun();          //正确
}
//-----------------------------------------------
```

在全局范围内定义的const对象，其默认的作用域是文件作用域；inline函数的作用域也是在本文件内。

如果希望在整个程序中使用const对象，有两种方法：第一，将const对象的定义放在头文件中，在需要的地方包含该头文件；第二，在定义const对象时显式地加关键字extern，将其定义为具有外部链接的对象，即在整个程序中可见。例如：

```
//-----------------------------------------------
//file1.cpp
extern const int range = 1024;      //具有外部链接，整个程序中可见
const double pi = 3.1415926;        //文件作用域
//-----------------------------------------------
//-----------------------------------------------
//file2.cpp
extern const int range;             //声明range，之后就可以在本文件中使用
…
double area = 2.5 * 2 * pi;         //错误，pi不能在此使用
//-----------------------------------------------
```

4．命名空间作用域

用户声明的每个命名空间都是一个作用域。命名空间只能在全局作用域或另一个命名空间中定义。未命名命名空间中的成员可以在其所属的文件内不加限定前缀使用，就像是具有文件作用域的名字。

using声明引入的名字从该声明开始到其所在的作用域结束都是可见的。using声明可以出现在全局作用域和任意命名空间中，也可以出现在局部作用域中。

5．同名对象的解析

同一作用域内不能有同名的实体，但是不同的作用域中可以有同名的对象。编译器对对象名字的解析是从内向外进行的，所以，如果在嵌套的作用域中出现了同名对象，在内层作用域中，外层的名字将被隐藏。如果要使用外层作用域中的名字，需要使用限定名。

全局作用域的对象可以直接用作用域解析符“::”限定。例如：

```
int a;
namespace nm {
  int a;
```

```
//…
}
void f() {
  int a;
  a = 1;          //局部变量 a
  ::a = 2;        //全局变量 a
  nm::a = 3;      //命名空间 nm 的成员 a
}
```

5.7.2　存储类别和存储空间分配

C++程序中对象的存储类别有三种：静态存储、自动存储和动态存储。对象的存储类别由代码中创建对象的语法决定。程序运行时，系统为不同存储类别的变量分配不同类型的内存空间。

1．静态分配

系统为每个程序开辟一个固定的全局静态存储区，静态分配是指在这个固定区域为变量分配内存空间。对于静态分配内存的变量，在编译时就分配了内存地址（相对地址），在程序开始执行时变量就占用内存，直到程序结束时变量才释放内存。

全局对象、命名空间作用域对象、文件作用域对象、用 static 和 extern 声明的对象、静态局部对象都是静态存储的，它们的存储时间持续于整个程序的运行期间，生存期从被创建持续到程序结束。

2．自动分配

程序运行后，系统将为程序开辟一块称为栈（stack）的活动存储区。自动分配指在栈中为变量临时分配内存空间。对于自动分配内存的变量，程序运行后，在变量作用域开始时由系统自动为变量分配内存，在作用域结束后即释放内存。

自动局部对象、register 局部对象都是自动存储的。这些对象的生存期持续到创建它们的块结束时为止。

3．动态分配

动态分配是指利用一个被称为堆（heap）的内存块为变量分配内存空间，使用了静态存储区和栈之外的部分内存。动态分配是一种完全由程序本身控制内存使用的分配方式，即允许程序员完全控制它的分配与释放。程序员用 new 创建这样的对象，用 delete 结束这类对象的生存期。堆的特点是其中分配的对象（动态分配的对象）没有名字，需要通过指针间接操纵这些对象。例如：

```
int main(){
int* p=new int[5];//在栈内存中存放了一个指向一块堆内存的指针 p
…
}
```

程序会先确定在堆中分配内存的大小，调用 new 分配内存，然后返回这块内存的首地址，在栈里为 p 分配内存，保存这个首地址。

由 new 分配的动态对象不再使用时必须用 delete 释放，否则会造成内存泄漏。

C++程序运行时内存空间的分配情况如图 5.4 所示。

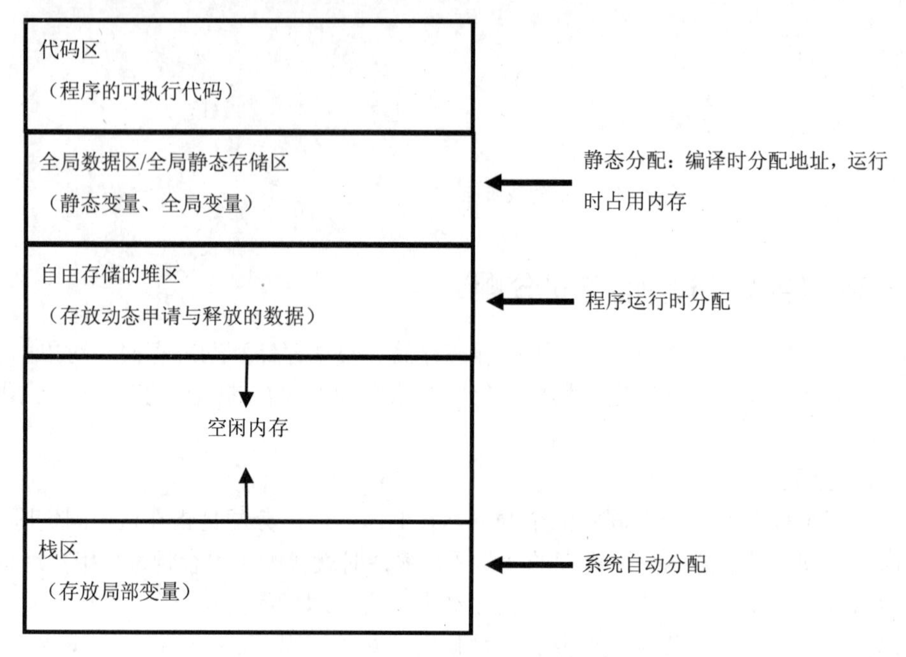

图 5.4　C++程序运行时内存空间的分配情况

5.8　namespace

namespace（命名空间、名字空间或名空间）是用于大型程序的一种机制。命名空间的一个用途是解决全局名字冲突的问题，另一个用途是将逻辑上相关的一组定义或声明组织在一起，实现模块化的程序设计。

同一个作用域内的每个实体都必须有唯一的名字，全局作用域中声明的函数、变量、类型的名字不能重复。这为使用库带来了一些限制，必须保证不同来源的多个库不能含有同名的对象，否则会引起名字冲突。对于大项目而言，如果对全局名字缺乏控制也会引起名字冲突的问题。

解决这种问题的一个方法是使用长名字以减少冲突，但这不是一种很好的办法。C++的命名空间可以把一个全局空间分成多个可管理的小空间，将全局名字放入不同的小空间中，避免冲突。

5.8.1　命名空间的定义

namespace 关键字用来定义命名空间，语法形式如下：

namespace 命名空间名{命名空间成员声明}

例如：

```
//header1.h
namespace MyLib {    //命名空间的名字是 MyLib
```

```
  extern int x;
  void f();
  //…
}
```

命名空间中声明的实体被称为命名空间的成员，成员的名字会自动由命名空间的名字限定，例如 MyLib 命名空间的两个成员名字分别为 Mylib::x 和 Mylib::f()。不同用户可以声明各自的命名空间，不同命名空间中的成员可以有相同的名字。例如：

```
//header2.h
#include "header1.h"
namespace YourLib {
  extern int x;  //YourLib::x
  void f();   //YourLib::f
  //…
}
```

命名空间的定义具有开放性，即可以多次使用同一个标识符来定义命名空间，这些定义会被累积起来。例如：

```
//--------------------------------
//header1.h
namespace MyLib {
  extern int x;
  void f();
  //…
}
//--------------------------------
//--------------------------------
//header2.h
#include "header1.h"
namespace MyLib {
  extern int y;      //向 MyLib 命名空间中增加成员
  void g();
  //…
}
//--------------------------------
```

命名空间可以嵌套定义。例如：

```
namespace Outer{
  void f();                    //成员名为: Outer::f()
  namespace Inner{             //嵌套的命名空间 Outer::Inner
    void g();                  //成员名为: Outer::Inner::g()
  }
}
```

每个源文件中都可以包含一个匿名的命名空间，在这个源文件中，匿名命名空间中的成员可以不加限定名使用。例如：

```
//-------------------------------
//source.cpp
namespace {
  struct Arm  { /* … */ };
  struct Leg  { /* … */ };
  struct Head { /* … */ };
  struct Robot {
    Arm arm[4];
    Leg leg[16];
    Head head[3];
    //…
  } xanthan;
  int i, j, k;
}
…
Robot automan;
//-------------------------------
```

除了避免全局名字冲突，命名空间还可以将一组逻辑上相关的定义和声明组织在一起，形成一个模块，这也是它在模块化程序设计中的一个重要用途。例如，下面的Rectangle模块：

```
//---------------------------------------------------------------
//包含Rectangle声明的头文件 rectangle.h
//将一组相关的声明放在同一个命名空间中，以表明它们逻辑上的关联
namespace Rectangle { //Rectangle的接口声明
    double perimeter(double wid, double hei);
    double area(double wid, double hei);
}
//---------------------------------------------------------------
//---------------------------------------------------------------
//Rectangle的实现文件 rectangle.cpp
namespace Rectangle{ //Rectangle的实现代码
    double perimeter(double wid, double hei){ return (wid+hei)*2;}
    double area(double wid, double hei){ return wid*hei; }
}
//---------------------------------------------------------------
```

5.8.2 命名空间成员的使用

使用命名空间的成员要加上命名空间的名字和作用域解析符号（::）作为前缀，例如，Rectangle::area(3,5)。这样使用起来比较麻烦，尤其是在命名空间的名字比较长的时候。有

些方法可以简化命名空间成员的使用。

1．命名空间别名

可以为命名空间提供一个比较短的别名，语法形式为：

```
namespace 别名=命名空间名;
```

例如：

```
namespace Northwest_University {
  //成员声明
  //…
}
  //为这个命名空间起一个别名 NWU:
namespace NWU = Northwest_University;
```

2．using 声明

using 声明将一个命名空间的成员引入特定作用域中，在此声明后，该成员可以不加前缀在该作用域内使用。语法形式为：

```
using 命名空间名::成员名;
```

例如：

```
namespace U {
  inline void f()  {}
  inline void g()  {}
}
…
  using U::f;          //using 声明
  f();                 //调用 U::f();
  U::g();              //未声明的成员必须加前缀限定
```

3．using 指令

using 指令可以一次性将一个命名空间的所有成员引入到特定作用域，这些名字都可以不加前缀使用。using 指令的语法形式为：

```
using namespace 命名空间名;
```

例如：

```
namespace U {
  inline void f(){}
  inline void g(){}
}
…
void h() {
  using namespace U;     //using 指令，将 U 的成员引入当前作用域
  f();                   //调用 U::f()
  g();                   //正确
}
void k() {
```

```
    f(); //错误
    g(); //错误
}
```

5.8.3 标准命名空间 std

C++标准库中的所有内容都是在一个名为 std 的命名空间中声明和定义的。使用标准库要包含相应的头文件，格式为：

```
#include <header>
```

例如，使用标准 I/O 流库的程序：

```
#include <iostream>
int main(){
    cout << "Hello World!"<<endl;
}
```

这段代码不能通过编译，因为 cout 和 endl 都是标准命名空间 std 的成员，所以要加 std 前缀限定：

```
std::cout << "Hello World!"<< std::endl;
```

这个错误还可以通过 using 指令或 using 声明来修正：

```
#include <iostream>
using namespace std;                //最简单的解决办法: using 指令
int main(){
    cout << "Hello World!"<<endl;   //正确
}
```

或者

```
#include <iostream>
int main(){
    using std::cout;                //using 声明
    using std::endl;
    cout << "Hello World!"<<endl;
}
```

使用 namespace 是为了避免全局名字冲突，所以不要将 using 指令放在头文件中，以避免因为头文件包含而引起新的全局名字冲突。因此，类似下面的写法也很常见：

```
#include <iostream>
int main(){
    using namespace std;            //using 指令只在 main 函数中起作用
    cout << "Hello World!"<<endl;   //正确
}
```

5.9 程序代码组织

一个 C++程序可以由多个文件组成，其中源文件的后缀一般是 cpp，头文件的后缀为 h。C++语言的编译器通常采用分别编译的方式，以源文件为单位进行编译。所谓**分别编译**是指先分别编译各个源文件中的程序段，生成各自的目标程序，最后通过链接器将各段目标程序连接成一个完整的可执行程序。

多文件和分别编译方式看起来似乎比单文件复杂，但更适合大型程序的组织和开发。分别编译有几个优点：第一，支持大型程序的创建，可以由程序员独立编写各自的代码，分别编译和测试，易于并行开发。第二，易于修改，如果某段代码出现错误，修改后不需要重新编译整个程序。第三，便于代码复用，可以将频繁使用并且能够稳定运行的例程收集在库中，供其他程序使用，例如 C 的库函数。

当程序中包含多个文件、函数和全局对象时就需要有效地组织源代码，使程序的结构清晰。

5.9.1 声明和头文件包含

全局变量和函数可以在程序的所有源文件中使用。在一个源文件中使用其他文件中定义的全局变量或函数时，需要对它们进行声明。全局对象的重复声明为编程带来不便，也容易引起不一致。头文件为所有的 extern 对象声明、函数声明以及 inline 函数定义提供了一个集中位置。如果在源文件中要使用一个全局对象或函数，需要包含其声明所在的头文件。头文件保证了所有文件都包含同一个全局对象或函数的相同声明，也容易修改。

头文件中可以放置的内容有：

- 全局变量的声明。
- 全局函数的声明。
- inline 函数的定义。
- const 数据的定义。

一个头文件中提供的声明在逻辑上应该属于一个组。不能将全局对象的定义和非 inline 函数的定义放在头文件中，否则可能因为多次包含该头文件而导致重复定义，引起编译错误。

包含用户定义的头文件使用如下格式：

```
#include "header.h"
```

5.9.2 函数代码的组织

一般将一组相关的函数定义放在单独的源文件中，将函数声明放在一个头文件中。在定义和调用这些函数的源文件中包含相应的头文件。

程序 5.13 函数声明和头文件包含。

```
//--------------------------------------------------------
//rectangle.cpp
```

```
//函数定义，源文件
#include "rectangle.h"  //让编译器检查函数定义和声明的一致性
double perimeter(double wid, double hei){ … }
double area(double wid, double hei){ … }
//-------------------------------------------------------
//-------------------------------------------------------
//rectangle.h
//函数声明，头文件
double perimeter(double wid, double hei);
double area(double wid, double hei);
//-------------------------------------------------------
//-------------------------------------------------------
//client.cpp，使用函数的客户程序
#include "rectangle.h"  //包含函数声明的头文件
//可以调用 perimter()或 area()函数
…
//--------------------------------------------------------------
```

5.9.3 命名空间的代码组织

命名空间将一组逻辑上相关的定义和声明组织在一起，形成了一个模块。命名空间的成员声明一般放在头文件中，成员的定义可以放在单独的源文件中。在需要使用命名空间成员的源文件中包含头文件，也可以使用 using 声明或 using 指令，简化命名空间成员的使用语法。

程序 5.14 命名空间的代码组织。

```
//-------------------------------------------------------
//包含 Rectangle 声明的头文件 rectangle.h
//将一组相关的声明放在同一个命名空间中，以表明它们逻辑上的关联
namespace Rectangle {
    double perimeter(double wid, double hei);
    double area(double wid, double hei);
}
//-------------------------------------------------------
//-------------------------------------------------------
//包含 Rectangle 实现的源文件 rectangle.cpp
namespace Rectangle{
    double perimeter(double wid, double hei){ … }
    double area(double wid, double hei) {  … }
}
//-------------------------------------------------------
//-------------------------------------------------------
//客户程序 client.cpp
#include "rectangle.h"      //包含头文件
using namespace Rectangle;  //using 指令
```

```
//可以使用 Rectangle 的成员，不用限定名
…
//--------------------------------------------------------
```

5.9.4　链接指示符：extern “C”

与 C 语言相比，C++中增加了一些新的函数特性。如果希望在 C++程序中调用 C 语言写的函数，就必须告诉编译器要使用不同的要求。这时可以使用链接指示符。

链接指示符有两种使用形式：单一语句形式和复合语句形式。

```
//单一语句的链接指示符
extern "C" void foo( int );
//复合语句形式的链接指示符
extern "C" {
  int printf(const char*,…);
  int scanf(const char*,…);
}
extern "C" {
  #include <cmath> //头文件中的函数都是用 C 语言写的
}
```

链接指示符只能指定重载函数集中的一个函数，否则是非法的。例如：

```
//错误：在一个重载集中有两个 extern "C" 函数
extern "C" void print (const char*);
extern "C" void print (int);
//以下的声明不会产生错误
extern "C" double calc (double);    //C 函数，可以被 C 程序或 C++程序调用
int calc (int);                     //C++函数，只能被 C++程序调用
```

链接指示符不能出现在函数体中，一般放在头文件中。

5.10　设计高质量的函数

在过程式程序设计中，子程序是一个重要概念。子程序是为了实现一个特定目的而编写的可被调用的方法或过程。子程序是迄今为止用以节约空间和提高性能的最重要手段，它使得现代化的编程成为可能。C++中用函数实现子程序的概念。

5.10.1　创建函数的理由

为什么、在什么情况下要创建函数呢？

1．降低复杂度

子程序是一种抽象机制，通过创建子程序可以隐藏一些信息。在编写一个函数时，需要考虑其内部细节，一旦完成了该函数，就可以直接调用它，无须再关注其内部的工作细节。

当一个函数内部循环或条件判断的嵌套层次很深时，就意味着需要从中提取新的函数，从而可以降低外围函数的复杂度。

2．更好的抽象

将一段代码放在一个命名恰当的函数内，是说明这段代码最好的方法之一。函数的名字与代码相比，提供了更高层次的抽象，从而使代码更具可读性，也更容易理解，当然也降低了程序的复杂度。

3．避免代码重复

毋庸置疑，创建函数的最普遍原因是为了避免代码重复。与代码的重复出现相比，让相同的代码只出现一遍可以节约空间，代码的改动也更方便，从而可靠性和正确性得以提高。

4．隐藏信息

通过创建函数，可以把一些信息隐藏在函数中，如事件的处理顺序、指针操作、复杂的布尔判断等。

5．改善性能

通过使用函数，可以只在一个地方优化代码。把代码集中在一处可以更方便地检查出哪些代码的运行效率低下。同时，在一处进行的优化能够让使用到该函数的所有代码受益，想用更高效的算法来重写代码也更容易。

6．促成可复用的代码

良好定义的函数可以在各种应用程序中被重复使用，如一些通用例程、库等，从而提高了代码的可复用性。

5.10.2 函数的命名

好的函数名字能够清晰地描述函数所做的一切，下面是一些函数命名的指导原则。

1．描述函数所做的所有事情

函数的名字应当描述其所有的输出结果以及副作用。如果一个函数的作用是计算报表总额并打开一个输出文件，那么把它命名为 ComputeReportTotals()就不够完整。而ComputeReportTotalsAndOpenOutputFile()是很完整，可是太长了。如果是这样，应该从根本上解决问题，换一种方式编写程序，尽量不要让函数有不必要的副作用，而不是用一个不恰当的名字，或者一个又长又笨的名字。

2．避免使用无意义的、模糊或表述不清楚的动词

英语中有些动词含义灵活，像 HandleCalculation()、PerformServices()、OutputUser()、ProcessInput()这样的函数名字根本不能说明函数的作用。

如果一个函数本身设计得很好，而名字表述不清，那么为它改一个名字会使其功能更清晰，如 HandleOutput()改为 FormatAndPrintOutput()。

有时候函数名字中的动词之所以含糊，是由于函数执行的操作本身就是含糊不清的。这种函数的问题在于目的不明确，而含糊不清的名字仅是一种表现而已。在这种情况下的解决办法就是重新组织该函数以及与之相关的函数，使它们都具有更明确的目的，从而能够赋予准确描述这些目的的名字。

3．不要仅通过数字来区分不同的函数名

有位程序员将所有代码都写成一个大函数，然后为每 15 行代码创建一个函数，并且分别把它们命名为 part1、part2，……之后，又创建了一个更高层次的函数来调用这些 partn。这种做法也许有些骇人听闻，可是有些程序员会使用数字来区分函数，如 OutputUser、OutputUser1、OutputUser2 等。这些名字后面的数字无法显示出函数所代表的抽象有何不同，因此是非常糟糕的名字。

4．函数名的长度

函数比变量更为复杂，所以函数名通常会比变量名字长一些。通常根据需要确定函数名字的长度，重点仍然是尽可能含义清晰。

5．使用动词加宾语的形式为函数命名

一个函数通常是对一个对象执行一种操作，函数的名字应该能够反映该函数所做的事情，而针对对象执行的操作需要"动词＋宾语"形式的名字。如 PrintDocument()、CalcMonthlyRevenues()、CheckOrderInfo()等。

面向对象程序中，操作所针对的对象已经包含在调用语句中，所以不需要在函数名中使用对象的名字，通常用动词为其命名。例如 document.Print()、orderInfo.Check()、monthlyRevenues.Calc()等。

6．准确使用对仗词

命名时遵循对仗词的命名规则有助于保持一致性，从而提高程序可读性。如 first 和 last 就易于理解，而 OpenFile()和_fclose()就不对称，容易误解。

常见的英语对仗词有：add/remove、increment/decrement、open/close、begin/end、insert/delete、show/hide、create/destroy、lock/unlock、source/target、first/last、min/max、start/stop、get/put、read/write、next/previous、up/down、get/set。

5.10.3 如何使用函数的参数

函数之间的通信大多通过参数传递进行，作为函数的接口，这也是程序中最容易出错的地方。正确使用函数参数，可以减少这种通信时发生的内部接口错误。

1．按照输入—修改—输出的顺序排列参数

不要随机排列函数的参数，应该先列出只是作为输入用途的参数，然后是既作为输入又作为输出用途的参数，最后是仅作为输出用途的参数。这种排列方法暗含了子程序内部操作发生的顺序：先输入数据，然后修改数据，最后输出结果。

需要注意的是，如果总是统一采取某种排列规则，那么为了不让代码的读者产生困惑，还是沿用自己的规则为好，例如 C 函数库中把会被修改的参数列在最前面。

2．如果几个函数使用了类似的一些参数，应该保持一致的排列次序

类似参数的一致顺序会产生记忆效应，不一致的顺序会让参数难以记忆。例如，C 函数库中的字符串函数 strcpy()、strcmp()等在参数上的相似性为记忆和使用它们带来了方便。

3．在接口中对参数的假定加以说明

如果假定传递给函数的参数具有某种特征，那就需要对这种假定加以说明。在函数内部和调用函数的地方同时加上说明，可以使用注释，更好的方法是断言（assert）。

需要说明的假定通常有：

- 参数是仅用于输入的、要被修改的，还是仅用于输出的。
- 表示数量的参数的单位：英尺、米、英寸、公斤、磅等。
- 如果没有使用枚举类型或命名常量，那么要说明状态代码和错误值的含义。
- 参数能接受的值的范围。
- 不该出现的特定值。

4．参数的数目

把函数参数的个数限制在大约 7 个以内。“7”对人的理解力是一个神奇的数字，心理学研究发现，通常人类很难同时记住超过 7 个单位的信息。

实践中，函数参数的个数到底应该限制在多少，取决于你所使用的编程语言如何支持复杂的数据类型。如果使用 C++，那么可以把多项数据作为一个结构体对象的成员一次传递。如果使用更原始的语言，也许需要分别传递这些数据。

5．确保实际参数与形式参数相匹配

调用函数时的一个常见错误是使用了不正确的实参类型。在 C++这样的强类型语言中这种问题较少出现，但是应养成良好习惯：总要检查参数表中参数的类型，留意编译器给出的关于参数类型不匹配的警告信息。

5.10.4　设置函数的返回值

使用函数返回结果时总存在返回不正确的风险。例如，当函数内有多条可能的执行路径，而其中一条执行路径没有设置返回值时，这一错误就出现了。

```
int func(int x)
{
  if(x>0)  return 1;
  if(x<0)  return -1;
} //函数在 x 为 0 时没有返回值
```

为了减少这种错误，应该注意：

（1）检查所有可能的返回路径。

在编写函数时，要确保在所有可能的情况下该函数都会返回值。在函数开头用一个默认值来初始化返回值是一个好办法——至少能够在没有正确设置返回值时提供一个保险。

（2）不要返回指向局部数据的指针或引用。

一旦函数执行结束，其局部数据就出了作用域，那么任何指向局部数据的引用或指针也就随之失效。如果一个对象需要返回有关其内部数据的信息，就应该把这些信息保存为类的数据成员，然后提供可以返回这些数据成员的访问器函数，而不是返回对局部数据的引用或指针。

5.11　小结

- 函数可以将一组语句组织在一起来完成特定的任务。

- 函数定义包括函数名、返回类型、参数列表和函数体。
- 函数在使用之前需要声明，函数声明包括函数名、返回类型和参数列表，这三部分称为函数原型。
- 函数调用时参数传递的语义是用实参初始化相应的形参。
- 默认的参数传递方式是按值传递，也可以定义引用参数，将参数传递方式指定为按引用传递。
- 函数名可以重载，重载函数通过参数表进行区分。
- 可以为函数的参数指定适当的默认值，方便函数在某些情况下的调用。
- inline 函数可以在调用点进行代码展开，既有函数的安全性，又有宏的效率。
- 各种作用域能有效地控制名字在程序中的可见性，不同的存储类别则控制了各种对象的存储分配方式和生存期。
- 命名空间、多文件、分别编译都是组织大型程序的常用方法。
- 在设计函数时遵循一些指导原则可以提高代码的质量。

5.12　习题

一、复习题

1. 函数的声明与定义各自的作用是什么？它们之间有什么不同？
2. 简单阐述你如何理解函数的活动记录。
3. 你认为 inline 函数、默认实参的函数和 constexpr 函数各有什么用途？
4. 总结函数参数传递的各种方式，并说明如何选择参数传递方式。
5. 总结函数值返回的各种方式，并说明如何选择函数值返回方式。
6. 说明 const 在参数传递和函数值返回中的作用。
7. C++提供的函数重载机制解决了什么问题？
8. static 在限制对象的作用域和存储类别方面有什么作用？
9. 为什么在程序中要定义命名空间？何时使用未命名的命名空间？
10. 静态存储区、栈存储区和堆存储区的分配和使用方式有什么不同？

二、简答题

1. 已知函数 f1()和 f2()的定义如下所示：

```
int f1(int x){
    int a = x+1;
    f2(a);
    return a*x;
}
void f2(int y){
    y = 2*y+1;
    return;
}
```

如果调用函数f1时传递给形参x的值是2，写出函数f1的返回值。

若a和y以传引用的方式传递信息，写出函数f1的返回值。

2．已知程序如下，写出foo(4)的结果。

```
int foo(int i) {
     if(i==0)
       return 0;
     return foo(i/2)+1;
}
```

3．对阶乘函数fact的递归版本，如果用fact(5)调用，参数传递和函数返回引起的运行栈中函数活动记录的变化过程是怎样的？ 根据本章学习的内容进行分析。

三、编程题

1．编写函数判断两个int数组是否相等，并编写程序测试该函数。

2．编写函数，计算一个整数的各位数字之和。用递归和非递归两种方法实现。函数原型为

```
int sumDigits(long n);
```

3．编写函数判断一个整数是否为2的阶次方数，返回bool类型的结果。

4．编写测试某个数字是否是素数的函数 bool isPrime(int number)。用这个函数求出10 000以内的素数个数。

5．编写函数，反向显示一个整数，例如reverse(3456)输出6543。函数原型为

```
int reverse(int number);
```

6．编写函数将字符数组 *a* 中的前 *n* 个字符复制到数组 *b* 中；数组 *a*、*b* 和整数 *n* 由参数传入。

7．编写函数，将两个有序vector合并成一个新的有序vector。函数原型为

```
vector<int> merge(vector<int> list1, vector<int> list2);
```

8．编写程序hello，对命令行输入的一个或多个名字显示问候语。

例如，命令行输入：`hello Ron`

则输出：`Hello Ron!`

如果输入：`hello Harry Ron Hermione`

则输出：
```
Hello Harry!
Hello Ron!
Hello Hermione!
```

提示：使用带参数的main()函数实现。

9．不使用库函数，编写字符串比较函数，字符串相等返回0，不相等返回-1。函数原型为：

```
int strcmp(char *source,char *dest);
```

10．编写函数，将参数传入的字符串逆序。用递归和非递归两种方法实现。

11．编写函数，将整数转换成字符串。例如，itoa(-123)，转换结果为"-123"。函数原型为：

```
string itoa(int);
```

12．编写函数，将数值字符串转换为整数。例如，atoi("234")，转换结果为 234。函数原型为：

```
int atoi(const char*);
```

13．编写函数，检测字符串是否是有效密码。假定有效密码规则为：密码必须至少 8 位字符；密码仅包含字母和数字；密码必须包含至少两个数字；密码中的字母必须有大写和小写。编写测试程序，提示用户输入要检测的密码，如果符合规则，显示“有效密码”，否则显示“无效密码”。

14．编写函数，将参数传入的一个浮点数值转换为中文金额的大写格式，转换结果作为字符串返回。

- 当金额为整数时，只表示整数部分，省略小数部分，并添加"整"字。
- 当金额中含有连续的 0 时，只需要一个"零"即可。
- 注意 10 的表示。例如，110：壹佰壹拾元整；10：壹拾元整。

15．设计并编写函数，计算 2～5 个整数中最大的一个。

16．设计并编写函数，计算 2～5 个整数的平均值。

17．用递归与非递归两种方式实现 void display(int n) 函数，打印如下图形：

```
n  n  n...n
...
...
3  3  3
2  2
1
```

18．假定小兔子一个月就能长成大兔子，而一对大兔子每个月都会生出一对小兔子。如果年初养了一对小兔子，问到年底时有多少对兔子？用递归函数解决这个问题。

19．用递归和非递归两种方法编写求最大公约数的函数 gcd(m,n)。求最大公约数的递归方法为：如果 m%n 为 0，那么 gcd(m,n)的值为 n；否则，gcd(m,n)就是 gcd(n, m%n)。

20．用递归和非递归两种方法编写函数计算下面的数列和：

$$m(i) = \frac{1}{2} + \frac{2}{3} + \ldots + \frac{i}{i+1}$$

21．编写函数，将十进制数转换为二进制数的字符串。用递归和非递归两种方法实现。函数原型为：

```
string dec2Bin(int value);
```

22．编写函数，将字符串形式的二进制数转换为十进制数。用递归和非递归两种方法实现。函数原型为

```
int bin2Dec(string binary);
```

23．完成小芳便利店第一个版本。

以下是对程序的界面要求：

```
Store
*********************************************
        XiaoFang Convenience Store
*********************************************
(1) Bread          1.00
(2) Cocacola       2.50
(3) Beer           10.00
(4) Chocalate      2.50

(0) EXIT
---------------------------------------------
PLEASE SELECT A NUMBER: _
```

如果选择了 **1**（选择 2、3、4 类似），界面如下：

```
PLEASE SELECT A NUMBER: 1
THANK YOU!
YOU HAVE SELECTED [Bread], $1.00
-------------
GOOD BYE!
[PRESS ENTER TO EXIT...]
```

如果选择了 **0**：

```
PLEASE SELECT A NUMBER: 0
-------------
GOOD BYE!
[PRESS ENTER TO EXIT...]
```

四、思考题

1．带参数的宏与内联函数有什么不同？

2．全局变量和局部变量有什么区别？是怎么实现的？操作系统和编译器是怎么知道的？

3．以下三种#include 预处理指令有什么区别？

```
#include <filename>
#include <filename.h>
#include "filename.h"
```

4．在 C++ 程序中调用被 C 编译器编译过的函数，为什么要加 extern “C” 声明？

5．关于动态内存管理的思考题。

（1）分析程序 1~4，执行函数 Test()分别会有什么结果？

```
//1.-----------------------------------------
void GetMemory(char *p){
```

```
    p = (char *)malloc(100);
}
void Test(void){
    char *str = NULL;
    GetMemory(str);
    strcpy(str, "hello world");
    printf(str);
}
//-----------------------------------------------
//2.---------------------------------------------
char *GetMemory(void){
    char p[] = "hello world";
    return p;
}
void Test(void){
    char *str = NULL;
    str = GetMemory();
    printf(str);
}
//-----------------------------------------------
//3.---------------------------------------------
void GetMemory (char **p, int num){
    *p = (char *)malloc(num);
}
void Test(void){
    char *str = NULL;
    GetMemory(&str, 100);
    strcpy(str, "hello");
    printf(str);
}
//-----------------------------------------------
//4.---------------------------------------------
void Test(void){
    char *str = (char *) malloc(100);
    strcpy(str, “hello” );
    free(str);
    if(str != NULL) {
        strcpy(str, “world” );
        printf(str);
    }
}
//-----------------------------------------------
```

（2）这些程序是 C 风格的，如果改写为 C++风格的，例如将 malloc 改为 new，将 free 改为 delete，是否还会出现上面的结果？

（3）通过上面的回答，你认为引起这些问题的根本原因是什么？应该如何避免？能否据此得出关于动态内存管理的一些编程建议？

CHAPTER 6

第6章 类和对象

本章学习目标:

- 理解抽象数据类型的含义和作用;
- 掌握定义类、数据成员、成员函数的语法;
- 了解封装和信息隐藏的必要性;
- 理解访问限定符的作用;
- 理解访问器和修改器的用途;
- 理解 this 指针的含义和用途;
- 理解 friend 的含义和作用;
- 理解构造函数和析构函数的作用;
- 掌握定义构造函数和析构函数的语法;
- 了解委托构造函数的语法和用途;
- 理解 const 成员的含义和作用;
- 理解 static 成员的含义和用途;
- 了解指向成员的指针的语法。

面向对象系统由一组交互的对象构成，每个对象都有自己的属性和行为，这些对象通过相互之间的消息传递来协作实现系统的功能。对象所属的类型称为类，类是对一组具有相同属性和行为的对象的抽象。本章讨论 C++中的类和对象。

6.1 类的定义

C++允许用户以类的形式自定义数据类型，反映待解决问题中的各种概念，以更自然的方式编写程序。类的基本思想是**数据抽象**和**封装**。数据抽象是一种依赖**接口**和**实现**分离编程的技术。类的接口包括用户能执行的操作，类的实现则包括类的数据成员、负责接口实现的函数体以及定义类所需的各种私有函数。类要实现数据抽象和封装，需要先定义一个抽象数据类型（ADT）。

6.1.1　基本语言定义的 ADT

抽象数据类型由两部分组成：一组数据和对这些数据的操作。操作向程序的其余部分展现了这些数据是怎么样的，程序的其余部分则通过操作改变这些数据。

使用 C++基本语言也能够定义抽象数据类型，最常见的方式是采用结构体加全局函数。结构体描述数据，全局函数描述对这些数据的操作，数据则以参数的形式传递给函数。

例如，某便利店的商品销售记录中，每一条记录是一项商品销售数据，包括商品编号，单价和购买数量。销售商品时，输入商品编号、单价和数量，系统计算总金额，打印购物清单上的条目。如果要用 SalesData 类型表示商品销售数据，采用基本语言的定义如下：

```
//---------------------------------------------------
//商品销售数据
struct SalesData{
    string productNo;           //商品编号
    double price;               //价格
    unsigned unitSold;          //售出数量
};
//输入一条商品销售记录
void read(SalesData *psd){
    cin >> psd -> productNo >> psd -> price >> psd -> unitSold;
}
//计算一笔商品销售总收入的函数
double totalRevenue(SalesData *psd){
    return psd -> price * psd -> unitSold;
}
//打印一条商品销售记录和总销售额
void print(SalesData *psd){
    cout << psd -> productNo << ":"
        << psd -> price << " "
        << psd -> unitSold
        << totalRevenue(psd) << endl;
}
//使用 SalesData 时的代码大致如下:
SalesData sd;         //定义结构体类型的变量
read(&sd);            //读入数据
print(&sd);           //输出商品记录和总收入
//---------------------------------------------------
```

SalesData 采用结构体加全局函数的方式实现，结构体保存数据，函数定义对这些数据的操作，数据通过结构体指针参数传递给函数。在使用时，客户程序需要定义一个结构体类型的数据对象，再将它的地址传递给特定的函数来执行相应的操作。

这种实现方式存在如下问题：

（1）数据和操作之间的密切关系不能体现。结构体 SalesData 和操作 totalRevenue()、

read()、print()之间的明显关联只是 SalesData 类型的指针是这些函数的参数。

（2）使用时需要传递数据的地址，与内置类型相比，既不直观，也不方便。

（3）大量使用全局函数容易引起名字冲突。

如何解决这些问题呢？

6.1.2 数据成员与成员函数

C++扩展了结构体的概念，使之可以包含函数作为成员。结构体内的函数被称为**成员函数**，结构体中的数据则称为**数据成员**。这样的结构体被称为**类**，这种结构体类型的变量被称为**对象**。

程序 6.1 有成员函数的结构体。

```
//-------------------------------------------------------
//商品销售数据类的定义
//结构体定义
struct SalesData{
//数据成员声明
    string productNo;
    double price;
    unsigned unitSold;
//成员函数声明和定义
    double totalRevenue(){  return price * unitSold;}
    void read(){ cin >> productNo >> price >> unitSold;     }
    void print(){ cout << productNo<< ":" << price <<" "
                << unitSold <<" "
                << totalRevenue() << endl;  }
};      //结构体定义结束
//-------------------------------------------------------
```

在这个新版本的 SalesData 类定义中，将进行销售总值计算、输入和打印输出的函数放入了结构体内部，成为结构体的成员函数。由于结构体成员的名字不会与全局名字发生冲突，因而避免了函数名字冲突的可能性。而且函数和数据都放在同一个结构体内，体现出更紧密的联系。

类中的成员函数比上面的全局函数少了一个 SalesData*类型的参数。这是因为成员函数像数据成员一样，不能独立使用，必须由结构体类型的变量使用成员选择语法来进行调用。而实施调用的这个结构体变量就是成员函数操作的对象。现在这些函数仅有的参数只与处理逻辑有关，使得针对对象的操作变得更自然、更便捷。例如：

```
//-------------------------------------------------------
//SalesData 类使用示例:
int main(){
    SalesData s;            //定义结构体变量 s
    cout<<"Enter Data: " << endl;
    s.read();               //调用成员函数，输入 s 的数据
```

```
    s.print();                //调用成员函数，输出 s 的数据和总价值
}
//---------------------------------------------------------
```

这段代码中对成员函数的调用都必须由 SalesData 类的对象 s 实施，s 则隐含地作为这些成员函数所操作的数据对象。如 s.read()就等同于上一个版本中的 read(&s)。不同的结构体变量调用成员函数时，该函数操作的对象也不同。例如：

```
SalesData s1, s2;                         //定义两个对象 s1 和 s2
s1.read();                                //输入 s1 的数据成员
s2.read();                                //输入 s2 的数据成员,对 s1 没有任何影响
cout << s1.totalRevenue() << endl;  //用 s1 的数据做计算，与 s2 无关
cout << s2.totalRevenue() << endl;  //用 s2 的数据做计算，与 s1 无关
```

6.1.3　数据成员的类内初始化

如果在 main()函数中定义 SalesData 类型的变量 s 如下：

```
int main(){
    SalesData s;
    …
}
```

代码中定义 SalesData 类型的局部对象 s 时，s 被默认初始化。根据程序 6.1 中的 SalesData 类型的定义，默认初始化时，string 类型的成员 s.productNo 被初始化为默认值空串，而 double 类型的 s.price 成员和 unsigned 类型的 s.unitSold 成员是未定义的。

C++11 允许为数据成员提供一个类内初始值，创建对象时，类内初始值将用于初始化数据成员。没有初始值的成员将被默认初始化。例如：

```
struct SalesData{
//数据成员声明
    string productNo;              //没有类内初始值，成员默认初始化为空串
    double price = 0.0;            //数据成员类内初始值为 0
    unsigned unitSold = 0;         //初始值为 0
//成员函数声明和定义
    …
};                //类定义结束
SalesData s;      //productNo 初始化为空串,price 和 unitSold 都初始化为 0
s.print();        //输出“:0 0 0”
```

数据成员类内初始值只能放在等号“=”右边，或者放在花括号“{}”里，不能使用圆括号“()”。

6.1.4　成员函数的类外定义

成员函数可以像程序 6.1 中一样直接在类内定义，也可以在类外定义。

程序 6.2 成员函数的类外定义。

```
//-----------------------------------------------------
//类定义
struct SalesData{
//数据成员声明
    string productNo;
    double price = 0.0;
    unsigned unitSold = 0;
//成员函数声明
    double totalRevenue();
    void read();
    void print();
};      //类定义结束
//成员函数的类外定义
double SalesData::totalRevenue(){
    return price * unitSold;
}
void SalesData::read(){
    cin >> productNo >> price >> unitSold;
}
void SalesData::print(){
    cout << productNo<< ":" << price <<" "
        << unitSold << " " << totalRevenue() << endl;
}
//-----------------------------------------------------
```

在第 5 章对作用域的讨论中提到了“类作用域”的概念。C++中每个类定义都引入了一个类作用域，类定义中声明的数据成员和成员函数都具有类作用域。成员函数在类外定义时，函数名字前面要加类名字和作用域符“::”，表示这个函数是在其所属的类作用域内，是这个类的成员函数，不同于全局函数。

成员函数的定义虽然处于类定义的花括号之外，但还是在类作用域内，所以可以自由访问类的成员，不需要成员访问语法。

成员函数在类内和类外定义有什么不同吗？其中略有差别：在类定义的花括号内定义的成员函数默认为 inline 函数。

如果要在类外定义 inline 成员函数，需要显式地在函数声明或定义前加关键字 inline。

6.1.5 类代码的组织

在组织类代码时，一个类的定义通常分为两个文件：类及其成员的声明放在头文件中，而将成员函数的类外定义放在源文件中，并在其中包含头文件。需要注意的是，类成员的声明不能分割在不同的文件中。类定义的头文件和类实现的源文件一般使用相同的名字，在使用类的客户程序中只需要包含头文件即可。

程序 6.3 SalesData 类的代码组织。

```
//--------------------------------------------------------
//类定义的头文件 salesdata.h
#include<string>
struct SalesData{
//数据成员声明
    std::string productNo;
    double price = 0.0;
    unsigned unitSold = 0;
//成员函数声明
    double totalRevenue();
    void read();
    void print();
};       //类定义结束
//--------------------------------------------------------
//--------------------------------------------------------
//类实现的源文件 salesdata.cpp
#include "salesdata.h"      //包含类的声明
#include<iostream>
using namespace std;
//成员函数定义
double SalesData::totalRevenue(){
    return price * unitSold;
}
void SalesData::read(){
    cin >> productNo >> price >> unitSold;
}
void SalesData::print(){
    cout << productNo<< ":" << price <<" "
        << unitSold << " " << totalRevenue() << endl;
}
//--------------------------------------------------------
//--------------------------------------------------------
//使用 SalesData 类的客户程序 client.cpp
#include "salesdata.h"      //包含类的声明
    …
//--------------------------------------------------------
```

6.1.6　包含守卫

类定义的头文件不能被重复包含，否则会引起编译错误。如何避免这个问题呢？

可以使用预处理器指令防止类定义的多次包含，这些语句称为**包含守卫**。使用包含守卫的头文件格式如下：

```
#ifndef HEADER_FLAG
#define HEADER_FLAG
//类型定义
```

```
#endif
```

为了避免标记冲突，这里的 HEADER_FLAG 通常用头文件的名字。这样的头文件第一次被包含时，其类型定义会被预处理器包含在被编译的源文件中。对于同一源文件中的后续其他包含，这个类型定义将被忽略。

例如，可以重写 SalesData 类的头文件如下：

```
//-----------------------------------------------------
//salesdata.h
#ifndef SALESDATA_H
#define SALESDATA_H
#include <string>
struct SalesData{
//数据成员声明
    std::string productNo;
    double price = 0.0;
    unsigned unitSold = 0;
//成员函数声明
    double totalRevenue();
    void read();
    void print();
};
#endif  //SALESDATA_H
//-----------------------------------------------------
```

6.2 访问控制和封装

将数据和对数据的操作捆绑在一起可以构成新的数据类型，并且可以使用这样的类型来定义既包含数据又具有行为的变量。但是上面的例子中还存在一个问题。

SalesData 的成员可以通过结构体变量访问，不仅可以调用成员函数，也可以访问数据成员。那么如果在使用 SalesData 时有意或无意地修改了某个数据成员，如将 price 的值改为负值。例如：

```
SalesData sd;
sd.price = -998.99;     //会发生什么呢？难道要倒找钱给顾客吗？
…
```

经过上面的操作，sd 中的数据显然是不正常的，这就是一个隐含的安全问题。如何解决这样的问题呢？

6.2.1 信息隐藏的必要性

从看待类的不同角度，可以将程序员分为类的设计者和客户程序员。类设计者的责任是创建类，客户程序员则使用已有的类来进行应用开发。从这两个不同的角度看到的类应该是不一样的。

- 类设计者需要了解和掌握类实现的每个细节，而客户程序员只需要知道如何使用这个类，并不关心它是如何实现的、采用什么数据存储方式或算法。要求客户程序员了解每个细节只会增加他们的负担。
- 类设计者可能会根据需求的变化来修改类的内部实现，那么这种修改会不会影响原来使用这个类的客户程序呢？

想要解决这些问题就需要设置一个界限，控制对类中不同成员的访问，对客户程序员隐藏实现信息。信息和实现隐藏可以防止类的内部表示被直接访问，客户程序员只对类的接口编程。这样只要类的接口保持不变，对类的内部实现的修改就不会影响到已有客户程序。

6.2.2　访问限定符

C++通过限定成员的访问权限来设置边界，实现信息隐藏。关键字 public、private 和 protected 被称为**访问限定符**。访问限定符在类定义中使用，一般语法如下：

```
struct 类名{
  public:
     公有成员声明;
  private:
     私有成员声明;
  protected:
     被保护成员声明;
};
```

访问限定符在类定义中的出现顺序和出现次数没有限制。一个访问限定符的作用会持续到出现下一个访问限定符或类定义结束。如果没有指定访问限定符，struct 成员的默认访问限制为 public。

由 public、 private 或 protected 限定的成员分别是公有成员、私有成员和被保护的成员。

public 成员在程序的任何函数或类中都可以被访问。public 用于说明类接口中的成员，客户程序通过 public 成员可以操纵该类型的对象。

private 成员只能由类自己的成员函数或友元访问，需要隐藏的信息应该声明为 private。

protected 成员的访问权限介于 public 和 private 之间，主要用于继承中。protected 成员可以由类自己的成员函数、友元、派生类成员访问。第 9 章继承部分将详细讨论 protected 访问限定符。

```
//--------------------------------------------------------
struct A {
  private:        //j 和 f 是私有成员
     char j;
     float f;
  public:              //i 和 func 是公有成员
     int i;
```

```
        void func();
    };
    void A::func() {
      i = 0;                  //正确：i是公有成员
      j = 'a';                //正确：func()是成员函数，可以访问A的私有成员
      f = 2.0;
    };
    int main(){
      A obj;
      obj.i = 1;              //正确：i是public
      obj.j = '1';            //错误：j是private，访问被禁止
      obj.f = 1.0;            //错误：f是private
      obj.func();             //正确：func()是public，可以通过它操纵私有数据
    }
    //-------------------------------------------------------
```

为成员加上访问限定，SalesData 类的声明可以改写为如下形式：

```
//-------------------------------------------------------
struct SalesData{
  public:    //类的接口
     double totalRevenue();
     void read();
     void print();
  private:   //私有数据
     std::string productNo;
     double price = 0.0;
     unsigned unitSold = 0;
};
//-------------------------------------------------------
```

增加了成员访问限定的 SalesData 类使得客户程序员不会直接接触类中的实现细节。这样做有以下好处：

- 加强了类内部的安全性与一致性，例如，上面提到的错误修改价格 price 的问题得以解决。
- 降低了客户程序员操纵该类型的复杂程度。客户程序员只使用 public 部分提供的操作，对于这个类的内部表示不需要了解。
- 类的设计者改变这个类的内部工作方式时客户程序不会受到影响，只要 public 部分的声明没有改变，则不会影响之前使用该类的客户程序代码。

应该尽可能限制类成员的可访问性。当你在犹豫应该将某个成员的可访问性设置为 public、private 还是 protected 时，经验之举是采用最严格的可行的访问级别。如果还不确定，那么多隐藏通常比少隐藏要好。

6.2.3 类和对象

将数据和操作捆绑在一起，并加上访问控制，这在面向对象中称为**封装**。对象是数据

和操作的封装体；数据描述对象的属性，操作描述对象的行为。对象是客观事物的抽象，类是一组具有相同属性和行为的对象的抽象，对象又称类的**实例**。外部程序通过类接口中提供的操作访问对象中的数据，这称为向对象**发送消息**。同一个类的每个实例都有自己独立的数据，但是可以接收相同的消息。

在 C++中，类是一种数据类型，对象是这种类型的变量。发送消息就是调用成员函数，例如 s.print()就是向对象 s 发送一个 print()消息。

面向对象编程的主要工作就是创建一组对象并给它们发送消息。对象能够持有的数据和接收的消息由它们所属的类决定。所以类设计是面向对象编程的核心。

C++引入了一个**关键字 class** 来定义类。class 和 struct 定义的类稍有区别：如果 class 的成员没有设置访问限定符，则默认为 private；而 struct 成员的默认访问限定是 public。

SalesData 类可以用 class 关键字声明如下：

```
//----------------------------------------------------
class SalesData{
 public:    //类的接口
    double totalRevenue();
    void read();
    void print();
 private:  //私有数据
    std::string productNo;
    double price = 0.0;
    unsigned unitSold = 0;
};
//----------------------------------------------------
```

结构体类型的变量在内存中是逐个成员依次存储的，整个变量占据的内存大小是所有成员的大小之和。那么加上成员函数和访问限定之后，对象是如何存储的呢？这样的对象又占据多大的存储空间呢？

每个对象都有自己的数据成员，类的成员函数定义并不在各个对象中存储，而是整个类存储一份，本类的所有对象共享这些成员函数的定义。因此，简单对象在内存中占据的存储空间是所有数据成员大小的和。如果类中包含复杂的成员，情况可能并非如此。或者编译器实现为了访问效率而采用边界对齐技术的话，对象的大小将是机器字长的整数倍。

sizeof 运算符可以用于类类型、对象和类的数据成员。例如：

```
SalesData sd;
sizeof(SalesData);              //SalesData 类型的对象所占空间大大小
sizeof sd;                      //sd 的类型的大小，即 sizeof(SalesData)
sizeof(SalesData::price);       //获取类成员的大小，无须具体的对象
```

对象在内存中的布局依赖于特定的编译器实现，标准 C++语言规范并未对此做出规定。一般情况下，数据成员按照声明的顺序存储，同一访问限定符所限定的一组数据成员在内存中是连续存储的。

如果一个类只有成员函数，而没有任何数据成员，那么它的对象大小会是 0 吗？实际

上并非如此。面向对象的一个重要特性就是对象具有唯一标识，都是可区分的，所以每个对象都有唯一的存储地址，无数据成员的对象的大小至少是1。

程序 6.4 对象在内存中所占的大小。

```
//-------------------------------------------------------
#include <string>
#include <iostream>
using namespace std;
class SalesData{
public:                //为了能在main()函数中访问数据成员，用 public 访问限定
    string productNo;
    double price{0.0};
    unsigned unitSold = {0};
    …                  //成员函数略
};
class Simple{          //只包含基本内置类型成员的简单类
public:
    long m = 0;
    int n = 0;
    void f(){};
};
class NoMember{        //没有数据成员，只有成员函数的类
public:
    void f(){};
};
class Padding{         //只包含内置数据类型成员，但可能会边界对齐
public:
    char ch = '0';
    int n = 0;
    void f(){};
};
int main(){
//输出各个类的对象所占空间大小以及每个成员的大小
    cout << "Simple " <<sizeof(Simple) << " : ";
    cout << sizeof(Simple::m) << " " << sizeof(Simple::n) << endl;
    cout << "NoMember " << sizeof(NoMember) << endl;
    cout << "Padding " << sizeof(Padding) << " : ";
    cout << sizeof(Padding::ch) << " " << sizeof(Padding::n) << endl;
    cout << "SalesData " << sizeof(SalesData)<<" : ";
    cout << sizeof(SalesData::productNo) <<" "
            << sizeof(SalesData::price) << " "
            << sizeof(SalesData::unitSold) << endl;
}
//-------------------------------------------------------
```

程序运行结果（Windows32 GCC 编译器）：

```
Simple 8 : 4 4
NoMember 1
Padding 8 : 1 4
SalesData 24 : 4 8 4
```

从程序 6.4 的输出结果可以看到，简单对象的大小是所有成员大小之和，例如 Simple 类，但 Padding 类的对象在存储时使用了边界对齐技术，所以对象大小为 8，不是成员之和 5。没有数据成员的 NoMember 类，对象大小不是 0 而是 1，保证每个对象都有唯一的存储地址。SalesData 类中包含了 string 成员，不是简单内置类型，对象大小也不是成员之和。需要说明的是，对 string 和 vector 类型的对象，执行 sizeof 运算得到的是该类型固定部分的大小，不会计算其中存储的元素占据多大空间。

通过这个例子想要说明的是，对象在内存中的布局是与实现相关的，在编程时不要对其做出任何假设，更不要编写依赖对象存储方式和布局假设的代码。

继承和虚函数会让对象的布局更复杂，这将在第 9 章和第 10 章进一步讨论。

union 关键字也可以用来定义类，和 struct 一样，其成员的默认访问限定是 public，但其数据成员的存储方式不同于 class 和 struct 定义的类：union 类的每个成员都是从对象的首地址开始存放，所以同一时间只有一个数据成员有效。

6.2.4　this 指针

每个对象都维护自己的一份数据，而成员函数定义是所有对象共享的。那么在调用成员函数时，如何知道是对哪个对象的数据进行操作呢？例如：

```
class X {
    int m;
  public:
    void setVal(int v) { m = v; }
    void inc(int d) { m += d; }
};
int main(){
    X a, b;
    a.setVal(10);          //a.m = 10
    b.setVal(5);           //b.m = 5
    a.inc(1);              //a.m = 11
    b.inc(3);              //b.m = 8
}
```

每个成员函数都有一个隐含的参数，指向接收消息的对象，称为 **this 指针**。X 类的 this 指针的类型是 X*。在上面的例子中，a.setVal(10)在调用时，setVal()的 this 指针指向对象 a，操作 a 的数据成员；而 b.setVal(5)在调用时，setVal()的 this 指针指向对象 b，对 b 的数据成员进行操作。

this 指针是一个常量，含有当前实施调用的对象的地址。不能改变 this 指针的值，也不能取 this 指针的地址。

this 指针可以在成员函数中显式地使用。例如：

```
class X {
    int m;
  public:
    void setVal(int v) { this -> m = v; }
    void inc(int d) { this -> m += d; }
    void changeVal(int v) { this->setVal(v); }
};
```

这段代码中 this 的使用不是必需的。this 在成员函数中最常用于：

（1）区分与局部变量重名的数据成员；

（2）返回当前对象；

（3）获取当前对象的地址。

例如：

```
class X {
  int m;
public:
  void setVal(int m) {
    this -> m = m;            //区分与函数参数重名的数据成员
  }
  X& add(const X& a)  {
    m += a.m;
    return *this;             //返回当前对象
}
void copy(const X& a) {       //复制对象
  if (this == &a)             //判断当前对象和 a 是否为同一对象，相同则无须复制
    return;
  m = a.m;                    //复制操作
}
};
```

编译器一般用对象在内存中的地址作为对象的句柄，实现对象的唯一标识。因此，判断两个对象是否相同时不是比较它们的属性值是否相等，而应该比较它们的内存地址是否相等。

6.2.5 访问器和修改器

类的数据成员一般限定为 private，以杜绝外部对类数据的任意访问。但有些数据是外部需要取得或修改的，例如矩形对象的长和宽；有些数据是外部为了了解对象的状态而必须知道的，例如动态数组的大小、字符串对象的长度等。如果为此就将数据成员限定为 public，显然会破坏对象的封装性。更好的做法是将数据成员限定为 private，并提供 public 成员函数来对其进行访问，这种成员函数被称为**访问器**（accessor）和**修改器**（mutator）。

数据成员 XX 的访问器函数一般命名为 getXX，修改器函数名为 setXX。当然，有时候只需要其中的一个，如获取字符串长度。例如：

```
class Rectangle {
  public:
    double area();
    double perimeter();
  //width 的访问器和修改器
    double getWidth(){return width;}
    void setWidth(double newWid){
    if(newWid > 0)      //验证数据是否合法
      width = newWid;
    }
//height 的访问器和修改器
  double getHeight(){return height;}
  void setHeight(double newHei){
    if(newHei > 0)      //验证数据是否合法
       height = newHei;
  }
  private:
    double width;
    double height;
};
```

虽然很简单，但是与直接访问数据成员相比，访问器和修改器更好地体现了封装的概念。而且，可以在修改器 setXX 函数中进行数据有效性的验证，从而确保对象不会因外部修改而处于无效的状态。

6.2.6　友元

在某些情况下，有的函数需要访问一个类的私有数据。例如：

```
class Complex{
  double real, imaginary;   //复数的实部和虚部
public:
  assign(double r = 0, double i = 0){real = r; imaginary = i; }
  … //其他成员
};
//全局函数 add 进行两个复数的加法
Complex add(const Complex& c1, const Complex& c2){
  Complex temp;
  temp.real = c1.real + c2.real;        //Error: 不能访问私有成员
  temp.imaginary = c1.imaginary + c2.imaginary; //Error
  return temp;
}
```

全局函数 add()进行复数的加法，需要访问 Complex 的私有数据，但这会引起编译错

误。解决这个问题的一个方法是将 real 和 imaginary 声明为 public 成员，但这样其他函数也可以访问这些成员，会破坏类的封装性。

C++引入了 friend 关键字，如果想让非成员函数访问一个类中的私有数据，应该在类中将这个函数声明为 **friend**（**友元**）。例如：

```
class Complex{
  …
  friend Complex add(const Complex&, const Complex&);
};
```

类的友元可以访问类的私有数据。在声明友元时要遵循一条规则：友元必须在被访问的类中声明。一个类的友元可以是全局函数、另一个类的成员函数或另一个类。类 A 是类 B 的友元隐含着 A 的所有成员函数都是 B 的友元。

程序 6.5 友元。

```
//-----------------------------------------------------------------
class X;                   //向前声明，声明 X 是一个类，其完整定义在其他地方
class Y {
  public:
    void f(X*);            //对这个函数声明而言，只需要知道 X 是一个类型就足够
};
class X {                  //X 的完整声明和定义
    int i;
  public:
    void initialize();
    friend void g(X*, int);      //全局函数友元
    friend void Y::f(X*);        //成员函数友元
    friend class Z;              //友元类，Z 的所有成员函数都是 X 的友元
    friend void h();
};
void X::initialize() {
  i = 0;                         //正确，X 自己的成员函数可以自由访问 X 的私有成员
}
void g(X* x, int i) {
  x->i = i;                      //正确，g()是 X 的友元函数，可以访问 X 的私有成员
}
void Y::f(X* x) {
  x->i = 47;                     //正确，Y::f()是 X 的友元函数
}
class Z {
    int j;
  public:
    void initialize();
    void g(X* x);
};
```

```
void Z::initialize() {   j = 99; }
void Z::g(X* x) {   x->i += j;  }

void h() {
    X x;
    x.i = 100;  //正确,h()是 X 的友元，可以访问 X 对象的私有成员
}
int main() {
    X x;
    Z z;
    z.g(&x);
    x.i = 100;  //错误: main()没有特权，不能访问 X 的私有数据
}
//-----------------------------------------------------------------
```

friend 关系是不可传递的：如果 A 是类 B 的友元，而类 B 是类 C 的友元，A 不会自动成为 C 的友元。friend 关系也是不可继承的：基类的友元不会自动成为其派生类的友元。

虽然在某些场合，按照正确的方式使用友元有助于控制复杂度，例如在某些设计模式中，但一般情况下友元会破坏类的封装性，增加类之间的耦合度，因此，应该尽量避免使用友元。

6.2.7　进一步的隐藏

C++中的访问控制允许将类的实现与类的接口分开，使得客户程序不能轻易地访问私有实现部分。但是实现部分的隐藏并不彻底，这可能导致以下问题。

（1）在安全性要求极高的领域，即使核心实现已经封闭在库中不可见，但是头文件中的成员声明仍然可能暴露一些内部信息，如果遇到恶意访问，会存在安全隐患。

程序 6.6　恶意修改数据成员。

```
//-----------------------------------------------------
//模拟的银行账户类 Account
//以下是用户可以看到的头文件内容
//account.h
class Account{
public:
    void open(string no, string name, double amount);  //开户
    void close();                           //销户
    double getBalance();                    //查询余额
    void withdraw(double amount);           //取款
    void deposit(double amount);            //存款
private:
    string accNo;                           //账号
    string clientName;                      //持有人姓名
    double balance = 0;                     //账户余额
};//头文件至此结束
```

```
//-------------------------------------------------------
/*这个类的实现在一个 cpp 文件中，经过编译，用户不能看到其源码，
但是不能防止客户程序恶意访问私有数据成员，篡改对象中的数据*/
//-------------------------------------------------------
//-------------------------------------------------------
#include "account.h"
int main()  {
    Account acc;
//正常操作
    acc.open("123456", "Harry", 200);   //开户存入200元
    cout <<"Account Balance: " << acc.getBalance() << endl;
    acc.deposit(1000);                  //存钱
    acc.withdraw(800);                  //取钱
//通过指针的恶意操作（以下场景纯属虚构，请勿当真！）
    //取得 acc 对象首地址
    unsigned char *address = (unsigned char*)(&acc);
    //看了头文件知道有哪些数据成员，又知道对象的存储特点
    //试着算出余额成员 balance 的首地址
    address = address + sizeof(acc) - sizeof(double);
    double* key = (double*)address;     //指针 key 应该指向 balance 成员
    cout << *key << endl;               //试试看，是 200 吗？
    *key = 9E10;                        //通过指针篡改账户余额，好多钱
    cout <<"Account Balance: " << acc.getBalance() << endl; //看看余额
    acc.withdraw(20000000);             //偷出钱来了（数字而已）
}
//------------------------------------------
```

（2）在设计初期，实现部分经常需要变动，就连头文件中类的私有成员声明也不时需要修改。这意味着程序员无论何时修改了一个类，无论修改的是公共接口还是私有成员的声明部分，都将导致重新编译包含了该头文件的所有文件，增加不必要的编译时间。

解决这些问题的一种常用技术称为“句柄类（handle class）”。可以将有关实现的所有内容进一步隐藏起来，包括私有数据成员的声明，类定义中只留下公共接口声明和一个指向结构体的私有指针成员，而结构体的定义与所有成员函数的定义一同放置在实现文件中。这样，一方面进一步隐藏了内部信息，有效地防止了外部程序通过指针或类型转换来设法访问类中的私有成员；另一方面，只要接口部分保持不变，头文件就不必改动，实现部分则可以按需要任意修改，完成后只要对该类的实现文件重新编译即可。

程序 6.7　句柄类。

```
//------------------------------------------
//handle.h
//头文件只包含公共接口和一个指针
//这是客户程序员可以看到的内容
class Handle{
  public:    //类的接口声明
```

```
    void initialize();
    void cleanup();
    int read();
    void change(int);
  private:
    struct Inner;    //内嵌结构体的声明
    Inner* pointer;
    //数据成员都封装在一个 Inner 对象中，这里只有一个指向 Inner 的指针
};
//头文件至此结束
//--------------------------------------------
//--------------------------------------------
//结构体的定义与所有成员函数的定义包含于实现文件 handle.cpp 中
//编译之后，这个文件的内容对客户程序员是不可见的
//handle.cpp
#include "handle.h"
//Inner 是一个嵌套在 Handle 类作用域中的结构体，因此使用类名限定
struct Handle::Inner
{   int i; };
void Handle::initialize() {
  pointer = new Inner;       //为保存数据成员的结构体对象分配空间
  pointer->i = 0;
}
void Handle::cleanup()       //释放存储空间
  { delete pointer;  }
int Handle::read()
  { return pointer->i; }
void Handle::change(int x)
  { pointer->i = x; }
//--------------------------------------------
```

在 Handle 中，initialize()与 cleanup()函数管理的内存空间就是要隐藏起来的私有数据部分。由于私有数据成员作为一个结构体对象完全隐藏在实现文件中，因此在头文件中看不到它。如果改变了隐藏的数据结构 Inner，头文件并不受任何影响，唯一需要重新编译的只是 handle.cpp。

Handle 类的使用与其他类没有任何区别。例如：

```
//--------------------------------------------
//useHandle.cpp
#include "handle.h"
int main() {
    Handle h;
    h.initialize();
    h.read();
    h.change(10);
```

```
    h.cleanup();
}
//------------------------------------------
```

这时从头文件中已经看不出 Handle 的数据成员有哪些，很难猜测 Handle 对象的内存布局，想要通过指针和类型转换修改其内容就很困难。类似地，对 Account 类的进一步封装也可以如此进行。

程序 6.8　进一步封装的 Account 类。

```
//------------------------------------------
//account.h
struct Data;    //这里使用了非嵌入的结构体
class Account{
public:
    void open(string no, string name, double amount);
    double getBalance();
    void withdraw(double amount);
    void deposit(double amount);
    void close();
private:        //数据成员部分只有一个指针
    Data *pa = nullptr;
};
//------------------------------------------
//------------------------------------------
//account.cpp
#include "account.h"
#include <cassert>
struct Data{
    string accNo;
    string clientName;
    double balance = 0;
};
//成员函数的定义
void Account::open(string no, string name, double amount){
    if(pa != nullptr)   //如果 pa 不为空，即账户已存在
        return;
    pa = new Data;
    pa -> accNo = no;
    pa -> clientName = name;
    pa -> balance = amount;
}
double Account::getBalance(){
    if(pa != nullptr)
        return pa->balance;
    else
```

```
        return 0;
}
void Account::withdraw(double amount){
    if( pa!= nullptr)
        if(amount > 0 && amount <= pa->balance)
            pa->balance -= amount;
}
void Account::deposit(double amount){
    if(pa != nullptr)
        if(amount > 0)
            pa->balance += amount;
}
void Account::close(){
    if(pa != nullptr)
    {
        withdraw(getBalance());
        delete pa;
    }
}
//-------------------------------------------
```

6.3　构造函数和析构函数

在 C++程序中，对象实质上就是一块存储区，在这块存储区中存放数据，并且隐含着对这些数据进行处理的操作。在创建对象时，这块存储区应该被合理地初始化。同时，初始化也是保证对象有效性的手段。例如，在学籍管理系统中，不可能创建一个不知其姓名和学号的学生对象。

以程序 6.8 中的 Account 类为例，类的设计者设想的正常代码序列大致如下：

```
#include "account.h"
int main(){
    Account acc;
    acc.open("123456", "Harry", 200);   //一定要先开户才能执行后续操作
    cout <<"Account Balance: " << acc.getBalance() << endl;
    acc.deposit(2000);
    cout <<"Account Balance: " << acc.getBalance() << endl;
    acc.withdraw(800);
    cout <<"Account Balance: " << acc.getBalance() << endl;
    acc.close();                         //账户不再使用了要销户
}
```

因为 Account 类中使用了动态管理的指针数据成员，所以第一个操作必须是 open()，其中用 new 给指针 pa 分配空间，保存账户相关的数据；最后一个操作必须是 close()，其中用 delete 释放动态分配的存储空间，以免内存泄漏。其他几乎每个操作中，都有检验指

针pa是否为空的判定，因为pa如果是空指针，做什么操作都是没有目标的。

如果Account类的使用者写出了下面的代码序列，会出现什么问题呢？

```
int main(){
    Account acc;              //创建了对象，但是没有完成开户操作，指针为空
    acc.deposit(2000);        //没有地方可以存放
    acc.close();              //销户，如果不销户会内存泄漏
    acc.withdraw(1000);       //销户后还对账户做操作，指针已经释放了
}
```

C++提供了各种初始化对象的方法，以保证对象被创建之后其存储空间中的数据具有合理的初始状态，减少逻辑错误和误用引起的错误，例如，数据成员的类内初始化。不过，在类内初始化数据成员也不完全能保障对象的合理初始化。

例如，在不知道账户具体信息的情况下，最多只能将账户余额初始化为0，客户姓名就没有一个合理的默认初始值。对于指针成员来说，可以将其初始化为空指针或某个地址值，但指针动态管理的空间却无法用成员初始值的方式来处理。对Account的例子来说，如果要求在定义对象acc的同时必须提供客户姓名等开户信息，就可以保证账户对象acc一旦创建就是可以安全使用的；而销户操作如果能在acc对象即将离开作用域的时候执行，既能清理动态存储空间，也不担心销户后还有对acc的其他操作。

在类中可以定义两种特殊的成员函数：构造函数和析构函数。构造函数在任何需要创建对象的时候都会被自动调用，负责对象的初始化；析构函数则在销毁对象时被自动调用，负责对象相关资源的清理工作。

6.3.1 构造函数

构造函数（constructor）是一种特殊的成员函数，能够在创建对象时被自动调用，负责对象的初始化。构造函数的名字和类名字相同，它没有返回类型（注意：不是void类型）。构造函数的参数通常为数据成员提供初始值。构造函数可以重载，在创建对象时，编译器会根据初始值的类型和个数来调用相应的构造函数，因而构造函数的形式决定了初始化对象的方式。

程序6.9 构造函数和对象的初始化。

```
//-----------------------------------------------------------
class X {
   int m;
public:
   X(int v) { m = v; }        //构造函数，规定要用一个int值初始化对象
   void calc()  { m *= 10; }
  };
class Y {
   char ch;
public:
   Y() { ch = 0; }            //没有参数的构造函数，在默认初始化时调用
   Y(char c) { ch = c;}       //构造函数
```

```
};
int main(){
  X obj1(5);              //调用构造函数 X(int)
  obj1.calc();
  X obj2;                 //错误：没有 X()构造函数，不能初始化对象
  Y c1;                   //正确：调用构造函数 Y()
  Y c2('a');              //正确：调用构造函数 Y(char)
}
//--------------------------------------------------------
```

构造函数是一个非常复杂的问题，我们将在第 7 章介绍更多关于构造函数的知识。

6.3.2 构造函数初始化列表

类中的有些成员不能使用赋值的方式提供初始值，例如：

```
class X {
  int m;
  int& r;          //引用成员
public:
  X(int v = 0) {
  m = v;           //正确
  r = m;           //错误：引用必须在定义时初始化
 }
};
```

成员 r 是引用类型，不能用赋值的方式提供初值。对于 const 数据成员和类类型的数据成员存在类似问题。那么应该如何初始化这样的成员呢？

初始化由构造函数完成，引用成员的初始化也应该在构造函数中，但是又不能在函数体中使用赋值方式提供初值。针对这种情况有一种特殊的语法，称为**构造函数初始化列表**。初始化列表的形式如下：

成员 1(初始值 1)[, **成员 2(初始值 2)**, …]

初始化列表位于构造函数的参数表之后，函数体之前：

构造函数(参数表) : **初始化列表** { 函数体 }

例如：

```
class X {
  int m;
  int& r;
public:
  X(int v = 0):r(m) {     //初始化引用成员 r，m 则默认初始化，未定义
     m = v;               //给 m 赋值
 }
};
```

普通数据成员也可以用这种格式进行初始化。例如，上面的构造函数定义也可以写成：

```
X(int v = 0):m(v),r(m)  //直接初始化成员 m 和 r
{ }
```

可以看到，这两种提供初值的方法是有差别的：写在构造函数的函数体中，是成员先默认初始化，再在此处赋值；写在初始化列表中，是直接初始化数据成员。显然，使用初始化列表的效率更高。另外，如果成员是 const、引用，或者是未提供默认构造函数的类类型，就必须通过构造函数初始化列表为这些成员提供初值。因此，建议使用构造函数初始化列表语法。

在初始化列表中，每个成员只能出现一次。成员初始化的顺序与它们在类定义中出现的顺序一致，构造函数初始化列表中初始值的先后关系不会影响实际的初始化顺序。最好令构造函数初始化列表中的顺序与成员声明的顺序保持一致，如果可能的话，尽量避免用某些成员初始化其他成员。例如：

```
//-------------------------------------------
class X{
    int a;
    int b;
public:
    X(int val) : a(val), b(a){}          //先初始化 a，再用 a 初始化 b
};
//下面的形式更好一些： 用 val 初始化，没有成员的依赖
    X(int val) : a(val), b(val){}
//下面的形式可能会产生未定义的行为：试图用未定义的值 b 初始化 a
    X(int val) : b(val), a(b){}          //编译器会警告
//-------------------------------------------
```

6.3.3 委托构造函数

一个类中定义多个构造函数时，在这些函数中会有一部分重复的代码。如果一个构造函数可以调用另一个构造函数来完成自己的部分或全部初始化任务，就可以简化代码，使类容易阅读和维护。

C++11 扩展了构造函数初始化列表的功能，可以定义所谓的**委托构造函数**（delegating constructor）。委托构造函数使用所属类的其他构造函数执行自己的初始化过程，或者说它把自己的一些或全部职责委托给了其他构造函数。

委托构造函数有一个成员初始化列表和一个函数体。成员初始化列表只有唯一一项，即类名本身。类名后面紧跟圆括号括起来的参数列表，参数列表必须与类中另一个构造函数匹配。例如：

```
//-------------------------------------------------------
//委托构造函数
//通常无参数或参数少的构造函数可以将自己的初始化职责委托给参数多的构造函数
//或者比较特殊的构造函数委托更通用的构造函数
```

```
#include <iostream>
using namespace std;
class X{
public:
    X(int aa, int bb, int cc):a(aa),b(bb),c(cc) //构造函数①
        {cout << "X(int, int, int)" << endl;}
    X(int aa, int bb):X(aa, bb, 0)          //②: 委托①执行初始化
        {cout << "X(int, int)" << endl;}
    X(int aa):X(aa, 0, 0)                   //③: 委托①执行初始化
        {cout << "X(int)" << endl;}
    X():X(1,1)      //④: 委托②执行初始化，②又转而委托①
        {c = 1; cout << "X()" << endl;}
private:
    int a, b, c;
};
int main(){
    cout <<"1: " << endl;
    X one(1, 2, 3); //依次执行①的初始化列表、函数体
    cout <<"2: " << endl;
    X two(1, 2);     //依次执行①的初始化列表、①的函数体、②的函数体
    cout <<"3: " << endl;
    X three(1);      //依次执行①的初始化列表、①的函数体、③的函数体
    cout <<"4: " << endl;
    X four;          //依次执行①的初始化列表、①的函数体、②的函数体、④的函数体
}
//------------------------------------------------------
```

程序的输出结果：

```
1:
X(int, int, int)
2:
X(int, int, int)
X(int, int)
3:
X(int, int, int)
X(int)
4:
X(int, int, int)
X(int, int)
X()
```

当一个构造函数委托另一个构造函数时，受委托的构造函数的初始化列表和函数体依次执行，然后将控制权交还给委托者的函数体。

6.3.4 析构函数

构造函数除了初始化成员，有时还要为指针成员在动态存储区分配空间。例如下面的 Account 类的构造函数。

程序 6.10 Account 类的构造函数。

```
//---------------------------------------------------------
//头文件 account.h
class Account{
public:
    Account(string no, string name, double amount);//构造函数
    double getBalance();
    void withdraw(double amount);
    void deposit(double amount);
private:
    struct Data *pa = nullptr;
};
//实现文件 account.cpp
struct Data{
    string accNo;
    string clientName;
    double balance = 0;
};
Account::Account(string no, string name, double amount){
    pa = new Data;      //用 new 动态分配存储空间
    pa -> accNo = no;
    pa -> clientName = name;
    pa -> balance = amount;
}
double Account::getBalance(){
    return pa->balance;
}
void Account::withdraw(double amount){
    if(amount > 0 && amount <= pa->balance)
        pa->balance -= amount;
}
void Account::deposit(double amount){
    if(amount > 0)  pa->balance += amount;
}
//客户程序 main.cpp
int main(){
    Account acc("123456", "Harry", 2000);
    acc.deposit(500);
    cout << acc.getBalance() << endl;
}
//---------------------------------------------------------
```

创建 Account 对象 acc 时，调用构造函数，在堆上为其分配一块动态存储空间，保存账户的数据。当 acc 对象不再使用时，需要释放这块空间，否则会造成内存泄漏。释放空间的操作可以由一个成员函数完成，例如程序 6.8 中的 close()。但是应该在什么时候调用这个成员函数呢？为此，必须跟踪程序中的 acc 对象，监控到它不再使用的时候，就调用释放空间的成员函数。可是，对象离开作用域的可能性有很多种，例如函数返回、异常退出、提前终止、goto 语句等。要在程序中跟踪和检测每种可能性，是很困难的工作。那么，能不能像构造函数那样，自动来进行对象的清除工作呢？

C++中，由**析构函数**（destructor）负责在对象生存期结束时返回相关资源和自动释放资源。当对象离开作用域时，或者用 delete 释放在堆上创建的对象时，析构函数都会被自动调用。

析构函数的名字是类名字前加波浪线“~”。析构函数没有返回类型，也没有任何参数。析构函数不能重载，只能为一个类定义唯一一个析构函数。例如：

```
//--------------------------------------------------------
//为账户类加上析构函数
class Account{
public:
    //…
    ~Account();      //析构函数
private:
    …
};
//析构函数的类外定义
Account::~Account(){
    withdraw(getBalance());
    delete pa;       //释放 pa 指向的动态存储空间
}
```

一般情况下，如果一个类只包含按值存储的数据成员，则析构函数不是必须定义的。析构函数主要被用来放弃在类对象的构造函数或生存期中获得的资源，如释放互斥锁或归还 new 分配的空间。不过，析构函数的作用并不局限在释放资源上，一般地，析构函数可以执行类设计者希望在最后一次使用对象之后执行的任何操作。如果类中没有定义析构函数，编译器在需要时会自动合成一个析构函数。

析构函数在大多数情况下都是被自动地隐式调用，一般不要显式调用析构函数。

程序 6.11　析构函数的不当调用。

```
//--------------------------------------------------
#include <iostream>
using namespace std;
class X{
public:
    X(){ cout<< "constructor is called" << endl;}
    ~X(){ cout <<"destructor is called" << endl;}
```

```
    //…
};
int main(){
    X obj;
    obj.~X();     //显式调用析构函数
}                 //离开作用域时，析构函数又被自动调用了一次!
//----------------------------------------------------
//----------------------------------------------------
```

程序的输出结果：

```
constructor is called
destructor is called
destructor is called
```

构造函数和析构函数在 C++的类设计中非常重要，第 7 章将对构造函数和析构函数进行更深入的探讨。在程序中，只要是创建对象，无论以何种形式，都会调用构造函数，当对象生命期结束时，则会调用析构函数。

6.4 const 成员

cv 限定词 const 和 volatile 除了可以限定数据对象、函数参数和返回值外，还可以限定类中的数据成员和成员函数。以下着重讨论 const 成员的语法和用途，这些语法和约定对 volatile 同样适用，只是 volatile 的限定语义和 const 不同。

6.4.1 const 数据成员

const 可以限定类中的数据成员，const 数据成员一般用来描述对象中的常量，如一个学生的生日。

在数据成员声明前加 const 关键字就将其限定为常量。const 数据成员在构造函数的初始化列表中初始化。创建对象时初始化其中的 const 数据成员，之后 const 成员的值在对象的整个生存期中都不会改变。

```
//----------------------------------------------------

class Account{       //简单版本的定义
public:
    //在构造函数初始化列表中初始化 const 数据成员
    Account(string no, string name, double amount)
            :accNo(no), clientName(name), balance(amount){}
    double getBalance(){ return balance;}
    void deposit(double amount) { balance += amount;}
    void withdraw(double amount){ balance -= amount;}
    const string getAccNo() {return accNo;}
    const string getClientName(){return clientName;}
```

```
private:
    const string accNo;         //账号创建账户对象后不变
    const string clientName;    //客户姓名创建账户后不变
    double balance = 0;         //余额可以改变
};
int main(){
    Account acc1("123456", "Harry", 2000); //acc1 对象中有常量成员
    acc1.deposit(3000);         //非 const 成员值可以修改，acc1 自己不是常量
    Account acc2("123478", "Ron", 500);//acc2 的常量成员和 acc1 的值不同
}
//--------------------------------------------------
```

6.4.2 const 成员函数

和内置类型的数据对象一样，一个类的对象也可以由 const 限定为常量。例如：

```
const int x = 10;           //整数常量
const Account acc("123456", "Harry", 2000);    //正确，acc 是常量对象
```

程序中任何试图修改 const 对象的操作都会引起编译错误。编译器可以轻易捕捉到对内置类型 const 对象的修改，但是，类对象的变化更多是由成员函数的调用引起的。例如：

程序 6.12　常量对象和成员函数调用。

```
//----------------------------------------------------
class X{
    int m;
  public:
    X(int v = 0):m(v){}
    void set(int v){ m = v;}
    int get(){ return m; }
};
int main(){
  const int iv = 100;
  iv = 200;             //错误:不能改变 const 数据
  X a;
  a.set(10);            //正确
  a.get();              //正确
  const X b(5);         //const 类对象
  b.get();              //正确还是错误?
  b.set(10);            //正确还是错误?
}
//----------------------------------------------------
```

在这段代码中，毫无疑问，a 对象可以进行 set()和 get()操作。b 是 const 对象，根据 set()和 get()操作的含义，b 不能进行 set()操作，只能调用 get()。因此，上面的 b.set(10)应该是错误的，而 b.get()应该是正确的。

但是编译器对这两条语句都会报告错误——因为编译器不能从这两个函数的声明形

式上区分哪个会改变对象，哪个不会改变对象。那么如何告诉编译器一个操作是不会改变对象的呢？

将一个成员函数声明为 const，表明这个成员函数不会修改对象的数据成员，能保证对象的常量性。声明 const 成员函数的语法形式为：

返回类型 成员函数名(参数表) const;

定义 const 成员函数的语法形式为：

返回类型 成员函数名(参数表) const { 函数体 }

例如：

```
class X{
    int m;
  public:
    X(int v = 0):m(v){}
    void set(int v){ m = v;}
    int get() const { return m; }   //get 是 const 成员函数
};
…
const X b(5);          //const 对象
b.get();               //正确
b.set(10);             //错误
```

只有声明为 const 的成员函数才可以被 const 对象调用。const 对象不能调用非 const 成员函数，但是非 const 对象可以调用 const 成员函数。

const 成员函数中不能修改类的数据成员，也不能调用其他非 const 成员函数，否则会引起编译错误。

const 成员函数是如何保证对象的常量性的呢？

const 在限定成员函数时对其参数表产生了影响。X 类的成员函数的第一个隐含参数是 X*类型的 this 指针。但是，const X 对象的地址是 const X*类型，用 const X 对象调用非 const 成员函数时，编译器报告的错误是：“参数类型不匹配：不能将实参从 const X*转换为 X*”。这实际上反映的是隐含 this 指针类型错误。

const 限定的成员函数其实是将 const 关键字作用于隐含的 this 指针，其类型成为了 const X*。因此，编译器防止以任何方式通过 this 指针来修改当前对象的状态，从而保证了对象在其生存期间的常量性。

程序 6.13 const 成员函数的 this 指针。

```
//-----------------------------------------------------
class X{
    int m;
   public:
    X(int v = 0):m(v){}
    void set(int v) { m = v;}
      /* 等同于: void set(X* this, int v){this -> m = v;}
```

```
      隐含的 this 为 X*类型 */
    int get() const { return m; }
      /* 等同于: int get(const X* this) { return this -> m; }
      隐含的 this 为 const X*类型，this->m 是 const，不能改变*/
};
X a(10);          //非 const 对象，&a 的类型是 X*
a.set(2);         //set(&a, 2)精确匹配 set(X*, int)
a.get();          //get(&a)，将&a 从 X*转换为 const X*，调用 get(const X*)
const X b(5);     //const 对象,&b 的类型是 const X*
b.get();          //get(&b)精确匹配 get(const X*)
b.set(10);        //set(&b,10),错误，&b 是 const X*,不能转换为 set 的形参 X*
//--------------------------------------------------
```

从 this 指针的角度来看使用 const 成员函数的规则，就不难理解为什么可以用 const 对象和非 const 对象调用 const 成员函数，因为 const X*的 this 指针既可以接收 const X*类型的地址，也可以接收 X*类型的地址。同样，const 成员函数的 this 指针是 const X*类型，所以不能在 const 成员函数中改变数据成员。

关于 const 成员函数的定义和调用的几种情况，可以总结如下。

（1）如果一个成员函数是非 const 的，则只有非 const 对象可以调用它；const 对象不能调用非 const 的成员函数。

（2）如果一个成员函数是 const 的，则 const 对象可以调用它；非 const 对象也可以调用它，不会改变对象中的成员。

（3）允许为一个成员函数定义 const 和非 const 两个版本，这两个版本是重载函数。此时，对 const 对象，会选择调用 const 版本的成员函数；对非 const 对象，则调用非 const 成员函数。

对象、数据成员或成员函数也可以被限定为 volatile，与 const 限定词的语法相同。如果一个类对象的值可能被修改的方式是编译器无法控制或检测的，则将对象声明为 volatile，volatile 对象只能调用 volatile 成员函数。

构造函数和析构函数的调用不受 const 和 volatile 的影响，即 const 对象和 volatile 对象可以调用构造函数和析构函数，因为一个 const（volatile）对象被认为从构造完成时刻到析构开始时刻才是 const（volatile）的。

6.4.3　mutable 成员

有时，一个成员函数从逻辑上看具有常量性，但仍然需要改变某些成员的值。从用户的角度看它似乎没有改变对象的状态，但某些用户无法直接访问的实现细节可能会被更改。这称为逻辑常量性。

例如，下面是表示日期的 Date 类的部分代码。

```
//--------------------------------------------------
class Date{
public:
    Date(int y, int m, int d);
```

```
    string string_rep()const;
    //…其他成员函数
private:
    int year, month, day;
    //其他数据成员
};
void func(){
Date teachersday(2010,9,10);
cout << teachersday.string_rep();
}
//--------------------------------------------------------
```

在 Date 类中有一个成员函数 string_rep()，它返回日期的字符串表示，用于打印，如“2010 年 9 月 10 日”。这个操作应该可以由 const 对象调用，因为它不会改变 Date 类对象的状态：成员 year、month 和 day 的值都不受影响。所以，将 string_rep()声明为 const 成员函数。

因为每次从 Date 的成员构造这样一个字符串比较费时，所以可以考虑保留字符串的一个副本，在重复需要时直接返回这个副本即可，即缓存技术。为了实现缓存技术而设置的数据成员对用户而言是不可见的，用户也无法看到在 string_rep()中所进行的修改和计算。因而 string_rep()函数实际上会修改相关成员的值，所以它具有逻辑常量性。相关的声明如下：

```
//--------------------------------------------------------
class Date{
public:
  //…
  string string_rep()const;      //返回字符串表示
  //从用户角度看 string_rep()不会改变对象,为了不影响使用，声明为 const
private:
  int year, month, day;
  bool cache_valid;              //缓存中的字符串是否有效
  string cache;                  //保存字符串表示的缓存
  void compute_cache_value();    //计算日期的字符串表示，填充缓存
  //…
};
//--------------------------------------------------------
```

但是，这个 string_rep()操作应该如何实现呢？

一种方法是采用 const_cast 进行强制转换。例如：

```
string Date::string_rep()const{
    if(cache_valid==false) {
      //强制去掉当前对象的常量性
```

```
        Date* th = const_cast<Date*>(this);
        th->compute_cache_value();     //调用非 const 成员函数
        th->cache_valid = true;        //修改数据成员
    }
    return cache;
}
```

这种实现方式既不美观，也不安全。避免强制类型转换的方法是将涉及缓存管理的数据声明为 mutable（易变的）。const 限定对 mutable 成员没有影响，mutable 成员在任何时候都是可以改变的。例如：

```
//-----------------------------------------------------
class Date{
    mutable bool cache_valid;        //mutable 成员
    mutable string cache;            //mutable 成员
    void compute_cache_value()const;
    //…
public:
    //…
    string string_rep()const;        //返回字符串表示
};
string Date::string_rep()const{
    if(!cache_valid) {
        compute_cache_value();
        cache_valid = true;          //修改 mutable 数据成员，正确
    }
    return cache;
}
//-----------------------------------------------------
```

为了允许在任何情况下都能够修改一个类的数据成员，可以将该数据成员声明为 mutable。mutable 数据成员永远不会是常量，即使它是一个 const 对象的数据成员。

6.4.4　const 用法小结

const 在 C++中有多种用途，很容易产生混淆，在此对 const 的各种用法做一个小结。

（1）定义常量。

可以为所有的内置类型对象使用 const 限定符。例如：

```
const int bufsize = 100;
```

在 C++中，建议用 const 取代#define 来定义常量。

（2）限定指针和引用。

const 限定指针有两种用法：一种是限定指针指向的对象，另一种是限定指针中存放的

内容。例如：

```
const int* p1;              //p1是一个指向 const int 的指针，指向常量对象
int const* p1;              //效果同上
int d = 1;
int* const p2 = &d;         //p2是一个指向 int 的指针常量，一直指向 d
const int* const p3 = &d; //指针与其指向的对象都是常量
```

（3）限定函数参数。

按值传递参数时，传递的实参在函数里是不会被修改的，因此使用 const 限定没有实际意义。为了不引起混淆，在这种情况下通常不使用 const。

传递指针或引用参数时，const 限定符保证该地址内容不会被修改。如果意图不是改变实参，那么为了保证参数的安全性，建议以指针或引用方式传递参数时，尽可能使用 const 限定参数。带 const 指针参数的函数比非 const 指针参数的函数更具一般性。如果形参是 const 指针，那么实参可以是 const 或非 const 地址；形参如果是非 const 指针，就只能用非 const 地址调用，传递 const 地址会引起编译错误。

（4）限定函数返回值。

按值返回一个内置类型对象时，与按值传递参数的情况一样，建议不加 const。

按值返回用户自定义类型对象时，使用 const 限定符意味着函数的返回结果不能作为左值，是不能修改的。

如果返回一个 const 指针或引用，表示该返回值地址的内容不允许修改。

（5）限定对象。

const 限定的对象不能被修改，不能调用非 const 成员函数。

（6）限定数据成员。

const 限定的数据成员在创建对象时初始化，之后值不能修改。用法参见 const 数据成员一节。

（7）限定成员函数。

const 限定的成员函数不会修改数据成员的值，可以被 const 对象调用，也可以被非 const 对象调用。用法参见 const 成员函数一节。

6.5 static 成员

有时一个类的所有对象都需要访问某个共享的数据。例如，一个带有对象计数器的类，这个计数器对当前程序中一共有多少个此类型的对象进行计数。计数方法很简单，创建对象时计数增加，删除对象时计数减少，这两个操作可以分别在构造函数和析构函数中进行。那么这个计数器应该用什么样的变量表示呢？

一种方法是用数据成员。由于每个对象都有独立的数据成员，因此这个计数器在每个对象中都存在一个，当程序中对象的数目发生改变时，要追踪和更新每个计数器会十分困难，也容易出现不一致。

另一种方法是使用全局变量计数，这样比在对象中使用计数器更有效。但是全局变量

可以被任何对象或函数访问和修改，其安全性不能保证。

有没有其他更好的方法呢？

6.5.1　static 数据成员

类的静态数据成员为上述问题提供了一种更好的解决方案。静态数据成员被当作类类型内部的全局变量。对非静态数据成员，每个对象都有自己的副本，而静态数据成员在整个类中只有一份，由这个类的所有对象共享访问。与全局变量相比，静态数据成员有以下两个优点。

（1）静态数据成员没有进入程序的全局作用域，只是在类作用域中，因而不会与全局域中的名字产生冲突。

（2）可以实现信息隐藏，静态成员可以是 private 成员，而全局变量不能。

在类的数据成员声明前加关键字 static，就使该数据成员成为静态的。static 成员仍然遵循访问控制规则。

```
//-----------------------------------------------------
//带计数器的类
class Object {
  static int count;           //静态数据成员
public:
  Object(){ count++; }
  //其他重载的构造函数中都要有 count++
  ~Object(){count--;}
  int getCount()const { return count; }
};
//-----------------------------------------------------
```

类中的 count 数据成员由每个 Object 对象共享，因为对每个对象而言，当前程序中的对象数目都是相同的。可是这里的 count 数据成员在何时初始化呢？

static 数据成员不是属于某个特定对象的，因而不能在构造函数中初始化。

static 数据成员在类定义之外初始化。在定义时要使用类名字限定静态成员名，但不需要重复出现 static 关键字。下面是 count 的初始化：

```
int Object::count = 0;          //静态数据成员的初始化
```

static 成员只能定义一次，所以定义一般不放在头文件中，而是放在包含成员函数定义的源文件中。

静态数据成员与非静态数据成员之间主要有以下区别。

（1）从逻辑角度来讲，静态数据成员从属于类，非静态数据成员从属于对象。

（2）从物理角度来讲，静态数据成员存放于静态存储区，由本类的所有对象共享，生命期不依赖于对象。而非静态数据成员独立存放于各个对象当中，生命期依赖于对象，随对象的创建而存在，随对象的销毁而消亡。

静态数据成员可以是任何类型，甚至是所属类类型，本节稍后讨论的单件模式就是静态成员的一种典型应用场景。

1．类中的常量——static const 成员

可以用 static const 定义类中的常量。例如，银行允许创建联名账户，最多可以两个人联名开户。

```
class Account {
  static double rate;
  double balance;
  static const int maxClientNumber;
  string clientName[maxClientNumber];
public:
  …
};
const int Account::maxClientNumber = 2;
```

和 static 成员一样，static const 数据成员的初始化也是在类外，类外定义时要加 const 关键字。

标准 C++允许在类定义里初始化整值类型的 static const，但其他类型不能在类中初始化。例如：

```
class Account {
  static const int maxClientNumber = 2;      //正确
  static const bankName = "BOC";             //错误
  …
};
```

2．静态数据成员的访问

在类的成员函数中可以直接访问静态数据成员。在非成员函数中，可以以以下两种方式访问静态数据成员。

（1）成员访问运算符“.”或“->”：像访问普通数据成员的语法一样，通过对象或指针来访问。

（2）类名限定的静态成员名：静态成员只有一个副本，因此可以直接用类名字限定的静态成员名字访问。

```
class Object {
  static int count;               //静态数据成员
  …
  friend void func(Object& obj);
};
void func(Object& obj){
  cout << obj.count;              //正确：成员访问语法
  cout << Object::count;          //正确：类名字限定访问
}
```

静态成员仍然遵循访问控制的约束。所以，上面的 func()被声明为 Object 的友元才可以访问其私有静态成员 count。

6.5.2　static 成员函数

一般需要通过成员函数来访问数据成员。普通成员函数可以访问静态数据成员。例如：

```
class Object {
  static int count;          //静态数据成员
public:
  …
  int getCount()const { return count; }
};
…
Object obj;
obj.getCount();
```

普通成员函数必须通过对象或对象的地址调用，而静态数据成员并不依赖对象存在。如果成员函数只访问静态数据成员，那么用哪个对象来调用这个成员函数都没有关系，因为调用的结果不会影响任何对象的非静态数据成员。这样的成员函数可以声明为静态成员函数。

```
class Object {
    static int count;            //静态数据成员
  public:
    Object(){ count++; }
    Object(const Object&) {count++; …}
    ~Object(){count--;}
    static int getCount() { return count; }//静态成员函数
};
```

静态成员函数的声明是在类定义中的函数声明前加 static 关键字，在类外定义静态成员函数时不需要加关键字 static。

静态成员函数可以用成员访问语法调用，也可以直接用类名限定静态成员函数名调用。

```
Object obj;
obj.getCount();
Object::getCount();
```

静态成员函数没有 this 指针，在静态成员函数中显式或隐式地引用 this 指针都会引起编译错误。因此，静态成员函数中不能访问非静态数据成员，也不能调用非静态成员函数。静态成员函数也不能声明为 const 或 volatile，因为 cv 限定词是限定 this 指针的。

非静态数据成员和成员函数分别是对象的属性和操作。静态数据成员则是类的属性，而静态成员函数就是类的操作。在 UML 类图中，类的属性或操作加下画线表示。

静态成员函数还有一个用途。例如，有一组数学函数，如三角函数、对数等，这些函数都是作用于参数提供的数据，而不是某个对象。如果要将这些函数作为库设计，显然，不能将它们当作某一个类的普通成员函数来实现。一种方法是像C语言或C++语言的很多库那样，将它们组织为一组相关的库函数，然后在同一个头文件中声明，供客户程序以全局函数的形式调用。另一种方法是用面向对象的方式设计，可以定义一个类，例如Math，然后将这些函数全部作为Math的static成员函数，客户程序以Math::func()的形式调用即可。甚至也可以将π、e等常量作为Math类的static const成员。像Math这样只包含静态成员函数和静态常量数据成员的类经常被称为工具类（utility class），是面向对象类库中提供一组库函数的常用方式。

6.5.3 单件模式

单件（Singleton）模式是设计模式中的一种，保证一个类仅有一个实例。利用访问控制与static成员，可以实现单件模式。

程序6.14 单件模式。

```
//--------------------------------------------------
#include <iostream>
using namespace std;
class Singleton {
  private: //构造函数是私有的，防止在外部创建对象
     int num;
     static Singleton* sp;
     Singleton(int _num){ num = _num; }
     Singleton(const Singleton&){ } //防止复制对象
  public:
     static Singleton* getInstance(int _num);
     void handle(){
         if (num>0)
             { num -= 1; }
         else
             { cout<<"num is zero!"<<endl; }
     }
};//end of Singletom
Singleton* Singleton::sp  = 0;
Singleton* Singleton::getInstance(int _num){
     if (sp==0){ sp = new Singleton(_num); }
     return sp;
}
//--------------------------------------------------
int main(){
     Singleton* sp = Singleton::getInstance(1);
     sp->handle();
     Singleton* st= Singleton::getInstance(10);
     //调用 getInstance 并不会得到新对象
     st->handle();   //num is zero!
```

```
}
//----------------------------------------------------
```

Singleton 类中的构造函数用 private 限定后，在类的外部就无法创建 Singleton 的实例。静态成员函数 getInstance()在类内部产生对象并返回其指针 sp。类的使用者调用 getInstance()就可以获得一个 Singleton 对象的指针，通过指针间接操作对象。为了达到只存在一个实例的目的，在 getInstance()中对静态成员 sp 进行了必要的检测。

6.5.4　static 用法小结

static 在 C++中有多种语义，可以用于控制存储类别和名字的可见性。在此对 static 的各种用法做一个小结。

（1）定义函数内部的静态局部对象，改变对象的存储类别。

在函数内部定义一个 static 对象，该对象的作用域局限在该函数体内，但是对象将被存储于静态数据区中，而不是在栈内。这个对象只在函数第一次调用时初始化一次，以后它将在多次函数调用之间保持它的值。

对于用户自定义类型的静态对象，使用规则与一般的静态变量相同。它同样也必须有初始化操作，程序控制第一次到达对象的定义点时，而且仅在第一次，需要执行构造函数实施初始化，当程序从 main()中退出时，将调用析构函数实施对象的销毁。

（2）限制名字的可见性。

在源文件中声明为 static 的对象或函数名字仅对当前编译单元可见。这些名字是内部链接的。可以在其他的编译单元中使用同样的名字，而不会发生冲突。

```
int a = 0;          //a 为全局可见
extern int a = 0; //效果同上
static int a = 0; //a 为内部连接，仅对当前编译单元可见
```

（3）限定数据成员。

static 数据成员描述类的属性，用法参见静态数据成员一节。

（4）限定成员函数。

static 成员函数描述类的操作，用法参见静态成员函数一节。

6.6　指向成员的指针

指针可以保存变量或函数的地址。C++的成员指针遵从同样的概念，只是指向的是类的成员。这里有一个问题，所有的指针都保存地址，而类内部的成员是没有地址的，只有把成员在类中的偏移和具体对象的起始地址结合在一起才能得到实际的成员地址。

6.6.1　数据成员的指针

为了理解成员指针的语法，先考虑如下结构体：

```
struct Simple { int a; };
int main() {
```

```
  Simple so, *sp = &so;
  sp->a;     //通过指针选择成员
  so.a;      //通过对象选择成员
}
```

如果有一个指向类成员的指针 p，要取得指针指向的内容，必须用“*”运算符解引用。但是*p 是一个类的成员，不能直接使用，必须指定对象或指向对象的指针来选择这个成员，所以使用指向成员的指针的语法应该如下：

对象.* 指向成员的指针

对象指针->*指向成员的指针

例如：

```
//pa 是指向 Simple 成员的指针
so.*pa;          //通过对象 so 选择 pa 指向的成员
sp->*pa;         //通过指针 sp 选择 pa 指向的成员
```

如何定义指向成员的指针呢？像其他指针一样，必须指定它指向的类型，另外还需要说明它指向的是哪个类的成员。指向成员的指针的定义语法如下：

成员类型 类名::*指向成员的指针;

例如：

```
int X::*p;
```

定义了一个指向 X 类中的 int 成员的指针，它可以指向 X 类中的任何 int 成员。

程序 6.15 指向数据成员的指针。

```
//---------------------------------------------------------------
#include <iostream>
using namespace std;
class Data {
public:
  int a, b, c;
  void print() const {
    cout << "a = " << a << ", b = " << b
         << ", c = " << c << endl;
  }
};
int main() {
  Data d, *dp = &d;
  int Data::*pmInt = &Data::a;  //pmInt 是指向 Data 的 int 成员的指针
  dp->*pmInt = 12;
  pmInt = &Data::b; //pmInt 指向成员 b，但不指定是哪个对象的成员 b
  d.*pmInt = 24;
  pmInt = &Data::c;
  dp->*pmInt = 36;
  dp->print();
```

```
}
//----------------------------------------------------------------
```

程序的输出结果：

```
a = 12, b = 24, c = 36
//----------------------------------------------------------------
```

6.6.2 成员函数的指针

普通的函数指针不能指向成员函数，即使参数表和返回类型相同。因为成员函数还有一项信息，即所属的类。因此，定义指向成员函数的指针时也要指明成员函数的类类型。其基本语法如下：

返回类型(类名::*指向成员函数的指针)(参数表);

可以用一个成员函数的地址初始化成员函数指针，也可以在其他地方给指针赋值。需要注意的是，获取成员函数的地址必须使用取地址运算符“&”。例如：

```
class Simple {
public:
  int f(float) const { return 1; }
};
int (Simple::*fp)(float) const;
int (Simple::*fp2)(float) const = &Simple::f;
int main() {
  fp = &Simple::f;
}
```

因为在程序运行时可以改变指针的值，所以通过指针选择函数可以为程序提供很大的灵活性。例如，在程序 6.16 中可以指定一个数字来选择函数。

程序 6.16　指向成员函数的指针。

```
//------------------------------------------------------
#include <iostream>
using namespace std;
class FuncTable {
  void f(int) const { cout << "FuncTable::f()\n"; }
  void g(int) const { cout << "FuncTable::g()\n"; }
  void h(int) const { cout << "FuncTable::h()\n"; }
  void i(int) const { cout << "FuncTable::i()\n"; }
  static const int cnt = 4;
  void (FuncTable::*fptr[cnt])(int) const;  //函数表
public:
  FuncTable() {//初始化函数表
    fptr[0] = &FuncTable::f;
    fptr[1] = &FuncTable::g;
    fptr[2] = &FuncTable::h;
```

```
    fptr[3] = &FuncTable::i;
  }
  void select(int i, int j) {
    if(i < 0 || i >= cnt) return;
    (this->*fptr[i])(j);
  }
  int count() { return cnt; }
};
int main() {
  FuncTable ft;
  for(int i = 0; i < ft.count(); i++)
    ft.select(i, 20);
}
//--------------------------------------------------
```

程序的输出结果：

```
FuncTable::f()
FuncTable::g()
FuncTable::h()
FuncTable::i()
```

也可以定义指向成员函数的指针数组，通过下标选择要调用的成员函数，与普通函数表的用法类似。

6.7　类设计的例子

类由一组数据和函数构成，这些数据和函数共同拥有一组内聚的、明确定义的职责。类也可以只是由一组函数构成，这些函数提供一组内聚的服务，其中可能并未涉及它们共用的数据。

创建类的理由是什么呢？

创建类的首要理由是为现实世界中的对象建模。为程序中需要建模的现实世界中的每个对象类型创建一个类，把对象所需的数据添加到类里面，再编写一些成员函数为对象的行为建模。

创建类的另一个原因是建立抽象对象的模型，例如“交通工具”，它不是现实世界中的具体对象，如汽车、火车，而是对其他具体对象的一种抽象。抽象类的概念见第10章。

控制复杂度也是创建类的理由。创建一个类可以将一些信息和实现细节隐藏起来，将复杂的算法、数据隔离在类的内部。这样可以降低复杂度，减少出错率。

还可以利用工具类将一组没有共享数据的相关操作组织在一起，例如一组三角函数构成的类。

不过有些类是应该避免创建的。首先，要避免创建那种什么都知道、什么都能干的万能类。其次，要避免创建只包含数据但不包含行为的类，这样的类可以考虑降级为其他类的属性。最后，要避免用动词命名的只有行为而没有数据的类，这样的类可以考虑成为其他类的操作。

6.7.1　类的设计

在设计一个类的时候，首先要考虑这个类的对象将如何使用，它可以接收什么样的消息，即类的接口。接着，根据对象的用途及用法再确定它应该具有的数据结构和对数据如何操作，即类的实现。最后编写类代码，设计数据成员和成员函数，完成类的实现。有时甚至需要先编写一些使用类的客户程序，再根据客户程序的要求完成类的设计，而客户程序也可以用来测试这个类的实现是否正确。

定义一个类时通常要考虑下面几个问题。

- 对象可以以哪些方式初始化？是否允许对象之间的复制？这些是对构造函数的要求。
- 对象在撤销时是否需要一些善后工作？这是对析构函数的要求。
- 对象可以进行哪些操作？这就确定了应该提供的成员函数。例如，对字符串而言连接、复制、比较、求长度等都是常用操作。
- 是否需要和其他数据类型进行转换？例如字符串对象与 C 风格字符串之间的转换。
- 采用什么结构来存储对象的数据？采用什么算法实现各种操作？例如，对字符串对象而言，需要考虑是否采用动态空间分配、是否包含指针成员等问题。
- 根据实现方式考虑是否需要补充其他一些成员函数。

根据对这些问题的回答，可以先设计这个类的接口，编写类的头文件，再实现接口中提供的操作，编写类的源文件，最后用客户程序测试已经实现的类。当然，这个类在后续的使用过程中还可能不断演化，逐步完善，以得到更合理的设计和更高性能的实现。

6.7.2　类的 UML 表示法

UML 中的类图经常用来描述类的设计以及多个类之间的关系。本节只用简单的 UML 类表示法来描述单个类的设计。例如，图 6.1 是 ch_stack 类的 UML 类图。其中包括类名、属性和操作三部分信息。属性和操作名字前面的“＋”和“－”分别表示其访问限定为 public 和 private。protected 访问限定用“#”标示。

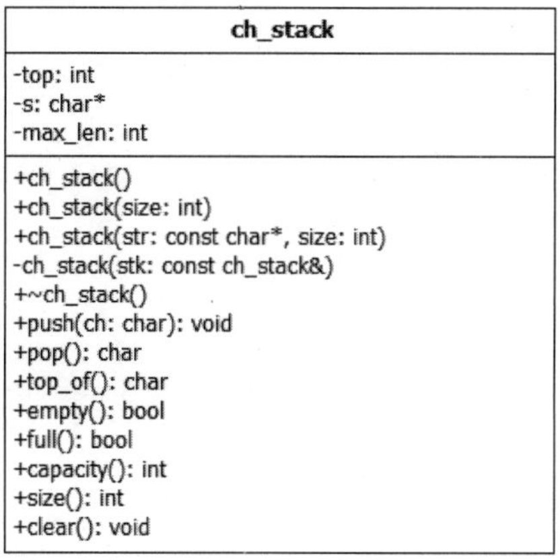

ch_stack
-top: int -s: char* -max_len: int
+ch_stack() +ch_stack(size: int) +ch_stack(str: const char*, size: int) -ch_stack(stk: const ch_stack&) +~ch_stack() +push(ch: char): void +pop(): char +top_of(): char +empty(): bool +full(): bool +capacity(): int +size(): int +clear(): void

图 6.1　字符栈类

6.7.3 动态字符栈类

程序 6.17 采用动态分配空间的方式实现了图 6.1 所示的字符栈类。

程序 6.17 动态字符栈类的定义和实现。

```
//------------------------------------------------------
//ch_stack.h
class ch_stack{
public:
    ch_stack();                                     //默认构造函数
    explicit ch_stack(int size);                    //指定栈大小
    ch_stack(const char str[],int size);            //用字符串初始化栈
    ~ch_stack();            //析构函数
    void clear();           //清空栈
    void push(char c);      //进栈
    char pop();             //出栈
    char top_of();          //返回栈顶元素
    bool empty();           //判断栈是否为空
    bool full();            //判断栈是否已满
    int capacity();         //返回栈的最大容量
    int size();             //返回栈中元素个数
private:
    char *s = nullptr;      //栈元素存储空间
    int top;                //栈顶指示器
    int max_len;            //栈的最大长度
    //私有拷贝构造函数，禁止对象复制和按值传递
    ch_stack(const ch_stack& ); //可以不实现，因为不能访问
};
//------------------------------------------------------
//------------------------------------------------------
//ch_stack.cpp
//类实现的源文件
#include <cassert>
#include "ch_stack.h"
const int EMPTY = -1;
ch_stack::ch_stack(int size) : top(EMPTY),max_len(size){
    assert(size > 0);
    s = new char[size];
}
ch_stack::ch_stack(): ch_stack(100){}
ch_stack::ch_stack(const char str[],int size)
: max_len(size){
    assert(size > 0);
    s = new char[size];
    int i;
```

```
    for (i = 0; i<max_len && str[i] != 0; ++i)
            s[i] = str[i];
    top = --i;
}
ch_stack::~ch_stack() { delete[]s; }
void ch_stack::clear() { top = EMPTY; }
void ch_stack::push(char c) { s[++top] = c; }
char ch_stack:: pop() { return s[top--];}
char ch_stack::top_of() { return s[top]; }
bool ch_stack::empty() { return top == EMPTY; }
bool ch_stack::full() { return top == max_len - 1;  }
int ch_stack::capacity() { return max_len; }
int ch_stack::size() {return top+1; }
//---------------------------------------------------
//---------------------------------------------------
//测试程序
#include <iostream>
#include "ch_stack.h"
using namespace std;
int main(){
    char str[50] = {"An idle youth, a needy age."};
    cout << str <<endl;
    ch_stack s;
    s.clear();          // 对 s 进行 clear()操作
    int i = 0;
    while(str[i] && !s.full())
        s.push(str[i++]);
    while(!s.empty())
        cout << s.pop();
    cout << endl;
}
//---------------------------------------------------
```

测试程序运行结果：

```
An idle youth, a needy age.
.ega ydeen a ,htuoy eldi nA
//---------------------------------------------------
```

6.7.4　字符串类

为了明确对字符串类的需求，可以先编写一个客户程序，并以此作为初步的测试程序。

程序 6.18　一个简单的字符串类客户程序。

```
//---------------------------------------------------
//测试程序 client.cpp
```

```
#include "my_string.h"
#include <iostream>
using namespace std;
int main()
{  //这段代码为my_string类提出了哪些要求？
    char* str = " Deliberate slowly, ";
    my_string a(str), b;
    b.copy("execute promptly.");
    a.concat(b);
    a.print();
    cout << "Length of string a:" << a.length() << endl;
    b.print();
    cout << "Is b equals to a?"
        << ( b.equals(a) ? "yes" : "no") <<endl;
  }
//----------------------------------------------------
```

根据客户程序中对 my_string 的使用方式，可以设计一个字符串类，如图 6.2 所示。

my_string
-s: char* -len: int
+my_string() +my_string(str: char*) +my_string(str: const my_string&) +~my_string() +copy(str: const my_string&): void +concat(str: const my_string&): void +equals(str: const my_string&): bool +find(ch: char): int +at(index: int): char +print(): void +length(): int

图 6.2　字符串类

程序 6.19　字符串类 my_string 的定义和实现。

```
//----------------------------------------------------
//编写类的头文件
//my_string.h
class my_string {
public:
  //构造函数和析构函数
    my_string(); //默认构造函数，创建空串
    my_string(const my_string& str);    //拷贝构造函数
    my_string(const char* p);           //类型转换构造函数
    ~my_string();   //析构函数
  //成员函数
```

```
    void copy(const my_string& str);          //将 str 复制到当前对象
    void concat(const my_string& str);        //将 str 连接到当前字符串末
    bool equals(const my_string& str);        //比较 str 是否和当前字符串相同
    int find(char ch);                        //在字符串中查找指定字符
    char& at(int index);                      //返回 index 指定位置的字符
    void print();                             //输出字符串
    int length();                             //返回字符串长度
private:
    char *s;
    int len;
};
//--------------------------------------------------
//--------------------------------------------------
//实现 my_string 类
//my_string.cpp
#include "my_string.h"
#include <cassert>
#include <cstring>
#include <iostream>
using namespace std;
my_string::my_string():len(0) {
//默认构造函数创建空字符串
    s = new char[1];  s[0]=0;
}
my_string::my_string(const my_string& str):len(str.len){
    s = new char[len + 1];
    strcpy(s, str.s);
}
my_string::my_string(const char* p){
    //将 C 风格字符串转换为 my_string
    len = strlen(p);
    s = new char[len+1];
    strcpy(s, p);
}
my_string::~my_string() { delete []s; }
void my_string::copy(const my_string& str) {//深复制
    if(this == &str) //自赋值检测
        return;
    delete[]s;
    len = str.len;
    s = new char[len+1];
    strcpy(s, str.s);
}
void my_string::concat(const my_string& str){
    char* temp = new char[len + str.len + 1];
    len = len + str.len;
    strcpy(temp, s);
```

```
        strcat(temp, str.s);
        delete[]s;
        s = temp;
    }
    bool my_string::equals(const my_string& str){
            return (strcmp(s, str.s)==0);
    }
    int my_string::find(char ch){ //在字符串中查找指定字符
      int loc = -1;
        for(int i=0; i<len; ++i)
            if(s[i] == ch) {    loc = i;  break;    }
      return loc;   //如果没找到，返回-1
    }
    char& my_string::at(int index){ //返回指定位置的字符
        assert (index >= 0 && index < len);
        return s[index];
    }
    void my_string::print(){cout<< s <<endl;}
    int my_string::length(){return len;}
    //-----------------------------------------------------------------
```

使用程序 6.19 测试 my_string 类的输出结果：

```
Deliberate slowly, execute promptly.
Length of string a: 36
execute promptly.
Is b equals to a? no
```

6.7.5 单链表类

单链表是一种常用的数据结构，基本操作有：插入元素、删除元素、遍历、查找等。实现链表的典型方法是为每个数据元素建立一个链表节点，再用指针将这些节点链接在一起，形成链式结构。

下面用一个包含数据和指针的结构体 slistelem 来描述链表节点，用 slist 类来实现链表操作，如图 6.3 所示。

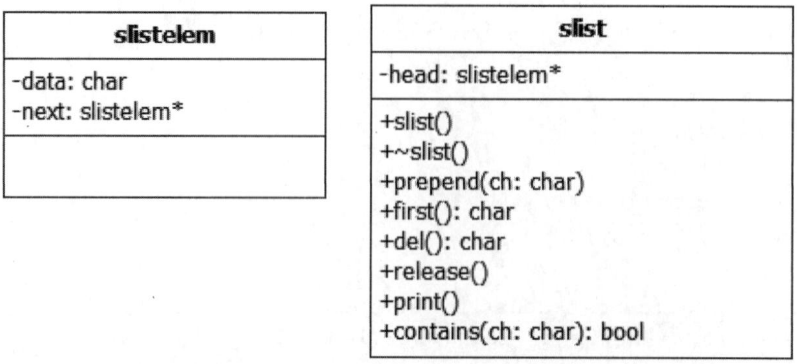

slistelem
-data: char -next: slistelem*

slist
-head: slistelem*
+slist() +~slist() +prepend(ch: char) +first(): char +del(): char +release() +print() +contains(ch: char): bool

图 6.3　链表节点和链表类

程序 6.20　一个简单的单链表类。

```
//-----------------------------------------------------
//slist.h
struct slistelem;                          //结构体声明
class slist {
  public:
    slist() : h(0) {}                      //初始化，建立空链表
    ~slist() { release(); }
    void prepend(char c);                  //加入新结节点
    void del();                            //删除表头节点
    slistelem* first() const {return h;}   //返回表头节点
    void print() const;                    //输出链表元素
    bool contains(char c) const;           //判断 c 是否在链表中
    void release();                        //释放链表节点
  private:
    slistelem* h;                          //链表头指针
};
//-----------------------------------------------------
//-----------------------------------------------------
//slist.cpp
#include "slist.h"
#include <iostream>
#include <cassert>
using namespace std;
struct slistelem {                         //链表节点类
    char   data;
    slistelem* next;
};
void slist::prepend(char c){
    slistelem* temp = new slistelem;       //新建一个节点
    assert(temp != 0);
    temp -> next = h;                      //将新节点插入到表头
    temp -> data = c;
    h = temp;                              //更新表头
}
void slist::del(){
    assert(h);                             //链表非空
    slistelem* temp = h;
    h = h->next;
    delete temp;
}
void slist::print() const {
    slistelem* temp = h;
    while (temp != 0) {
```

```
            cout<<temp->data<<"->";
            temp = temp->next;
        }
        cout<<"\n###"<<endl;
    }
    bool slist::contains(char c) const{
        slistelem* temp = h;
        while (temp != 0) {
            if (temp->data == c)
                return true;
            temp = temp->next;
        }
        return false;
    }
    void slist::release(){
        while (h != 0)  del();
    }
    //-----------------------------------------------------
    //-----------------------------------------------------
    //客户程序 test.cpp
    #include "slist.h"
    int  main()
    {
        slist w;
        w.prepend('A');
        w.prepend('B');
        w.prepend('C');
        w.print();
        w.del();
        w.print();
    }
    //-----------------------------------------------------
```

程序的输出结果：

```
C->B->A->
###
B->A->
###
```

6.8 小结

- 对象是数据和操作的封装体，是客观事物的抽象。

- 类是对具有相同属性和行为的一组对象的抽象。
- 类定义的代码一般分开放在两个文件中：类和成员的声明放在头文件中，成员的定义放在源文件中。类定义的头文件中应该使用包含守卫。
- 类中包含数据成员和成员函数，可以为这些成员设置不同的访问权限，由 public、private 或 protected 限定。
- class 是 C++中定义类的关键字；struct 也可以定义类。
- this 指针是成员函数隐含的第一个参数，指向当前调用成员函数的对象。
- 类的 friend 可以访问类的私有成员。
- 构造函数是和类同名的特殊成员函数，在初始化对象时被自动调用。
- 构造函数可以重载，如果可能，应该在所有的构造函数中初始化所有的数据成员。
- 析构函数是清除对象的特殊成员函数，在对象生命期结束时被自动调用。
- 类可以包含一些特殊的成员：const 成员、volatile 成员、static 成员、static const 成员。
- 指向成员的指针和普通指针具有相同的功能，但只和类成员一起使用。

6.9　习题

一、复习题

1．请说明程序设计中信息隐藏的必要性。C++通过哪些机制实现信息隐藏？

2．C++如何解决在某些特殊情况下私有数据需要被外部访问的矛盾？

3．C++对象中的数据成员在内存中是如何布局的，又是如何被初始化的？

4．哪种成员函数持有 this 指针？this 指针的作用是什么？

5．构造函数解决了哪些问题？试举例说明在哪些情况下会调用构造函数。

6．析构函数解决了哪些问题？试举例说明在哪些情况下会调用析构函数。

7．this 指针在 const 成员函数、static 成员函数及一般成员函数中有何不同？

二、编程题

1．定义下列类的数据成员并提供适当的初始化方法：

（1）日期 Date；

（2）员工 Employee；

（3）学生 Student。

2．设计表示时间的 Time 类，要求：

（1）有表示时、分、秒的数据成员；

（2）正确的初始化操作，检验数据的合法性；

（3）有时、分、秒的 get 和 set 函数；

（4）以 24 小时格式或 12 小时加上午下午的格式输出当前时间。

编写测试程序。

3．设计一个 Account 类：

（1）static 数据成员 annual 表示每个存款人的年利率；

（2）private 数据成员 savings 表示当前存款额；

（3）成员函数 calculate()用于计算月利息，并将利息加进 savings；

（4）static 成员函数 modify()改变 annual。

在主程序中实例化两个不同的 Account 对象 saver1 和 saver2，账户余额分别为 2000.00 和 3000.00，将 annual 设置为 3%，计算每个存款人的月息并打印结果，再将 annual 设置为 4%，重新计算每个存款人的月息并打印新的结果。

4．设计一个名为 Fan 的类表示风扇，要求包括：

（1）3 个名为 SLOW、MEDIUM 和 FAST 的常量，值分别为 1、2、3，表示风速；

（2）int 类型的私有数据成员 speed，表示风扇的速度，默认值为 SLOW；

（3）bool 类型的私有数据成员 on，表示风扇是否打开，默认值为 false；

（4）double 类型的私有数据成员 radius，表示风扇的半径，创建后不可修改，默认值为 5；

（5）string 类型的私有数据成员 color，表示风扇的颜色，默认值为 white；

（6）4 个数据成员的访问器，非 const 成员的修改器；

（7）创建默认风扇的构造函数；

（8）根据参数值创建风扇的构造函数；

（9）成员函数 status()，返回风扇的状态字符串：如果风扇是打开的，字符串中包括风扇的速度、颜色和半径；否则，返回的字符串中包括风扇关闭、颜色和半径。

编写测试程序，创建三个不同颜色和大小的风扇，进行改变速度、开、关等操作，输出这些风扇的状态。

5．设计并实现一个平面点类 Point，要求：

（1）用 x、y 两个坐标值表示一个点；

（2）正确初始化每个点，默认坐标值为原点；

（3）计算点到原点的距离；

（4）计算到另一个点的距离；

（5）获取点的 x、y 坐标值；

（6）设置点的 x、y 坐标；

（7）移动点到新位置。

编写测试程序。

6．设计并实现一个日期类 Date，要求：

（1）有表示年、月、日的数据成员；

（2）正确初始化年月日，并验证数据合法性，初始化后日期值不变；

（3）有获取年、月、日的 get 函数；

（4）实现 Date nextDay()函数，返回表示下一天的 Date 对象；

（5）实现 int difference(Date)函数，返回当前对象和参数指定日期之间的天数差；

（6）以 yyyy-mm-dd 的格式输出当前日期。

编写测试程序。

7．实现复数类，图 6.4 是复数类的 UML 图。

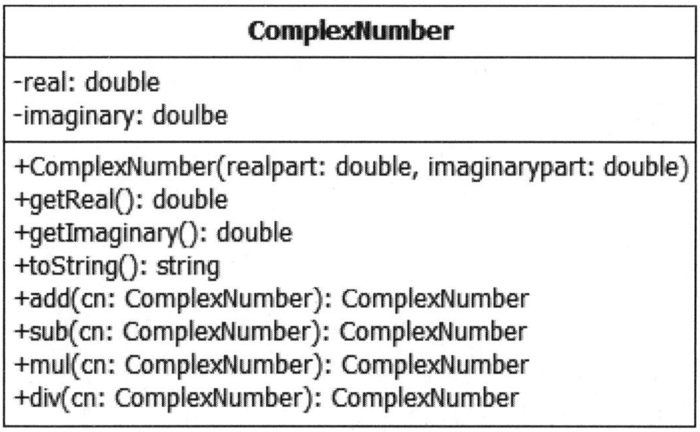

ComplexNumber
-real: double -imaginary: doulbe
+ComplexNumber(realpart: double, imaginarypart: double) +getReal(): double +getImaginary(): double +toString(): string +add(cn: ComplexNumber): ComplexNumber +sub(cn: ComplexNumber): ComplexNumber +mul(cn: ComplexNumber): ComplexNumber +div(cn: ComplexNumber): ComplexNumber

图 6.4　编程题 7 图

复数加、减、乘、除的公式如下：

```
(a+bi) + (c+di) = (a+c) + (b+d)i
(a+bi) - (c+di) = (a-c) + (b-d)i
(a+bi) * (c+di) = (ac-bd) + (bc + ad)i
(a+bi) / (c+di) = (ac+bd)/(c²+d²) + (bc-ad)i/(c²+d²)
```

8．设计并实现一个圆形类 Circle，要求：
（1）由圆心和半径描述圆形（可以使用第 5 题定义的 Point 类）；
（2）能够计算面积、计算周长、获取半径、移动和缩放；
（3）合理的初始化，默认圆心为原点，默认半径为 1。
编写测试程序。
9．设计并实现一个矩形类 Rectangle，要求：
（1）用左上角和右下角的坐标描述矩形（可以使用第 5 题定义的 Point 类）；
（2）计算面积、周长；
（3）移动矩形；
（4）合理的初始化，默认宽和高都是 1。
编写测试程序。
10．设计并实现一个三角形类 Triangle，要求：
（1）用三条边描述三角形；
（2）计算面积、周长；
（3）合理的初始化，注意检验三条边长度的合法性，默认三边长都为 1。
编写测试程序。
11．设计并实现一个有理数类 Rational，要求：
（1）用两个整数的比描述有理数；
（2）能够进行加、减、乘、除等算术运算；
（3）以分数形式输出有理数；
（4）提供 double 类型到有理数的类型转换；
（5）合理的初始化，注意检测分母和除数为 0 的错误，默认分子为 0，分母为 1。

编写测试程序。

12．设计并实现一个ObjectCounter类，要求：

（1）对系统中现存的本类实例计数；

（2）每个对象都有唯一的整型ID，按照创建的次序建立；

（3）获取当前系统中本类对象的个数；

（4）获取每个对象的ID。

编写测试程序。

13．设计并实现一个集合类IntSet，集合元素范围为1～100，要求：

（1）正确初始化集合，默认集合为空集；

（2）支持集合的交集、并集运算；

（3）判断一个指定整数是否在集合中；

（4）将给定整数加入集合，加入前应判断数值范围；

（5）从集合中删除指定元素；

（6）获得集合元素个数；

（7）输出集合中的所有元素。

编写测试程序。

14．设计并实现一个扑克牌类Card，表示一副纸牌，要求：

（1）用数组表示一副纸牌，52张，每张牌有点数和花色，如黑桃5、红桃K；

（2）支持洗牌操作shuffle()；

（3）支持抽取一张牌的操作pick()。

编写测试程序，创建一副纸牌，洗牌，模拟两个玩家各抽取3张，显示双方3张牌的花色和点数，并根据总点数大小判断输赢。

15．完成小芳便利店第二个版本，要求：

（1）程序体现面向对象的编程思想；

（2）向用户提供多次购买一次性结账的功能。

提示：可使用以下三个类解决该问题。

- 货物类（Goods）：一件商品，包含了名称，价格信息，如图6.5所示。
- 购物篮类（Basket）：一个购物篮，包含了已经选择的商品，如图6.6所示。

Goods
-name: char* -price: float
+Goods(_name: char*, _price: double) +setName(_name: char*) +getName(): char* +setPrice(_price: double) +getPrice(): double

图6.5　货物类（Goods）

Basket
-goodslist: vector<Goods>
+addGoods(item: Goods) +clear() +getTotalPrice(): double +isEmpty(): bool +getGoodsList(): vector<Goods>

图6.6　购物篮类（Basket）

- Store：小芳便利店，包括开始和退出程序，结账并打印商品清单，显示菜单，提示输入错误消息，向购物篮加入选中的商品，如图 6.7 所示。

图 6.8 是对程序的界面要求。

Store
-goods: Goods //所有商品 -basket: Basket //存放选中商品的购物篮 +Msg_Header: char* //菜单顶部 -Msg_Footer: char* //菜单底部
+start() +exit() +checkout() +addGoods(item: int) +displayMenu() +invalidInput()

图 6.7　Store

```
************************************************
   Welcome to XiaoFang Convenience Store
************************************************

 (1) Bread                  1.0
 (2) Cocacola               1.0
 (3) Beer                   1.0
 (4) Chocalate              1.0
 (5) Pencil                 0.5
 (6) Notebook               3.0

 (9) CHECK OUT
 (0) EXIT
------------------------------------------------
 PLEASE SELECT A NUMBER:
```

图 6.8　程序的界面要求

如果选择了 2（选择 1、3、4、5、6 类似），界面如图 6.9 所示。

```
 PLEASE SELECT A NUMBER: 2

YOU HAVE SELECTED [Cocacola], $1.0

************************************************
   Welcome to XiaoFang Convenience Store
************************************************

 (1) Bread                  1.0
 (2) Cocacola               1.0
 (3) Beer                   1.0
 (4) Chocalate              1.0
 (5) Pencil                 0.5
 (6) Notebook               3.0

 (9) CHECK OUT
 (0) EXIT
------------------------------------------------
 PLEASE SELECT A NUMBER:
```

图 6.9　选择 2 的界面

之后还可以继续选择其他的物品，在确认购买完毕后，选择 9 结账，如图 6.10 所示。

```
 PLEASE SELECT A NUMBER: 9

========= CHECK OUT =========

    Cocacola           1.0
    Beer               1.0
==============================
TOTAL:  $2.0
THANKS!
```

图 6.10　选择 9 的界面

按任意键后，可以开始继续新一轮的购物。

图 6.11 是在购物过程中输入错误的反馈。

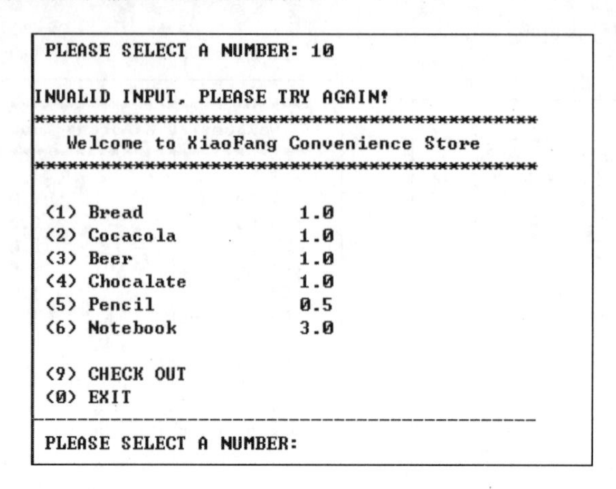

图 6.11　输入错误的反馈

三、思考题

1．C++中的 class 与 C 中的 struct 有什么区别？

2．构造函数是否有返回类型？

3．简述成员函数、全局函数和友元函数概念的异同。

4．完整列举 const 限定符的作用。它与 C 语言中的 const 有什么区别？

5．完整列举 static 关键字的作用。它与 C 语言、Java 中的 static 有什么区别？

6．头文件中的 ifndef/define/endif 有什么作用？

7．什么时候友元是有用的？说明使用友元的优缺点。

8．单件模式的主要作用是保证在应用程序中一个类只有一个实例存在。给出单件模式的程序实现。

CHAPTER 7

第7章 对象的初始化、复制和销毁

本章学习目标:

- 理解构造函数和初始化的关系;
- 理解默认构造函数的作用;
- 理解类型转换构造函数的作用;
- 理解拷贝构造函数的作用;
- 理解深复制和浅复制;
- 掌握赋值运算符函数的定义语法;
- 理解析构函数的作用;
- 理解复制和移动的不同语义;
- 理解编译器合成的拷贝控制成员函数及其默认行为;
- 理解=default和=delete的含义和用途;
- 了解智能指针的特点和用法;
- 了解引用计数和写时复制的实现技术。

每个类都定义了一个新类型和在此类型的对象上可以执行的操作。类可以定义构造函数，用来控制在创建此类型对象时做些什么。类还可以定义析构函数，控制销毁该类型对象时做什么。除了创建和销毁对象时的行为外，类还通过一些特殊的成员函数控制该类型对象的复制、赋值和移动。本章介绍这些成员函数，包括：默认构造函数、类型转换构造函数、拷贝构造函数、移动构造函数、拷贝赋值运算符、移动赋值运算符和析构函数。

7.1 对象的初始化和销毁

我们先通过一个类的例子来了解与对象的创建、初始化、复制、赋值、销毁相关的成员函数。

程序 7.1 拥有各种构造函数和拷贝控制成员函数的类 HaveAll。

```
//------------------------------------------------------------
#include <iostream>
```

```
#include <utility>
using namespace std;
class HaveAll{
public:
    HaveAll() : member(0)                  //默认构造函数
        { cout << " default constructor " << member << endl; }
    HaveAll(int n) : member(n)             //隐式类型转换构造函数
        { cout << " converting constructor " << member << endl;}
    HaveAll(const HaveAll& lh) : member(lh.member) //拷贝构造函数
        { cout << " copy constructor " << member << endl;  }
    HaveAll(HaveAll&& rh) noexcept: member(rh.member) //移动构造函数
        { cout << " move constructor " << member << endl;  }
    ~HaveAll()          //析构函数
        { cout << " destructor " << member << endl;}
    HaveAll& operator=(const HaveAll& r)    //拷贝赋值运算符
    {
        member = r.member;
        cout << " copy assignment " << member << endl;
        return *this;
    }
    HaveAll& operator=(const HaveAll&& rr)noexcept//移动赋值运算符
    {
        member = rr.member;
        cout << " move assignment " << member << endl;
        return *this;
    }
    // other operation
    void print()const {     cout << member << endl;     }
private:
    int member = 0;
};
//主程序: 以各种方式创建对象和赋值
int main(){
    cout << "1: ";
    HaveAll one;                        //默认初始化
    cout << "2: ";
    HaveAll two = one;                  //拷贝初始化
    cout << "3: ";
    HaveAll three(one);                 //直接初始化
    cout << "4: ";
    HaveAll four = 4;                   //拷贝初始化
    cout << "5: ";
    HaveAll five{5};                    //列表初始化，一个对象
    cout << "6: ";
    HaveAll six = std::move(one);   //拷贝初始化
```

```
    cout << "assignment one: " << endl;
    one = 1;                          //赋值
    cout << "assignment two: " << endl;
    two = four;                       //赋值
    cout << "array without initial value: " << endl;
    HaveAll arr1[2];                  //默认初始化
    cout << "array with initial value: " << endl;
    HaveAll arr2[3] = {8, 9};         //列表初始化，对象数组
    cout << "new an object: ";
    HaveAll *ph = new HaveAll;        //动态创建对象，默认初始化
    cout << "delete pointer: ";
    delete ph;                        //释放动态分配的空间
    cout << "OVER." << endl;
}
//---------------------------------------------------------------------
```

程序的输出结果：

```
1:  default constructor 0
2:  copy constructor 0
3:  copy constructor 0
4:  converting constructor 4
5:  converting constructor 5
6:  move constructor 0
assignment one:
 converting constructor 1
 move assignment 1
 destructor 1
assignment two:
 copy assignment 4
array without initial value:
 default constructor 0
 default constructor 0
array with initial value:
 converting constructor 8
 converting constructor 9
 default constructor 0
new an object:  default constructor 0
delete pointer:  destructor 0
OVER.
 destructor 9
 destructor 8
 destructor 0
 destructor 0
 destructor 0
 destructor 5
```

```
destructor 4
destructor 0
destructor 4
destructor 1
```

7.1.1 对象的初始化

C++语言中的初始化是一个异常复杂的问题。初始化不是赋值，初始化是在创建一个对象时赋予其一个初始值。C++语言定义了好几种不同的初始化形式，这也是初始化问题复杂性的一个体现。对于类类型的对象来说，不同的初始化形式意味着要调用不同的构造函数。

1）默认初始化

如果定义对象时没有指定初值，对象被默认初始化，调用类中的默认构造函数。例如：

```
HaveAll one;           //默认初始化,调用 HaveAll()
HaveAll arr1[2];       //默认初始化,调用两次 HaveAll(),初始化每个数组元素
```

2）直接初始化

初始值在圆括号“()”中，可以提供多个初始值，根据初始值类型和个数直接调用最匹配的构造函数。例如：

```
HaveAll three(one); //直接初始化,调用和 one 类型匹配的 HaveAll(HaveAll&)
HaveAll other(12);     //直接初始化,调用和 12 类型匹配的 HaveAll(int)
```

3）拷贝初始化

用等号“=”初始化一个对象时，执行拷贝初始化，编译器用等号右边的初始值创建一个对象，复制给新创建的对象。等号右边的初始值只能有一个，调用与初始值类型匹配的构造函数。例如：

```
HaveAll two = one;     //拷贝初始化,用 one 调用 HaveAll(HaveAll&),复制给 two
HaveAll four = 4;      //拷贝初始化,用 4 调用 HaveAll(int),复制给 four
```

与直接初始化相比，拷贝初始化在创建对象时调用了构造函数之后，还要多做一次复制操作，而同类型对象的复制操作会引起拷贝构造函数的调用。怎么初始化一个对象会调用两次构造函数呢？为什么在程序 7.1 的输出结果上没显示出来调用了 HaveAll(const HaveAll&)？

实际上，在上面的拷贝初始化过程中，编译器可以（但不是必须）跳过拷贝构造函数的调用，直接创建对象。但是，就算是跳过拷贝构造函数的调用，也要求拷贝构造函数必须是存在而且可访问的（例如，不能是私有的）。

以程序 7.1 中的 HaveAll 类为例，下面的两条初始化语句输出结果是一样的：

```
HaveAll a(12);       //直接初始化,调用 HaveAll(int)
HaveAll b = 12;      //拷贝初始化,调用 HaveAll(int),复制给 a,但跳过拷贝构造函数
```

如果修改程序 7.1，将拷贝构造函数 HaveAll(const HaveAll&)声明为 private 的，并未

影响构造函数 HaveAll(int)，但是下面对象 b 的拷贝初始化语句会出现编译错误：

```
HaveAll a(12);        //正确：直接初始化,调用 HaveAll(int)，不影响
HaveAll b = 12;       //错误：拷贝构造函数不可访问
```

直接初始化因为使用等号“=”，也容易和赋值混为一谈。赋值和初始化不同，是对已经存在的对象进行的，含义是清除对象当前的值，写入新的值来代替。

4）列表初始化

用花括号“{}”中的初始值构造对象，调用相应的构造函数，与直接初始化类似。

```
HaveAll five{5};              //列表初始化，5 是一个对象的初始值
```

但是，花括号还可以是一个初始值的列表，用来初始化数组的每个元素，此时对每个值调用构造函数，创建数组元素，如果初始值的个数少于数组大小，会对后面的元素调用默认构造函数初始化。例如：

```
HaveAll arr2[3] = {8, 9};  //列表初始化，8 和 9 是数组前两个元素的初始值
//用 8 和 9 调用两次 HaveAll(int)创建 arr2[0]和 arr2[1]，arr2[2]则调用 HaveAll()
```

可以看到，初始化对象时都要调用构造函数，而构造函数控制对象在初始化时的行为，那么具体什么情况下会调用构造函数呢？

- 创建全局对象或局部对象时，根据初始值的类型和个数调用相应的构造函数。
- 创建类类型的数组时，调用默认构造函数初始化每个数组元素。
- 在需要隐式类型转换时，会调用类型转换构造函数。
- 用 new 在堆上创建对象时，先为对象分配空间，再调用构造函数初始化对象，最后返回对象的地址。
- 函数参数按值传递对象和按值返回对象时，调用拷贝构造函数。
- 创建包含成员对象的组合对象时，成员对象的构造函数会先于组合对象的构造函数被调用。

在这些情况下，如果要调用的构造函数不存在，而且编译器也不能合成，或者构造函数存在但是不可访问，都会引起程序编译错误。

7.1.2　默认构造函数

可以不提供实参就能调用的构造函数称为**默认构造函数**（default constructor）。例如上面例子中的 HaveAll()就是 HaveAll 类的默认构造函数。

在很多情况下可能不便为对象提供初始值。例如：

```
X ax[100];
```

这里需要调用 X()来初始化数组的每个元素，如果类 X 没有默认构造函数，就会产生编译错误。

通常需要为类定义一个默认构造函数，在定义对象时如果没有提供初始值，会调用默认构造函数进行初始化。默认构造函数可以是没有形参的构造函数，也可以有形参但每个参数都有默认值。

程序 7.2 默认构造函数。

```
//-----------------------------------------------
class X {
  int m,n ;
public:
  X() { m = 0; n = 0;}                          //默认构造函数
  X(int v) { m = v; n = 0; }                    //构造函数
  X(int v1, int v2) { m = v1; n = v2; }         //构造函数
};
class Y {
  int m,n ;
public:
    //这也是默认构造函数的一种形式
    Y(int v1 = 0, int v2 = 0) { m = v1; n = v2; }
    //构造函数 Y()可以通过三种方式被调用:Y(),Y(int),Y(int,int)
};
int main(){
    X x1(5);              //调用构造函数 X(int)
    X x2;                 //调用默认构造函数 X()
    X x3(1, 2);           //调用构造函数 X(int, int)
    Y y1;                 //调用默认构造函数 Y(int = 0, int = 0)
    Y y2(1);              //调用构造函数 Y(int, int=0)
    Y y3(1, 2);           //调用构造函数 Y(int, int)
}
//-----------------------------------------------
```

如果一个类没有定义任何构造函数，编译器会在需要时自动合成一个默认构造函数。类中一旦定义了构造函数，即使不是默认构造函数，编译器也不再合成。

当对象被默认初始化或值初始化时自动执行默认构造函数。

默认初始化发生在下列情况下：

- 在块作用域内定义一个非静态变量或数组，且没有提供任何初始值时；
- 当一个类本身含有类类型的成员，且使用编译器自动合成的默认构造函数时；
- 当类类型的成员没有在构造函数的初始化列表部分显式初始化时。

值初始化发生在下列情况下：

- 在数组初始化过程中提供的初始值数量少于数组大小时；
- 不用初始值定义一个局部静态变量时；
- 通过表达式 T()显式请求执行初始化时，其中 T 是类名。

7.1.3 隐式类型转换构造函数

可以用一个实参调用的构造函数也被看作是进行类型转换的函数，它可以将参数类型的数据转换为类类型。在需要隐式类型转换时编译器会自动调用转换构造函数。例如：

```
class X {
  int m;
public:
  X(int v): m(v) {}        //转换构造函数，可以将 int 转换为 X 类型
};
void f(X obj){}
int main(){
    int iv = 10;
    f(iv);                 //正确,调用 X(int)进行隐含的参数类型转换
    X obj1(iv);            //正确,直接初始化，调用 X(int)
    X obj2 = iv;           //正确,拷贝初始化，调用 X(int)
}
```

如果不希望编译器自动进行这种类型转换，可以在构造函数的声明前面加上 explicit 关键字，禁止隐式转换。例如：

```
class X {
  int m;
public:
  explicit X(int v): m(v) //说明这是普通构造函数,不能在需要类型转换时隐式调用
  {}
};
```

explicit 构造函数只能用于直接初始化。在执行拷贝形式的初始化时（用=）也会发生隐式类型转换，所以，只能用直接初始化的形式使用 explicit 构造函数。而且，编译器将不会在自动转换过程中使用 explicit 构造函数。例如：

```
int main(){
    int iv = 10;
    f(iv);                     //错误: 不能将 iv 从 int 转换为 X 类型
    X obj1(iv);                //正确, 直接初始化，调用 X(int)
    X obj2 = iv;               //错误: 需要从 int 到 X 的转换
}
```

用一个已有对象初始化另一个同类型的对象时会调用拷贝构造函数，我们在 7.2 节详细介绍拷贝构造函数。

7.1.4　析构函数

从程序 7.1 的执行结果可以看到，对象离开作用域时析构函数会被自动调用，同一作用域的对象析构函数的调用次序和构造函数的调用次序相反。

析构函数执行与构造函数相反的操作。构造函数初始化对象的非 static 数据成员，还可能做一些其他工作。析构函数释放对象使用的资源，并销毁对象的非 static 数据成员。如同构造函数有初始化部分和函数体，析构函数也有函数体和隐式的析构部分。在构造函数中，成员的初始化在函数体执行之前完成，是按照它们在类中声明的顺序进行初始化。析构函数首先执行函数体，然后销毁成员，成员按初始化的逆序销毁。成员的销毁方式完全依赖于成员的类型：销毁类类型的成员需要执行成员自己的析构函数，销毁没有析构函

数的内置类型成员什么也不需要做，销毁内置指针类型的成员不会delete指针指向的对象。

无论何时一个对象被销毁，都会自动调用其析构函数，例如：

- 变量离开作用域时被销毁；
- 当一个对象被销毁时，其成员被销毁；
- 标准容器（如vector）和数组被销毁时，其元素被销毁；
- 临时对象，当创建对象的完整表达式结束时被销毁；
- 动态分配的对象，delete其指针时被销毁；delete先调用析构函数清除对象，再释放堆上的空间。

析构函数在大多数情况下都是被自动地隐式调用，很少会需要显式调用析构函数。最典型的情况是在使用定位new的时候。

```
//-------------------------------------------------------------------
//动态数组类的构造函数和析构函数
class Vect {
    int n;                      //数组大小
    int* p;                     //数组首地址
public:
  Vect(int sz) {
    assert(sz>0);               //如果sz>0，继续执行；否则终止程序
    n = sz;
    p = new int[n];
  }
  ~Vect(){ delete []p; }      //析构函数
  //…
};
//--------------------------------------------
//--------------------------------------------
//使用定位new的代码
…
char* buf = new char[bufSize]; //预先分配一段空间
Vect* ptr = new (buf) Vect(10); //定位new，在buf上分配一个Vect对象
//定位new的ptr指针是不需要用delete释放的，只要释放buf就可以了
//不需要delete ptr; 因为是在buf上分配的空间
…
delete []buf;
//ptr指向的对象没有调用析构函数释放，有什么问题吗?
//-------------------------------------------------------------------
```

在这段代码中，虽然用delete释放了在堆上分配的空间buf，但是Vect类对象没有调用析构函数。但是如果用delete ptr释放Vect类对象，会先调用析构函数，再释放堆空间，这时将预分配的底层buf空间也释放了。在这种情况下，需要显式调用析构函数。

```
ptr -> ~Vect(); //调用析构函数，只释放Vect分配的空间，底层存储空间不释放
```

需要注意，除非是像这样的特殊情况，否则不要显式调用析构函数。

如果一个类没有定义自己的析构函数，编译器会自动合成一个析构函数，函数体为空。需要注意的是，成员的销毁并不是在函数体中进行的，而是在析构函数体之后隐含的析构阶段中被销毁的。在整个对象销毁过程中，析构函数体是作为成员销毁步骤之外的另一个部分而进行的。

这段代码中使用了调试工具 **assert** 宏，其格式为：

```
assert(condition);
```

如果 condition 为 true，则继续执行后续代码；否则，调用 abort()库函数终止程序。

assert 宏在运行阶段检查断言，用来验证那些程序正常执行时必须满足的前提条件。使用 assert 要包含标准库头文件<cassert>。

C++11 新增加了关键字 **static_assert**，可用于在编译阶段对断言进行测试。使用形式为：

```
static_assert(condition, "message");
```

其中，condition 必须是编译时已知的常量表达式。编译阶段测试 condition，如果为 false，则报告编译错误。

static_assert 的主要目的是对在编译阶段——而非运行阶段——实例化的模板（见第 11 章）进行调试。

7.1.5 拷贝控制成员

当定义一个类时，我们会显式或隐式地指定在此类型的对象复制、移动、赋值和销毁时做什么。一个类通常定义五种特殊的成员函数来控制这些操作，包括：拷贝构造函数、拷贝赋值运算符、移动构造函数、移动赋值运算符和析构函数。拷贝和移动构造函数定义了当用同类型的另一个对象初始化当前对象时做什么。拷贝和移动赋值运算符定义了将一个对象赋值给同类型的另一个对象时做什么。析构函数定义了当此类型对象销毁时做什么。这些操作被称为**拷贝控制**（copy control）**操作**。

如果一个类没有定义所有这些拷贝控制成员，编译器会在需要时合成相应的操作，因此，很多类会忽略这些拷贝控制操作。例如：

程序 7.3 删除了拷贝控制成员之后的类 HaveAll。

```
//------------------------------------------------------------------
#include <iostream>
#include <utility>
using namespace std;
class HaveAll{
public:
    HaveAll() : member(0)               //默认构造函数
        { cout << " default constructor " << member << endl; }
    HaveAll(int n) : member(n)          //隐式类型转换构造函数
        { cout << " converting constructor " << member << endl;}
    // 没有定义拷贝构造函数
```

```
    // 没有定义移动构造函数
    // 没有定义析构函数
    // 没有定义拷贝赋值运算符
    // 没有定义移动赋值运算符
    // other operation
    void print()const {     cout << member << endl;     }
private:
    int member = 0;
};
//主程序保持不变，仍然可以编译通过
int main(){
    cout << "1: ";
    HaveAll one;
    cout << "2: ";
    HaveAll two = one;      //拷贝构造函数：没有
    cout << "3: ";
    HaveAll three(one);     //拷贝构造函数：没有
    cout << "4: ";
    HaveAll four = 4;
    cout << "5: ";
    HaveAll five(5);
    cout << "6: ";
    HaveAll six = std::move(one);       //移动构造函数：没有
    cout << "assignment one: " << endl;
    one = 1;                  //赋值运算符：没有
    cout << "assignment two: " << endl;
    two = four;               //赋值运算符：没有
    cout << "array without initial value: " << endl;
    HaveAll arr1[2];
    cout << "array with initial value: " << endl;
    HaveAll arr2[3] = {8, 9};
    cout << "new an object: ";
    HaveAll *ph = new HaveAll;
    cout << "delete pointer: ";
    delete ph;                //析构函数
    cout << "OVER." << endl;
}       //析构函数
//------------------------------------------------------------------
```

程序的输出结果：

```
1:  default constructor 0
2: 3: 4:  converting constructor 4
5:  converting constructor 5
6: assignment one:
 converting constructor 1
```

```
assignment two:
array without initial value:
 default constructor 0
 default constructor 0
array with initial value:
 converting constructor 8
 converting constructor 9
 default constructor 0
new an object:  default constructor 0
delete pointer:
OVER.
```

比较程序 7.3 和程序 7.1 的输出结果，可以看到只是少了一些输出信息，对象的数据和行为并没有受到影响，可以看出，有没有定义这些拷贝控制成员并没有什么差别。之所以如此，是因为编译器自动合成了缺失的操作。但是，对有些类来说，编译器合成的默认行为并不适合。因此，需要理解什么时候需要定义这些操作。

7.2　拷贝构造函数

拷贝构造函数、拷贝赋值运算符和析构函数是最基本的拷贝控制操作。以类定义的经验准则而言，如果类中需要定义这三个函数中的某一个，那么也需要定义另外的两个，因此它们经常同时出现在一个类定义中。这一节和下一节分别讨论拷贝构造函数和拷贝赋值运算符。

有时候会用已有对象去初始化另一个同类型的对象，例如：

```
X one;
X two(one); //用 one 初始化同类型对象 two
```

用 one 初始化 two 时需要一个构造函数 X(X&)，称为**拷贝构造函数**（copy constructor）。如果在类中没有定义这样的构造函数，编译器会自动合成一个，默认的行为是**按成员复制**。如果 X 是只包含简单数据成员的类，这种按成员复制的行为可以适用。X two(one)就是用 one 中的每个成员分别去初始化 two 的每个对应的成员，这种行为也称为**浅复制**（shallow copy）。例如：

程序 7.4　浅复制和合成的拷贝构造函数。

```
//--------------------------------------------------------
#include <iostream>
#include <string>
using namespace std;
class Simple{
public:
    Simple(int first){
        for(auto i = 0; i < 3; ++i)     arr[i] = i + first;
    }
```

```
    void print()const {
        cout << lab << " : ";
        for(auto e : arr)   cout << e << " ";
        cout << endl;
    }
    void change(){
        for(auto &e : arr)  e += 2;
        lab = "have changed";
    }
private:
    int arr[3] = {0, 1, 2};
    string lab = "original";
};
int main(){
    Simple one(1);
    Simple two(one);
    cout << "one---";
    one.print();
    cout << "two---";
    two.print();
    one.change();
    cout << "after changing: " << endl;
    cout << "one---";
    one.print();
    cout << "two---";
    two.print();
}
//-------------------------------------------------------
```

程序的输出结果：

```
one---original : 1 2 3
two---original : 1 2 3
after changing:
one---have changed : 3 4 5
two---original : 1 2 3
```

在没有定义拷贝构造函数的情况下，编译器会自动合成一个，将给定对象的每个非 static 成员复制到正在创建的对象中。

每个成员的类型决定了它如何复制：对内置类型的成员会直接复制，对数组类型的成员会逐个元素复制，对类类型的成员会使用其拷贝构造函数来复制，对类类型的数组则使用数组元素的拷贝构造函数来复制。

在 Simple 类中，只包含内置 int 数组成员 arr 和 string 成员 lab，所以这种按成员复制的默认行为没有出现错误。

但是，如果类中包含指针或引用成员，如图 7.1 所示，这种浅复制的行为是否恰当呢？

程序 7.5　指针和引用成员的浅复制。

```
//--------------------------------------------
class X {
  int m;
  int& r;
  int* p;
public:
  X(int mm = 0): m(mm),r(m),p(&m) {}
  void changep(){ *p = 10; }
  void changer(){ r = 5; }
};
int main() {
  X a;
  X b(a);              //这样得到的 b 对象是什么样的?
  b.changep();         //有什么后果?
  b.changer();         //有什么后果?
}
//--------------------------------------------
```

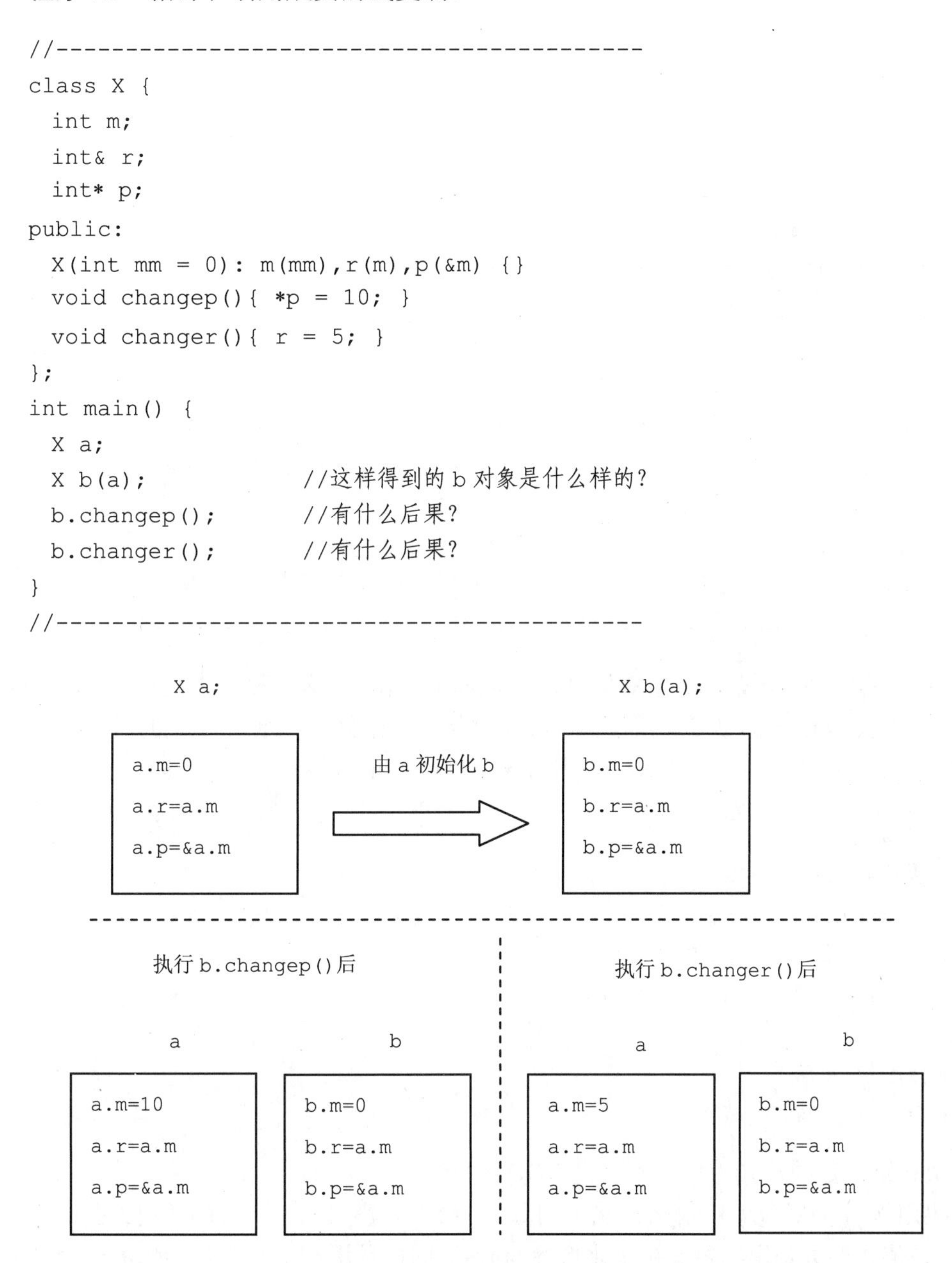

图 7.1　程序 7.5 执行过程中的浅复制

如图 7.1 所示，当类中包含指针或引用成员时，浅复制的行为并不适用。那么如何避免这样的问题呢？

为了避免编译器合成的浅复制行为，可以自己定义拷贝构造函数，对包括指针和引用在内的成员进行恰当的初始化。

程序 7.6　深复制和拷贝构造函数。

```
//------------------------------------------------------------
```

```
class X {
  int m;
  int& r;
  int* p;
public:
  X(int mm = 0): m(mm),r(m),p(&m) {}
  X(const X& a):m(a.m),r(m),p(&m) {}    //拷贝构造函数
  void changep(){ *p = 10; }
  void changer(){ r = 5; }
};
int main() {
  X a;              //X(int): a.m=0; a.r= a.m, a.p = &a.m
  X b(a);           //X(const X&): b.m=0; b.r= b.m, b.p = &b.m
  b.changep();      //b.m = 10
  b.changer();      //b.m = 5，不会影响 a
}
//-------------------------------------------------------------
```

拷贝构造函数的一般形式是 **X(X&)**或者 **X(const X&)**，这两种形式是有差别的。如果拷贝构造函数是 X(X&)，那么就不能用 const 对象来初始化另一个 X 类型的对象，因为参数类型不匹配。如果是 X(const X&)，那么既可以用 const 对象也可以用非 const 对象来初始化另一个 X 类型的对象。

```
//如果拷贝构造函数为 X(X&)
const X a;
X b(a); //错误：没有匹配的函数'X::X(const X&)'
//如果拷贝构造函数为 X(const X&)
const X a;
X b(a); //正确
X c(b); //正确
```

拷贝构造函数的形式为什么不会是 X(X)呢？

如果用 X 类的对象 a 初始化 X 类的对象 b，会引起拷贝构造函数的调用。在调用 X(X obj)时，按值传参数是用实参 a 初始化形参 obj，这同样是用一个对象初始化另一个同类对象，又需要调用拷贝构造函数，重复这一过程，显然会陷入对 X(X)的无限循环调用。因此，拷贝构造函数的形参一定是引用。

拷贝构造函数是不是只能有一个形参？

如果一个构造函数的第一个形参是自身类型的引用，且任何额外的参数都有默认实参，则此构造函数是拷贝构造函数。换句话说，只需要提供一个本类型对象作实参就可以调用的构造函数就是拷贝构造函数。例如：

```
X(const X&, int x = 10);          //第二个参数有默认值
```

以下三种情况都是用一个对象初始化另一个同类对象的语义，会调用拷贝构造函数：
（1）用一个对象显式或隐式初始化另一个同类对象；
（2）函数调用时，按传值方式传递对象参数；
（3）函数返回时，按传值方式返回对象。

程序 7.7　拷贝构造函数的调用。

```
//---------------------------------------------------
class Y{
public:
    Y(int v=0):m(v){}
    Y(const Y& obj) { m = obj.m; } //拷贝构造函数
private:
    int m;
};
void f(Y obj){  … }
Y g(){
    Y obj;
    //…
    return obj;
}
int main(){
    Y a;
    Y c = a;     //拷贝初始化，等同于 Yc(a); 拷贝构造函数调用
    Y b(a);      //拷贝构造函数调用
    f(a);        //参数按值传递，拷贝构造函数调用
    b = g();     //函数按值返回，拷贝构造函数调用
}
//-------------------------------------------
```

需要注意的是，按引用传递对象或返回对象时并不是创建和初始化新对象的语义，因而不会引起拷贝构造函数的调用。

7.3　拷贝赋值运算符

类可以控制其对象如何赋值，方法是重载赋值运算符。重载运算符本质上是函数，名字由关键字 operator 后接要定义的运算符，如名为 operator=的函数就是赋值运算符。重载运算符之后，类类型的对象就可以像内置类型一样使用运算符进行操作。

赋值运算符 operator=()是最常用的运算符之一，也是定义类时经常要重载的一个运算符。如果类没有定义自己的拷贝赋值运算符，编译器会自动合成一个，行为是将右操作数对象的每个非 static 成员赋值给左操作数对象的对应成员：对类类型的成员通过其拷贝赋

值运算符进行赋值，对数组类型的成员，逐个数组元素赋值；最后返回左操作数对象的引用。

赋值和初始化不同。初始化是在创建新对象时进行，只能有一次；而赋值可以对已存在的左值多次使用。类类型的对象在初始化时调用构造函数，而赋值时调用 operator=()。

赋值运算符“=”可能用在初始化对象的地方，但是这种情况并不会引起 operator=() 的调用。赋值运算符的左操作数是已经存在的对象时，才会调用 operator=()。

```
void f(){
  int m = 10;          //初始化
  int n;               //定义变量，但没有初始化
  n = 5;               //赋值，虽然是首次赋值，但不是初始化
  n = m;               //赋值
  MyType b;            //初始化，调用默认构造函数
  MyType a = b;        //等价于 MyType a(b)；调用拷贝构造函数，而不是 operator=
  a = b;               //a 是已经存在的对象，调用 operator=
}
```

类 X 的赋值运算符要定义为类 X 的成员函数，形式为：

```
X& operator=(const X&);
```

当进行 X 类的对象赋值如 a=b 时，就相当于调用成员函数 a.operator=(b)。为了与内置类型的赋值保持一致，赋值运算符通常返回一个指向左操作数的引用。

operator=()的基本行为是将右操作数中的信息复制到左操作数中。对于简单对象，这种行为是很直接的。

程序 7.8 简单对象的赋值运算符重载。

```
//-------------------------------------------------------------
//简单对象的赋值
class Value {
  int a, b;
  float c;
public:
  Value(int aa = 0, int bb = 0, float cc = 0.0)
        : a(aa), b(bb), c(cc) {}
  Value& operator=(const Value& rv) {
    a = rv.a;
    b = rv.b;
    c = rv.c;
    return *this;          //赋值运算符返回当前对象的引用
  }
};
int main() {
```

```
  Value a, b(1, 2, 3.3);          //a 的值为(0,0,0)
  a = b;                          //调用 operator=，a 的值为(1,2,3.3)
}
//------------------------------------------------------------
```

下面着重介绍自赋值检测。

程序 7.8 中定义了赋值运算符，但是隐含了一个常见的错误。在对象赋值之前应该进行自赋值检测：检验对象是否在给自身赋值。在对象结构简单的情况下，即使对象给自身赋值也没有什么危害，但是有些情况下，对象给自身赋值会导致严重后果。

```
//一个简单的字符串类
class my_string{
  char* str;
  int len;
public:
  my_string(const char* s = ""){
    len = strlen(s);
    str = new char[len + 1];
    strcpy(str, s);
  }
  ~my_string(){delete[]str;}
  //其他构造函数和成员函数略
  my_string& operator=(const my_string& s);
};
…
my_string a("abcde"), b("hijk");
a = b;       //如何赋值
```

这个类中的 operator=()应该如何实现呢？

第一种方式是进行成员之间的直接赋值，代码如下：

```
my_string& my_string::operator=(const my_string& s)
{
    len = s.len;
    str = s.str;
    return *this;
}
```

这段代码中的直接赋值会导致什么后果呢？

如图 7.2 所示，这样的赋值行为导致了两个问题：第一，赋值后 a 和 b 的 str 指向了同一段存储空间，破坏了对象的完整性，如果对 a 或 b 中的一个字符串操作，另一个也会受到影响。第二，原来的 a.str 指向的动态存储空间没有释放，会造成内存泄漏。

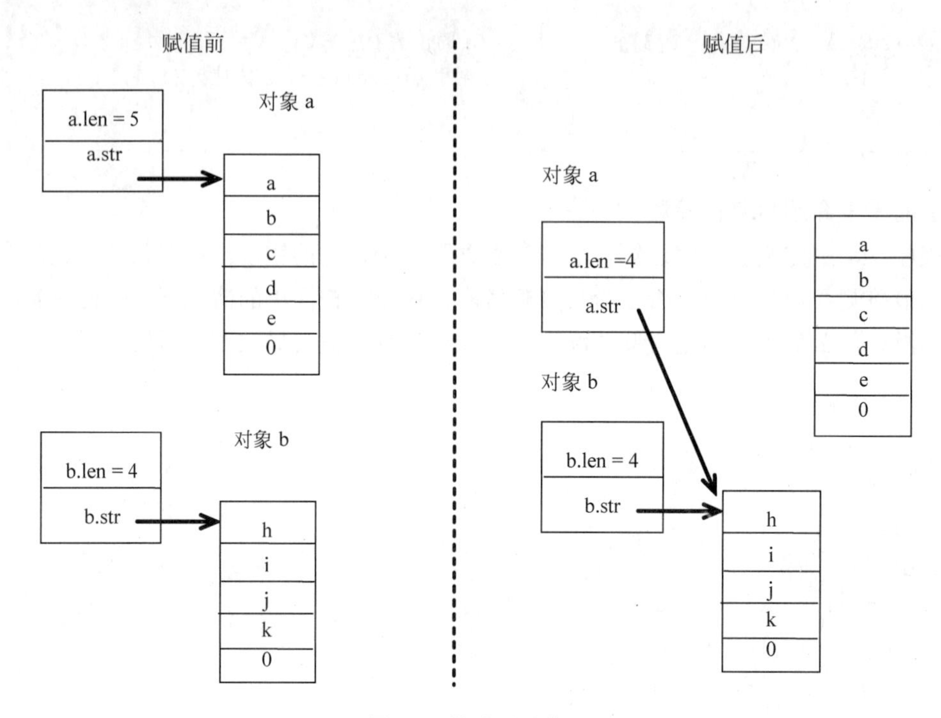

图 7.2　按成员赋值

为了避免出现这样的问题，应该采用深复制，可以修改 operator=()函数的代码如下：

```
my_string& my_string::operator=(const my_string& s)
{   //先释放当前对象中的动态存储空间
    delete[] str;
    //再重新分配空间
    len = s.len;
    str = new char[len + 1];
    //最后进行字符串的复制
    strcpy(str, s.str);
    return *this;
}
```

修改后的代码是否正确呢？

对上面例子中的 a 和 b，这个 operator=()能够产生正确的结果。但是对下面的赋值语句会产生什么后果呢？

```
a=a;
```

上面定义的赋值操作先释放左操作数（a）的 str 指针，但右操作数（也是 a）的指针同时也被释放了！这当然不是正确的行为。

造成这种后果的原因是没有在 operator=()中进行自赋值检测。可以通过比较两个对象的内存地址是否相等来判断它们是否为同一个对象。

```
my_string& my_string::operator=(const my_string& s)
```

```
{     //赋值之前先进行自赋值检测
      if(this == &s)  //自赋值
      return *this;
      //深复制
     delete[] str;
     len = s.len;
     str = new char[len + 1];
     strcpy(str, s.str);
     return *this;
}
```

所有的赋值运算符在重载时都要进行自赋值检测。虽然在某些情况下，这并不是必需的，但是最好养成这样的习惯，以防止在操作复杂对象时可能引起的错误。

同类对象之间的相互赋值是常用的动作，所以如果类中没有重载 operator=()，编译器将在需要时自动创建一个，其行为是按成员赋值。对于复杂的类，尤其是包含指针成员时，应该显式地创建 operator=()。

编写拷贝赋值运算符时，要切记两点：

（1）如果一个对象给自身赋值，赋值运算符必须能正确工作。

（2）大多数赋值运算符组合了析构函数和拷贝构造函数的工作。

编写拷贝赋值运算符时，好的模式是先进行自赋值检测，还有一种方法是先将右操作数对象复制到一个局部临时对象中。复制完成后，销毁左操作数对象的现有成员就安全了。左操作数对象的资源被销毁后，剩下的工作就只是将数据从临时对象复制到左操作数对象的成员中。例如：

```
my_string& my_string::operator=(const my_string& s)
{     //赋值之前将右操作数对象复制到临时对象 temp 中
      my_string temp = s;          //会调用拷贝构造函数，依赖其行为
      //销毁当前对象的资源
      delete[] str;
      //将数据从临时对象复制到当前对象的成员
      len = temp.len;
      str = new char[len + 1];
      strcpy(str, temp.str);
      return *this;
}
```

7.4　对象复制和移动

在很多情况下都会发生对象复制，如果对象较大，或者是对象本身要求分配内存空间，进行不必要的复制代价会非常高。例如，在某些情况下，对象复制后就立即被销毁了。这时，如果能够避免复制对象，而是将要被销毁的对象的资源“移动”到新对象中，性能会得到很大的提升。

C++11 利用右值引用，提供了移动对象的能力。像标准库容器、string 和 shared_ptr 类都是既支持移动也支持复制。为了让一个类支持移动操作，需要为其定义移动构造函数和移动赋值运算符。这两个成员函数和对应的复制操作类似，只是它们是从给定对象那里移走资源，而不是复制资源。

7.4.1 移动构造函数和移动赋值运算符

类 X 的移动构造函数一般形式为 X(X&&)。移动构造函数的第一个参数是该类类型的右值引用，如果还有其他额外的参数，都必须有默认实参。

与拷贝构造函数不同的是，移动构造函数不分配任何资源，它接管给定实参的资源。为了完成这样的资源移动，移动构造函数还必须确保被移走资源的对象处于一种就算是被销毁也无害的状态。特别是，一旦资源完成移动，源对象必须不再指向被移动的资源，因为这些资源的所有权已经归属于新创建的对象。

移动操作通常不分配资源，因而不会抛出任何异常。标准库类型如 vector 为了避免元素在移动构造时会出现问题，在不能确定移动构造函数不会产生异常时，会对元素使用拷贝构造函数而不是移动构造函数。因此，不抛出异常的移动构造函数和移动赋值运算符必须要标记为 noexcept，语法形式如下：

```
//在类定义头文件的声明和定义中都要指定 noexcept
//移动构造函数声明时
X(X&&) noexcept;          //声明
// 移动构造函数定义时:
X::X(X&&)noexcept :/*成员初始化列表*/{/*构造函数体*/}
```

移动赋值运算符执行的工作与析构函数和移动构造函数相同。如果移动赋值运算符不抛出任何异常，就应该标记为 noexcept。和拷贝赋值运算符类似，移动赋值运算符必须正确处理自赋值。

从一个对象移走数据并不会销毁此对象，但有时在移动操作完成后，源对象会被销毁。因此，在编写移动操作时，必须确保被移走数据的源对象进入一个可以析构的状态。移动操作还必须保证对象仍然是有效的。所谓对象是有效的，就是指可以安全地为其赋予新值，或者可以安全地使用而不依赖其当前值。移动操作本身对被移走资源后的对象中留下的值没有任何要求，因此，程序不应该依赖被移走资源后的对象中的数据，也就是说不能对其中的值做任何假设。

如果一个类既有移动构造函数，又有拷贝构造函数，编译器使用普通的函数匹配规则来确定使用哪个构造函数：移动右值，复制左值。赋值操作的情况类似。

如果一个类有拷贝构造函数，但是没有定义移动构造函数，编译器通过拷贝构造函数来移动对象，即用拷贝构造函数代替移动构造函数。赋值运算符的情况类似。

只有一个类没有定义任何自己版本的拷贝控制成员，并且类的每个非 static 数据成员都可以移动时，编译器才会自动合成移动构造函数和移动赋值运算符。内置类型的成员是可以移动的，有对应移动操作的类类型的成员也是可以移动的。也就是说，编译器不会为定义了拷贝构造函数、拷贝赋值运算符或析构函数的类自动合成移动构造函数和移动赋值运算符。

用拷贝构造函数代替移动构造函数几乎肯定是安全的。一般情况下，拷贝构造函数满足对应的移动构造函数的要求：它会复制给定对象，并将原对象置于有效状态。事实上，拷贝构造函数甚至不会改变原对象的值。赋值运算符的情况与此类似。

程序 7.9 中定义了一个 IntArray 类，利用指针管理存储数组元素的动态内存，其中定义了所有的控制成员，包括移动操作。

程序 7.9　一个数组类。

```
//--------------------------------------------------------------
#include <iostream>
#include <cassert>
#include <utility>
using namespace std;
class IntArray{
public:
    IntArray();                                  //默认构造函数
    IntArray(const IntArray& ia);                //拷贝构造函数
    IntArray(IntArray&& ia)noexcept;             //移动构造函数
    explicit IntArray(int size);                 //指定数组大小 size
    IntArray(int ia[], size_t size);             //用内置数组 ia 初始化对象
    ~IntArray();                                 //析构函数
    IntArray& operator=(const IntArray& right);//拷贝赋值运算符
    IntArray& operator=(IntArray&& right)noexcept; //移动赋值运算符

    int& get(size_t index);                      //取数组元素，返回左值
    const int& get(size_t index)const;           //const 版本
    size_t size()const;                          //返回数组大小
private:
    size_t arrSize = 0;                          //数组大小
    int *ptr = nullptr;                          //数组首地址
};
//成员函数定义
IntArray::IntArray():arrSize(0), ptr(nullptr) {}
IntArray::IntArray(const IntArray& ia) : arrSize(ia.arrSize)
{   //深复制
    ptr = new int[arrSize];
    for(size_t id = 0; id < arrSize; ++id)
        ptr[id] = ia.ptr[id];
}
IntArray::IntArray(IntArray&& ia) noexcept
        : arrSize(ia.arrSize), ptr(ia.ptr) //移动
{   ia.arrSize = 0;
    ia.ptr = nullptr;                            //被移走数据的对象置为空数组
}
```

```
IntArray::IntArray(int ia[], size_t size)
{
    assert(size > 0);
    arrSize = size;
    ptr = new int[arrSize];
    for(size_t id = 0; id < arrSize; ++id)
        ptr[id] = ia[id];
}
IntArray::IntArray(int size)
{   //按照指定大小创建数组
    assert(size > 0);
    arrSize = size;
    ptr = new int[arrSize];
    for(size_t id = 0; id < arrSize; ++id)
        ptr[id] = 0;
}
IntArray::~IntArray(){ delete[] ptr; }
IntArray& IntArray::operator=(const IntArray& right)
{   //拷贝赋值
    if(this == &right)
        return *this;
    arrSize = right.arrSize;
    delete[] ptr;
    ptr = new int[arrSize];
    for(size_t id = 0; id < arrSize; ++id)
        ptr[id] = right.ptr[id];
    return *this;
}
IntArray& IntArray::operator=(IntArray&& right)noexcept
{   //移动赋值
    if(this == &right)
        return *this;
    arrSize = right.arrSize;
    ptr = right.ptr;
    right.arrSize = 0;
    right.ptr = nullptr;
    return *this;
}
int& IntArray::get(size_t index)
{
    assert(index >= 0 && index < arrSize);
    return ptr[index];
}
const int& IntArray::get(size_t index)const{
    assert(index >= 0 && index < arrSize);
```

```
    return ptr[index];
}
size_t IntArray::size()const {
    return arrSize;
}
//-------------------------------------------------------------
//测试程序
//输出数组大小和元素值
void print(const IntArray& ia)
{
    cout << ia.size() << " elements: ";
    for(size_t i = 0; i < ia.size(); ++i)
        cout << ia.get(i) << "  ";
    cout << endl;
}
int main(){
    int a[] = {1, 2, 3, 4, 5};

    cout << "IntArray ia1" << endl;
    IntArray ia1;
    cout << "ia1 ";
    print(ia1);

    cout << "IntArray ia2(a, 5)" << endl;
    IntArray ia2(a, 5);
    a[2] = 6;
    cout << "ia2 ";
    print(ia2);

    cout << "IntArray ia3 = ia2" << endl;
    IntArray ia3 = ia2;
    ia3.get(1) = 9;          //修改一个元素的值
    cout << "ia3 ";
    print(ia3);
    cout << "ia2 ";
    print(ia2);

    cout << "ia1 = std::move(ia2)" << endl;
    ia1 = std::move(ia2);
    ia1.get(3) = 8;          //修改一个元素的值
    cout << "ia1 ";
    print(ia1);
    cout << "ia2 ";
    print(ia2);
```

```
    cout << "IntArray ia4(std::move(ia1))" << endl;
    ia1.get(2) = 7;          //修改一个元素的值
    IntArray ia4(std::move(ia1));
    cout << "ia4 ";
    print(ia4);
    cout << "ia1 ";
    print(ia1);
}//----------------------------------------------------------------
```

程序的输出结果：

```
IntArray ia1
ia1 0 elements:
IntArray ia2(a, 5)
ia2 5 elements: 1  2  3  4  5
IntArray ia3 = ia2
ia3 5 elements: 1  9  3  4  5
ia2 5 elements: 1  2  3  4  5
ia1 = std::move(ia2)
ia1 5 elements: 1  2  3  8  5
ia2 0 elements:
IntArray ia4(std::move(ia1))
ia4 5 elements: 1  2  7  8  5
ia1 0 elements:
//----------------------------------------------------------------
```

7.4.2 成员函数的复制和移动版本

成员函数也可以同时提供复制和移动版本。这种允许移动的成员函数通常使用与拷贝或移动构造函数和赋值运算符相同的参数模式：一个版本接受 const 左值引用，另一个版本接受非 const 的右值引用。例如：

```
void memfunc(const X&);
void memfunc(X&&);
```

通常，在对象调用成员函数时，并不管对象是左值还是右值。可以指定 this 指针的左值、右值属性，来强制调用成员的对象是左值或右值。语法形式与定义 const 成员函数相同，在参数列表后放一个引用限定符。

```
class X {
public:
    void foo()&;            //只能由 X 类型的左值调用
    void goo ()&&;          //只能由 X 类型的右值调用
};
void X::foo()&;             //类外定义也要加引用限定符
void X::goo ()&&;
```

引用限定符可以是&或&&，分别指出 this 可以指向一个左值或右值。引用限定符只能用于非 static 成员函数，而且必须在函数的声明和定义中同时出现。由&限定的函数，只能用于左值；&&限定的函数只能用于右值。

一个函数可以同时用 const 和引用限定，此时，const 限定符在前，引用限定符紧随其后。例如：

```
class X {
public:
   void foo()const &;          //正确：const 在前
   void foo ()& const;         //错误：const 限定符必须在引用限定符之前
};
```

引用限定符可以像 const 一样用来区分重载成员函数版本，而且可以综合使用引用限定符和 const。如果一个成员函数有引用限定符，则具有相同参数列表的所有版本都必须有引用限定符。

```
//如果定义两个或两个以上名字相同、参数表相同的成员函数
//就必须对所有函数同时加上引用限定符，或者所有都不加
class X {
public:
    void foo()&&;
    void foo()const;             //错误：必须也加上引用限定符
    void foo(int*);              //正确：参数表不同
    void foo(int*) const;        //正确：两个版本都没有加引用限定符
};
```

7.4.3 是否要定义拷贝控制成员

控制类的拷贝操作的有三个基本成员：拷贝构造函数、拷贝赋值运算符、析构函数，以及两个移动操作：移动构造函数和移动赋值运算符。

C++并不要求为一个类定义所有这些操作，可以只定义其中一个或两个，而不必定义所有。但是这些操作应该被作为一个整体来考虑。

大多数类应该定义默认构造函数、拷贝构造函数和拷贝赋值运算符，无论是隐式地还是显式地。两条基本原则是：需要析构函数的类也需要拷贝和赋值操作；需要拷贝操作的类也需要赋值操作，反之亦然。

一般而言，如果一个类定义了任何一个拷贝操作，它就应该定义所有的五个操作。某些类必须定义拷贝构造函数、拷贝赋值运算符和析构函数才能正确工作。这些类通常拥有资源，而拷贝成员必须复制这份资源。复制资源一般来说会导致一些额外开销，在复制并非必要的情况下，定义移动构造函数和移动赋值运算符的类就可以避免此问题。

7.4.4 交换操作

除了定义拷贝控制成员，管理资源的类通常还定义一个名为 swap 的函数。有些标准库算法，如排序，在交换两个元素时会调用交换操作 swap()。如果一个类自己定义了 swap()，

算法将使用类自定义的版本；否则算法将使用标准库定义的 std::swap()。

交换两个类对象 v1 和 v2 的常规操作大致如下：

```
Type temp = v1;          //Type 的拷贝构造函数
v1 = v2;                 //operator=()
v2 = temp;               //operator=()
```

如果像下面的 HasPtr 类，有指针成员和动态分配的存储空间，则一次复制和两次赋值操作都会进行指针成员的深复制，效率较低。

```
//-----------------------------------------------------------------
class HasPtr{
public:
    explicit HasPtr(size_t size) : length(size) {   //构造函数
        ptr = new int[size];
        for(size_t i = 0; i < length; ++i)
            ptr[i] = i + length;
    }
    HasPtr();
    HasPtr(const HasPtr& hp);
    HasPtr(HasPtr&& hp) noexcept;
    HasPtr& operator=(const HasPtr& hp);
    HasPtr& operator=(HasPtr&& hp)noexcept;
    ~HasPtr();
private:
    size_t length = 0;
    int *ptr = nullptr;     //指针成员
};
//-----------------------------------------------------------------
```

交换 HasPtr 类的对象 hp1 和 hp2 有下面几种方法。

（1）使用默认的 std::swap()，交换两个对象的值：std::swap(hp1, hp2)。

（2）自己定义一个函数 swap(hp1, hp2)，用常规方法交换对象的值。

（3）自己定义一个成员函数 hp1.swap(hp2)，只交换指针。

在程序 7.10 中，用这三种方法交换两个 HasPtr 对象的值。在构造函数、析构函数和赋值运算符中都插入了输出语句，可以通过结果分析这些拷贝控制成员的调用。

程序 7.10　类对象值的交换操作。

```
//-----------------------------------------------------------------
#include <memory>
#include <iostream>
using namespace std;
class HasPtr{
public:
//默认构造函数
```

```
    HasPtr() : length(0), ptr(nullptr) {
        cout << "HasPtr() invoked." << endl; }
//构造函数
    explicit HasPtr(size_t size) : length(size) {
        ptr = new int[size];
        for(size_t i = 0; i < length; ++i)
            ptr[i] = i + length;
        cout << "HasPtr(size_t) invoked. " << endl;
    }
//拷贝构造函数
    HasPtr(const HasPtr& hp) : length(hp.length) {
        ptr = new int[hp.length];
        for(size_t i = 0; i < length; ++i)
            ptr[i] = hp.ptr[i];
        cout << "HasPtr(const HasPtr&) invoked: " << endl;
    }
//移动构造函数
    HasPtr(HasPtr&& hp) noexcept : length(hp.length), ptr(hp.ptr){
        cout << "HasPtr(HasPtr&&) invoked: " << endl;
    }
//拷贝赋值运算符
    HasPtr& operator=(const HasPtr& hp){
        int *temp = ptr;
        length = hp.length;
        ptr = new int[hp.length];
        for(size_t i = 0; i < length; ++i)
            ptr[i] = hp.ptr[i];
        delete[] temp;
        cout << "HasPtr::operator=(const HasPtr&) invoked " << endl;
        return *this;
    }
//移动赋值运算符
    HasPtr& operator=(HasPtr&& hp) noexcept {
        length = hp.length;
        ptr = hp.ptr;
        cout << "HasPtr::operator=(HasPtr&&) invoked " << endl;
        return *this;
    }
//析构函数
    ~HasPtr(){
        if(!ptr) delete[] ptr;
        cout <<"~HasPtr(): " << length << endl;
    }
//成员函数 swap()交换
    void swap(HasPtr& hp){
```

```
        cout << "HasPtr::swap() invoking... " << endl;
        using std::swap;
        swap(this->length, hp.length);
        swap(this->ptr, hp.ptr);
//用成员类型的默认 swap 交换数据成员，如成员的类未定义 swap，则使用 std::swap
//类似: int t = hp.length; hp.length = this->length; this->length = t;
//对指针成员，会直接交换指针的值，不进行内存空间的分配
//类似: int *pt = hp.ptr;    hp.ptr = this -> ptr; this->ptr = pt;
    }
//输出对象中指针指向的空间的内容
    void content() const{
        for(size_t i = 0; i < length; ++i)
            cout << ptr[i] << " ";
        cout << endl;
    }
private:
    size_t length = 0;
    int *ptr = nullptr;
};
//全局函数 swap()交换: 常规交换算法
void swap(HasPtr& hp1, HasPtr& hp2){
    cout << "inside global swap():" << endl;
    HasPtr t = hp1;
    hp1 = hp2;
    hp2 = t;
}
//------------------------------------------------------------
//测试程序
int main(){
    HasPtr hp1(3), hp2(5);
    cout << "before swap, hp1 and hp2:  " << endl;
    hp1.content();
    hp2.content();
//标准库 std::swap()交换
    cout << "calling std::swap(), hp1 and hp2: " << endl;
    std::swap(hp1, hp2);
    cout << " after calling std::swap(), hp1 and hp2: " << endl;
    hp1.content();
    hp2.content();
//自定义的全局函数 swap()交换
    cout << "calling global function swap(), hp1 and hp2: " << endl;
    swap(hp1, hp2);
    cout << "after calling ::swap(), hp1 and hp2: " << endl;
    hp1.content();
    hp2.content();
```

```
//自定义的成员函数 swap()交换
    cout << "calling HasPtr::swap(), hp1 and hp2: " << endl;
    hp1.swap(hp2);
    cout << " after calling HasPtr::swap(), hp1 and hp2: " << endl;
    hp1.content();
    hp2.content();
}   //end of main
//-------------------------------------------------------------
```

程序的输出结果：

```
HasPtr(size_t) invoked.
HasPtr(size_t) invoked.
before swap, hp1 and hp2:
3 4 5
5 6 7 8 9
calling std::swap(), hp1 and hp2:
HasPtr(HasPtr&&) invoked:
HasPtr::operator=(HasPtr&&) invoked
HasPtr::operator=(HasPtr&&) invoked
~HasPtr(): 3
after calling std::swap(), hp1 and hp2:
5 6 7 8 9
3 4 5
calling global function swap(), hp1 and hp2:
inside global swap():
HasPtr(const HasPtr&) invoked:
HasPtr::operator=(const HasPtr&) invoked
HasPtr::operator=(const HasPtr&) invoked
~HasPtr(): 5
 after calling ::swap(), hp1 and hp2:
3 4 5
5 6 7 8 9
calling HasPtr::swap(), hp1 and hp2:
HasPtr::swap() invoking...
 after calling HasPtr::swap(), hp1 and hp2:
5 6 7 8 9
3 4 5
~HasPtr(): 3
~HasPtr(): 5
```

可以看到，三种方法都能实现对象 hp1 和 hp2 内容的交换，但是细节上所差别。

（1）std::swap()执行了交换三步骤的一次复制和两次赋值。HasPtr 类定义了移动构造函数和移动赋值运算符，std::swap()调用的是移动构造函数和赋值，效率较高。如果 HasPtr 类没有定义移动构造函数和移动赋值运算符，则 std::swap()会调用相应的拷贝操作，执行指针成员的深复制，要进行不必要的动态内存分配和释放，效率较低。这也从一个侧面反映出移动构造函数和赋值的作用。

（2）自定义的成员函数 swap()，其中没有分配空间，只是交换了成员指针。注意，在 swap()函数的实现代码中，没有使用：

```
std::swap(this->length, hp.length);
std::swap(this->ptr, hp.ptr);
```

而是直接用了：

```
swap(this->length, hp.length);
swap(this->ptr, hp.ptr);
```

这是因为如果一个类的成员有自己特定类型的 swap()，后一种写法会调用类型自定义的 swap()；如果该类型没有定义自己的 swap()，才调用标准库版本的 swap()。而前一种写法会固定调用标准库版本的 swap()。

（3）自定义的全局函数 swap()的交换步骤自动调用了拷贝构造函数和拷贝赋值运算符，在类有移动拷贝成员的情况下，效率不如 std::swap()。可以进行如下优化：

```
//用成员 swap()优化全局 swap()函数，使 swap(hp1,hp2)等同于 hp1.swap(hp2)
void swap(HasPtr& hp1, HasPtr& hp2){
    hp1.swap(hp2);       //直接调用成员函数交换
}
```

swap 并不是类中必要的操作，但对于分配了资源的类来说，自定义的 swap 可以作为一种优化手段。

定义了 swap 的类可以使用 swap 定义自己的赋值运算符。这样定义的运算符使用名为**复制并交换**（copy and swap）的技术：将左操作数对象与右操作数对象的一个副本进行交换。例如：

```
//--------------------------------------------------------------
//operator= : copy and swap
HasPtr& HasPtr::operator=(HasPtr hp){   //参数传值，hp 是实参的副本
    swap(*this, hp);     //交换，hp 占据当前对象的资源
    return *this;        //hp 被销毁，当前对象被赋予副本 hp 的资源
}
//不能和 operator=()的拷贝、移动版本重载，会产生二义性
//--------------------------------------------------------------
```

7.5 编译器合成的成员函数

如果在定义类时没有提供某些成员函数，编译器会在需要时隐式合成，包括：

（1）默认构造函数。如果类中没有定义任何构造函数，编译器在需要时会自动合成一个默认构造函数，可以认为其函数体为空。如果定义了构造函数，即便不是默认构造函数，

编译器也将不再合成。

（2）拷贝构造函数。如果类中没有定义拷贝构造函数，那么编译器在需要时会自动合成一个拷贝构造函数，其行为是按成员复制。如果类中包含指针或复杂数据结构，应该自己定义拷贝构造函数。如果希望禁止用一个对象初始化同类型的其他对象或禁止函数按值传递和返回对象，在 C++98/03 标准下，应该将拷贝构造函数声明为 private，这时可以不提供其实现。

（3）析构函数。如果类中没有定义析构函数，那么编译器在需要时会自动合成一个析构函数，可以认为其函数体为空。当类的对象被撤销时，这个析构函数被自动调用。

（4）拷贝赋值运算符 operator=()。如果类中没有定义 operator=()，那么编译器在需要时会自动合成一个 operator=()，其默认行为是按成员赋值。通常，如果需要为一个类定义拷贝构造函数，那么也需要定义 operator=()。如果希望禁止对象之间的赋值行为，在 C++98/03 标准下，可以将 operator=()声明为 private，这时可以不提供其实现。

（5）移动构造函数。类没有定义任何自己版本的拷贝控制成员，并且类的每个非 static 数据成员都可以移动构造时，编译器才会自动合成移动构造函数。

（6）移动赋值运算符。类没有定义任何自己版本的拷贝控制成员，并且类的每个非 static 数据成员都可以移动赋值时，编译器才会自动合成移动赋值运算符。

编译器生成的这些成员函数都默认为 public inline 函数。

例如，如果定义一个 Simple 类：

```
class Simple{
    string s;        //string 对象是可复制可移动的
};
//使用 Simple 类的代码
int main(){
    Simple a;                       //需要默认构造函数
    Simple b = a;                   //需要拷贝构造函数
    b = a;                          //需要拷贝赋值运算符
    Simple c = std::move(a);        //需要移动构造函数
    b = std::move(c);               //需要移动赋值运算符
    //离开作用域，需要析构函数
}
```

编译器自动合成这些成员函数，使得 Simple 类的定义等同于：

```
class Simple {
    string s;
  public:
    Simple(): s() { }
    Simple(const Simple& x): s(x.s) { }
    Simple& operator=(const Simple& x) { s = x.s; return *this; }
    Simple(const Simple&& x)noexcept: s(x.s) { }
    Simple& operator=(Simple&& x)noexcept { s = x.s; return *this; }
    ~Simple() { }
};
```

如果不需要编译器合成的拷贝操作，应该禁止它们，例如，有时要禁止赋值、禁止对象复制或禁止创建对象。但如果只是不定义这些成员函数，编译器就会在需要时隐式地合成它们。在这种情况下，应该把构造函数、赋值运算符或其他要禁止的成员函数定义为private，从而禁止调用方的代码访问它们。为了防止能访问私有成员的友元函数调用到这些成员，可以不提供这些成员函数的定义。

7.5.1 =delete

在 C++11 标准下，可以将拷贝构造函数和拷贝赋值运算符定义为**删除函数**（deleted function）来阻止复制。删除函数是虽然声明了但不能以任何方式使用的函数。在函数的参数列表后面加上**=delete** 表示将函数定义为删除的函数。例如：

```
//-----------------------------------------------------
class NoCopy {
public:
    NoCopy(){}
    NoCopy(const NoCopy&) = delete;
    NoCopy& operator=(const NoCopy&) = delete;
    ~NoCopy(){}
};
int main(){
    NoCopy a;
    NoCopy b(a);          //错误：使用了删除的函数 NoCopy(const NoCopy&)
    NoCopy c;
    c = a;                //错误：使用了删除的函数 operator=( const NoCopy&)
}
//-----------------------------------------------------
```

=delete 必须出现在函数第一次声明时。删除函数的主要用途是禁止拷贝控制成员，但是也可以对其他函数指定=delete，利用删除函数引导函数匹配过程。

不能删除析构函数。如果析构函数被删除，就无法销毁此类型的对象。对于删除了析构函数的类型，不能定义该类型的变量，也无法释放动态分配的该类型对象的指针。

编译器合成的拷贝控制成员也有可能是删除的。实质上，当不可能复制、赋值或销毁类的成员时，类的合成拷贝控制成员就被定义为删除的。

7.5.2 =default

可以通过将拷贝控制成员定义为=default 来显式地要求编译器产生合成的版本。例如：

```
class Synthesis
{
public:
    Synthesis() = default;
    Synthesis(const Synthesis&) = default;
    Synthesis(Synthesis &&)noexcept = default;
```

```
Synthesis& operator=(const Synthesis&) = default;
Synthesis& operator=(Synthesis&&) noexcept = default;
~Synthesis();
//其他成员...
};
Synthesis::~Synthesis() = default;      //类外定义
```

=default 可以在类内修饰成员的声明，此时合成的成员函数将隐式地声明为 inline。如果不希望合成的成员是 inline 函数，可以只对类外定义使用=default。

只能对具有编译器合成版本的成员函数使用=default，即：

- 默认构造函数；
- 拷贝构造函数；
- 移动构造函数；
- 拷贝赋值运算符；
- 移动赋值运算符；
- 析构函数。

7.6 引用计数和写时复制技术

定义对象的复制语义时有两种选择：深复制或者浅复制。深复制的类的行为看起来像一个值，浅复制的类的行为则像一个指针。

类的行为像一个值，意味着它应该有自己的状态，当复制一个像值的对象时，副本和原对象是完全独立的，改变副本不会对原对象有任何影响，反之亦然。

类的行为像指针，则可以共享状态。当复制一个这种类型的对象时，副本和原对象使用相同的底层数据，改变副本也会改变原对象，反之亦然。

对行为像值的类，对于类管理的资源，每个对象都应该有一份自己的副本。为此，类中需要定义：

- 拷贝构造函数，完成资源的复制，而不是复制指针；
- 析构函数，释放对象的资源；
- 拷贝赋值运算符，释放当前对象的资源，并从右操作数对象复制资源。

对行为类似指针的类，需要定义：

- 拷贝构造函数，拷贝指针，不复制指针指向的底层资源；
- 拷贝赋值运算符，指针赋值，将右操作数的指针成员赋值给左操作数的成员；
- 析构函数，释放资源，但是此时指向同一资源的可能有多个对象，因此，只有在最后一个指向资源的对象被销毁时，才可以释放资源。

令一个类展现类似指针的行为有两种方法：

（1）使用引用计数技术，直接管理资源。

（2）用智能指针 shared_ptr 管理类中的资源。复制（或赋值）一个 shared_ptr 会复制（赋值）shared_ptr 指向的指针。shared_ptr 类自己记录有多少用户共享它所指向的对象。当没有用户使用对象时，shared_ptr 类负责释放资源。

如果类中包含指针成员，在设计赋值运算或拷贝构造函数时应该复制指针所涉及的一切，即深复制。这种方法虽然比较直接，但是如果对象需要大量的内存，为了改善性能，可能会希望避免这种深复制。如果直接使用浅复制，指针成员会共享底层数据，两个对象无法独立进行修改。

解决这种问题的常用方法是使用浅复制和引用计数，即让一块存储单元知道有多少个对象正指向它。拷贝构造函数或赋值运算就意味着把另外的指针指向现在的存储单元，并增加引用计数。撤销对象则意味着引用计数减少，当计数为 0 时就可以销毁这块存储单元了。

如果指向这块存储区的某一个对象要改变状态，即执行写操作，就需要先检查是否只有自己单独指向现在的存储单元：如果是单独使用，即引用计数为 1，那么可以自由进行写操作；如果不是自己单独在使用，即引用计数大于 1，那么就需要真正执行深复制，为自己单独复制一个副本进行修改，同时与之前的存储单元断开引用关系，不影响其他对象的状态。

7.6.1 内置指针实现引用计数

程序 7.11 引用计数。

```
//---------------------------------------------------------------
#include <cstring>
#include <iostream>
using namespace std;
class str_obj{  //有引用计数的字符串对象
  public:
    int len, ref_cnt;
    char* s;
    str_obj():len(0),ref_cnt(1) {
      s = new char[1];
      s[0] =0;
    }
    str_obj(const char* p):ref_cnt(1){
      len = strlen(p);
      s = new char[len +1];
      strcpy(s,p);
    }
    ~str_obj() { delete []s; }
};// end of class str_obj
//---------------------------------------------------------------
//handler class
class my_string {
  public:
    my_string() { st = new str_obj; }
```

```
    my_string(const char* p)
      { st = new str_obj(p); }
    my_string(const my_string& str) //浅复制，引用计数增加
      { st = str.st; st -> ref_cnt++; }
    ~my_string();
    my_string& operator=(const my_string& str);
    void print() const { cout << st->s; }
    void reverse(); //逆序，会改变字符串的内容
  private:
    str_obj* st;
};
my_string& my_string::operator=(const my_string& str)
{
    if(str.st != st) {
        if(--st -> ref_cnt == 0)
            delete st;       //不再有对象使用 st 指向的 str_obj 了
        st = str.st;
        st -> ref_cnt++;
}
    return *this;
}
my_string::~my_string()
{
    if(--st -> ref_cnt ==0) //计数为 0 时才真正撤销字符串对象
        delete st;
}
//------------------------------------------------------------
```

在程序 7.11 中，复制对象的操作都使用浅复制的语义，通过 str_obj 对象的引用计数来避免相同单元的重复存储。但是如果想要对 str_obj 对象执行写操作怎么办？因为可能不止一个对象正在使用这个 str_obj，所以不能随意修改它。解决这个问题的技术是**写时复制**（copy on write）。在对 str_obj 执行写入操作之前，应该确认没有其他 my_string 对象在使用这块单元。如果引用计数大于 1，在写操作之前必须复制这块存储单元，这样就不会影响其他对象。例如程序 7.11 中声明的字符串逆序操作 my_string::reverse()。

```
//------------------------------------------------------------
void my_string::reverse()
{
    if(st -> ref_cnt > 1)        //对象被多处使用，需要复制一份再修改
    {
        --st -> ref_cnt;         //原对象引用计减 1
        char* tp = st -> s;
        st = new str_obj(tp);    //新复制，引用计数为 1
```

```
    }
    if(st -> ref_cnt == 1) {     //没有其他对象在使用 str_obj
        int n = st -> len;
        for (int ix = 0; ix < n/2; ++ix) {
            char ch = st -> s[ix];
            st ->s[ix] = st ->s[n - ix - 1];
            st ->s[n - ix - 1 ] = ch;
        }
    }
}
//-------------------------------------------------------
```

在 reverse()函数中，进行写操作之前先检测是否有其他对象在使用 str_obj，如果有（引用计数大于 1），则先要创建一个副本，然后进行逆序操作。

```
//-------------------------------------------------------
//my_string 的测试程序
int main()
{
    my_string str1("Practice makes perfect");
    my_string str2;
    str2 = str1;
    cout<< "\nstring1: ";
    str1.print();
    cout<< "\nstring2: ";
    str2.print();
    str1.reverse();
    cout<< "\nstring1: ";
    str1.print();
    cout<< "\nstring2: ";
    str2.print();
}
//-------------------------------------------------------
```

程序的输出结果：

```
string1: Practice makes perfect
string2: Practice makes perfect
string1: tcefrep sekam ecitcarP
string2: Practice makes perfect
```

7.6.2 智能指针

C++11 标准库提供了智能指针 shared_ptr、unique_ptr 和 weak_ptr，在<memory>头文件中定义。shared_ptr 允许多个指针指向同一个对象，shared_ptr 支持的操作如表 7.1 所示。

表 7.1　shared_ptr 的操作

操　作	说　明
shared_ptr<T> p	空智能指针，可以指向类型为 T 的对象
p	将 p 作为条件判断，若 p 指向一个对象，则为 true
*p	解引用 p，获得 p 指向的对象
p -> mem	等价于(*p).mem
p.get()	返回 p 中保存的指针；若智能指针释放了其对象，返回的指针指向的对象也就消失了
swap(p,q) p.swap(q)	交换 p 和 q 中的指针
make_shared<T>(args)	返回一个 shared_ptr，指向一个动态分配的 T 类型的对象，并用 args 初始化此对象
shared_ptr<T>p(q)	p 管理内置指针 q 所指向的对象；q 指向 new 分配的内存，且能够转换为 T*类型
shared_ptr<T>p(u)	p 从 unique_ptr 指针 u 那里接管对象的所有权；将 u 置为空
shared_ptr<T>p(q, d)	p 接管内置指针 q 指向的对象的所有权。q 必须能转换为 T*类型。p 将使用可调用对象 d 来代替 delete 释放指针
p = q	p 和 q 都是 shared_ptr，所保存的指针必须能相互转换。此操作会递减 p 的引用计数，递增 q 的引用计数；若 p 的引用计数变为 0，则将其管理的原内存释放
p.unique()	若 p.use_count()为 1，返回 true，否则返回 false
p.use_count()	返回与 p 共享对象的智能指针数量，可能很慢，主要用于调试
p.reset() p.reset(q) p.reset(q, d)	若 p 是唯一指向其对象的 shared_ptr，reset 会释放此对象。若传递了可选的参数内置指针 q，会令 p 指向 q，否则会将 q 置为空。若还传递了参数 d，将会调用 d 而不是 delete 来释放 q

智能指针是模板类型，创建时必须在尖括号中指定指针可以指向的类型。标准库函数 make_shared 在动态内存中分配一个对象并初始化它，返回指向此对象的 shared_ptr。

```
shared_ptr<string> ps; //指向 string 的智能指针
ps = make_shared<string>("abc");         //ps 指向一个值为"abc"的 string 对象
shared_ptr<int> pi = make_shared<int>(12); //pi 指向一个值为 12 的 int
shared_ptr<X> px = make_shared<X>();     //px 指向默认初始化的 X 对象
```

shared_ptr 最主要的特点是在进行复制或赋值操作时，每个 shared_ptr 都会记录有多少个其他 shared_ptr 指向相同的对象。

```
auto pi = make_shared<int>(12);     //pi 指向一个值为 12 的 int
auto q(p);                          //p 和 q 指向相同对象，此对象有两个引用
```

可以认为每个 shared_ptr 都有一个关联的计数器，称为引用计数。无论何时复制一个 shared_ptr，计数器都会递增。当给 shared_ptr 赋予一个新值或是销毁它时，计数器就会递减。一旦一个 shared_ptr 的计数器变为 0，它就会自动释放自己所管理的对象。shared_ptr 通过析构函数完成销毁工作，析构函数会递减它所指向对象的引用计数，如果变为 0，就

会销毁对象，释放它所占用的内存。

当动态对象不再使用时，shared_ptr 类会自动释放动态内存，这一特性使得动态内存的使用变得非常容易而且安全。

程序 7.12 使用智能指针 shared_ptr 管理动态内存。

```
//----------------------------------------------------------
//shared_ptr 和内置指针的对比
#include <memory>
#include <iostream>
using namespace std;
class HasPtr{
public:
    HasPtr() : length(0), ptr(nullptr) {    //默认构造函数
        cout << "HasPtr():" << length << endl; }
    explicit HasPtr(size_t size) : length(size) {  //构造函数
        ptr = new int[size];
        cout << "HasPtr(size_t): " << length << endl;
    }
    ~HasPtr(){       //析构函数
        if(!ptr) delete[] ptr;
        cout <<"~HasPtr(): " << length << endl;
    }
private:
    size_t length = 0;
    int *ptr = nullptr;
};
//分析 hp 和 sp 有什么不同
int main(){
    HasPtr *hp1 = new HasPtr(3);     //用 new 在堆上分配 HasPtr 对象
    HasPtr *hp2 = new HasPtr(4);     //用内置指针管理分配的空间
    delete hp2;                      //显式 delete 释放内置指针

//用智能指针保存 new 动态分配的对象地址
    shared_ptr<HasPtr> sp1(new HasPtr(5));
//或者不使用 new，直接使用 make_shared 分配动态空间
    shared_ptr<HasPtr> sp2 = make_shared<HasPtr>(6);

    return 0;
}
//----------------------------------------------------------
```

程序的输出结果：

```
HasPtr(size_t): 3
HasPtr(size_t): 4
~HasPtr(): 4
```

```
HasPtr(size_t): 5
HasPtr(size_t): 6
~HasPtr(): 6
~HasPtr(): 5
```

从程序的运行结果可以看到：

使用内置指针管理 new 动态分配的对象，在显式用 delete 释放指针时，才调用析构函数。如果没有使用 delete，如对 hp1，则没有调用析构函数销毁 HasPtr 对象，这个例子中的后果是动态内存空间没有释放。

如果使用 shared_ptr 管理动态空间，无论是用 new 分配还是用 make_shared()函数分配，当对象不再使用时，如这个例子中离开作用域，会自动释放指针指向的空间，调用析构函数销毁堆上的对象。

智能指针 unique_ptr 独自拥有它所指向的对象。unique_ptr 支持的操作如表 7.2 所示。

表 7.2 unique_ptr 支持的操作

操　　作	说　　明
unique_ptr<T> u1 unique_ptr<T,D> u2	空 unique_ptr，可以指向 T 类型的对象。u1 会使用 delete 释放指针；u2 会使用一个类型为 D 的可调用对象释放指针
unique_ptr<T,D> u(d)	空 unique_ptr，指向类型为 T 的对象，用类型为 D 的对象 d 代替 delete 释放指针
p	将 p 作为条件判断，若 p 指向一个对象，则为 true
*p	解引用 p，获得 p 指向的对象
p -> mem	等价于(*p).mem
p.get()	返回 p 中保存的指针；若智能指针释放了其对象，返回的指针指向的对象也就消失了
swap(p,q) p.swap(q)	交换 p 和 q 中的指针
u = nullptr	释放 u 指向的对象，将 u 置为空
u.release()	u 放弃对指针的控制权，返回指针，并将 u 置为空
u.reset() u.reset(q) u.reset(nullptr)	释放 u 指向的对象 如果提供了内置指针 q，令 u 指向这个对象；否则将 u 置为空
unique_ptr<T[]>u	u 可以指向一个动态分配的数组，数组元素类型为 T
unique_ptr<T[]>u(p)	u 指向内置指针 p 所指向的动态分配的数组。p 必须能转换为类型 T*
u[i]	返回 u 拥有的数组中位置之处的对象（u 必须指向一个对象）

与 shared_ptr 不同的是，某个时刻只能有一个 unique_ptr 指向一个给定对象。当 unique_ptr 被销毁时，它所指向的对象也被销毁。定义 unique_ptr 时，需要将其绑定到一个 new 返回的指针上，必须采用直接初始化的语法。unique_ptr 不支持普通的复制或赋值操作，只能通过 release 或 reset 将指针的所有权从一个非 const 的 unique_ptr 转移给另一个 unique_ptr。

```
unique_ptr<int> p1; //p1可以指向一个int的unique_ptr
unique_ptr<int> p2(new int (12);    //p2指向一个值为12的int
unique_ptr<string> ps(new string("abc"));
unique_ptr<string> ps1(ps);      //错误: unique_ptr不支持复制
unique_ptr<string> ps2;
ps2 = ps;                        //错误: unique_ptr不支持赋值
unique_ptr<string> ps3(ps.release();    //将指针的所有权转移给ps3，p1置为空
unique_ptr<string> ps4(new string("123"));
ps4.reset(ps3.release());   //将所有权从ps3转给ps4，释放ps4原来指向的内存
```

使用智能指针可以安全又方便地管理动态内存，但前提是正确使用，为此必须坚持如下基本规范：

- 不使用相同的内置指针值初始化或reset多个智能指针。
- 不delete get()返回的指针。
- 不使用get()初始化或reset另一个智能指针。
- 如果使用get()返回的指针，记住当最后一个对应的智能指针销毁后，这个指针就变成无效的。
- 如果使用智能指针管理的资源不是new分配的内存，要传递一个删除器函数给它，代替delete。

7.6.3 智能指针实现引用计数

可以用shared_ptr以更简单的方式实现程序7.11中的字符串类。

程序7.13 使用智能指针shared_ptr实现的引用计数。

```
//------------------------------------------------------------
#include <cstring>
#include <memory>
#include <iostream>
using namespace std;
//字符串对象类，定义同程序7.11
class str_obj{  ...};// end of class str_obj
//类中的引用计数器ref_cnt仍然保留，其实在shared_ptr的实现中不使用
//------------------------------------------------------------------
//handler class with shared_ptr
class my_string {
public:
  my_string() {
    st = make_shared<str_obj>();         //默认构造函数
  }
  my_string(const char* p){
    st = make_shared<str_obj>(p);   //新建字符串对象
  }
```

```
    my_string(const my_string& str):st(str.st) //浅复制，引用计数增加
    { }
    ~my_string(){}      //析构函数自动判断智能指针的引用计数，为 0 释放对象
    my_string& operator=(const my_string& str);
    void print() const { cout << st->s; }  //与引用计数实现无关的操作不变
    void reverse();     //逆序，会改变字符串的内容，写时复制
private:
    shared_ptr<str_obj> st;      //智能指针 shared_ptr
};
my_string& my_string::operator=(const my_string& str)
{
        st = str.st;            //递减 st 的引用计数，递增 str.st 的引用计数
        return *this;
}
void my_string::reverse()
{
    if(!st.unique())            //与 st 共享对象的智能指针数量不为 1
    {
        char* tp = st -> s;
        st = make_shared<str_obj>(tp); //新创建一个对象返回共享指针
    }
    if(st.unique()) {           //与 st 共享对象的智能指针数量为 1，逆序操作
        int n = st -> len;
        for (int ix = 0; ix < n/2; ++ix) {
            char ch = st -> s[ix];
            st->s[ix] = st ->s[n - ix - 1];
            st->s[n-ix-1] = ch;
        }
    }
}
//------------------------------------------------------------
//my_string 的测试程序同程序 7.11
int main(){…}
//------------------------------------------------------------
```

程序运行结果同程序 7.11。

在设计复杂对象时，尤其是涉及动态内存资源时，需要决定为对象实现深复制还是浅复制。实现浅复制的动机一般是为了改善性能。但为了保证正确性，在浅复制时经常会使用引用计数和写时复制技术，因而增加了复杂度。为了不确定的性能提高而增加复杂度是不合算的。深复制在开发和维护方面都比浅复制简单，因此，在面临选择时，通常优先选择深复制；除非证明可行，才采用浅复制。

另一方面，优先使用标准库类型如 vector 或 string 存储复杂对象的数据，利用智能指针如 shared_ptr 或 unique_ptr 管理动态内存资源，效率和正确性都可以得到很大提高，而且比直接使用内置指针和 new、delete 更简单更安全。

7.7 小结

- 默认构造函数可以不提供实参调用，在定义对象却没有提供初始值时使用。
- 可以用一个实参调用的构造函数被作为隐式类型转换操作，将参数类型转换为类类型。
- 用一个对象初始化另一个同类对象时，调用拷贝构造函数。
- 类可以定义自己的赋值运算符函数，名为 operator=。
- 拷贝构造函数、拷贝赋值运算符、析构函数、移动构造函数、移动赋值运算符被称为拷贝控制成员。
- 编译器在需要时会合成某些特殊成员函数的定义。
- 利用标准库的智能指针 shared_ptr 和 unique_ptr 可以高效安全地管理动态资源。

7.8 习题

一、复习题

1．构造函数解决了哪些问题？在哪些情况下会调用构造函数？调用哪个构造函数？

2．什么是默认构造函数？在什么情况下被调用？

3．什么是类型转换构造函数？在什么情况下被调用？如何禁止隐式类型转换的行为？

4．什么是拷贝构造函数？在什么情况下被调用？

5．析构函数解决了哪些问题？在哪些情况下会调用析构函数？

6．拷贝控制成员函数有哪些？各自在什么情况下调用？

7．复制和移动的语义有什么不同？

8．编译器可能自动合成哪些成员函数？有什么前提条件？这些成员函数的默认行为是怎样的？

9．什么是自赋值检测？有什么必要性？

10．引用计数和写时复制解决了什么问题？

二、编程题

1．回顾第 6 章习题部分的编程题，检查你设计的各种类是否提供了合理的初始化和拷贝控制操作，根据本章的知识对你的类进行完善和改进。针对原来的类编写的测试程序还能使用吗？

2．重新实现 6.7 节的字符栈类：使用标准库类型 vector 存储数据，定义所有的拷贝控制成员。

3．重新实现 6.7 节的字符串类：使用 unique_ptr 类管理动态存储空间，定义所有的拷贝控制成员。

4．设计一个名为 IntStack 的栈类，用于存储整数。栈以“后进先出”的方式存取元素。这个类应该包含：

（1）名为 element 的数据成员，保存栈中的 int 值；element 的类型可以使用 vector 或在堆上分配的动态数组。

（2）名为 size 的数据成员，保存栈中元素的个数。

（3）默认构造函数，用默认的栈容量值初始化 IntStack 对象。

（4）进栈操作 void push(int value)，将 value 加入栈中；一旦栈中的元素个数超出了当前容量，就将栈的容量翻倍。

（5）出栈操作 int pop()，删除栈顶的元素并将其返回；pop 操作不改变栈的容量。

（6）判断栈是否为空的操作 bool empty()，如果栈为空，返回 true。

（7）成员函数 size_t getSize()，返回栈中元素的个数。

（8）根据（1）中选择的数据结构，设计需要的拷贝控制成员。

编写测试程序，利用 IntStack 将输入的整数序列逆序输出。

5．设计一个名为 IntQueue 的队列类，用于存储整数。队列以“先进先出”的方式存取元素。这个类应该包含：

（1）名为 element 的数据成员，保存队列中的 int 值；element 的类型可以使用 vector 或在堆上分配的动态数组。

（2）名为 size 的数据成员，保存队列中元素的个数。

（3）默认构造函数，用默认的队列容量值初始化 IntQueue 对象。

（4）进队列操作 void enqueue(int value)，将 value 加入队列尾；一旦元素个数超过了队列容量，将队列容量翻倍。

（5）出队列操作 int dequeue()，删除队列首元素并将其返回；原来的第二个元素变成新的队列首元素，依次类推。

（6）判断队列是否为空的操作 bool empty()，如果队列为空，返回 true。

（7）成员函数 size_t getSize()，返回队列中元素的个数。

（8）根据（1）中选择的数据结构，设计需要的拷贝控制成员。

编写测试程序，利用 IntQueue 将输入的整数加入队列，然后逐一移出队列并输出。

6．编写一个程序，模拟 ATM 机。

（1）定义一个简单的账户类 Account，数据成员包括账号 id（默认 0）、客户姓名 name（默认为 id 值的字符串形式）、余额 balance（默认 0）；成员函数包括 id 和 name 的访问器、balance 的访问器和修改器、取款 withdraw、存款 deposit。

（2）创建一个有 10 个账户对象的数组，id 为 0～9，余额初始化为 1000 元。

（3）程序模拟 ATM 机的工作：

- 系统开始运行提示输入 id，如果输入的 id 无效，就要求用户输入正确的 id。

  Enter an id:

- 接受用户输入的 id 后系统显示欢迎消息：“Welcome 客户姓名”，然后显示如下主菜单。

  Main Menu

  1．check balance

  2．withdraw

  3．deposit

  4．exit

- 用户选择 1 查看余额，系统显示账户余额后显示主菜单。
- 用户选择 2 取款，选择 3 存款，系统提示输入金额，完成操作后显示主菜单。
- 用户选择 4 退出，系统显示告别消息："Thank you, goodbye!"，重新回到提示输入 id 的状态"Enter an id:"。

三、思考题

1．列举对象的各种初始化方式，并说明会调用哪个构造函数。
2．什么是深复制？什么是浅复制？它们有什么区别？
3．对类类型的对象来说，赋值和初始化有什么区别？举例说明。
4．函数参数传对象值和传对象引用有什么不同？举例说明。
5．内置指针和智能指针有什么相同与不同？

CHAPTER 8

第8章 运算符重载

本章学习目标:

- 理解运算符重载的实质;
- 了解运算符重载的基本语法、限制和用途;
- 了解常用运算符的重载语法;
- 掌握赋值运算符的重载语法;
- 掌握类型转换运算符的重载语法和特点;
- 掌握函数调用运算符的重载语法和作用;
- 了解 lambda 函数的语法和特点。

C++语言定义了大量的运算符，使得程序员能够编写出形式丰富的表达式。运算符重载提供了一种语法上的方便，用户可以为自己的类型定义运算符函数，并通过运算符对类对象进行操作。当运算符被用于类类型的对象时，重载的运算符为其指定了新的含义。

8.1 基本概念

运算符和普通函数在使用的语法上虽然有所不同，但是可以将运算符看作是一种特殊的函数：操作数是函数的参数，运算结果是函数的返回值。运算符如果可以被看作是函数，自然也可以像函数一样重载。

其实在学习“运算符重载”这个概念之前，这种现象就已经出现过了。例如：

```
int a = 1;
double d = 2.3;
a + 1;
d + 1.5;
a + d;
```

这三个“+”运算符所做的处理是不同的。第一个直接进行两个整数的加法；第二个执行浮点数的加法；第三个先将 a 的值转换为 double 类型，之后再执行浮点数加法。已经见到的还有用作 I/O 流输入和输出的“>>”和“<<”,

这也是给移位运算符赋予了新的含义。

在 C++中，可以为一个类类型定义运算符，和普通函数的定义形式很相似，只是函数的名字是关键字 operator 后紧跟要重载的运算符。例如，重载的“+”运算符函数名字为 operator+。定义运算符函数后，就可以对类类型的操作数使用该运算符。

运算符重载不会改变内置类型表达式中的运算符含义，只有在至少一个操作数是用户自定义类型的对象时，才有可能调用该类中重载的运算符。

8.1.1 运算符函数

重载的运算符具有特殊的名字，由关键字 operator 和其后要定义的运算符共同组成。和其他函数一样，重载的运算符也包含返回类型、参数表以及函数体。定义重载运算符和定义普通函数类似。

运算符函数的参数个数取决于以下两个因素：

（1）运算符的操作数个数，即是一元运算符还是二元运算符；

（2）运算符函数是成员函数还是非成员函数。

将运算符函数定义为成员函数时，调用成员函数的对象（this 指向的对象）被作为运算符的第一个操作数，所以对一元运算符函数无须再提供参数。使用成员函数重载二元运算符时，将当前对象（this 指向的对象）作为左操作数，只需要提供一个参数作为右操作数。

如果将运算符函数定义为非成员函数，重载一元运算符时需要提供一个类类型的参数，重载二元运算符时需要提供两个参数，分别作为左、右操作数，其中至少一个参数必须是类类型的。由于进行运算时往往要访问类的私有数据，所以一般将非成员运算符函数声明为类的友元。

除了重载的函数调用运算符 operator()之外，其他运算符函数不能有默认实参。

对于运算符函数来说，它或者是类的成员，或者至少含有一个类类型的参数，这意味着运算符函数只有在类类型的对象参与运算时才起作用，当运算符作用于内置类型的运算对象时，不会改变该运算符原来的含义。

通常情况下，将运算符作用于类型正确的实参时，会引起重载运算符的调用。也可以像普通函数一样直接调用运算符函数。例如：

```
//X 类的非成员运算符函数 operator+
X operator+(const X& left, const X& right){...}
//运算符调用
X data1, data2;
data1 + data2;                //表达式中的调用
operator+(data1, data2);      //等价的直接函数调用
```

运算符重载仅仅提供了一种语法上的方便，是以另外一种方式调用函数而已。从这个角度看，不能滥用运算符重载，只有在能使类的代码更易读、使类对象的操作方式更符合一般习惯时，才重载运算符。

8.1.2 运算符重载的限制

虽然运算符重载提供了语法上的方便，但也有一些使用限制。

- 只有 C++预定义运算符集合中的运算符才可以重载。表 8.1 列出了可以重载的运算符。
- C++中有些运算符不能被重载：作用域解析符（::）、成员选择符（.）、成员指针间接引用符（.*）和条件运算符（?:）。
- 不能定义 C++中没有的运算符，例如，重载“operator**”会产生编译错误。
- 内置类型的运算符的预定含义不能改变，也不能为内置数据类型定义其他运算符。例如，不能定义内置数组的 operator+。
- 重载运算符不能改变运算符的优先级和结合性。
- 重载运算符不能改变运算符操作数的个数。

表 8.1　可以重载的运算符

<table>
<tr><th>类　别</th><th>运　算　符</th></tr>
<tr><td>一元运算符</td><td>+ - & * ++ --</td></tr>
<tr><td>算术运算符</td><td>+ - * / %</td></tr>
<tr><td>关系运算符</td><td>== != < <= > >=</td></tr>
<tr><td>逻辑运算符</td><td>! && ||</td></tr>
<tr><td>位运算符</td><td>& | ^ ~ >> <<</td></tr>
<tr><td>赋值运算符</td><td>= += -= *= /= %= &= ^= |= >>= <<=</td></tr>
<tr><td>其他运算符</td><td>[] () -> ->* , new new[] delete delete[]</td></tr>
</table>

有些特殊运算符虽然语法上允许重载，但是重载的版本不能保证它们原来的使用规则，会让用户无法适应，一般不建议重载。这些运算符是逻辑与（&&）、逻辑或（||）、逗号运算符（,）、取地址运算符（&）。

逻辑与、逻辑或和逗号运算符是为数不多的指定了操作数求值顺序的运算符。因为使用重载运算符本质上是函数调用，所以这些关于操作数求值顺序的规则无法应用到重载的运算符上。例如，逻辑与和逻辑或的短路语义在重载的版本中无法保留，因为两个操作数作为函数的参数总是会被求值的。而逗号运算符的操作数求值顺序是先左操作数、后右操作数，但作为函数的参数传递时，两个参数的求值顺序不能保证，甚至很多编译器实现是按照从右向左的次序将参数压栈的。

上述几个运算符的重载版本无法保留求值顺序和短路语义，如果代码使用了这些运算符的重载版本，用户可能发现一直习惯的求值规则不适用了，因此不建议重载。

一般不重载逗号运算符和取地址运算符还有一个原因：C++语言已经定义了这两种运算符用于类类型时的特殊含义。因为已经有了内置的含义，所以一般也不应该重载这两个运算符，否则它们的行为异于常态，会导致用户无法适应。

8.1.3　慎用运算符重载

在设计一个类时，首先考虑的是这个类需要提供哪些操作。确定了类需要的操作后，才能考虑是把类的操作设计为普通函数还是重载的运算符函数。只有操作在逻辑上与运算符相关，才适合定义成重载的运算符，一般的经验准则如下。

- 如果类执行 I/O 操作，可以定义移位运算符>>和<<，使之与内置类型的 I/O 保持一致。

- 如果类的某个操作是检查相等性，则定义 operator==；这时候通常也应该有 operator!=。
- 如果类包含内在的单序比较操作，则定义 operator<；此时也应该有其他关系操作。
- 重载运算符的返回类型通常情况下应该与内置版本的返回类型兼容：逻辑运算符和关系运算符应该返回 bool 值，算术运算符应该返回操作数类型的值，赋值运算符和复合赋值运算符返回左操作数对象的引用。
- 如果类定义了赋值运算符，还定义了算术运算符或位运算符，那么最好也提供对应的复合赋值运算符。如果定义了 operator=和 operator+，提供 operator+=是很自然的，而且它不会自动合成得到。

定义运算符函数时，还要决定是将其声明为类的成员函数还是声明为非成员函数。下面的准则有助于做出抉择。

- 赋值（=）、下标（[]）、函数调用（()）和成员函数访问箭头（->）运算符必须是成员函数。
- 复合赋值运算符一般应该是成员，但并非必须。
- 改变对象状态的运算符或者与给定类型密切相关的运算符，如自增、自减和解引用运算符，通常应该是成员。
- 具有对称性的运算符可能转换两个操作数中的任何一个，如算术、关系和位运算符等，通常应该是非成员函数。
- 重载移位运算符<<和>>用于对象的 I/O 操作时，左操作数是标准库流对象，右操作数才是类类型的对象，只能用非成员函数。

运算符重载虽然为使用自定义类型提供了语法上的方便，但是不能滥用。只有当用户自定义类型上的操作与内置运算符之间存在逻辑对应关系时，重载的运算符才能使程序显得更自然、更直观。

8.2 常用运算符的重载

本节通过 Byte 类和 Integer 类的例子说明如何重载常用运算符，包括一元运算符，算术、关系、自增、自减、位运算、赋值和复合赋值运算符。在这两个类中，Byte 用成员函数重载运算符，Integer 用非成员函数重载运算符函数。赋值运算符只能用成员函数重载。

8.2.1 一元运算符

程序 8.1 用成员函数重载一元运算符。

```
//-------------------------------------------------------
//成员函数重载一元运算符时不带参数，当前对象即为操作数
class Byte {
  unsigned char b;
public:
  Byte(unsigned char bb = 0) : b(bb) {}
  //无副作用的运算符定义为 const 成员函数
```

```
  const Byte& operator+() const { //正号
    return *this;
  }
  const Byte operator-() const {     //负号
    return Byte(-b);
  }
  const Byte operator~() const {     //按位取反
    return Byte(~b);
  }
  bool operator!() const {  //逻辑非
    return !b;
  }
  //有副作用的运算符定义为非const成员函数
  const Byte& operator++() { //前缀++
    b++;
    return *this;
  }
  const Byte operator++(int) { //后缀++
    Byte before(b);
    b++;
    return before;
  }
  const Byte& operator--() { //前缀--
    --b;
    return *this;
  }
  const Byte operator--(int) { //后缀--
    Byte before(b);
    --b;
    return before;
  }
};
//-------------------------------------------------------
//重载运算符的使用示例
int main() {
   Byte b;
  +b;
  -b;
  ~b;
  !b;
  ++b;
  b++;
  --b;
  b--;
} //end of main()
```

```
//--------------------------------------------------------
```

程序 8.2 用非成员函数重载一元运算符。

```
//--------------------------------------------------------
//非成员函数重载一元运算符，要带一个类类型的参数作为操作数
//非成员运算符函数一般声明为类的友元
class Integer {
  long i;
public:
  Integer(long ll = 0) : i(ll) {}
  //无副作用的运算符参数为 const 引用
  friend const Integer&  operator+(const Integer& a);
  friend const Integer   operator-(const Integer& a);
  friend const Integer   operator~(const Integer& a);
  friend bool operator!(const Integer& a);
   //有副作用的运算符参数为非 const 引用
  friend const Integer&   operator++(Integer& a);   //前缀++
  friend const Integer   operator++(Integer& a, int);//后缀++
  friend const Integer&  operator--(Integer& a);  //前缀--
  friend const Integer   operator--(Integer& a, int);//后缀--
}; //end of class Integer
//--------------------------------------------------------
//运算符函数的定义
const Integer& operator+(const Integer& a){  return a; }
const Integer operator-(const Integer& a){ return Integer(-a.i);}
const Integer operator~(const Integer& a){ return Integer(~a.i);}
bool operator!(const Integer& a){  return !a.i; }
//前缀，返回增加后的对象
const Integer& operator++(Integer& a) {
  a.i++;
  return a;
}
//后缀，返回增加以前的对象值
const Integer operator++(Integer& a, int) {
  Integer before(a.i);
  a.i++;
  return before;
}
const Integer& operator--(Integer& a) {
  a.i--;
  return a;
}
const Integer operator--(Integer& a, int) {
  Integer before(a.i);
  a.i--;
```

```
    return before;
}
//--------------------------------------------------------
//重载运算符的使用
int main() {
Integer a;
    +a;
    -a;
    ~a;
    !a;
    ++a;
    a++;
    --a;
    a--;
}//end of main
//--------------------------------------------------------
```

下面着重介绍自增和自减运算符。

自增和自减运算符都有前缀和后缀形式，都会改变对象，所以不能对常量对象操作。前缀形式返回改变后的对象，在成员运算符函数中返回*this，在非成员运算符函数中返回修改后的参数。后缀形式返回改变之前的值，可以创建一个代表这个值的独立对象并返回它，因此，后缀运算是通过传值方式返回的。

自增和自减都是一元运算，那么如何区分其前缀和后缀形式呢？在上面的例子中可以看到，后缀形式的自增和自减比前缀形式多一个 int 参数。这个参数在函数中并不使用，只是作为重载函数的标记来区分前缀和后缀运算。例如，对 Byte 类对象 b，编译器看到++b，会调用 Byte::opeartor++()，　而 b++会调用 Byte::operator++(int)。

如果要重载自增和自减运算符，一般应同时定义前缀和后缀形式。重载自增、自减运算符的行为应尽量与内置自增、自减保持一致，前缀形式返回被增量或减量对象的引用，后缀形式则返回旧值。

8.2.2　二元运算符

程序 8.3　用成员函数重载二元运算符。

```
//--------------------------------------------------------
//成员函数重载二元运算符时，要带一个参数，作为右操作数；左操作数是当前对象
class Byte {
  unsigned char b;
public:
  Byte(unsigned char bb = 0) : b(bb) {}
  //无副作用的运算符定义为 const 成员函数,右操作数参数为 const 引用
  //算术运算符 +,-,*,/,%
  const Byte operator+(const Byte& right) const {
    return Byte(b + right.b);
```

```
  }
  const Byte operator-(const Byte& right) const {
    return Byte(b - right.b);
  }
  const Byte operator*(const Byte& right) const {
    return Byte(b * right.b);
  }
  const Byte operator/(const Byte& right) const {
    assert(right.b != 0);    //除数不能为 0
    return Byte(b / right.b);
  }
  const Byte operator%(const Byte& right) const {
    assert(right.b != 0);
    return Byte(b % right.b);
  }
  //位运算符 ^,&,|,<<,>>
  const Byte operator^(const Byte& right) const {
    return Byte(b ^ right.b);
  }
  const Byte operator&(const Byte& right) const {
    return Byte(b & right.b);
  }
  const Byte operator|(const Byte& right) const {
    return Byte(b | right.b);
  }
  const Byte operator<<(const Byte& right) const {
    return Byte(b << right.b);
  }
  const Byte operator>>(const Byte& right) const {
    return Byte(b >> right.b);
  }
//有副作用的运算符为非 const 成员函数
//修改并返回左值的运算符：赋值和复合赋值运算
//operator= 只能用成员函数重载
   Byte& operator=(const Byte& right) {
    //自赋值检测
    if(this == &right) return *this;
    b = right.b;
    return *this;
  }
  //复合赋值运算符有：+=,-=,*=,/=,%=,^=,&=,|=,<<=,>>=
  //这些运算符的重载语法类似，只以其中的几个为例
  Byte& operator+=(const Byte& right) {
    b += right.b;
    return *this;
```

```
  }
  Byte& operator/=(const Byte& right) {
    assert(right.b != 0);
    b /= right.b;
    return **this;
  }
  Byte& operator^=(const Byte& right) {
    b ^= right.b;
    return *this;
  }
//关系运算符没有副作用，返回 bool 值
//关系运算符有 ==， !=， <,<=,>,>=，只以其中几个为例
  bool operator==(const Byte& right) const {
      return b == right.b;
  }
  bool operator!=(const Byte& right) const {
      return b != right.b;
  }
  bool operator<(const Byte& right) const {
      return b < right.b;
  }
}; //end of class Byte
//-------------------------------------------------------
```

程序 8.4　用非成员函数重载二元运算符。

```
//-------------------------------------------------------
//非成员函数重载二元运算符时，要带两个参数，其中至少有一个是类类型的
//第一个参数作为左操作数；第二个参数是右操作数
class Integer {
  long i;
public:
  Integer(long ll = 0) : i(ll) {}
  //运算结果为新产生的值，按值返回 Integer 类型的新对象
  //算术运算符
  friend const Integer operator+(const Integer& left, const Integer& right);
  friend const Integer operator-(const Integer& left, const Integer& right);
  friend const Integer operator*(const Integer& left, const Integer& right);
  friend const Integer operator/(const Integer& left, const Integer& right);
  friend const Integer operator%(const Integer& left, const Integer& right);
  //位运算符
  friend const Integer operator^(const Integer& left, const Integer& right);
  friend const Integer operator&(const Integer& left, const Integer& right);
  friend const Integer operator|(const Integer& left, const Integer& right);
  friend const Integer operator<<(const Integer& left,const Integer& right);
  friend const Integer operator>>(const Integer& left,const Integer& right);
```

```
  //修改并返回左值的复合赋值运算符，第一个参数是非const引用，即左值
  //注意，赋值运算符operator=只能用成员函数重载
  friend Integer& operator+=(Integer& left, const Integer& right);
  friend Integer& operator-=(Integer& left, const Integer& right);
  friend Integer& operator*=(Integer& left, const Integer& right);
  friend Integer& operator/=(Integer& left, const Integer& right);
  friend Integer& operator%=(Integer& left, const Integer& right);
  friend Integer& operator^=(Integer& left, const Integer& right);
  friend Integer& operator&=(Integer& left, const Integer& right);
  friend Integer& operator|=(Integer& left, const Integer& right);
  friend Integer& operator>>=(Integer& left, const Integer& right);
  friend Integer& operator<<=(Integer& left, const Integer& right);
  //关系运算符返回bool值，不改变操作数
  friend bool operator==(const Integer& left, const Integer& right);
  friend bool operator!=(const Integer& left, const Integer& right);
  friend bool operator<(const Integer& left, const Integer& right);
  friend bool operator>(const Integer& left, const Integer& right);
  friend bool operator<=(const Integer& left, const Integer& right);
  friend bool operator>=(const Integer& left, const Integer& right);
};
//-------------------------------------------------------
//部分友元函数的定义
//算术运算符，在此只给出了+和/的定义，其余运算符实现方式类似，略
const Integer operator+(const Integer& left, const Integer& right) {
  return Integer(left.i + right.i);
}
const Integer operator/(const Integer& left, const Integer& right) {
  assert(right.i != 0);
  return Integer(left.i / right.i);
}
//位运算符，只给出了&和<<的实现，其余实现类似，略
const Integer operator&(const Integer& left, const Integer& right) {
  return Integer(left.i & right.i);
}
const Integer operator<<(const Integer& left, const Integer& right) {
  return Integer(left.i << right.i);
}
//复合赋值运算符，此处只给出了+=, /=和&=的实现，其余实现类似，略
Integer& operator+=(Integer& left, const Integer& right) {
   left.i += right.i;
   return left;
}
Integer& operator/=(Integer& left, const Integer& right) {
   assert(right.i != 0);
   left.i /= right.i;
```

```
    return left;
}
Integer& operator&=(Integer& left, const Integer& right) {
    left.i &= right.i;
    return left;
}
//关系运算符，此处给出了==的实现，其余实现类似，略
bool operator==(const Integer& left, const Integer& right) {
    return left.i == right.i;
}
//-------------------------------------------------------
```

8.2.3　运算符函数的参数和返回类型

在上面的例子中可以看到各种不同的参数传递和返回方式，在选择时要合乎逻辑。

（1）对于类类型的参数，如果仅仅只是读参数的值，而不改变参数，应该作为 const 引用来传递。普通算术运算符和关系运算符都不会改变参数，所以以 const 引用作为参数传递方式。当运算符函数是类的成员函数时，就将其定义为 const 成员函数。

（2）返回值的类型取决于运算符的具体含义。如果使用运算符的结果是产生一个新值，就需要产生一个作为返回值的新对象，通过传值方式返回，通常由 const 限定。如果函数返回的是操作数对象，则通常以引用方式返回，根据是否希望对返回的对象进行操作来决定是否返回 const 引用。

（3）所有赋值运算符均改变左值。为了使赋值结果能用于链式表达式，如 a=b=c，应该返回一个改变了的左值的引用。一般赋值运算符的返回值是非 const 引用，以便能够对刚刚赋值的对象进行运算。

（4）关系运算符最好返回 bool 值。

下面着重介绍返回值优化。

通过传值方式返回创建的新对象时，使用一种特殊的语法。例如，在 operator+中：

```
return Integer(left.i + right.i);
```

这种形式看起来像是一个构造函数的调用，称为**临时对象语法**，其行为是创建一个临时的 Integer 对象并返回它。这种方式和创建并返回一个有名字的对象是否相同呢？例如：

```
Integer temp(left.i + right.i);
return temp;
```

后一种方式先创建 temp 对象，会调用构造函数；执行 return 语句时，调用拷贝构造函数把 temp 复制到外部返回值的存储单元；最后在 temp 离开作用域时调用析构函数。

返回临时对象的方式与此不同。当编译器看到这种语法时，会明白创建这个对象的目的只是返回它，所以编译器直接把这个对象创建在外部返回值的存储单元中，只需要调用一次构造函数，不需要拷贝构造函数和析构函数的调用。因此，使用临时对象语法的效率更高，这种语法也被称为**返回值优化**。

8.2.4 非成员运算符和成员运算符

大部分运算符都可以使用成员函数和非成员函数两种方式重载，在这两种方式之间应该如何选择呢？总的来说，如果没有什么差异，应该使用成员运算符，因为这样强调了运算符和类的密切关系。但有时会因为另外一个原因而选择使用非成员函数重载运算符。

程序 8.5 成员运算符和非成员运算符。

```
//-------------------------------------------------------------
class Number {
    int i;
  public:
    Number(int ii = 0) : i(ii) {}
    //成员函数重载二元运算符 "+"
    const Number operator+(const Number& n) const
        { return Number(i + n.i); }
    //非成员函数重载二元运算符 "-"
    friend const Number operator-(const Number&, const Number&);
}; //end of class Number
const Number operator-(const Number& n1, const Number& n2)
  { return Number(n1.i - n2.i); }
int main()
{
  Number a(47), b(11);
  a + b;          //正确
  a + 1;          //右操作数转换为 Number
  1 + a;          //错误：左操作数不是 Number 类型，不会在 Number 类中查找运算符函数
  a - b;          //正确
  a - 1;          //右操作数转换为 Number
  1 - a;          //左操作数转换为 Number
}
//-------------------------------------------------------------
```

可以看到，使用成员运算符的限制是左操作数必须是当前类的对象，左操作数不能进行自动类型转换，而非成员运算符为两个操作数都提供了转换的可能性。因此，如果左操作数是其他类的对象，或是希望运算符的两个操作数都能进行类型转换，则使用非成员函数重载运算符。类似的情况还出现在为 I/O 流重载运算符 operator<<及 operator>>时。

8.2.5 重载输入输出运算符

“>>”和“<<”可以用于内置类型数据的 I/O 流输入和输出，如果希望用户自定义类型以这种方式输入和输出，就需要重载“>>”和“<<”。由于“>>”和“<<”在输入和输出时的左操作数必须是 I/O 流对象，右操作数才是要输入或输出的对象，所以用户自定义类型只能用非成员函数的形式重载这两个运算符。

考虑使用“>>”从 cin 提取和用“<<”向 cout 输出内置类型数据的一般形式：

```
int a,b,c;
cin >> a;           //a 和 cin（标准输入设备）都会改变
cin >> b >> c;      //链式表达式，先 cin>>b，结果是 cin，再 cin>>c
cout << a;          //cout（标准输出设备）改变，a 不变
cout << b << c;     //链式表达式，先 cout<<b，结果是 cout,再 cout<<c
```

可以看到，operator>>有两个操作数：cin 和 a，cin 是 istream 类型的对象，而 a 是接收输入数据的变量。输入操作会引起 cin 和 a 的改变，因而，这两个参数需要传递非 const 引用。operator>>可以用于链式表达式，如 cin>>b>>c，相当于(cin>>b)>>c。由此看到这个运算应该返回 istream 对象 cin 本身，并且可以继续用于输入。因此，重载的 operator>>运算符函数原型如下：

```
istream& operator>> (istream&, type&);
```

类似地，重载的 operator<<运算符函数原型如下：

```
ostream& operator<< (ostream&, const type&);
```

程序 8.6　一个重载输入和输出运算符的例子。

```
//------------------------------------------------------------
#include <iostream>
using namespace std;
class Complex{
  private:
    double real, imaginary;
  public:
    Complex(double r = 0, double i = 0)
        {real = r; imaginary = i; }
    //…
    //成员函数重载运算符+
    const Complex operator+(const Complex& right) const {
      return Complex(real+right.real,imaginary+right.imaginary);
  }
//非成员函数重载输入输出运算符
    friend ostream& operator<<(ostream& os, const Complex& c);
    friend istream& operator>>(istream& is, Complex& c);
}; //end of class Complex
//------------------------------------------------------------
//输入输出运算符函数的定义
ostream& operator<<(ostream& os, const Complex& c)
{
    if(c.real==0 && c.imaginary==0)
        { os << "0"; }
    if(c.real!=0)
        { os << c.real; }
```

```
    if(c.imaginary!=0)
    {
        if(c.imaginary>0 && c.real!=0)
            os << "+";
        os << c.imaginary << "i" ;
    }
    return os;  //返回 ostream 对象
}
istream& operator>>(istream& is, Complex& c)
{
    cout << "please input a Complex:" << endl;
    return is >> c.real >> c.imaginary;
}
int main() {
    Complex c1,c2;
    cin >> c1;
    cin >> c2;
    cout << c1 + c2 << endl;    //调用全局函数 operator<<
}
//------------------------------------------------------------
```

重载输出运算符时，应该尽量减少格式化操作。内置类型的输出运算符不太考虑格式化操作，尤其不会打印换行符，类的输出运算符应该与之一致。令输出运算符尽量减少格式化操作可以使用户有权控制输出的细节。

8.2.6 重载赋值运算符

第7章已经介绍过拷贝赋值和移动赋值运算符，它们可以把类的一个对象赋值给该类的另一个对象。此外，类还可以定义其他赋值运算符，用别的类型作为右操作数对象。例如：

```
Integer& operator=(int right){...}       //将 int 赋给 Integer
Integer& operator=(long right){...}      //将 long 赋给 Integer
```

可以重载赋值运算符。不论形参的类型是什么，赋值运算符都必须定义为成员函数。为了与内置类型的赋值运算符保持一致，重载的赋值运算符返回左操作数的引用。

复合赋值运算符不是必须用成员函数定义，但一般倾向于与赋值运算符一起，都定义为成员函数，也返回左操作数的引用。

8.3 重载下标运算符

有些类的对象可以像数组一样操作，可以为这样的类提供下标运算符。下标运算符operator[]必须是成员函数，它只接收一个参数，通常是整值类型。下标运算符作用的对象应该能像数组一样操作，所以经常用该运算符返回一个元素的引用，以便用作左值。

程序 8.7　为动态数组类 vect 重载下标运算符。

```
//--------------------------------------------------
#include <iostream>
#include <cassert>
using namespace std;
class vect {
  public:
  //构造函数和析构函数
     explicit vect(int n = 10);
     vect(const vect& v);
     vect(const int a[], int n);
     ~vect() { delete []p; }
  //其他成员函数
     int& operator[](int i);     //重载下标运算符
     int ub() const { return (size - 1); }
     vect& operator=(const vect& v);
  private:
     int* p;
     int  size;
};
//--------------------------------------------------
//成员函数定义
vect::vect(int n) : size(n){
    assert(size > 0);
    p = new int[size];
 }
vect::vect(const int a[], int n) : size(n){
    assert(size > 0);
    p = new int[size];
    for(int i=0; i<size; ++i)
        p[i] = a[i];
}
vect::vect(const vect& v) : size(v.size){
    p = new int[size];
    for(int i=0; i<size; ++i)
        p[i] = v.p[i];
}
int& vect::operator[](int i){
    assert( i>=0 && i<size);
    return p[i];    //返回的是左值
}
vect& vect::operator=(const vect& v){
    if (this != &v) {
        assert(v.size == size); //只允许相同大小的数组赋值
```

```
            for(int i =0; i<size; ++i)
                p[i] = v.p[i];
        }
        return *this;
    }
    //------------------------------------------------------
    int main(){ //测试程序
        int a[5]={1,2,3,4,5};
        vect v1(a,5);
        v1[2]=9;     //调用 operator[]
        for(int i=0; i<=v1.ub(); ++i)
            cout<<v1[i]<<"\t";
    }
    //------------------------------------------------------
```

程序的输出结果：

```
1   2   9   4   5
```

为了使下标运算符适用于 const 和非 const 对象，可以定义两个版本的 operator[]：一个是非 const 成员函数并返回引用，另一个是 const 成员函数并返回 const 引用或值。例如，vect 的 const 版 operator[]定义如下：

```
const int& vect::operator[](int i)const {
    assert( i>=0 && i<size);
    return p[i];
}
```

8.4 用户定义的类型转换

如果在表达式中使用了类型不合适的操作数，编译器会尝试执行自动类型转换，从当前类型转换到要求的类型。除了内置类型之间的标准提升和转换之外，用户也可以定义自己的类型转换函数。

带单个参数的构造函数提供了参数类型的对象到本类型对象的转换。那么如何将本类型的对象转换为其他类型呢？

8.4.1 类型转换运算符

重载 operator type 运算符可以将当前类型转换为 type 指定的类型。这个运算符只能用成员函数重载，而且不带参数，它对当前对象实施类型转换操作，产生 type 类型的新对象。不必指定 operator type 函数的返回类型——返回类型就是 type。

例如要定义一个 MinInt 类型，表示 100 以内的非负整数，并且要求能够对它像 int 类型一样进行操作，可以编写如程序 8.8 所示的代码。

程序 8.8 用户自定义的 MinInt 类型。

```
//-----------------------------------------------
#include <iostream>
#include <cassert>
using namespace std;
class MinInt{
  char m;
public:
  //int 类型转换为 MinInt
  MinInt(int val = 0){
    assert(val>=0 && val<=100); //要求取值范围在 0~100 之间
    m = static_cast<char>(val);
  }
  //MinInt 对象转换为 int 类型
  operator int(){return static_cast<int>(m); }
};
int main(){
  MinInt mi(10), num;
  num = mi + 20;      /* 首先将 mi 转换为 int 类型的 10，再执行整型加法运算;
                       再将 int 类型的计算结果 30 转换为赋值左边的 MinInt 类型 */
  int val = num;      //将 num 自动转换为 int，并赋值给 val
  cout<< mi << '\t' << num << '\t' << val;  //num 和 mi 转换为 int 输出
}
//-----------------------------------------------
```

程序的输出结果：

```
10   30   30
```

在程序 8.8 中，编译器在需要时自动调用 operator int()完成 MinInt 类对象到 int 类型的转换，调用 MinInt(int)进行 int 数据到 MinInt 类型的转换。

隐式类型转换也可能出现在函数调用或返回时。例如：

程序 8.9　用户自定义的类型转换。

```
//-----------------------------------------------
class One {
public:
  One() {}
};
class Two {
public:
  Two(const One&) {}     //类型转换构造函数 One => Two
};
class Three {
  int i;
public:
  Three(int ii = 0, int = 0) : i(ii) {} //int => Three
```

```
};
class Four {
  int x;
public:
  Four(int xx) : x(xx) {}    // int => Four
  operator Three() const     //类型转换运算符 Four => Three
     { return Three(x); }
};
//-----------------------------------------------
void f(Two) {}
void g(Three) {}
int main() {
  One one;
  f(one);                    //正确:自动类型转换 Two(const One&)
  Four four(1);
  g(four);                   //正确: 自动类型转换 operator Three()
  g(1);                      //Three(1,0)
}
//-----------------------------------------------
```

编译器进行的隐式自动类型转换只能调用一个类型转换操作——构造函数或 operator type，而不可能寻找一条潜在的转换路径。例如：

```
class B {};
class A {
public:
  A(int); //int => A
  operator B ()const; // A => B
};
void func(B){}
//调用 func
func(2);              //错误:不存在从 int 到 B 的转换
//可以显式指定转换路径
func(A(2));           //正确:先调用 A(int)，编译器再自动调用 A::operator B()
```

C++11 标准引入了**显式类型转换运算符**。例如：

```
class SmallInt{
    char val = 0;
public:
    SmallInt(char v) : val(v){}
    explicit operator int() const { return val; }
};
```

和显式构造函数一样，编译器不会将一个显式类型转换运算符用于隐式类型转换。例如：

```
SmallInt si = 3;
```

```
si + 3;                       //错误：此处需要隐式类型转换
static_cast<int>(si) + 3;     //正确：显式类型转换
```

8.4.2 自动类型转换可能引起的二义性问题

自动类型转换有助于减少代码，但使用不当也会引起一些麻烦。

如果程序中定义了多种从 X 类到 Y 类的自动转换方法，那么在实际需要进行类型转换时将会产生二义性错误。例如：

```
class Y;                  //类声明
class X {
public:
  operator Y() const;     //X 到 Y 的转换
};
class Y {
public:
  Y(X);                   //X 到 Y 的转换
};
void f(Y) {}
int main() {
  X a;
  f(a);                   //错误：二义性
}
```

如果程序中定义了从一种类型到其他多种类型的自动转换方法，那么在实际需要进行类型转换时也可能产生二义性错误。例如：

```
class Y{ };
class Z{ };
class X {
public:
   operator Y() const; //X 到 Y 的转换
   operator Z() const; //X 到 Z 的转换
};
void f(Y) {}
void f(Z) {}

int main() {
  X a;
  f(a);               //错误：二义性
}
```

应该在确保不引起二义性，并且能够优化代码的情况下谨慎使用自动类型转换。要避免上面的二义性问题，最好的办法是保证最多只有一种途径将一个类型转换为另一类型。不要让两个类执行相同的类型转换，使用显式类型转换运算符，避免转换目标类型是内置算术类型的类型转换，这些经验规则对避免类型转换的二义性都有所帮助。

总之，除了显式地向 bool 类型的转换之外，应该尽量避免定义类型转换函数，并尽可能地限制那些“显然正确”的非显式构造函数。

8.5 函数调用运算符

如果类重载了函数调用运算符，就可以像使用函数一样使用该类的对象。因为类同时能存储状态，所以比普通函数更灵活。函数调用运算符也是唯一不限制操作数个数的运算符。

```
struct AbsInt{
    int operator()(int val){    //返回参数的绝对值
        return val < 0 ? -val : val;
    }
};
```

函数调用运算符必须是成员函数。一个类可以定义多个不同版本的调用运算符，但是必须在参数个数或类型上有所区别。

使用函数调用运算符的方式是令对象作用于一个实参列表，形式类似于函数调用：

```
AbsInt absObj;
int x = absObj(-12);
int y = -absObj(x);
```

8.5.1 函数对象

如果一个类定义了函数调用运算符，那么该类的对象称为**函数对象**，或者**仿函数**(functor)。因为可以调用这种对象，在代码层面感觉跟函数的使用一样，但本质上并非函数。

函数对象类除了 operator()之外还可以包含其他成员，其中的数据成员可以用于定制调用运算符中的操作。在定义对象时，初始化对象的数据成员，这些数据成员的状态就成为函数对象的初始状态。因此，可以借由函数对象产生多个功能类似却不相同的仿函数实例。

程序 8.10 带状态的函数对象。

```
//-----------------------------------------------------
#include <iostream>
using namespace std;
//通过带状态的函数对象，设定不同税率的计算
class Tax{
public:
    Tax(double r, int b) : rate(r), base(b){}
    double operator()(double money){
        return (money - base) * rate;
    }
private:
    double rate;
    int base;
```

```
};
int main(){
    Tax high(0.4, 30000);           //第一种税率计算
    Tax middle(0.25, 20000);        //第二种税率计算
    cout << "tax over 3w: " << high(38900) << endl;
    cout << "tax over 2w: " << middle(27500) << endl;
    return 0;
}
//--------------------------------------------------
```

程序的输出结果：

```
tax over 3w: 3560
tax over 2w: 1875
```

函数对象常用在标准算法中。lambda 函数是一种简便的定义函数对象类的方式。

8.5.2　lambda 函数

lambda 是函数式编程的概念基础，函数式编程也是与命令式编程、面向对象编程并列的一种编程范型，代表语言有 LISP。近年流行的很多语言都提供了 lambda 的支持，如 C#、PHP、Java8 等。

C++11 也引入了 lambda，主要目的是为了将类似于函数的表达式作为参数，传递给接受函数指针和函数对象参数的函数。因此，典型的 lambda 是测试表达式或比较表达式，可以编写为一条返回语句。这使 lambda 简洁、易于理解，并且可自动推断返回类型。

lambda 函数也叫 **lambda 表达式**，表示一个可调用的代码单元，可以将其理解为一个未命名的 inline 函数。

```
//lambda 函数的例子
int main(){
    int girls = 3, boys = 4;
    auto totalChild = [](int x, int y) -> int {return x + y; };
    cout << totalChild(girls, boys) << endl;
}
```

程序中定义了一个 lambda 函数，接受两个参数 x 和 y，返回二者的和。与普通函数相比，lambda 函数不需要定义函数名，取而代之的是多了一对方括号（[]），函数的返回值用尾置返回类型的方式声明，其余跟普通函数定义一样。

lambda 函数的定义语法如下：

```
[capture](parameters)mutable -> returntype{statement};
```

其中：

- [capture]：捕捉列表。[]是 lambda 的引出符，总是出现在 lambda 函数的开头。编译器据此判断接下来的代码是否是 lambda 函数。捕捉列表可以捕捉上下文中的变量以供 lambda 函数使用。具体用法在下文中描述。

- (parameters)：参数列表。与普通函数的参数列表一致。如果不需要参数传递，则可以连同括号()一起省略。
- mutable：可选的修饰符。默认情况下，lambda 函数总是 const 函数，mutable 可以取消其常量性。实际上这只是一种语法上的可能性，现实中用处不多。如果使用 mutable，则不可省略参数列表，即使参数表为空。
- ->returntype：返回类型。用尾置返回类型形式声明，不需要返回值的时候可以连同符号->一起省略。在返回类型明确的情况下，也可以省略，让编译器对返回类型进行推演。
- {statement}：函数体。内容与普通函数一样，其中可以使用参数，还可以使用捕捉列表中捕获的变量。

在 lambda 函数的定义中，参数列表和返回类型都是可选的，而捕捉列表和函数体都可以为空，所以，最简略的 labmda 函数为：[]{};

```
//各种各样的 lambda 函数
void f(){
    []{};          //最简 lambda 函数，不能做任何事情
    int a = 3, b =4;
    [=]{return a + b; };    //省略参数列表和返回类型，可推断返回类型 int
    auto fun1 = [&](int c) { b = a + c; };      //无返回值，省略返回类型
    auto fun2 = [=, &b](int c) -> int { return b += a + c; };  //完整的
}
```

lambda 函数和普通函数最明显的区别之一，是 lambda 函数可以通过捕捉列表访问上下文中的一些数据。捕捉列表描述了 lambda 中可以使用哪些上下文数据，以及使用的方式是值传递还是引用传递。

```
//lambda 函数的例子改写
//用捕捉列表捕捉上下文中的变量 girls 和 boys，函数参数列表为空，原型变了
int main(){
    int girls = 3, boys = 4;
    auto totalChild = [girls, &boys]() -> int {return girls + boys; };
    cout << totalChild() << endl;        //调用时不用实参
}
```

lambda 函数如果在块作用域外，其捕获列表必须为空。块作用域中的 lambda 函数只能捕捉其外围作用域中的自动变量，捕捉非自动变量或非此作用域的变量都会导致编译器报错。

捕捉列表由逗号隔开的多个捕捉项组成，有以下几种形式。

- [var]：以值传递方式捕捉变量 var。
- [=]：以值传递方式捕捉外围作用域的所有变量（包括 this）。
- [&var]：以引用传递方式捕捉变量 var。
- [&]：以引用传递方式捕捉外围作用域的所有变量（包括 this）。
- [this]：以值传递方式捕捉当前的 this 指针。

- 组合形式：如[=, &var]表示以引用传递方式捕捉变量 var，其余变量值传递。[&, a, b]表示以值传递方式捕捉 a 和 b，以引用方式捕捉其他变量。使用组合形式时，要注意捕捉列表不允许变量重复传递，如[=, var]就重复值传递了 var，会引起编译错误。

```
//lambda 函数的例子改写
//简化捕捉列表，捕捉外围作用域（即 main()函数块）的所有变量
int main(){
    int girls = 3, boys = 4;
    auto totalChild = [=]() -> int {return girls + boys; };
    cout << totalChild() << endl;        //调用时不用实参
}
```

捕捉列表捕捉到的变量可以看作是 lambda 的初始状态，lambda 函数的运算是基于初始状态和参数进行的，这与函数只基于参数的运算有所不同。这种方式似乎和函数对象有些相似，二者之间是否有什么联系呢？

程序 8.11　用 lambda 函数和函数对象分别实现的退税计算。

```
//-----------------------------------------------------
#include <iostream>
using namespace std;
//机场退税的例子
class AirportPrice{      //函数对象类
public:
    AirportPrice(double rate):dutyFreeRate(rate){}
    double operator()(double price){
        return price * (1 - dutyFreeRate / 100);
    }
private:
    double dutyFreeRate;
};
int main(){
    double taxRate = 5.5;
    AirportPrice pek1(taxRate);          //函数对象
    auto pek2 = [taxRate](double price)
            -> double {return price * (1 - taxRate/100); }; //lambda
    double purchased1 = pek1(3588);      //函数对象调用
    double purchased2 = pek2(2699);      //lambda 函数调用
    cout << purchased1 << endl;          //输出 3390.66
    cout << purchased2 << endl;          //输出 2550.55
}
//-----------------------------------------------------
```

程序 8.11 中，分别使用函数对象和 lambda 两种方式完成扣税后的产品价格计算。其中，lambda 函数捕捉了 taxRate 变量，而函数对象类则以 taxRate 初始化对象。二者的参数传递方式一致。可以看到，除去语法层面上的不同，lambda 函数和函数对象有着相同的内

涵——都可以捕捉一些变量作为初始状态，并接受参数进行运算。

事实上，函数对象是编译器实现 lambda 函数的一种方式，现阶段的编译器通常都会将 lambda 函数转化为一个函数对象。因此，在 C++11 中，lambda 函数可以视为函数对象的一种等价形式，或者是简写的语法形式。因为 lambda 函数默认是 const 函数，所以准确地讲，现有 C++11 标准中的 lambda 等价的是有 const operator()的函数对象。换句话说，lambda 的函数体部分被转化成函数对象之后会成为一个类的 const 成员函数，lambda 捕捉列表中的变量会成为等价的函数对象类的数据成员。

由于 lambda 书写简单、通常可以就地定义，因此用户可以使用 lambda 代替函数对象来写代码。

在最为简单的情况下，lambda 函数可以像局部函数一样使用：可以利用 lambda 函数封装一些代码逻辑，这样既有函数的模块性，又有就地可见的自说明性。与传统意义上的函数定义相比，lambda 函数更直观，使用简便，代码可读性好，效果上则等同于一个局部函数。这也从另一方面说明，lambda 函数适用于代码非常短小，且调用次数不多的情形。

lambda 对 C++11 带来的最大改变应该是在标准模板库 STL 中，让 STL 的算法更容易使用和学习。lambda 可以代替函数指针作为标准库算法的参数，因为有自己的初始状态，与函数单纯依靠参数传递信息相比，lambda 可以传递更多的信息而不改变参数个数。

8.5.3 标准库定义的函数对象

标准库定义了一组表示算术运算符、关系运算符和逻辑运算符的类，每个类分别定义了一个执行命名操作的调用运算符。例如，plus 类定义了一个函数调用运算符用于对两个操作数执行+的操作。表 8.2 列出的类在头文件<functional>中定义。

表 8.2 标准库函数对象

算　术	关　系	逻　辑
plus<Type>	equal_to<Type>	logical_and<Type>
minus<Type>	not_equal_to<Type>	logical_or<Type>
multiplies<Type>	greater<Type>	logical_not<Type>
divides<Type>	greater_equal<Type>	
modulus<Type>	less<Type>	
negate<Type>	less_equal<Type>	

这些类都被定义为模板的形式，可以为其指定具体的类型，作为调用运算符的形参类型。例如，plus<int>的操作数是 int，plus<string>的操作数是 string。

表示运算符的函数对象常用来替换算法中的默认运算符。例如，排序算法 sort 使用的默认运算符是 operator<，序列将按升序排列。如果要按降序排列，可以传入一个 greater 类型的对象，该类产生一个调用运算符并负责执行待排序类型的大于比较运算。例如：

```
vector<string> vs = {"abc", "123", "abb", "cba"};
sort(vs.begin(), vs.end());     //默认用<比较，升序排序
//排序后 vs: 123  abb  abc  cba
sort(vs.begin(), vs.end(), greater<string>()); //降序排序
//排序后 vs: cba  abc  abb  123
```

8.5.4　标准库函数 bind

如果可以对一个对象或表达式使用调用运算符，则称其为**可调用的**（callable）。C++语言中有几种**可调用对象**：函数、函数指针、函数对象、lambda 函数，标准库函数 bind 创建的对象也是可调用的。可调用对象都可以作为参数传递给函数或标准算法。

标准库函数 bind 定义在头文件<functional>中。bind 可以被看作是一个通用的函数适配器，它接受一个可调用对象，生成一个新的可调用对象来“适应”算法的参数表。

调用 bind 的一般形式为：

```
auto newCallable = bind(callable, arg_list);
```

callable 是一个可调用对象，arg_list 是逗号分隔的参数列表，对应 callable 的参数。newCallable 是新生成的可调用对象，当调用 newCallable 时，newCallable 会调用 callable，并传递 arg_list 中的参数。arg_list 中可以出现绑定参数，也可能包含形为“_n”的占位符，表示 newCallable 中的第 n 个参数。如，_1 是 newCallable 的第一个参数，_2 是 newCallable 的第二个参数。

bind 可以绑定可调用对象的参数，或者重排参数顺序。

程序 8.12　标准库函数 bind。

```
//----------------------------------------------------
#include <iostream>
#include <string>
#include <functional>
using namespace std::placeholders; //定义占位符的命名空间
using namespace std;

void func(string a, int b)  //函数 func 有两个参数，string 和 int
{
    cout << a <<" " << b << endl;
}
//bind 生成三个新的函数，绑定 func 的参数或者调整参数顺序
auto goo = bind(func, _1, 5);
    //goo 只提供一个参数，作为 func 的第一个，func 的第二个参数绑定为整数 5
auto hoo = bind(func, "bindhoo", _1);
    //hoo 只提供一个参数，作为 func 的第二个;func 的第一个参数绑定为"boundhoo"
auto rfunc = bind(func, _2, _1);
    //rfunc 提供两个参数，第一个参数作为 func 的第二个，第二个作为 func 的第一个
int main(){
    func("first", 1);    //调用 func(string, int)
    goo("test");         //goo 调用 func("test", 5);5 绑定值固定
    goo("hello");        //goo 调用 func("hello", 5)
    hoo(10);             //hoo 调用 func("boundhoo", 10);"boundhoo"是绑定值
```

```
    hoo(20);              //hoo 调用 func("boundhoo", 10);
    rfunc(4, "last");     //rfunc 调用 func("last", 4);
}
//-----------------------------------------------------
```

程序的输出结果：

```
first 1
test 5
hello 5
bindhoo 10
bindhoo 20
last 4
```

任何类别的可调用对象都可以传递给算法。如果算法需要的函数功能和 func 定义的相同，但是参数出现的顺序和 func 的定义不同，就可以用 bind 生成一个调用 func 的新函数，如 rfunc，来适应这种情况下的需要。

还有一些特殊运算符也可以重载，如 operator->、operator->*、operator new 和 operator delete 等。这些运算符的重载较少用到，而且使用不当容易造成混淆，因此这里没有对它们进行介绍。

8.6 小结

- 运算符重载为使用自定义类型提供了语法上的方便，但是不能滥用。用户自定义类型上的运算符操作与内置运算符之间应该存在逻辑对应关系。
- 重载的运算符只有在至少一个操作数是用户自定义类型时才可能被调用。
- 重载运算符的行为应尽量与内置运算符保持一致。
- 根据运算符之间的内在联系重载相关的运算符。例如，对一个类重载“==”运算符时也应该相应地提供“!=”运算符。
- 相关运算符的重载函数之间可以相互委托以便复用代码。如“==”和“!=”运算符可以相互联系起来定义：一个完成实际计算工作，另一个只是调用前者。
- 对于复杂的类，尤其是包含指针成员时，应该显式地创建 operator=。重载赋值运算符时应进行自赋值检测。
- 避免过度使用类型转换函数。
- 重载了函数调用运算符的类类型对象称为函数对象或仿函数。函数对象常用于标准库算法中。
- lambda 函数是定义函数对象类的简便方式。
- 函数对象和函数、函数指针、lambda 表达式都是可调用对象。
- 运算符函数可以是成员函数，也可以是非成员函数，一般的使用原则如表 8.3 所示。

表 8.3　运算符重载的指导原则

运　算　符	建议重载方式
一元运算符	成员函数
=　[]　()　->　->*　类型转换	必须是成员函数
复合赋值运算符	成员函数
其他二元运算符	非成员函数
输入输出运算符>>和<<	非成员函数

8.7　习题

一、复习题

1．临时对象语法和创建一个有名字的对象并返回它的效果一样吗？

2．定义运算符函数时，什么情况下会用到 const 限定符？

3．定义运算符函数时，如何确定以值传递方式返回还是以引用方式返回？

4．什么是用户自定义的类型转换？C++通过哪些机制实现用户自定义类型转换？

5．重载函数调用运算符的类有什么特点？

6．lambda 函数是如何定义的？有什么特点？

7．标准库中的 string 和 vector 都定义了 operator==，可用于比较相应类的对象。指出下面的表达式中应用了哪个版本。

```
string str;
vector<string> sv1,sv2;
"hello" = = "hello";     //?
sv1[0] = = sv2[0];       //?
sv1 = = sv2;             //?
```

二、编程题

1．为第 6 章习题中定义的 Date 类、Employee 类和 Student 类提供 I/O 流输出操作符。

2．为第 6 章习题中的复数类 ComplexNumber 定义运算符函数，使得 ComplexNumber 的对象看起来可以像基本数据类型一样进行算术运算。

3．内置的算术类型不能表示所有的有理数，为此请定义一个有理数类 Rational（提示：有理数可以表示为两个整数的比），重载需要的运算符，使之能够像内置类型一样使用。使用示例如下：

```
#include "rational.h"
#include <iostream>
using namespace std;
int main() {
    Rational r1;          //r1=0
    Rational r2(1,2);     //r2 = 1/2
    Rational r3(-2,3);    //r3 = -2/3
    Rational r4(1.5);     //double 转换为 Rational
```

```
    cin>>r1;                //输入
    cout<<r2;               //输出，格式为 1/2
    cout<<-r1;              //一元+，-运算
    cout<<r1+r3;            //二元算术运算：+,-,*,/
    cout<<(r2<r1);          //关系运算和逻辑运算
    r4 = r1/r2;             //赋值运算和复合赋值运算
    double d;
    d = r4;                 //Rational 转换为 double
}//end of main
```

三、思考题

1．列举出你所了解的必须以类成员方式定义的运算符。

2．根据 lambda 函数的特点，你认为 lambda 函数可以用在什么地方？

3．函数对象和函数有什么相同的地方？有什么不同的地方？

CHAPTER 9

第9章 组合与继承

本章学习目标:

- 理解组合是复用已有类的实现的机制;
- 掌握如何通过对象成员实现组合关系;
- 掌握如何通过指针成员实现聚合和关联关系;
- 理解继承是复用已有类的接口的机制;
- 掌握继承的基本语法和特点;
- 理解派生类对象的概念、结构以及产生的影响;
- 理解派生类和基类的关系;
- 理解派生类向基类的隐式类型转换的特点;
- 能够在应用组合还是继承之间做出合理的选择;
- 了解多重继承的特点和可能产生的二义性问题。

面向对象方法的核心概念是封装、继承和多态性。C++语言中提供了数据抽象、继承和动态绑定机制支持面向对象的程序设计。以类和对象作为程序的基本构造块，利用各种关系组织类和对象，可以解决更复杂的问题。组合与继承是复用已有类的两种重要途径，通过这两种途径都可以在已有类的基础上建立新类。本章介绍组合与继承的特点，并讨论在进行程序设计时应该如何选择。

9.1 组合——复用类的实现

面向过程编程的重点是设计函数，面向对象编程则将数据和函数封装在一起构成对象，程序设计重在对象和对象上的操作。面向对象的程序以一种反映真实世界的方式组织在一起，在真实世界中，所有的对象都与属性及操作相关联，使用对象提高了软件的可复用性，并且使程序更易于开发和维护。类为构建可复用软件提供了更高的灵活性和更好的模块性。为了设计类，需要探究类之间的关系。类之间的关系通常是关联、聚合、组合以及继承。实现类之间的关系也是面向对象编程的一部分重要工作。

9.1.1 对象成员与组合关系

将一个类的对象作为另一个类的成员，可以实现“has-a”或“is-part-of”关系，即 UML 中的组合关系。

例如，“汽车（Car）有一个发动机（Engine），有四个轮子（Wheel）”，这是一个“has-a”关系。Car 类可以包含一个 Engine 对象和四个 Wheel 对象作为其成员，并使用它们提供的功能。

```
class Engine{…};
class Wheel{…};
class Car{
   Engine e;
   Wheel wheels[4];      //多个同类型的成员可以使用数据结构
   //…
};
```

对象成员语法也被称作**组合**或**包含**。这里所说的组合是一种语法现象，不同于 UML 中组合关系的概念，不过因为出现在不同的语境中，而且对象成员语法常用来实现组合关系，因此不刻意区分。

将已有类的对象作为成员，可以通过成员对象使用已有类的功能，复用其实现。类的对象成员与内置类型数据成员的声明语法相同，也可以为对象成员设置访问控制权限。

如果将嵌入的对象作为新类的公有成员，那么除了使用新类接口中提供的功能之外，还可以向其中包含的成员对象发送消息。

程序 9.1 public 对象成员。

```
//-----------------------------------------
  //parts.h
  //要复用的类
  class Eye{
  public:
     void see(void){…}
  };
  class Nose{
  public:
     void smell(void){…}
  };
  class Mouth{
  public:
     void speak(void){…}
  };
  class Ear{
  public:
     void listen(void){…}
  };
```

```
//------------------------------------------
//------------------------------------------
  //head.h
  //组合，复用已有类实现的代码
  #include "parts.h"
  class Head{
  public:
    Eye leftEye,rightEye;
    Nose nose;
    Mouth mouth;
    Ear leftEar,rightEar;
    void turn(){…}
  };
//------------------------------------------
//------------------------------------------
  //test.cpp
  #include "head.h"
  int main() {
    Head h;
    h.turn();
    h.nose.smell(); //向成员对象发送消息
  }
//------------------------------------------
```

更常用的方式是将嵌入对象作为新类的私有成员，这时它是新类内部实现的一部分。新类中的方法可以使用成员对象提供的功能，但新类只向外部展现自己的接口，隐藏了包含的成员对象。

程序 9.2　private 对象成员。

```
//------------------------------------------
  //engine.h
  //要复用的 Engine 类
  class Engine{
  public:
    void fire(void){…}   //点火
    void stall(void){…} //熄火
    //…
  };
//------------------------------------------
//------------------------------------------
  //car.h
  //将 engine 作为私有的对象成员嵌入
  #include "engine.h"
  class Car {
  public:
```

```
    void run() {
      engine.fire();          //调用嵌入对象的操作
      //…
    }
    void stop() {
      engine.stall();         //调用嵌入对象的操作
      //…
    }
    //…
  private:
    Engine engine;            //私有对象成员
  };
//-----------------------------------------
//-----------------------------------------
#include "car.h"
int main() {
  Car benz;                   //对客户程序隐藏了benz内部的构成
  benz.run();                 //隐藏了run()操作如何完成
  benz.stop();
}
//-----------------------------------------
```

组合一个已有类的对象作为新类的成员被称为**按值组合**。按值组合用来实现 UML 中的组合关系。组合关系的特点是成员对象是组合对象的一部分，随着组合对象的创建而创建，随着组合对象的撤销而撤销，成员对象并不作为独立元素对外部展现。例如，汽车和引擎的组合关系：汽车中包含引擎，引擎是汽车的一部分，对外展现的只是汽车的整体功能。

9.1.2 对象成员的初始化

在创建一个包含对象成员的组合对象时，会执行成员类的构造函数初始化对象成员。成员对象的初始化使用初始化列表语法。

```
class Member {
  int x;
public:
  Member(int iv):x(iv){}
};
class withMembers{
  int y;
  Member m;          //对象成员
public:
  withMembers(int a, int b): y(b), m(a)     //初始化对象成员m
  {}
};
```

如果没有在初始化列表中对成员对象进行显式初始化，编译器会执行成员对象的默认构造函数，如果成员对象所属的类不存在默认构造函数，会引起编译错误。

类中如果包含多个对象成员，在初始化列表中将它们用逗号隔开。成员初始化的次序和成员声明的次序相同，并不考虑它们在初始化列表中的排列顺序。为了不引起困扰，建议初始化成员的顺序和声明顺序一致。

```
class Member1 {
  int x;
public:
  Member1(int iv):x(iv){}
};
class Member2 {
    int y;
public:
  Member2(int iv):y(iv){}
};
class withMembers{
  Member1 m1;    //声明次序是先 m1，再 m2
  Member2 m2;
public:
  withMembers(int a): m2(a), m1(a) {}
          //先为 m1 执行构造函数，再为 m2 执行构造函数
};
```

当组合对象被撤销时，会执行其析构函数，成员对象的析构函数也会被执行。析构函数的执行次序和构造函数相反，即先执行组合对象的析构函数，再执行成员对象的析构函数。

9.1.3　复用类的实现

组合是一种简单灵活地复用已有类的方式。如果希望复用一个类的实现，或使用一个类的功能，使用组合是一种简单而有效的方法。在新类中封装一个已有类的对象，让它作为新类实现的一部分去完成相关的操作，实现新类的功能。

考虑这样一个问题，如果有一个要使用类 Circle 的客户程序如下：

```
void client(){
  Circle c;
  c.draw();                        //绘制圆形
  double a = c.area();             //计算 c 的面积
  double p = c.perimeter();        //计算 c 的周长
  c.scale(2);                      //将 c 放大 2 倍
}
```

如果你是程序员，主管要求你设计并实现一个 Circle 类，满足这段客户程序对 Circle 类接口和功能的需求，你会如何完成这项工作？

最原始的方法是从头开始设计一个 Circle 类，不过这样做似乎有些费时费力。更便捷的方法是查找并尝试复用已有的资源。如果你找到了一个 XCircle 类，它提供了这个客户程序需要的所有功能，只是接口不同。假设 XCircle 类的声明如下：

```
//xcircle.h
class XCircle {
public:
  XCircle();                  //构造函数
  void Xdraw();               //绘制圆形
  double calc_area();         //计算面积
  double calc_perimeter();    //计算周长
  void zoom(double factor);   //按比例缩放
  //…
}
```

你现在会怎么做？很简单，如果能得到 XCircle 类的源代码，可以复制并修改这些代码，得到自己的 Circle 类，满足客户程序的要求。可是，如果不能得到 XCircle 的源代码或者担心因为修改代码而引入错误呢？

应用组合，可以很方便地重新包装一个类对象，使它用于特定的环境中。可以重新包装 XCircle 来实现客户程序需要的 Circle 类。

```
#include "xcircle.h"
class Circle {
public:
  Circle() : xc() {}
  void draw(){  xc.Xdraw(); }
  double area() { return xc.calc_area(); }
  double perimeter(){  return xc.calc_perimeter(); }
  void scale(double factor) {  xc.zoom(factor); }
private:
  XCircle xc;
};
```

组合的这种用法可以拓广到重新包装更大的可复用单元，例如一组类或一个子系统，新的封装体对外提供适合的接口，将内部的实现隐藏起来。

9.1.4 指针成员与聚合关系

UML 中的聚合也描述组成关系，但是比组合更松散。例如，“球队由球员组成”、“网络由计算机组成”、“电子邮件中含有附件”，等等。聚合关系的特点是成员对象可以独立于聚合对象而存在。当聚合对象被创建或撤销时，其成员对象可以不受影响，而只是它们之间的关系受到影响。例如，球队在初创建时可能没有球员；球队如果解散了，球员还存在，只是和球队之间没有组成关系了；球员可以脱离球队，新球员也可以加入球队。

聚合关系在 C++中使用**按指针组合**的语法实现：聚合对象中包含成员类对象的指针。例如，网络和计算机之间的聚合关系可以用如下方式实现：

```
class Computer{…};
class Network{
  vector<Computer*> computers;  //网络中可以包含多台计算机，按指针组合
  …
};
```

图 9.1 所示的类图描述了电子邮件类 Email。一封电子邮件包含邮件标题、正文，也可能带有附件，发送时要指定收件人地址。

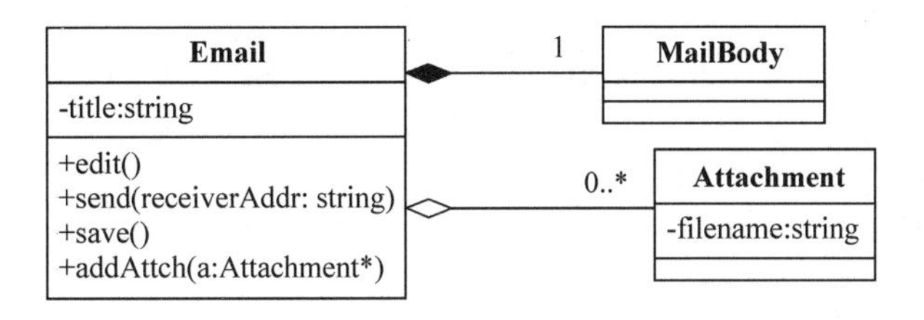

图 9.1　组合与聚合：Email 类

Email 类的示例代码如下：

```
//------------------------------------------------------------
  class MailBody{…};
  class Attachment{
    string filename;
    //其他成员…
  };
  class Email{
    string title;          //属性，用数据成员表示
    MailBody body;         //组合，对象成员
    vector<Attachment*>  attch;//聚合，指向多个附件对象的指针数组
    //其他成员…
  public:
    void edit(){…}
    void save(){…}
    void send(string receiverAddr){…}
    void addAttch(Attachment* a){attch.push_back(a);…}
    //其他操作…
  };
//------------------------------------------------------------
```

聚合关系的聚集对象中如果包含多个某类的成员，实现时一般借助数组或 vector 之类的标准容器。在 C++中，使用标准容器是更好的选择。聚集对象中一般可以加入新成员或者删除已有成员，例如球员加入球队、球员退出球队，所以相应的会有增加和删除成员的操作。例如：

```
//------------------------------------------------------------
class Coach {…};                //教练类
```

```
class Player{…};                                  //球员类
class Team{                                       //球队类
private:
  Coach* chiefCoach;                              //指针成员：主教练
  vector<Player*> players;                        //指针数组：球员
public:
  Team(Coach* pc) {                               //创建球队，指定主教练
     chiefCoach = pc;
  }
  void changeCoach(Coach* pnc) {                  //更换主教练
      chiefCoach = pnc;
  }
  void employPlayer(Player* player) {             //加入球员
     players.push_back(player);
  }
  void firePlayer(Player* player)   {             //解聘球员
     //…查找指定球员,返回指向指定球员的迭代器 it,代码略
     if(it != players.end())                      //如果球员存在
        players.erase(it);                        //删除指定球员
  }
     //…
};
```

9.1.5 指针成员与关联关系

组合是一种更强的聚合，聚合是一种特殊的关联。UML 中用关联刻画对象之间存在的更广泛的关系，例如银行客户拥有一个账户、学生持有一张图书馆借书卡、员工属于某家公司、学生选修某门课程等。

关联关系在 C++中也用按指针组合的语法实现。例如，Client 有一个 BankAccount，那么可以在 Client 类中保存一个指向其 BankAccount 的指针。如果允许一个客户同时拥有多个账户，那么可以使用某种聚集数据结构，如数组或 vector。

```
//-------------------------------------------------------------
  class BankAccount{                              //银行账户类
    long accountNo;
    double balance;
    string clientName;
    //…
  public:
    BankAccount(long aNo, string name, double bal){…}
  };
  class Client{                           //客户类
    string name;
    string address;
    BankAccount* acc;                     //指针成员指向客户的一个银行账户，也可以:
```

```
    //BankAccount* accounts[5]; 一个客户最多可以有 5 个账户，或者
    //vector<BankAccount*> accounts;  一个客户可以有多个账户
    //…
  public:
    Client(string nm, BankAccount* a):name(nm){ acc = a;}
    //…
};
//一种可能的银行开户操作如下:
BankAccount ba(18024, "Xavi", 5000);   //建立一个新账户
Client Xavi("Xavi", &ba);              //Xavi 是拥有账户 ba 的客户
//------------------------------------------------------------
```

由于组合与聚合这两种关系之间的区别过于微妙，一般建议在设计时使用组合表示明显的“整体—部分”关系，对聚合这样的关系也用关联来表示。对 C++程序而言，组合关系的语义可以用按值组合的对象成员的语法实现，聚合或关联都使用按指针组合的语法实现。

现实中的事物之间还存在另一类常见关系，描述事物的层次或分类，如生物系统中的门、纲、目、科、属、种等。在 UML 中用泛化描述这类关系，在 C++中则用继承语法实现。

9.2　继承——复用类的接口

继承是面向对象的核心特征之一，也是一种复用已有类的机制。在已有类的基础上继承得到新类型，这个新类型自动拥有已有类的特性，并可以修改继承到的特性或者增加自己的新特性。在 C++中，被继承的已有类称为**基类**，继承得到的新类称为**派生类**。派生类可以再被继承，这样构成的层次结构称为**继承层次**。

9.2.1　继承的语法

考虑某大学的学生管理程序，这个程序中可能有如下的学生类 student:

```
class student {
    string name;
    int student_id;
    string department;
  public:
    student(string nm, int id, string dp);
    void print()const;
};
```

如果对研究生还要处理更多的信息，例如论文题目，这个 student 类型就不能满足需要。可以重新定义研究生类如下:

```
class grad_student {
    string name;
```

```
    int student_id;
    string department;
    string thesis;
  public:
    grad_student(string nm, int id, string dp, string th);
    void print()const;
};
```

可以看到，在 grad_student 类中包含了 student 类的所有成员，两个类的代码有部分重复。现实中，研究生也是学生，但是上面两个类的定义并没有体现出这种关系。应该将 grad_student 是 student 的事实更明确地表达出来，这样的“is-a”关系可以用继承实现。

```
class grad_student : public student      //grad_student 继承 student 类
{
    string thesis;
    //其他成员从 student 继承得到，不用再重复声明
  public:
    grad_student(string nm, int id, string dp, string th);
    void print()const;                      //重复声明表示要重新实现这个操作
};
```

grad_student 类继承了 student 类，也可以说 grad_student 类是从 student 类派生的。student 是 grad_student 的基类，grad_student 是 student 的派生类。grad_student 类自动获得了 student 类的所有成员，是 student 的子类型。

派生类继承了基类的数据成员和成员函数，只需要对自己不同于基类的行为或自己扩展的行为编写代码。

继承的语法形式如下：

```
class 派生类名字 : [访问限定符] 基类名字
{
     成员声明;
};
```

定义派生类时可以指定访问限定符 public、private 或 protected。如果不指定，对 class 关键字定义的类，默认为 private，即私有继承；如果是 struct 关键字定义的类，则默认为 public，公有继承。在上面 grad_student 的例子中使用了 public，是公有继承。

公有继承和私有继承有什么不同呢？

9.2.2 派生类成员的访问控制

派生类继承了基类的成员，但是基类成员在派生类中的可见性由两个因素决定：成员在基类中的访问限定和继承时使用的访问限定符。

一个类的 public 成员在任何类和函数中都是可以访问的，而 private 成员只有本类或本类的友元可以访问，在其他类和函数中不可访问，在自己的派生类中也同样不可访问。

一个类的 protected 成员的访问权限介于 public 和 private 之间：对它的派生类来说，protected 成员和 public 成员一样是可访问的，但对其他类和函数而言，protected 成员就如

同 private 成员一样不可访问。

在公有派生类中，基类的 public 成员和 protected 成员被继承，分别作为派生类的 public 成员和 protected 成员。基类的 private 成员虽然也被继承了，但在派生类中是不可见的。

在私有派生类中，基类的 public 成员和 protected 成员被派生类作为自己的 private 成员继承下来。基类的 private 成员虽然也被继承了，但在派生类中是不可见的。

继承时也可以使用 protected 限定符，这时基类的 public 成员和 protected 成员都被派生类作为自己的 protected 成员继承下来。基类的 private 成员在 protected 派生类中仍是不可见的。

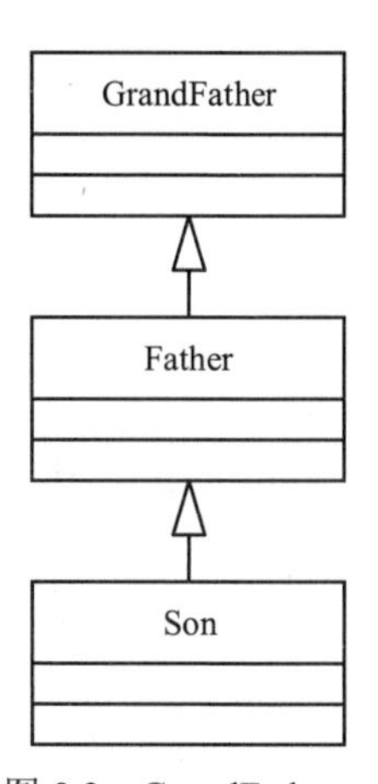

图 9.2　GrandFather、Father 和 Son 的继承层次

例如，有三个类 GrandFather、Father 和 Son，它们之间的继承关系如图 9.2 所示。在 GrandFather 中，定义了 public、protected 和 private 成员；在 Father 和 Son 中也分别定义了各自的 public、protected 和 private 成员，同时又继承了父类的成员。

如果 Father 公有继承 GrandFather，Son 公有继承 Father，那么各个类中成员的可见性如图 9.3 所示。

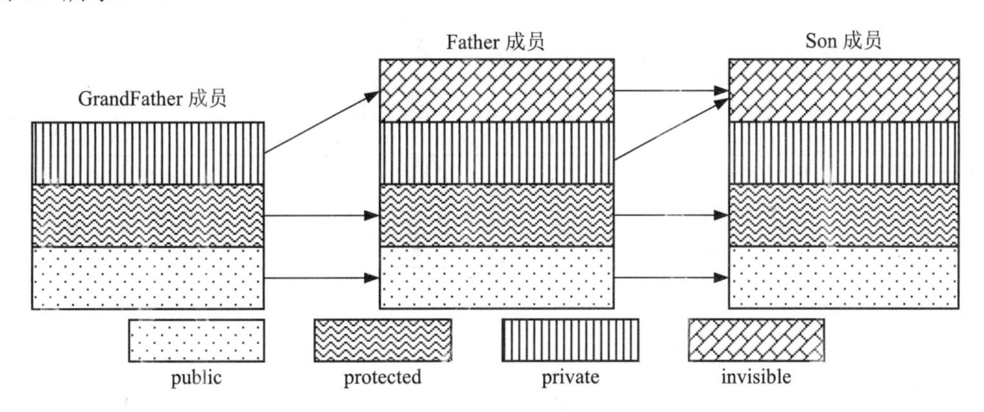

图 9.3　public 继承时基类成员在派生类中的可见性

如果 Father 私有继承 GrandFather，Son 私有继承 Father，那么各个类中成员的可见性如图 9.4 所示。

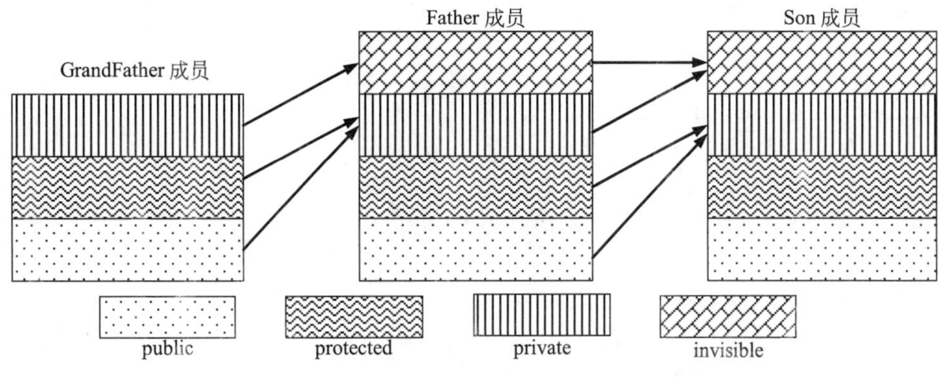

图 9.4　private 继承时基类成员在派生类中的可见性

如果 Father 保护继承 GrandFather，Son 保护继承 Father，那么各个类中成员的可见性如图 9.5 所示。

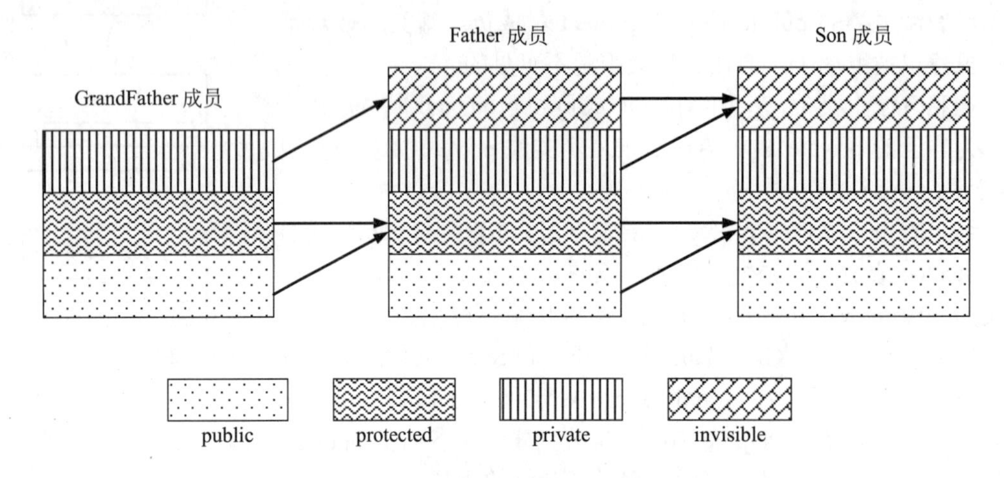

图 9.5　protected 继承时基类成员在派生类中的可见性

基类成员在派生类中的可见性如表 9.1 所示。

表 9.1　基类成员在派生类中的可见性

继承访问限定符	基类成员访问限定符		
	public	**private**	**protected**
public	public	不可见	protected
private	private	不可见	private
protected	protected	不可见	protected

```
//------------------------------------------------------------
  class Base{
    public:
      int m1;
    protected:
      int m2;
    private:
      int m3;
  };
  class D1 : public Base {
  //D1 继承得到一个 public 成员 m1，一个 protected 成员 m2
  //D1 中不能访问从 Base 继承来的私有成员 m3
  };
  class D2 : private Base {
  //D2 继承得到两个 private 成员 m1 和 m2
  //D2 中不能访问从 Base 继承来的私有成员 m3
  };
```

```
  class D3 : protected Base {
  //D3 继承得到两个 protected 成员 m1 和 m2
  //D3 中不能访问从 Base 继承来的私有成员 m3
  };
//------------------------------------------------------------
```

通过继承基类，派生类就拥有了访问基类 protected 成员的特权。如果担心基类的封装性会因此被破坏，可以将基类中的所有数据成员都声明为 private，而不是 protected。如果派生类真的需要访问基类的属性，就在基类中为其提供相应的 protected 访问器函数。例如：

```
class Base{                //基类
   int attr;               //属性设为私有
protected:                 //设置 protected 访问器供派生类使用
   int getAttr();
   void setAttr(int);
};
```

改变个别成员的可访问性

如果要在派生类中对继承的基类成员的可见性进行调整，可以使用 **using 声明**，语法形式为：

```
class Derived : ( public | private | protected ) Base
{
public ( | private | protected ):
  using Base::成员名;    //将继承的基类成员声明为 public(private 或 protected)
  //…
};
```

using 声明的作用是在派生类中调整个别基类成员的访问限制。派生类只能为它可以访问的名字提供 using 声明，因此不能改变基类 private 成员的访问限制。

程序 9.3　基类成员访问声明。

```
//---------------------------------------------------------
#include <iostream>
using namespace std;
class Base{
public:                              //公有成员
   void f() { cout << "public: Base::f()" << endl;}
   void f(int){ cout << "public: Base::f(int)" << endl;}
   void g()   { cout << "public: Base::g()" << endl; }
protected:                           //被保护的成员
   void h() { cout << "protected: Base::h()" << endl; }
private:                             //私有成员
   void k(){}
};
class Derived1 : public Base{   //公有继承
```

```
protected:
    using Base::g;                  //将public成员g声明为protected
private:
    using Base::f;                  //将重载的f()和f(int)都声明为private
public:
//! using Base::k;                  //错误：基类私有成员在派生类中是不可见的
    using Base::h;                  //protected成员可以声明为public的吗？测试一下
};
class Derived2: private Base{      //私有继承
public:
    using Base::g;                  //将private成员g重新声明为public
protected:
    using Base::f;                  //将private成员f声明为protected
};
int main()
{
    Base b;
    b.f();
    b.f(1);
    b.g();
    //!b.h();                       //错误：不能访问protected成员
    Derived1 d1;
    d1.h();                         //正确：rotected成员h可以声明为public
    //!d1.g();                      //g是protected成员，不可访问
    //!d1.f();                      //错误：f是private成员，不可访问
    //!d1.f(1);                     //错误：f是private成员，不可访问
    Derived2 d2;
    d2.g();                         //正确：g被声明为public成员
    //!d2.f();                      //错误:f是protected成员，不可访问
}
//--------------------------------------------------------
```

程序的输出结果：

```
public: Base::f()
public: Base::f(int)
public: Base::g()
protected: Base::h()
public: Base::g()
```

9.2.3 公有继承和私有继承

公有派生类继承了基类的接口，能够发送给基类对象的消息派生类对象也可以接收。因此可以将公有派生类看作是基类的子类型，即“is-a”关系。例如，上面的 grad_student 类是 student 类的公有派生类，也是 student 类的子类型，满足“研究生是学生”的关系。一个公有派生类的对象也是一个基类的实例，但反之不成立。如一个研究生也是一个学生，

一个学生则未必是一个研究生。即，grad_student 类型的对象也是 student 类型的，但 student 类型的对象不一定是 grad_student 类型的。

私有派生类虽然继承了基类的所有数据和功能，但这些只是作为派生类的部分私有实现，派生类的用户不能访问这些内部功能。基类和私有派生类之间不是类型和子类型的关系，私有派生类的对象也不能被看作是基类的实例。

假定有 Shape 类的声明如下：

```
class Shape {
  public:
    void draw() const {…}
    double area() const {…}
    void move(int) {…}
};
```

如果想通过继承 Shape 类来创建一个新类型 Line，应该使用 public 继承还是 private 继承呢？

如果 Line 要复用 Shape 类的接口，则使用 public 继承。公有派生类 Line 会被看作是一种特殊的 Shape，是 Shape 的子类型。Line 类型的对象也是 Shape 类型的。但是，Shape 类中的 area 操作显然不适合 Line 类型，可以通过 using 声明为私有将其隐藏起来。

程序 9.4　公有继承和私有化声明。

```
//----------------------------------------------------------------
class Line : public Shape {      //公有继承，Line "is a" Shape
  public:
    //继承了 Shape 的 public 成员，包括 area()在内
    //…
  private:
    using Shape::area;   //私有化声明，继承到的 Shape::area()在 Line 类中被隐藏
};

int main() {
  Line c;
  c.draw();               //正确，Shape::draw()被调用
  c.move(10);             //正确
  //!c.area();            //错误：调用继承的 Shape::area()，但它是私有的，禁止访问
}
//----------------------------------------------------------------
```

Line 对象不能接收 Shape 对象可以接收的 area()消息，Line 和 Shape 不再具有相同的接口，Line 严格说来已经不是一种 Shape 了。为了让公有派生类能够保持基类的接口，应该尽量不要使用 using 私有声明。

如果基类中只有个别操作适合新类，而大部分操作对派生类而言是不适合的，派生类不能使用基类的接口，甚至不能将派生类作为基类的子类型，这时可以使用私有继承。

私有继承时，基类的所有 public 成员在派生类中都变成了 private。要让它们中的某些

成员可见，在派生类中用 using 声明为 public 即可。

程序 9.5 私有继承和公有化声明。

```
//-------------------------------------------------------------------
class Line : private Shape {    //私有继承
  public:                       //在public成员列表中可以声明Line接口中的成员
    using Shape::draw;          //公有化声明
    using Shape::move;
};

int main() {
    Line c;
    c.draw();
    c.move(10);
    //! c.area();               //错误：area()没有被公有化声明，还是私有成员
}
//-------------------------------------------------------------------
```

在程序 9.5 中，因为采用了私有继承，所以 Line 不具备 Shape 的接口，也不被看作是 Shape 的子类型，它们之间不满足"is-a"关系。

选择私有继承的一个主要原因是希望隐藏基类的接口。私有继承方式使得从基类继承而来的成员隐藏在派生类内部，派生类没有继承基类的接口，派生类对象因而不能被看作是基类的实例，它们之间不满足"is-a"关系。私有继承不再是类接口的复用，而是类实现的复用。为了不滥用继承，同时考虑到组合的简单性，在这种情况下，通常会优先使用组合而不是私有继承。

protected 继承也不常用，它的存在更主要是为了保持语言的完备性，有时在一些多重继承的应用实例中可以见到 protected 继承的使用。

9.2.4 派生类对象的创建和撤销

下面是一个平面坐标点类 Point2d：

```
class Point2d{
  public:
    //…对平面坐标点的操作
  protected:
    double _x, _y;
};
```

如果要使用三维坐标点，可以通过继承从 Point2d 类派生出一个新类：

```
class Point3d : public Point2d{
  public:
    //…对三维坐标点的操作
  protected:
```

```
    double _z;
};
```

那么 Point3d 类型的对象是怎样的布局呢？

派生类对象由其基类子对象以及派生类自己的非静态数据成员构成。派生类从基类那里继承所有成员，这与继承方式无关——继承方式只影响成员在派生类中的可见性。在派生类对象中，从基类继承而来的所有成员形成了一个基类子对象，就像是派生类对象的一个无名成员一样。在派生类对象的内存中，首先存储基类子对象，接下来存放派生类自己的其他数据成员，如图 9.6 所示。因此，在派生类中，使用基类的非私有成员就像是使用派生类自己的成员一样。

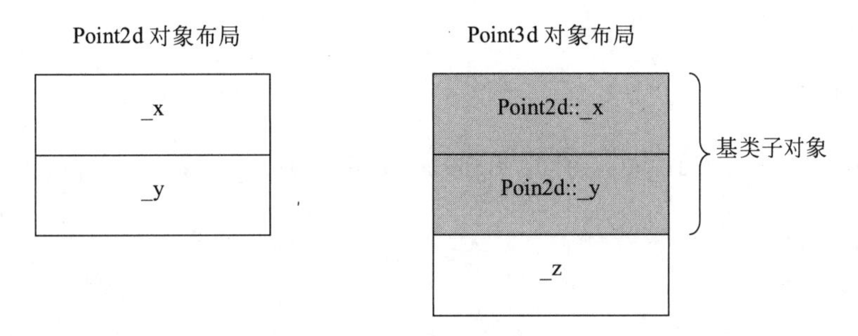

图 9.6　派生类对象的布局

程序 9.6　在派生类中使用基类的成员。

```
//----------------------------------------------------------------
class Point2d{
  public:
    Point2d(double x = 0.0, double y = 0.0): _x(x), _y(y){}
    double x(){return _x;}
    double y(){return _y;}
    void x(double newX) {_x = newX; }
    void y(double newY) {_y = newY; }
    //…其他成员
  protected:
    double _x, _y;
};
//----------------------------------------------------------------
class Point3d : public Point2d{
  public:
    Point3d(double x = 0.0, double y = 0.0, double z = 0.0)
    : Point2d(x, y), _z(z) {}
    double z(){return _z;}
    void z(double newZ) {_z = newZ; }
    void print(){
      //使用基类的成员 x(),y()，和使用自己成员的方式相同
      cout << '(' << x() <<',' << y() <<',' << z() << ')';
```

```
    }
    //…其他成员
  protected:
      double _z;      //千万不要再加上_x 和_y，已经继承到了
};
//--------------------------------------------------------------
```

派生类对象中包含一个基类的子对象，那么在创建派生类对象时，也要初始化这个基类子对象，需要执行基类的构造函数。构造函数的执行次序是先基类构造函数，再派生类的构造函数。

基类构造函数可以是显式调用的，在派生类构造函数的初始化列表中指出基类构造函数及其实参：

```
class Point2d{
  public:
      Point2d(double x = 0.0, double y = 0.0): _x(x), _y(y){}
      //…
  protected:
      double _x, _y;
};
class Point3d : public Point2d{
  public:
    //显式调用基类构造函数 Point2d 初始化基类子对象
    Point3d(double x = 0.0, double y = 0.0, double z = 0.0)
         : Point2d(x, y), _z(z) {}
    //…
  protected:
      double _z;
};
```

在派生类的构造函数参数表中需要为基类子对象提供初始值，初始化列表中用基类的名字来调用构造函数。这种语法和成员对象的初始化方式相似，只不过在初始化列表中使用的是基类的名字，而组合时使用成员对象的名字。

如果在派生类的构造函数中没有显式调用基类构造函数，编译器会自动调用基类的默认构造函数来初始化派生类对象中的基类子对象；如果基类不存在默认构造函数，编译器会报告错误。

如果一个派生类中还包含其他类的对象成员，则构造函数的执行次序是：先基类构造函数，再成员类的构造函数，最后执行派生类的构造函数。

同样地，在撤销一个派生类对象时，基类子对象也被撤销。析构函数的执行次序和构造函数的执行次序相反，即先执行派生类的析构函数，再执行基类的析构函数。

程序 9.7 构造函数和析构函数的调用。

```
//--------------------------------------------------------------
#include <iostream>
```

```
using namespace std;
class Base {
    int bm;
  public:
    Base(int v=0):bm(v){cout<<"Base(int)"<<endl;}
    ~Base(){cout<<"~Base()"<<endl;}
};
class Member {
    int mm;
  public:
    Member(int v=0):mm(v){cout<<"Member(int)"<<endl;}
    ~Member(){cout<<"~Member()"<<endl;}
};
class Derived : public Base{
    Member dm;
  public:
    Derived(int num=0):dm(num){cout<<"Derived(int)"<<endl;}
    ~Derived(){cout<<"~Derived()"<<endl;}
};

int main(){
    cout<<"在块内创建一个 Base 对象:"<<endl;
    {//块作用域
        Base b;
        cout<<"离开块作用域"<<endl;
    }
    cout<<"main 中的派生类对象:"<<endl;
    Derived d;
    cout<<"离开 main 作用域:"<<endl;
}
//----------------------------------------------------------
```

程序的输出结果:

```
在块内创建一个 Base 对象:
Base(int)
离开块作用域
~Base()
main 中的派生类对象:
Base(int)
Member(int)
Derived(int)
离开 main 作用域:
~Derived()
~Member()
~Base()
```

9.2.5 继承与特殊成员

1. 禁止继承的类

如果不希望一个类被其他类继承，可以在类名后跟一个关键字 final，防止该类被继承：

```
class NoDerived final {…}                //NoDerived 不能作为基类
class Base {…}
class Last final: public Base{…}         //Last 不能作为基类
```

2. 不能自动继承的成员

并不是所有的基类成员都能被派生类继承，下列成员函数是不能继承的：

- 构造函数；
- 析构函数；
- 赋值运算符函数。

如果在派生类中没有定义这些函数，编译器在必要时会自动生成派生类的默认构造函数、拷贝/移动构造函数、拷贝/移动赋值运算符和析构函数。在编译器自动生成的构造函数中会调用相应的基类构造函数来完成基类子对象的初始化。编译器自动生成的赋值运算符函数只能用于同类型对象之间的赋值，其行为是按成员赋值，如果要对不同类型的对象赋值，需要自己定义赋值运算符。

3. 复用基类的构造函数

C++11 中允许派生类复用其直接基类的构造函数，有时也被称为继承基类的构造函数。派生类复用基类构造函数的方式是在派生类定义中提供一条 using 声明：

```
class Derived : public Base {
    using Base::Base;         //继承 Base 的构造函数
}
```

using 声明作用于构造函数时，将令编译器产生代码。对基类的每个构造函数，编译器都生成一个与之对应的派生类构造函数。换言之，对于基类的每个构造函数，编译器都在派生类中生成一个形参列表完全相同的构造函数。

编译器生成的构造函数形如：

```
Derived(parameters) : Base(arguments){}
```

将派生类构造函数的形参 paramters 传递给基类构造函数。

using 声明不会改变构造函数的访问级别，无论出现在哪里，基类的构造函数在派生类中仍然是原来的访问权限。

派生类可以复用基类的构造函数，同时定义自己的一部分构造函数。如果派生类定义的构造函数与基类的构造函数有相同的参数列表，则不会继承基类的这个构造函数，在派生类中定义的构造函数将替换继承到的基类构造函数。

派生类不能复用默认、拷贝和移动构造函数，如果没有直接定义这些构造函数，编译器将按照正常规则为派生类自动生成。

继承的基类构造函数不会被作为类中定义的构造函数，也就是说，如果一个类只含有继承的基类构造函数，那么编译器认为它没有定义任何构造函数，会自动生成默认构造函数。

4. 静态成员的继承

如果基类定义了一个 static 成员，则在整个继承层次中只存在该成员的唯一定义。不论从基类派生出来多少个派生类，对于每个静态成员来说都只存在唯一的实例。静态成员遵循一般的访问控制规则：如果基类中的成员是 private 的，则派生类无权访问。

```
class Base {
public:
  static void statmem();        //基类 static 成员
};
void Base::statmem(){}          //定义
class Derived : public Base {
public:
  void f(const Derived& d);
};
void Derived::f(const Derived& d) {
  Base::statmem();              //正确：Base 类中定义了 statmem()
  Derived::statmem();           //正确：Derived 类中继承了 statmem()
  d.statmem();                  //正确：通过派生类对象访问基类 static 成员
  statmem();                    //正确：通过 this 指向对象访问 staic 成员
}
```

9.3　派生类与基类的不同

继承使基类的代码进入派生类中，公有派生类便自动拥有了基类的行为和接口。如果在派生类中不对这些行为或接口做任何修改，派生类将无法区别于基类，这在实际编程中是毫无意义的。因此派生类在继承基类的基础上，应该体现与基类的不同。

在派生类中修改基类的方式有如下两种。

（1）覆盖或隐藏基类的操作：重新定义基类接口中已经存在的操作，从而改变继承到的行为，使得派生类对象在接收到同样的消息时其行为不同于基类对象。

（2）扩充接口：向派生类的接口中添加新操作，使得派生类对象能够接收更多的消息。

9.3.1　覆盖与同名隐藏

派生类可以继承得到基类的成员，如程序 9.8 所示。

程序 9.8　Point3d 类继承得到 Point2d 类的成员。

```
//------------------------------------------------------------
  class Point2d{
   public:
     Point2d(double x = 0.0, double y = 0.0): _x(x), _y(y){}
     double x(){return _x;}
     double y(){return _y;}
```

```
    void x(double newX) {_x = newX; }
    void y(double newY) {_y = newY; }
    void moveto (double x, double y) {_x = x; _y = y; }
    //…
  protected:
    double _x, _y;
};
class Point3d : public Point2d{
  public:
    Point3d(double x = 0.0, double y = 0.0, double z = 0.0)
        : Point2d(x, y), _z(z) {}
    double z(){return _z;}
    void z(double newZ) {_z = newZ; }
    //…
  protected:
    double _z;
};

int main(){
  Point3d p(1, 2, 3);
  cout << p.x() << p.y() << p.z();   //正确：继承得到了x(),y()
}
//---------------------------------------------------------------
```

但是，基类的有些操作并不能满足派生类的需要，例如 Point2d::moveto()。

```
Point3d p(1, 2, 3);
p.moveto(4, 5, 6);                  //错误：继承到的moveto只能有两个参数
p.moveto(4 ,5);                     //正确：只能按2D点的方式操作
```

在这种情况下，需要在派生类中重新定义基类的成员函数：

```
//---------------------------------------------------------------
class Point3d : public Point2d{
  public:
    //重定义moveto
    void moveto (double x, double y, double z) {
        Point2d::moveto(x, y);
          _z = z;
    }
    //…
  protected:
      double _z;
};

int main(){
```

```
    Point2d p2(0, 0);
    p2.moveto(1, 3);        //Point2d::moveto()
    Point3d p3(1, 2, 3);
    p3.moveto(4, 5, 6);     //正确: Point3d::moveto
    //!p3.moveto(4, 5);     //错误: Point2d::moveto不再有效
  }
//-----------------------------------------------------------------
```

在派生类中重新定义基类中的同名成员之后，原来基类中的名字在派生类中被隐藏。

程序 9.9　覆盖和名字隐藏。

```
//-----------------------------------------------------------------
  class B{
   public:
    void f(int) {…}
    void f() {…}
    void g(char){…}
    void h(){…}
    //…
  };
  class D1: public B{
   public:
    void h(){…}         //重定义，覆盖了B中的h
  };
  class D2: public B{
   public:
    void f() {…}        //覆盖了B中的f()，同时隐藏了f(int)
    void g(){…}         //隐藏了B中的g
  //…
  };

  int main(){
    B b;
    b.f(1);             //B::f(int)
    b.f();              //B::f()
    b.g('a');           //B::g(char)
    b.h();              //B::h()

    D1 d1;
    d1.f();             //B::f(),继承
    d1.f(1);            //B::f(1),继承
    d1.g('a');          //B::g(char),继承
    d1.h();             //D1::h(),覆盖

    D2 d2;
    d2.f();             //D2::f(),覆盖
```

```
    //! d2.f(1);    错误: B::f()和B::f(int)在D2类中被隐藏
    d2.g();         //D2::g(),隐藏
    //! d2.g('a');  错误: B::g(char)在D2类中被隐藏
    d2.h();         //B::h(),继承
  }
//------------------------------------------------------------
```

可以看到，如果派生类没有重新定义基类接口中的操作，那么当派生类对象接收到相应的消息时会调用基类操作进行处理。

派生类也可以重新定义基类接口中的同名操作，以不同于基类的方式来处理接收到的消息。重定义的方式有如下两种。

（1）在派生类中重定义基类接口中的成员函数，参数表和返回类型保持与基类中一致，这种情况称为**覆盖**（override）。例如 D1 中的 h()覆盖了 B 中的 h()。覆盖使派生类与基类的接口保持一致，但是基类的成员函数在派生类中被重定义，因而使派生类对象可以和基类对象接收相同的消息，却表现出不同于基类对象的行为。这是继承时常用的一种方法。实际应用时，基类应该将可能被派生类覆盖的成员函数声明为**虚函数**，将希望被派生类直接继承不加修改的成员函数定义为普通成员函数。虚函数的概念将在第 10 章详细介绍。

（2）在派生类中重定义基类接口中的成员函数，并改变了函数的参数表或返回类型，这种情况称为**隐藏**（name hiding），在派生类中定义的新版本将自动隐藏基类中的函数版本。例如，D2 中定义了成员函数 g()，与 B 中的成员函数 g(char)同名，但是参数表不同，在 D2 中 g()隐藏了 g(char)。隐藏和覆盖的效果不同，因为参数表或返回类型的改变，使得派生类的接口和基类接口已经不再一致，基类对象能够接收的消息，派生类对象将不能处理。

在程序 9.9 中，D2 类定义的 f()虽然只覆盖了基类 B 的一个成员函数 f()，但 B 中的重载函数 f(int)同时被隐藏了。派生类重新定义基类中的重载函数时，将导致该函数的所有其他版本在派生类中被自动隐藏。

可以从作用域的角度来看待覆盖和同名隐藏的问题。C++中每个类都定义了一个类作用域，而派生类的作用域是包含在其基类作用域之内的。例如，类 B 定义了一个作用域 B，而 B 的派生类 D1 和 D2 是两个在 B 作用域中的子作用域：B::D1 和 B::D2。根据作用域中名字的查找规则，如果在内层作用域中找不到某个名字，就会继续在其外围作用域中查找。如 d1.f()，在 D1 中找不到 f()这个名字，就到 B 中继续查找，因而引起了 B::f()的调用。如果在内层作用域中找到了某个名字，就使用这个名字。如 d1.h()，在 D1 中找到了 h 这个名字，就调用 D1::h()。这时，虽然外围作用域 B 中也有 h()，但根据作用域的同名隐藏原则，内层作用域中的名字将隐藏外围作用域中相同的名字，所以 B:h()不被考虑。同样，d2.f(1)和 d2.g('a')会引起错误，是因为在 D2 中找到了 f 和 g 这两个名字，就不会继续在外围作用域 B 中查找，但是 D2 中 f 和 g 的参数表与调用的实参不能匹配，所以编译器报告了错误。

需要额外说明的是，即使派生类中覆盖了基类的同名函数，但是如果设置了不同的访问限制，那么也会引起派生类和基类接口的差异。例如：

```
class Base{
public:                     //公有接口中有两个操作 f 和 g
  void f(){…}
```

```
  void g(){…}
};
class Derived : public Base{
public:                 //公有接口中只有一个操作 f
  void f(){…}
private:
  void g(){…}           //私有的 g 覆盖了 Base 中公有的 g
};
```

通过上面的讨论可以了解，如果通过改变基类接口中成员函数的参数表或返回类型来定义派生类中的新版本，或者改变成员的访问限定，那么派生类将改变基类的接口，从而破坏了派生类与基类之间的“is-a”关系。因此在使用时要慎重，需要确认这是不是预期的设计目标。

9.3.2　扩充接口

扩充接口是指为派生类增加更多的数据或操作，这也是改变基类特征的一种常见方式，如程序 9.10。

程序 9.10　派生类扩充基类的接口。

```
//--------------------------------------------------
class student {
    string name;
    int student_id;
    string department;
  public:
    student(string nm, int id, string dp);
    void print()const;
};
class grad_student : public student{
    string thesis;        //增加数据成员
  public:
    grad_student(string nm, int id, string dp, string th);
    void print()const;
    //扩充接口，增加操作
    void research() const;
    void writepaper() const;
};
//--------------------------------------------------
```

定义 student 的派生类 grad_student 时，不仅覆盖了基类的同名操作 print()使得打印行为适合于派生类，还在派生类接口中添加了新操作。

如果扩充了派生类的接口，那么派生类对象可以接收的消息就有别于基类对象了。能够发送给基类对象的消息仍然可以发送给派生类对象，反之，可以发送给派生类对象的消息未必就能发送给基类对象。这时，派生类与基类之间可以被描述为“is-like-a”关系，虽然派生类对象仍然可以替代基类对象，但是这种替代是不纯粹的。

9.4 派生类向基类的类型转换

继承最重要的特性之一是**替代原则**：在任何需要基类对象（或地址）的地方，都可以由其公有派生类的对象（或地址）代替。替代原则有时也被称为**赋值兼容规则**。

在 C++语言中，这一特性直接由编译器支持。公有派生类就是基类的子类型，公有派生类的对象可以自动转换为基类类型，基类的指针和引用可以指向派生类的对象。例如：

```
class Base {…};
class Derived : public Base{…};
 int main(){
   //派生类对象代替基类对象
   Base b;
   Derived d;
   b = d;                      //正确：对象类型转换
   //派生类左值代替基类左值
   Base& rb = d;               //正确：引用类型转换
   //派生类对象的地址代替基类地址
   Base* pb;
   pb = &d;                    //正确：指针类型转换
   pb = new Derived;           //正确：指针类型转换
   delete pb;
}
```

在这段代码中，出现了从派生类到基类的对象、引用、指针的自动类型转换。因为在继承层次中基类位于派生类上层，这种转换也被称为**向上类型转换**。派生类向基类的类型转换是编译器自动进行的隐式类型转换。除了上面例子中的赋值操作之外，在其他需要自动类型转换的地方也可能发生向上类型转换，例如函数调用或函数返回时。

因为是从更特殊的类型转换到更一般的类型，所以派生类向基类类型转换总是安全的。但是，使用对象转换、引用和指针转换有没有不同呢？

程序 9.11 派生类向基类的隐式类型转换。

```
//-----------------------------------------------------
class Point2d{
  public:
    Point2d(double x = 0.0, double y = 0.0): _x(x), _y(y){}
    double x(){return _x;}
    double y(){return _y;}
    void x(double newX) {_x = newX; }
    void y(double newY) {_y = newY; }
    void print(){
        cout << '(' << x() <<',' << y() << ')'<<'\n';
    }
```

```
  protected:
    double _x, _y;
};
class Point3d : public Point2d{
    public:
    Point3d(double x = 0.0, double y = 0.0, double z = 0.0)
    : Point2d(x, y), _z(z) {}
    double z(){return _z;}
    void z(double newZ) {_z = newZ; }
    void print(){
       cout << '(' << x() <<',' << y() <<',' << z() << ')'<<'\n';
    }
  protected:
    double _z;
};

int main(){
    Point2d p2(1,2), *pt2 = &p2;
    Point3d p3(4, 5, 6), *pt3 = &p3;
    pt2 -> print();              //Point2d::print()
    pt3 -> print();              //Point3d::print()
    p2 = p3;                     //（1）向上类型转换—对象切片
    p2.print();                  //Point2d::print()
    Point2d& r2 = p3;            //（2）向上类型转换——引用
    r2.print();                  //Point2d::print()
    pt2 = &p3;                   //（3）向上类型转换——指针
    pt2 -> print();              //Point2d::print()
}
//------------------------------------------------------
//------------------------------------------------------
```

程序的输出结果：

```
(1,2)
(4,5,6)
(4,5)
(4,5)
(4,5)
```

派生类对象在向基类对象转换时，会发生“**对象切片**”现象——派生类对象被“切片”，直到剩下适合的基类子对象。对象切片实际上是在将它复制到一个新对象时，去掉原来对象的一部分，如图 9.7 所示。由于会损失派生类对象的部分内容，因此，一般不使用对象的向上类型转换。

使用派生类指针向基类指针类型转换只是简单地改变地址的类型，是用不同的方式解读同一段内存空间中的内容，并不会真正切除派生类对象的多余部分，如图 9.8 所示。派生类引用向基类的类型转换与指针相似。

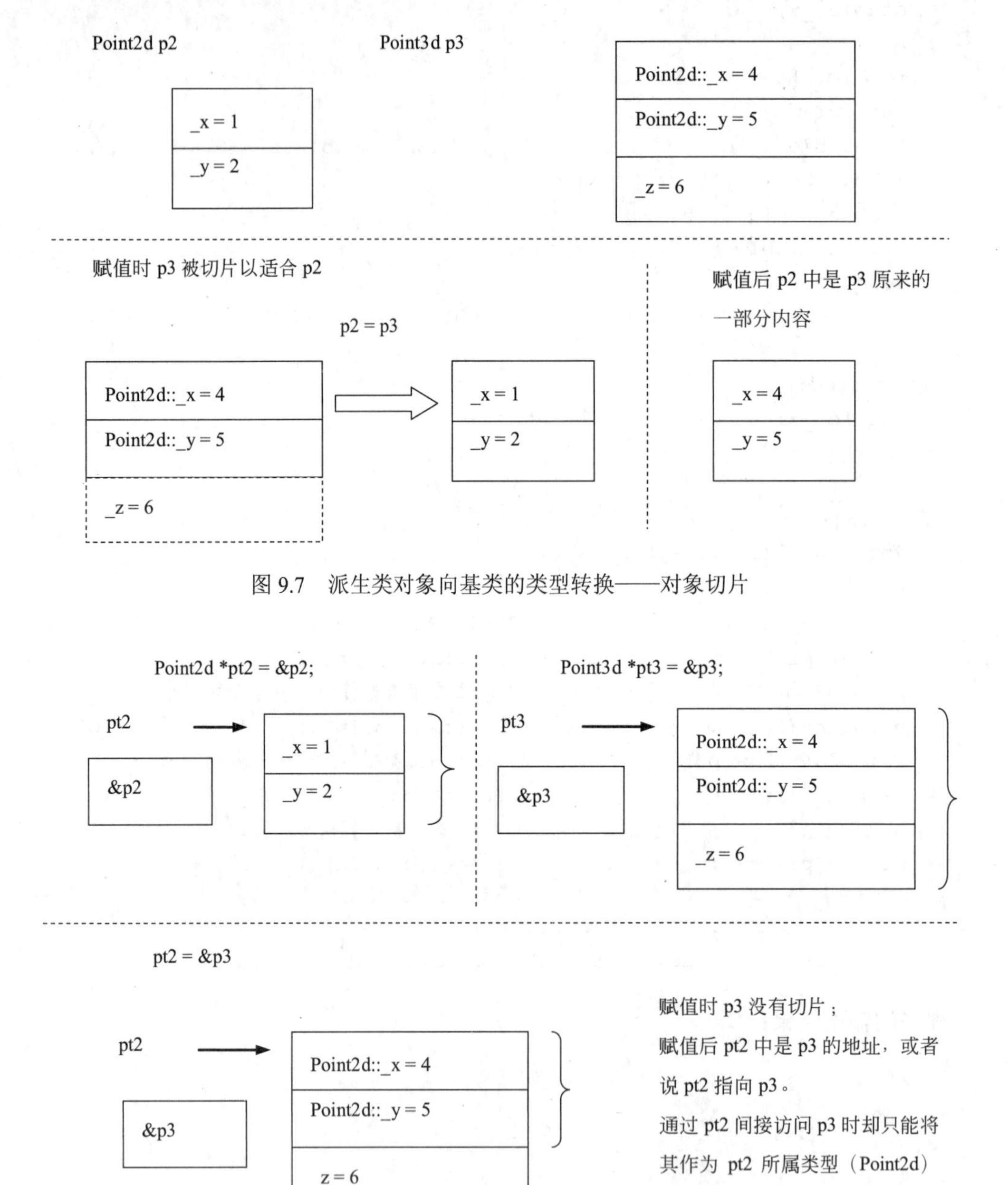

图 9.7　派生类对象向基类的类型转换——对象切片

图 9.8　派生类指针向基类的类型转换

指针和引用在进行转换时虽然不会发生对象切片的现象，但同样会损失对象的类型信息。因此，在程序 9.11 中，虽然 r2 是 Point3d 对象的引用，pt2 指向了 Point3d 类型的对象，可是通过它们调用成员函数时，调用的都是 Point2d 的成员函数。因为，编译器只知道 r2 和 pt2 是 Point2d 类型的，并不知道它们实际指向的是 Point3d 类型的对象。如果希望根据指针实际指向对象的类型来实施成员函数的调用，应该如何处理？这个问题的答案将是第

10 章的主题。

存在继承关系的类型之间的转换规则有几点非常重要。

- 从派生类向基类的类型转换只对指针或引用类型有效，对象转换存在切片现象。
- 基类向派生类不存在隐式类型转换。
- 派生类向基类的类型转换也可能由于访问限制而变得不可行。例如，私有继承和保护继承是不能应用派生类到基类的类型转换的。

公有派生类隐式转换为基类类型，这在逻辑上是合理的，在物理上也是安全的。

在逻辑上，公有派生类继承基类的公共接口，能够发送给基类对象的消息也能够发送给派生类对象。派生类是特殊的基类类型，派生类对象（或地址）可以作为基类的实例（或地址），替代基类对象（或地址）使用。

在物理上，基类的成员被派生类继承，在派生类对象中封装着一个无名的基类子对象，派生类对象的存储空间中从首地址开始存放这个基类子对象。因此，进行向上类型转换时，派生类对象能够提供足够的基类信息，通过对象切片得到基类对象。而使用基类指针（或引用）指向派生类对象时也不会破坏指针（或引用）的指向规则。

9.5　组合与继承的选择

大量代码重复造成的冗余会使程序变得庞大并难于维护。解决代码冗余的基本方法就是代码复用。在面向对象的程序设计中，代码复用也是要追求的一个重要目标。

创建一个类并进行测试之后，这个类就成为可复用的代码单元。复用一个类最简单的方法是以该类为模板创建对象。组合是一种简单灵活的代码复用方式，将一个类的对象嵌入一个新类中，使之成为成员对象，以组成更复杂的组合对象。继承机制也提供了一种有效的代码复用方法。与组合相比，关于继承的论述要多很多，这是因为继承需要更多的技巧，而且更容易出错，并不是因为继承比组合更好。甚至有观点认为，组合才是面向对象编程中的主力技术。

通过组合语法创建新类型时，通常将已有类型的对象作为私有成员，这使得被嵌入的成员成为了新类型的内部实现，新类型可以不受其成员的约束，向外提供完全不同的接口。即使其内部成员或实现方式发生改变，也不会影响外部客户代码。组合具有很大的灵活性，是一种简单有效的代码复用方法，在面向对象的设计模式中得到了大量应用。

继承是面向对象技术中另一种复用代码的重要机制。继承使得派生类与基类之间具有接口的相似性，形成了“is-a”关系。派生类可以看作是基类的特殊子类型，派生类对象可以替代基类对象。是否使用继承的一个重要依据便是考察类之间是否存在这种关系，是否需要由基类提供公共接口，是否需要派生类向基类的类型转换。

那么，何时可以使用继承，何时又该使用组合？

- 如果多个类共享数据而非行为，应该创建这些类可以包含的共用对象。
- 如果多个类共享行为而非数据，应该让它们从共同的基类继承而来，并在基类里定义共用的操作。
- 如果多个类既共享数据也共享行为，应该让它们从一个共同的基类继承而来，并在基类里定义共用的数据和操作。

- 如果想由基类控制接口，使用继承；如果想自己控制接口，使用组合。

9.5.1 组合的应用

在面向对象程序设计中，组合的应用非常广泛。

假定已有整型链表类 slist，其部分声明如下：

```
class slist {
public:
  slist();
  ~slist();
  void insert_front(int x);                       //在表头插入元素 x
  void insert_back(int x);                        //在表尾插入元素 x
  int del_front();                                //删除并返回第一个元素
  int del_back();                                 //删除并返回最后一个元素
  int front();                                    //返回第一个元素
  int back();                                     //返回最后一个元素
  bool empty();                                   //判断链表是否为空
  //…
};
```

如果要求在 slist 类的基础上，设计并实现一个整型队列类 IntQueue。应该选择组合还是继承呢？

如果使用继承，可以得到如下的 IntQueue 类：

```
class IntQueue : public slist{
public:
  IntQueue():slist(){ }
   ~IntQueue(){ }
   //调用基类的链表操作来实现队列的操作
   void in_queue(int ele){ insert_back(ele);}    //向表尾插入元素
   int del_queue(){return del_front();}          //从表头删除元素
   bool isEmpty(){return empty();}
   int head(){return front();}
};
```

通过继承得到 IntQueue 类看起来很简单，而且 IntQueue 类似乎也向外提供了合适的接口，保证了队列操作的先进先出（FIFO）特性。但仔细考虑就会发现，继承会使派生类从基类那里获得基类接口的所有操作，能够向基类对象发送的消息也可以向派生类对象发送，而这些从基类继承而来的操作将无法保证队列操作的正确性。例如：

```
IntQueue q;
q.in_queue(1);
q.in_queue(2);
q.in_queue(3);                                    //队列 q 中的内容依次是 1,2,3
q.del_queue();                                    //1 出队，队列中剩下 2,3
```

```
q.del_back();                                    //会怎么样?
```

最后一步调用了基类 slist 中的操作 del_back，删除了 3，这并不符合队列操作的特性。看来，继承并保留的基类接口不适合这个队列类。

这里还存在一个更深层面的问题，如果使用继承，就意味着队列是一种链表，需要链表的地方可以用队列来代替。这样的语义显然是不正确的。

链表和队列的关系在这里更适当的表述是：链表是队列的一种实现方式，这两个类有着完全不同的接口。队列复用的应该是 slist 的实现，而不是 slist 的接口，因此使用组合更加合理。

```
class IntQueue{
public:
  IntQueue(){}
  ~IntQueue(){}
  void in_queue(int ele){list.insert_back(ele);}
  int del_queue(){return list.del_front();}
  bool isEmpty(){return list.empty();}
  int head(){return list.front();}
private:
  slist  list;                                //将 slist 对象作为私有成员
};
```

与继承相比，组合还体现了更大的灵活性。第一，使用继承时，如果对基类的代码做了修改并重新编译，那么它所有派生类的代码都需要重新编译。而包含对象成员的类对其成员对象的依赖性要小一些，只要 IntQueue 中用到的 slist 的操作接口（参数表和返回类型）保持不变，就算对 slist 的实现做了修改，也只需要重新编译 slist 的源代码，对 IntQueue 的代码不会产生影响。

第二，如果基类接口改变，那么派生类的接口也会随之改变，使用派生类的客户代码自然会受到影响。而类中的对象成员往往作为私有成员，是隐藏起来的实现的一部分，并没有展现自己的接口，因此，slist 的变化不会影响 IntQueue 类的接口，使用 IntQueue 的代码根本不会知道这样的改变。甚至 IntQueue 的设计者如果决定不再使用链表 slist，而改用其他数据结构来实现队列的功能，例如用 vector<int>，对 IntQueue 的客户程序来说，这些都只是 IntQueue 的内部实现细节，它不会受到影响。

除了将类的实例作为成员的按值组合语法，C++中的按指针组合语法为实现面向对象设计中的关联、聚合等关系也提供了支持。组合还有更多巧妙的用途，尤其是在设计模式的相关论著中有大量的经典案例。

9.5.2　继承的应用

继承的目的是通过“定义能为多个派生类提供共有元素的基类”的方式编写更精简的代码。共有元素可以是操作接口、内部实现、数据成员或数据类型等。继承能够把这些共有元素集中在一个基类中，从而避免在多处出现重复的代码和数据。

继承在面向对象中具有重要的地位，因此得到了程序员的高度重视，甚至试图将其作为复用类代码的首选技术，这经常会导致不合理或是非常复杂的设计。面向对象方法学家称之为“继承滥用”。面向对象的设计原则有一条是“无具体超类”，即用作基类的类都应该是抽象类，也是为了避免这个问题。程序员应该慎用继承关系，不要只是为了复用类代码而使用继承，而应该在确定类之间确实存在“is-a”关系、具有公共接口并且需要向上类型转换时再考虑使用继承。如果只是为了复用一个类的实现，使用组合是更好的选择。

考虑这样一个问题：某公司的管理系统中已有employee类用于表示公司员工，公司中的员工类型包括经理、程序员和兼职人员，他们的工资计算方式互不相同。如果公司财务部需要一个通用函数payroll()来发放员工的工资，应该如何设计？

经理、程序员和兼职人员都是员工，与employee之间存在“is-a”关系。而payroll()函数被要求设计为通用函数，因此需要面向employee来实现该函数，那么就存在由派生类向基类进行类型转换的需求。通过对这些问题的考虑，可以确定应该通过继承employee来创建各种员工类，并且面向基类employee实现payroll()函数。代码结构如下：

```
class employee{
//…员工共有的信息
public:
   void salary(){ }
   //…
};
class manager : public employee{
public:
   void salary(){/*经理工资的计算和发放*/}
   //…
};
class programmer : public employee{
public:
   void salary(){/*程序员工资的计算和发放*/}
   //…
};
class parttime : public employee{
public:
   void salary(){/*兼职人员工资的计算和发放*/}
   //…
};

//payroll()函数
void payroll(employee& re) { re.salary(); }
```

payroll()函数的形参类型是基类引用，无论用哪种员工的实例来调用这个函数，都会发生实参到形参的类型转换。因此，payroll()函数具有通用性。

```
manager Harry;
programmer Ron;
parttime  Hermione;
```

```
payroll(Harry);          //正确, manager 转换为 employee
payroll(Ron);            //正确, programmer 转换为 employee
payroll(Hermione);       //正确, parttime 转换为 employee
```

回顾派生类向基类类型转换的问题：虽然 payroll()函数可以用于处理不同类型的 employee 实例，但是经过向基类的类型转换后，编译器只知道参数 re 是 employee 类型的，并不知道它实际引用对象的具体类型，从而 payroll()函数使用的总是 employee 版本的 salary()，而无法调用到各个派生类中重新定义的版本。因此，这个函数暂时还没有达到设计的要求。第 10 章介绍的虚函数和多态性将会给出真正的面向对象解决方案。

当决定使用继承时，必须要做出以下决策：

- 对每个数据成员而言，它应该对派生类可见吗？
- 对于每个成员函数而言，它应该对派生类可见吗？应该有默认实现吗？默认的实现可以被覆盖吗？

在 C++程序中，通过访问限定可以控制成员在派生类中的可见性。对于成员函数，情况会复杂一些，本章讨论的覆盖与隐藏和下一章将要讨论的虚函数与抽象类等机制可以提供技术上的支持。

最后，关于继承层次还有几个要注意的问题。第一，不要创建任何并非绝对必要的继承结构，例如，只有一个派生类的基类。第二，在继承层次中，将公共接口、数据及操作放到尽可能高的位置，以便派生类使用。第三，避免让继承层次过深。有的学者认为“7±2”理论适用于此处，但实际应用的经验表明，超过 3 层的继承深度就会有麻烦了。过深的继承层次会增加复杂度，会导致错误率的显著增长。

9.5.3　组合的例子

学生成绩单是校园生活中经常用到的对象：教师录入学生成绩，打印成绩单，学生可以查询自己的成绩。如果要编写一个程序，支持录入学生成绩、生成成绩单、学生查询，应该如何实现呢？

解决这个问题毫无疑问需要一个成绩单类，而成绩单由多条成绩记录组成。所以需要一个成绩类，多个成绩对象组成一个成绩单对象。这是很简单的组合关系。

以常见的本科生成绩来说，每条成绩记录包括学生的学号、姓名、平时成绩、期中成绩、期末成绩和总评成绩。教师录入学号、姓名、平时、期中、期末成绩，程序根据比例计算总评成绩，完成后可以保存成绩单或打印成绩单。学生可以输入学号查询自己某课程的成绩。

程序 9.12　学生成绩单例子。

```
//------------------------------------------------------------
//score.h   成绩类头文件
#ifndef SCORE_H
#define SCORE_H
#include <iostream>
#include <string>
using std::string; using std::istream; using std::ostream;
```

```
class Score                              //成绩类，一条成绩记录
{
public:
    Score(unsigned long id, string name, int p, int m, int f) :
        sid(id),sname(name), project(p), mid(m), final(f){}
    Score() :   Score(0UL, "", 0, 0, 0){}
    Score(unsigned long id, const string& name = ""):
        Score(id, name, 0, 0, 0){}
    ~Score() = default;
//getter
    unsigned long getSid() const {   return sid; }
    const string& getSname() const { return sname;   }
    double totalScore() const;       //总评成绩
//便于使用标准算法进行查找
    bool operator ==(const Score& s)const;
    bool operator !=(const Score& s)const;
//重载 I/O 操作
    friend ostream& operator <<(ostream& os, const Score& s);
    friend istream& operator >>(istream& is, Score& s);
private:
    unsigned long sid;               //学号
    string sname;                    //姓名
    int project = 0;                 //平时
    int mid = 0;                     //期中
    int final = 0;                   //期末
};
#endif                               //类定义结束
//function declarations
istream& operator >>(istream& is, Score& s);
ostream& operator <<(ostream& os, const Score& s);
//-------------------------------------------------------------
//score.cpp,成绩类的实现文件
#include "score.h"
double Score::totalScore()const {
    double total = 0.6 * final + 0.2 * project + 0.2 * mid;
    return total;
}
bool Score::operator ==(const Score& s)const{
    return (s.sid == sid);
}
bool Score::operator !=(const Score& s)const{
    return !(*this == s);
}
istream& operator >>(istream& is, Score& s){
    is >> s.sid >> s.sname >> s.project >> s.mid >> s.final;
```

```
    return is;
}
ostream& operator <<(ostream& os, const Score& s) {
    os << s.sid << " " << s.sname << " "
            << s.project << " "
            << s.mid << " "
            << s.final <<" "
            << s.totalScore();
    return os;
}
//-----------------------------------------------------------
//scoresheet.h,成绩单类头文件
#ifndef SCORESHEET_H
#define SCORESHEET_H
#include <iostream>
#include <string>
#include <vector>
#include"score.h"
using std::string; using std::vector;
using std::istream; using std::ostream;
class ScoreSheet                                    //成绩单类
{
public:
    ScoreSheet() = default;
    ~ScoreSheet() = default;
    void addItem(const Score& s);                   //添加一条成绩记录
    void print(ostream& os) const;                  //输出成绩单
    string queryScore(unsigned long id)const;       //查询成绩
private:
    vector<Score> sheet;                            //组合
};
#endif
//-----------------------------------------------------------
//scoresheet.cpp,   成绩单类的实现文件
#include "scoresheet.h"
#include <sstream>
#include <algorithm>                                //要使用标准库算法
using namespace std;
void ScoreSheet::addItem(const Score& s){
    sheet.push_back(s);
}
string ScoreSheet::queryScore(unsigned long id)const{
    ostringstream os;
    Score s(id);
    //find(beg, end, value)标准库查找算法
```

```
    //在容器指定范围中查询 value，返回迭代器
    auto it = find(sheet.begin(), sheet.end(), s);
    if (it != sheet.end())                      //存在
        os << *it;
    else                                        //查找的成绩不存在
        os << "Student " << id << " does not exist.";
    return os.str();
}
void ScoreSheet::print(ostream& os) const {//输出到指定流
    for(auto e: sheet)
        os << e << "\n";
}
//-------------------------------------------------------------
//测试程序 test.cpp
#include "score.h"
#include "scoresheet.h"
#include <iostream>
using namespace std;
int main(){
    //enter scores
    ScoreSheet ss;
    cout << "Enter Students scores: project mid final" << endl;
    Score s;
    while(cin >> s){
        ss.addItem(s);
    }
    //print scores sheet
    cout << "Score Sheet" << endl;
    ss.print(cout);
    return 0;
}
//-------------------------------------------------------------
```

9.5.4 继承的例子

如果学校不同类型的课程都有期末考试，但是总评成绩计算的方法不同。例如，必修课按照期中成绩（20%）、平时作业（20%）、期末成绩（60%）的比例计算得出总成绩；选修课按期末成绩（50%）、报告（50%）的比例计算得出总成绩；如果没有期中考试、作业、报告，则期末考试成绩就是总评成绩。

在这种情况下，成绩分为不同的类型，有不同的数据和计算方法，可以考虑使用继承：定义一个一般的成绩类作为基类，为了通用性，其中只有一项期末成绩和获得总成绩的方法；再继承这个类，分别得到选修课成绩类和必修课成绩类，各自添加自己需要的数据成员，并覆盖获得总成绩的方法。

程序 9.13 不同类型学生成绩的例子。

```
//-------------------------------------------------------------
#include <string>
#include <iostream>
using namespace std;
class Score {                          //一般成绩类
public:
   Score(unsigned long id, const string& name, double fnl = 0):
       sid(id), sname(name), final(fnl){}
   void setFinal(int sc){final = sc;}
   int getFinal()const {return final;}
   unsigned long getId() const {    return sid; }
   const string& getName() const { return sname;    }
   //成绩类通用的方法
   double getTotal() const {return final;}
   void print()const{                  //打印学号、姓名、总评成绩
       cout << getId() << " " << getName() << " " << getTotal() << endl;
   }
private:
   unsigned long sid;
   string sname;
   int final = 0;
};
//必修课成绩
class Required : public Score
{
public:
   Required(unsigned long id, string name, int p, int m, int f) :
       Score(id, name, f), project(p), midterm(m){}
   Required(unsigned long id, const string& name):
       Required(id, name, 0, 0, 0){}
   int getMidterm() const { return midterm; }
   void setMidterm(int mid) {   this->midterm = mid;    }
   int getProject() const { return project; }
   void setProject(int project) {   this->project = project;    }
   double getTotal()const{       //重定义 getTotal
       double total = 0.6 * getFinal() + 0.2 * project + 0.2 * midterm;
       return total;
   }
private:
   int project = 0;
   int midterm = 0;
};
//选修课成绩
class Optional : public Score
{
```

```
public:
    Optional(unsigned long id, string name, int r, int f) :
        Score(id, name, f), report(r){}
    Optional(unsigned long id, const string& name):
        Optional(id, name, 0, 0){}
    int getReport() const {  return report;  }
    void setReport(int report) { this->report = report;  }
    double getTotal()const{       //重定义 getTotal
        double total = 0.5 * getFinal() + 0.5 * report;
        return total;
    }
private:
    int report = 0;
};
//测试程序
int main(){
    Score sc(20151234, "LiuBei", 91);
    sc.print();
    Required reqsc(20141245, "ZhangFei", 83, 80, 76);
    reqsc.print();
    Optional optsc(20141578, "ZhaoYun", 85, 88);
    optsc.print();
}
//-------------------------------------------------------------
```

程序的输出结果：

```
20151234 LiuBei 91
20141245 ZhangFei 76
20141578 ZhaoYun 88
20151234 LiuBei 91
20141245 ZhangFei 78.2
20141578 ZhaoYun 86.5
```

成绩的输出结果并不是预期的：都是输出的期末成绩。原因是什么呢？因为重定义了getTotal()成员函数，继承了print()成员函数而没有重定义吗？

在 Score 类的 print()函数中调用了 getTotal()，即 this->getTotal()。Score 类中 print()函数的 this 指针类型是 const Score*，调用 Score 类中的 getTotal()。当用派生类对象调用 print()时，调用继承的 Score::print()，传给 this 派生类的指针，发生派生类向基类的隐式类型转换，虽然是指针转换，但因为类型信息丢失，所以执行 getTotal()的调用时，仍然是 Score 中的 getTotal()，而没有根据对象的真正类型调用派生类中重定义的操作。

如何改正这个问题呢？目前的办法是在派生类中重定义 print()函数——即使和基类 Score 中的代码一样。

程序 9.14 不同类型学生成绩的例子，派生类都重新定义了 print()操作。

```
//-------------------------------------------------------------
class Score {                      //一般成绩类
public:
  //…
  //成绩类通用的方法
  double getTotal() const {return final;}
  void print()const{               //打印学号、姓名、总评成绩
     cout << getId() << " " << getName() << " " << getTotal() << endl;
  }
private:
//…
};
//必修课成绩
class Required : public Score
{
public:
//…
  double getTotal()const{          //重定义 getTotal
      double total = 0.6 * getFinal() + 0.2 * project + 0.2 * midterm;
      return total;
  }
  void print()const{               //重定义 print: 与基类代码相同
      cout << getId() << " " << getName() << " " << getTotal() << endl;
  }
private:
  //…
};
//选修课成绩
class Optional : public Score
{
public:
  //…
  double getTotal()const{          //重定义 getTotal
      double total = 0.5 * getFinal() + 0.5 * report;
      return total;
  }
  void print()const{               //重定义 print: 与基类代码相同
      cout << getId() << " " << getName() << " " << getTotal() << endl;
  }
private:
   //…
};
//测试程序
int main(){
  Score sc(20151234, "LiuBei", 91);
```

```
    sc.print();
    Required reqsc(20141245, "ZhangFei", 83, 80, 76);
    reqsc.print();
    Optional optsc(20141578, "ZhaoYun", 85, 88);
    optsc.print();
}
//----------------------------------------------------------------
```

程序的输出结果：

```
20151234 LiuBei 91
20141245 ZhangFei 78.2
20141578 ZhaoYun 86.5
```

修改过的程序 9.14 得到了期望的输出结果，但是有没有觉得这样的程序不是很好呢？继承应该是可以在派生类中复用基类的成员，现在却不得不重写完全相同的代码获得正确的输出。有没有更好的解决办法呢？

事实上，程序 9.14 的方法并没有从根本上解决问题。这几个成绩类应该可以以统一的方式进行操作——因为它们共享基类的接口。我们编写一个通用的打印成绩的函数，希望不考虑成绩的具体类型，以统一的方式来处理各类成绩的打印输出。对程序 9.14 再进行一点儿修改：

```
//----------------------------------------------------------------
//三个类的定义保持不变
//…
//增加一个全局函数，实现通用的打印操作，用基类引用作形参，可以接收派生类实参
void printScore(const Score& sc){
    sc.print();          //调用 print()，现在三个类都有 print 了，应该没问题了吧？
}
int main(){
    Score sc(20151234, "LiuBei", 91);
    Required reqsc(20141245, "ZhangFei", 83, 80, 76);
    Optional optsc(20141578, "ZhaoYun", 85, 88);
//各类对象调用自己的 print()打印
    sc.print();
    reqsc.print();
    optsc.print();
//用通用的方式打印
    printScore(sc);
    printScore(reqsc);
    printScore(optsc);
}
//----------------------------------------------------------------
```

程序的输出结果：

```
20151234 LiuBei 91
20141245 ZhangFei 78.2
20141578 ZhaoYun 86.5
20151234 LiuBei 91
20141245 ZhangFei 76
20141578 ZhaoYun 88
```

从结果可以看到，对象各自执行打印操作的结果仍然正确，但是当以通用的方式进行打印时，又重现了程序 9.13 的结果。什么原因呢？

能够以统一的方式处理一个继承层次中的各类对象——通用的基类接口，同时不同类型的对象展现出自己特有的行为——派生类的特殊实现，这就是面向对象的多态性，需要虚函数和动态绑定的支持。第 10 章讨论虚函数和多态性。

9.6　多重继承

如果一个派生类只有唯一的基类，这种继承关系称为**单继承**。C++允许一个派生类直接继承多个基类，这称为**多重继承**，多重继承的派生类继承了所有基类的属性。

多重继承的语法如下：

```
class 派生类名 : 访问限定符 基类 1,
                 访问限定符 基类 2
                 [,访问限定符 基类 3,…]
{ 成员声明 };
```

派生类直接继承的多个基类必须是不同的类型，每个基类都有自己的访问限定符，默认为 private。

```
class B1{};
class B2{};
class D1 : public B1, B2{};              //D1 公有继承 B1，私有继承 B2
class D2 : public B1, public B1{};       //错误
class D3 : public B1, public D1{};       //正确
```

有多个基类的派生类对象中会包含各个基类的子对象。在创建派生类的对象时，依据基类的声明次序执行各个基类的构造函数初始化这些子对象。构造函数的执行次序与初始化列表中的排列次序无关。例如：

```
class B1{};
class B2{};
class D1 : public B1, public B2{
  public:
    D1():B2(),B1(){}
};
D1 obj;                 //先执行 B1 的构造函数，再执行 B2 的构造函数，最后执行 D1()
```

由于派生类对象的创建会引起其直接基类构造函数的执行，因此，在继承层次中，底层派生类对象的创建会引起其父类及祖先类的一连串构造函数的执行。根据基类的声明次序，从左向右，处于继承层次最上方（根）的基类构造函数最先执行。

例如，图 9.9 所示的类层次定义如下：

```
class A{};
class B{};
class C : public A {};
class D : public B {};
class E : public C, public B{};
class F : public D, public C{};
```

创建一个 C 类对象时，构造函数的执行次序是：A，C；

创建一个 D 类对象时，构造函数的执行次序是：B，D；

创建一个 E 类对象时，构造函数的执行次序是：A，C，B，E；

创建一个 F 类对象时，构造函数的执行次序是：B，D，A，C，F。

析构函数的执行次序和构造函数的执行次序相反。例如，撤销一个 E 类对象时，析构函数的执行次序是 E，B，C，A。

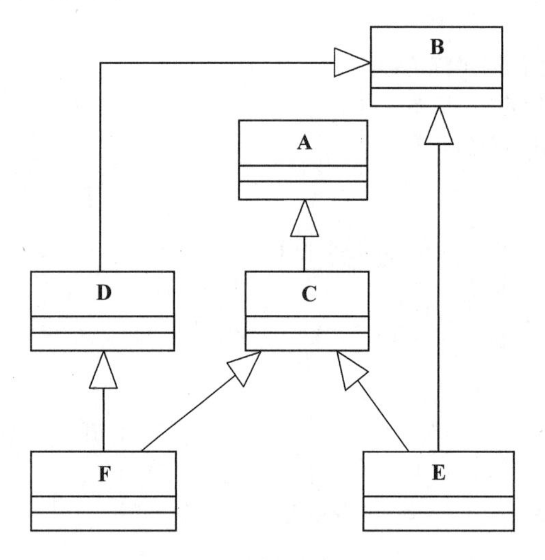

图 9.9　一个多重继承层次

9.6.1　多重继承引起的二义性

多重继承的概念和语法看似简单，但是多个基类相互交织产生的细节可能会带来错综复杂的设计问题和实现问题。

如果两个基类中有同名的成员，在派生类中使用这个成员时会产生二义性。

```
//----------------------------------------------------
class B1{
public:
    void f();
```

```
    void g();
};
class B2{
public:
    void f();
    void h();
};
class D : public B1, public B2{…};
int main(){
    D obj;
    obj.g();          //正确: B1::g()
    obj.h();          //正确: B2::h()
    obj.f();          //二义性错误: B1::f()还是 B2::f()?
}
//-----------------------------------------------------
```

这样的二义性可以通过显式指定类名来消除：

```
obj.B1::f();          //正确: B1::f()
obj.B2::f();          //正确: B2::f()
```

C++不允许一个基类被同一个派生类多次直接继承，这会导致编译错误。但是一个类可能间接地被继承多次，例如：

```
class A {};
class B : public A {};
class C : public A {};
class D : public B, public C {};
```

相应的类层次如图 9.10 所示。

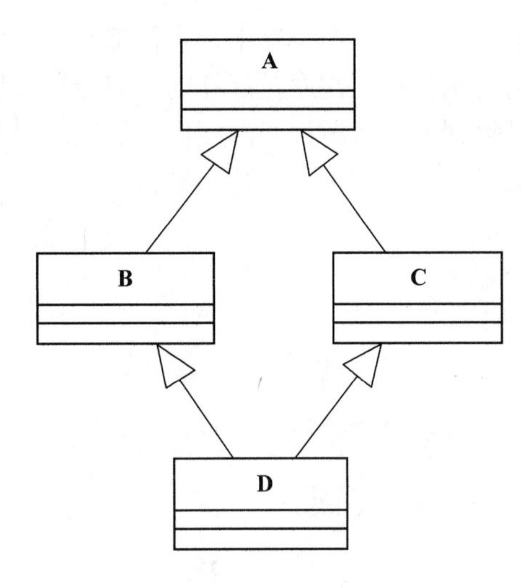

图 9.10　多重继承的二义性

这时，类A被D间接地继承了两次。在D对象中会间接包含两个A类的子对象。在创建D类对象时，A的构造函数会被执行两次。对A类成员的引用也会引起二义性。如何解决这个问题呢？

9.6.2 虚基类

在继承时，可以将基类声明为**虚基类**（virtual base class），这种继承方式也被称为**虚继承**。虚基类在继承层次中无论出现多少次，最终的派生类对象中也只会存在一个共享的基类子对象。这样，因同一基类被多次间接继承而引起的二义性问题就得以解决了。

定义派生类时在基类名字前加上关键字virtual就可以将其声明为虚基类。语法如下：

```
class 派生类名 : virtual 访问限定符 基类名
```

或者

```
class 派生类名 : 访问限定符 virtual 基类名
```

通常将可能被一个派生类重复继承的基类声明为虚基类。例如：

```
class A {};
class B : virtual public A {};        //A是虚基类，B虚继承了A
class C : virtual public A {};        //C虚继承了A
class D : public B, public C {};
```

这样A类的子对象在D中只出现一次。那么这个子对象是什么时候创建呢？

虚基类的构造函数是由最终产生对象的那个派生类的构造函数来调用的，虚基类的构造函数只执行一次。在这个例子中，如果创建D类对象，那么会先执行B的构造函数，进而引起A构造函数的执行；当A和B的构造函数执行完成之后，再执行C的构造函数时，又会引起A构造函数的调用——但是，因为A是虚基类，这个由C引起的A类构造函数调用会被忽略。因此，创建D类对象时，构造函数的执行次序是：A，B，C，D。

无论虚基类出现在继承层次中的哪个位置上，它们都是在非虚基类之前被构造。

有虚基类的派生类的构造函数执行次序是这样的：编译器按照直接基类的声明次序，检查虚基类的出现情况，对每棵继承子树按照深度优先的顺序检查并执行虚基类的构造函数，同一虚基类的多次出现只执行一次构造函数。虚基类的构造函数执行之后，再按照声明的顺序执行非虚基类的构造函数。

例如，对下面的一组类定义：

```
class A {};
class B {};
class C: public B, public virtual A {};
class D: public virtual A {};
class E: public C, public virtual D {};
```

E类对象的构造函数的执行次序是：A，D，B，C，E。

又如，对下面的一组类定义：

```
class A {};
class B : public A {};
class C {};
class D {};
class E: public virtual D {};
class F: public B, public E, public virtual C {};
```

F 类对象的构造函数的执行次序是：D，C，A，B，E，F。

因为多重继承会增加复杂性，在面向对象设计中对多重继承的使用一直存在着争议。多重继承能够被认可的用途主要是定义混入类（mixin），即一些能够为对象增加一组特性的简单类。混入类通常是没有实现的抽象类（见第 10 章），之所以称为混入类，是因为它们可以把一些特性“混入”到派生类里面。如 Displayable（可显示）、Sortable（可排序）这样一些类。例如，混入类 Flyable（会飞的）可以和“交通工具”类共同派生出飞机类，也可以和“动物”类共同派生出“鸟”类。

接口的多重继承对复杂系统有一定价值，但应避免实现的多重继承。一般建议的使用方式是对一个基类采用 public 继承，继承其接口，对其他的基类使用 protected 或 private 继承，继承其实现。这样能减少可能的混乱。

总之，应该慎用多重继承，在决定使用多重继承之前，先仔细考虑是否存在其他的替代方案。

9.7　小结

- 组合与继承都是复用已有类的机制。组合是对类实现的复用，而继承是对类接口的复用。
- 将已有类的实例作为新类的对象成员称为按值组合，通常用来实现面向对象设计中的组合关系。
- 将已有类的指针作为新类的成员被称为按指针组合，通常用来实现面向对象设计中的聚合和关联等较松散的关系。
- 派生类将继承基类的所有成员，成员在派生类中的可见性由它在基类中的访问权限和继承时使用的访问限定符决定。
- 公有派生类继承了基类的接口，是基类的子类型。
- 在任何需要基类对象（或地址）的地方，都可以由其公有派生类的对象（或地址）代替。
- 派生类可以增加新的成员，扩充基类的接口。
- 派生类可以重定义基类中已有的成员，修改基类的行为。派生类中重定义的名字将隐藏基类中相同的名字。
- 创建包含对象成员的组合对象时会引起成员类构造函数的调用。撤销一个组合对象时，其成员类的析构函数也会被调用。
- 创建派生类对象时会引起基类构造函数的调用。撤销一个派生类对象时，基类的析构函数也会被调用。

- 从多个基类共同派生出新的类型被称为多重继承。
- 虚基类可以避免因同一个基类被间接地多次继承而引起的二义性问题。

9.8 习题

一、复习题

1. 比较 is-a 关系和 is-like-a 关系，二者有何区别？

2. 派生类继承基类的三种方式：public、private 和 protected 有何区别，应该如何选择？

3. 派生类对象在内存中是如何布局的，又是如何被初始化的？

4. 多重继承可能导致什么问题？应该如何解决？

5. 请阐述你是如何理解替代原则的？

6. 如图 9.11 所示，A1、A2 分别是 A 的派生类，A3 是 A1 的派生类。请问下面的程序段中哪些语句是正确的？

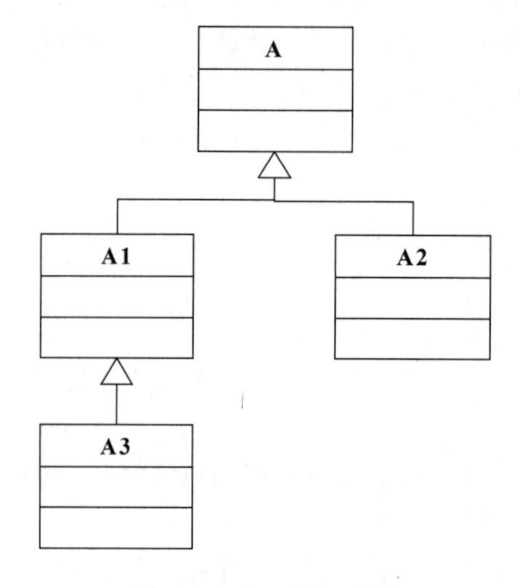

图 9.11　复习题 6 附图

```
A* a =  new A();
a = new A1();
a = new A2();
a = new A3();
A1* a1 = new A3();
A3* a3 = a1;
A2* a2 = new A1();
A3* a3  = new A2() ;
```

7. 如果要在派生类中覆盖基类的成员函数，在定义派生类成员函数时必须满足什么要求？

8. 给定下面的类层次：

```
class A{…};
```

```
class B : public A{…};
class C : public B{…};
class X{…};
class Y{…};
class Z : public X,public Y{…};
class My : public C,public Z{…};
My my;
```

请问在创建 my 对象时构造函数的执行次序是怎样的？

二、编程题

1. 给出以下代码，在空白处填写要求的语句序列。

```
class T {
public:
   int r;
   int s;
   T(int x, int y) { r = x;s = y; }
}
class S :public T {
public:
   int t;
   //请完成构造函数 S(int x, int y, int z)，实现 r=x、s=y、t=z
   ____________;
}
```

2. 图 9.12 描述了 Sittable、Lie、Chair 以及 Sofa 之间的继承关系，请给出相应的类层次定义。

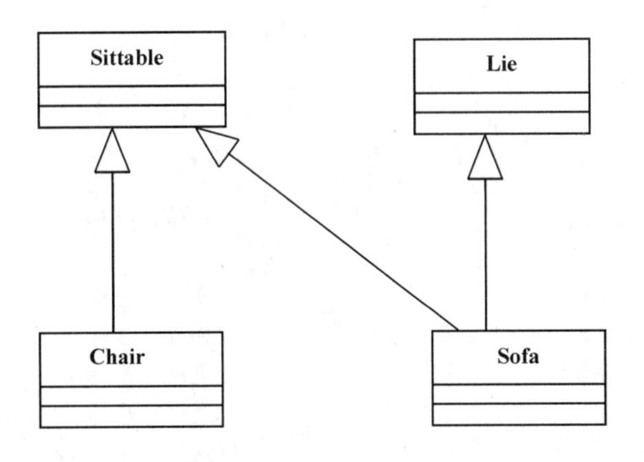

图 9.12　编程题 2 附图

3. 已知矩形类 Rectangle 的定义如下：

```
class Rectangle{
public:
      Rectangle(int wid=1, int hei=1):width(wid),height(hei){}
```

```
        int getWidth(){return width;}
        void setWidth(int newWid){width = newWid;}
        int getHeight(){return height;}
        void setHeight(int newHei){height = newHei;}
        double area(){return width*height;}                        //面积
        double perimeter(){return (width+height)*2;}               //周长
        void scale(double fw, double fh) {width*=fw; height*=fh;}  //缩放
protected:
        double width, height;
};
```

在Rectangle类的基础上，设计并实现一个正方形类Square。

4. 已知整型链表类的部分声明如下：

```
class slist {
public:
    slist ( ) ;
    ~slist ( ) ;
    void insert_front(int x);          //在表头插入元素x
    void insert_back(int x);           //在表尾插入元素x
    int del_front();                   //删除并返回第一个元素
    int del_back();                    //删除并返回最后一个元素
    int front();                       //返回第一个元素
    int back();                        //返回最后一个元素
    bool empty();                      //判断链表是否为空
   …
};
```

在slist类的基础上，设计并实现一个整型堆栈类intStack。

5. 已知平面点Point类的声明如下：

```
class Point {
public:
    Point(int x=0, int y=0);           //初始化为(x,y)
    ~Point();
    int getX()const;                   //获取x坐标
    int getY()const;                   //获取y坐标
    void setX(int x);                  //更改x坐标
    void setY(int y);                  //更改y坐标
    void moveto(int x, int y);         //点移动到(x,y)
    double distance(const Point& pt);  //计算到pt点的距离
private:
    int px,py;
};
```

在Point的基础上，设计并实现一个线段类Line。要求支持线段的平移和计算长度等

操作。

6. 编写代码，实现如图 9.13 所示的 Shape 类层次。

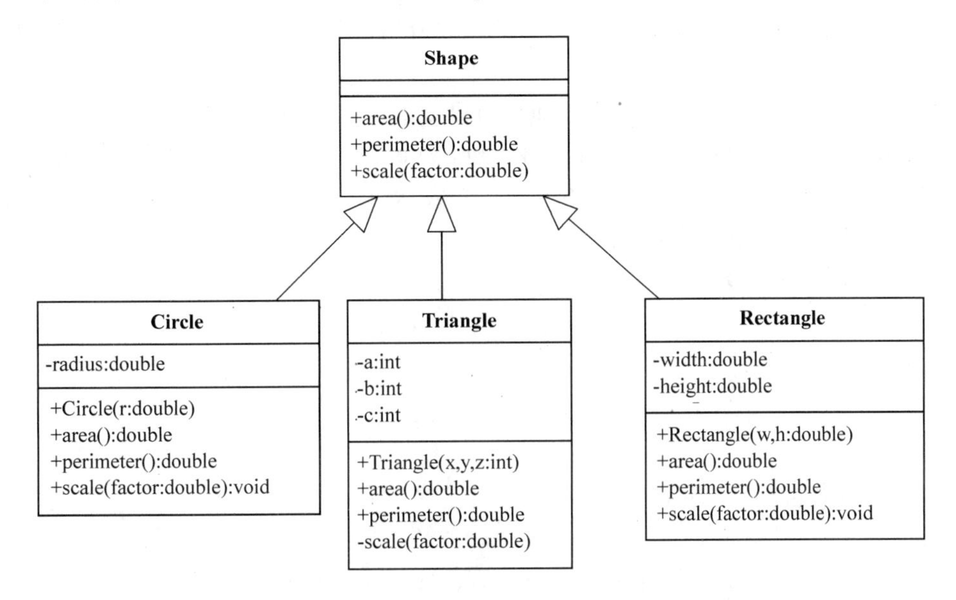

图 9.13　编程题 6 附图

7. 学生选修课程这一事实可以用学生类和课程类之间的关联关系来建模。设计并实现这两个类以及它们的关联关系。要求如下。

（1）学生的属性有姓名和学号。

（2）课程的属性有课程名、编号和学分。

（3）课程能知道选修了该课程的所有学生。

（4）学生知道自己选修了哪些课程。

编写测试程序，模拟学生选课的操作，选课完成后，打印某门课程的学生名单，对某位学生，统计选修课程的总学分数。

8. 设计并实现一个电话簿 PhoneBook 类。要求如下。

（1）电话簿中每个条目为姓名和电话号码，如“LionelMessi 34-93-4963600”，每个电话簿对象能够保存的条目数在初始化时指定，如 PhoneBook pb(200)，创建一个电话簿 pb，至多保存 200 条记录。

（2）支持向电话簿中增加条目、查找和删除指定条目。

（3）支持多种查找方式：指定条目编号、指定姓名、指定号码。

（4）支持利用姓名作为下标查找号码的功能：如，在电话簿 pb 中查找 Lionel Messi 的电话号码，输入格式为 pb[LionelMessi]，输出为 34-93-4963600。

（5）支持输入电话簿的功能：从终端或文件逐行输入电话簿条目，直到 Ctrl+Z 结束输入。

（6）支持电话簿的输出功能：将电话簿的内容输出到终端或文件，每行一个条目。

（7）可以添加你认为必要的其他设计。

三、思考题

1. 继承和组合是面向对象的两种重要的代码复用机制，阐述它们有什么区别，如何选择应用？

2. 利用标准库 list 类型，编写类 Stack 和 Queue，分别实现堆栈和队列数据结构。

（1）Stack 类至少要实现以下基本操作：进栈（push），出栈（pop），清空堆栈（clear）。

（2）Queue 类至少要实现以下基本操作：进队（enter），出队（del），清空队列（clear）。

list 类型的特点和用法见第 12 章。

3. 写出以下程序的运行结果。

```
class Base{
public:
    void method(int i){cout<<"value is:"<<i<<endl;}
};
class Sub:public Base{
public:
    void method(int j){cout<<"this value is:"<<j<<endl;}
    void method(char* s){cout<<"this string is:"<<s<<endl;}
};
int main(){
   Base* b1 = new Base();
   Base* b2 = new Sub();
   b1->method(5);
   b2->method(6);
}
```

4. 写出以下程序的运行结果。

```
class Y {
public:
    Y(){cout<<"Y"; }
    Y(const Y& _y){cout<<"y";}
};
class X {
public:
     X(Y _b):b(_b){cout<<"X"; }
protected:
     Y b;
};
class Z:public X {
public:
```

```
        Z(Y _y):X(_y),y(_y){cout<<"Z"; }
protected:
        Y y;
};
int main(){
    Y y;
    new Z(y);
}
```

CHAPTER 10

第10章 虚函数与多态性

本章学习目标:

- 理解替代原则的含义;
- 了解静态绑定和动态绑定的概念;
- 掌握虚函数的语法、特点和用途;
- 理解使用对象、指针和引用调用虚函数的不同;
- 掌握在C++中利用虚函数实现多态性的方法;
- 了解C++如何实现动态绑定;
- 理解抽象类的概念、用途和定义抽象类的方法;
- 了解C++的RTTI机制。

多态性是面向对象方法中除数据抽象和继承之外的又一个核心特征,同时也是以封装和继承为基础的一项强大机制。多态性提供了接口与实现之间的另一层隔离,使得接口与实现之间根据类型信息进一步解耦,从而在很大程度上改善了代码的结构和可读性,也使程序更具可扩展性。C++通过虚函数和动态绑定实现多态性。

10.1 派生类向基类的类型转换

使用继承的一个重要理由是希望利用替代原则,将公有派生类的对象或地址作为基类对象或地址来处理。替代原则在C++中通过派生类向基类的类型转换实现,派生类可以安全地向上转换为基类类型。使用继承和替代原则对于改善代码的结构意义非凡。相对于各种特殊的派生类而言,基类更加抽象,更具一般性。相对于继承层次中比较稳定的上层类,低层派生类更容易发生变化。如果能面向基类在更高的抽象层次上编写代码,构建的程序就不会依赖于特殊类型,因而更加稳定、健壮,具有更好的可扩展性。

下面是一组employee类和一个通用的payroll()函数。

程序10.1 employee类层次。

```
//--------------------------------------------
class employee{
public:
   void salary(){ }
   //…
};
class manager : public employee{
public:
   void salary(){/*经理工资的计算和发放*/}
   //…
};
class programmer : public employee{
public:
   void salary(){/*程序员工资的计算和发放*/}
   //…
};
class parttime : public employee{
public:
   void salary(){/*兼职人员工资的计算和发放*/}
   //…
};
//payroll()函数
void  payroll(employee&  re) {
     re.salary();
}
//--------------------------------------------
```

这段代码中定义的类层次如图 10.1 所示。

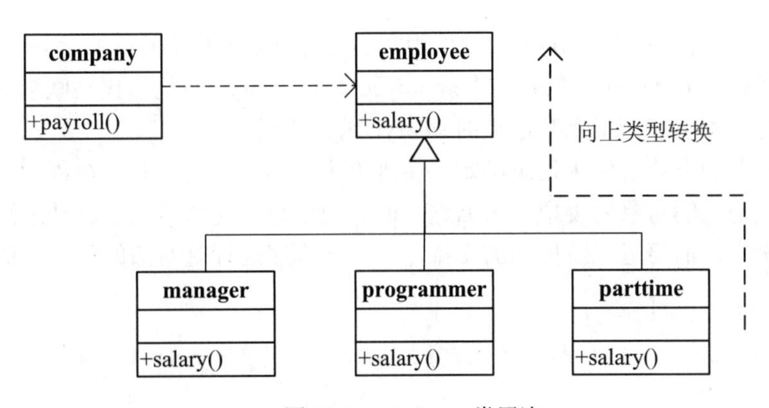

图 10.1　employee 类层次

程序中的 payroll()函数是面向基类进行处理的函数，它具有一般性，能够处理任意类型的 employee 对象，包括 manager、programmer 和 parttime。其隐含的另一个优点是 payroll()函数代码的可扩展性：如果需要对类层次进行修改，例如添加新员工类型，如测试员，那么只要将测试员作为 employee 的另一个派生类即可，不用修改 payroll()函数，它对新增类型仍然适用。

```
class tester : public employee{
  public:
    void salary(){/*测试员工资的计算和发放*/}
    //…
};
tester Albus;
payroll(Albus);     //正确，tester转换为employee
```

为了避免对象切片现象，payroll()函数中没有使用对象的向上类型转换。但是，即使引用或指针的向上类型转换仍然会损失源类型的信息。上面的各种员工实例经过转换虽然没有被切片，但仍会丢失自身的类型信息，编译器只知道 re 是 employee 类型的，并不知道 re 实际引用对象的真正类型。因而 payroll()函数中通过 re 调用的总是 employee 版本的 salary()函数，而无法调用到各个派生类中重新定义的 salary()函数。这样的替代显然不能满足预期目标。

函数调用绑定

派生类虽然可以隐式转换为基类类型，但类型转换会损失类型信息，不能真正实现替代原则。这个问题与C++默认的函数调用绑定方式有关。

将函数体和函数调用相联系称为**绑定**（binding，也译作捆绑或编联）。C++中，默认的函数调用绑定方式是**静态绑定**。静态绑定又称早绑定，在程序运行之前，由编译器和链接器实现。

```
void  payroll(employee&  re) {
   re.salary();
}
```

在 payroll()函数中，对 salary()函数的调用实施静态绑定。编译器只知道 re 是 employee 类型的引用，所以将 re.salary()的调用和 employee 类的 salary()函数体代码联系在一起。这段程序在执行时就不可能调用到其他类的 salary()函数代码。

解决这个问题的方法是使用**动态绑定**，将绑定推迟到程序运行时。在程序运行时，可以获知实际接收消息的对象的类型，根据这时的类型信息绑定函数调用。动态绑定又称晚绑定或**运行时绑定**，需要运行时机制的支持，以确定程序运行时对象的类型并调用合适的成员函数。

```
//如果使用动态绑定，运行下面的代码之前re.salary()没有和任何函数体联系
manager Harry;
programmer Ron;
parttime Albus;
//真正执行re.salary()时进行动态函数绑定
payroll(Harry); //re指向Harry，将re.salary()动态绑定到manager::salary()
payroll(Ron);   //re指向Ron，将re.salary()动态绑定到programmer::salary()
payroll(Albus); //re指向Albus，将re.salary()动态绑定到parttime::salary()
```

利用动态绑定能够实现多态性——同样的消息发送给不同派生类的对象时执行不同的操作。在 C++中，只有在用基类的指针或引用调用虚函数时会实施动态绑定。

10.2　虚函数

在 C++语言中，基类将两种成员函数区分开来：一种是基类希望派生类覆盖的函数，另一种是基类希望派生类直接继承而不要改变的函数。对于前者，基类将其定义为**虚函数**。当使用指针或引用调用虚函数时，该调用将被动态绑定。根据引用或指针所绑定的对象类型不同，该调用可能执行基类的版本，也可能执行某个派生类的版本。

10.2.1　声明虚函数

基类在成员函数声明语句之前加上 **virtual** 关键字使得该函数执行动态绑定。语法形式为：

```
virtual 返回类型 成员函数名(参数表);
```

动态绑定只对虚函数起作用，并且只有在使用含有虚函数的基类地址（指针或引用）调用时发生。

虚函数在基类中用 virtual 关键字声明，virtual 只能在类内的成员函数声明之前，不能用于类外的函数定义。除了构造函数之外，任何非静态成员函数都可以是虚函数。

派生类中可以重定义基类的虚函数，这称为**覆盖**（override）。例如：

程序 10.2　带虚函数的 employee 层次。

```
//-------------------------------------------------------------
class employee{
public:
  virtual void salary(){ }      //基类中声明的虚函数
};
//下面的派生类中的 salary()都是虚函数
class manager : public employee{
public:
  void salary(){/*经理工资的计算和发放*/}
  //…
};
class programmer : public employee{
public:
  void salary(){/*程序员工资的计算和发放*/}
  //…
};
class parttime : public employee{
public:
  void salary(){/*兼职人员工资的计算和发放*/}
  //…
```

```
};
//-------------------------------------------------------------
//payroll()函数
void  payroll(employee&  re) {
  re.salary();             //通过基类引用调用虚函数，动态绑定
}
//-------------------------------------------------------------
int main(){
  manager Albus;
  payroll(Albus);          //根据实际类型调用 manager::salary()
  programmer Ron;
  payroll(Ron);            //根据实际类型调用 programmer::salary()
  parttime Lily;
  payroll(Lily);           //根据实际类型调用 parttime::salary()
}
//-------------------------------------------------------------
```

将基类中的 salary()声明为虚函数，程序的运行效果会发生很大改变。payroll()函数中对 salary()的调用使用动态绑定机制，根据 re 实际指向的对象类型来实施函数调用。同样是通过基类引用发送相同的 salary()消息，却产生了不同的效果，即**多态性**。多态性可以为程序带来更大的灵活性和可扩展性。

例如，程序 10.3 定义了一组图形类，它们都实现了计算面积的操作 area()。如果想要计算一组图形的面积之和，使用虚函数的多态调用就很方便。

程序 10.3 利用虚函数实现多态性。

```
//------------------------------------------------------
class shape {
 public:
   virtual double area() const  { return 0; }
   //…其他成员
};
class rectangle: public shape {
 public:
   double area() const  {return height * width; }
   //…其他成员
 private:
   double height, width;
};
class circle: public shape {
 public:
   double area() const  {return PI* radius * radius; }
   //…其他成员
 private:
   double radius;
};
```

```
//----------------------------------------------------
//计算一组图形的面积之和
…
shape* p[N];
double total_area = 0;
…
for( int i =0; i < N; ++i)
  total_area += p[i]->area();
  //area()会根据p[i]实际指向的对象类型多态调用
…
//----------------------------------------------------
```

在这个例子中，可以用统一的方式来操纵一组图形对象，而不必考虑它们具体是哪种类型。而且，如果要在其中增加一个新的图形类，例如椭圆形，只要这个新类型是从 shape 派生的，计算面积总和的代码不需要任何修改就能满足新的需求。这为系统的扩展提供了很大的方便，从而使增量式开发成为可能。

回顾第 9 章的程序 9.13。当时为了解决输出成绩不正确的问题，我们将 print()成员函数在每个派生类中重新实现了一遍，但是遇到通用的 printScore()函数时，问题又重现了。之所以出现问题是因为对 print()函数以及其中对 getTotal()函数的调用实施了静态绑定。将 Score 类中的 getTotal()函数声明为虚函数，利用动态绑定，就可以解决这个问题。

程序 10.4　利用虚函数改写的成绩类。

```
//----------------------------------------------------
#include <string>
#include <iostream>
using namespace std;
class Score{ //Base class
public:
  Score(unsigned long id, const string& name, double fnl = 0):
      sid(id), sname(name), final(fnl){}
  void setFinal(int sc){final = sc;}
  int getFinal()const {return final;}
  unsigned long getId() const { return sid; }
  const string& getName() const { return sname; }
//希望派生类覆盖的函数声明为虚函数
  virtual double getTotal() const {return final;}       //虚函数
  virtual void print()const{                            //虚函数
      cout << getId() << " " << getName() << " " << getTotal() << endl;
      //此处对getTotal()的调用实际是this->getTotal(): 基类指针调用虚函数
      //因此，这里的getTotal()是动态绑定的，根据运行时this指向的对象类型确定
  }
private:
  unsigned long sid;
  string sname;
```

```
  int final = 0;
};

class Required : public Score{
public:
  Required(unsigned long id, string name, int p, int m, int f) :
     Score(id, name, f), project(p), midterm(m){}
  Required(unsigned long id, const string& name):
     Required(id, name, 0, 0, 0){}
  int getMidterm() const { return midterm; }
  void setMidterm(int mid) {    this->midterm = mid;    }
  int getProject() const {  return project; }
  void setProject(int project) {    this->project = project;    }
  double getTotal()const override { //覆盖了基类的虚函数
     double total = 0.6 * getFinal() + 0.2 * project + 0.2 * midterm;
     return total;
  }
private:
  int project = 0;
  int midterm = 0;
};

class Optional : public Score{
public:
  Optional(unsigned long id, string name, int r, int f) :
     Score(id, name, f), report(r){}
  Optional(unsigned long id, const string& name):
     Optional(id, name, 0, 0){}
  int getReport() const {   return report;  }
  void setReport(int report) {  this->report = report;  }
  double getTotal()const override { //覆盖了基类的虚函数
     double total = 0.5 * getFinal() + 0.5 * report;
     return total;
  }
private:
  int report = 0;
};

void printScore(const Score& sc){
  sc.print();
}

int main(){
  Score sc(20151234, "LiuBei", 91);
  Required reqsc(20141245, "ZhangFei", 83, 80, 76);
```

```
  Optional optsc(20141578, "ZhaoYun", 85, 88);
  sc.print();
  reqsc.print();
  optsc.print();
  printScore(sc);
  printScore(reqsc);
  printScore(optsc);
}
//------------------------------------------------------
```

程序的输出结果：

```
20151234 LiuBei 91
20141245 ZhangFei 78.2
20141578 ZhaoYun 86.5
20151234 LiuBei 91
20141245 ZhangFei 78.2
20141578 ZhaoYun 86.5
```

当通过指针或引用调用虚函数时，编译器产生的代码直到运行时才能确定应该调用哪个版本的函数。被调用的函数是与绑定到指针或引用上的对象的动态类型匹配的那一个。

因为直到运行时才能知道到底调用哪个版本的虚函数，所以所有虚函数都必须有定义，无论它是否被调用到，因为编译器也无法确定到底会使用哪个虚函数。

只有非静态成员函数可以声明为虚函数。静态成员函数没有 this 指针，其调用实际上只与类相关，而虚函数调用的绑定是根据对象类型确定的。

10.2.2　虚函数的覆盖规则

如果基类声明了一个函数是虚函数，在所有派生类中，即使不再重复声明，该函数也是虚函数。派生类可以根据自己的需要覆盖基类中的虚函数实现。如果没有覆盖，那么派生类将继承基类的虚函数。

为了保持虚函数的多态性，在派生类中覆盖基类的虚函数时要用相同的参数表和返回类型，否则：

（1）若派生类中重定义的虚函数参数表与基类中不同，则被视为是定义了另一个独立的同名函数，在派生类中将会隐藏基类的虚函数，却没有覆盖掉基类中的版本，因而不能再进行多态调用。在实际编程中，往往原本是希望覆盖的，但不小心写错了形参列表。因为这种行为是合法的，所以编译器并不会报告错误，要调试并发现这样的错误也很困难。C++11 中可以使用关键字 **override** 来标记派生类中的虚函数，使程序员的意图更清晰，并且让编译器可以检查出这种错误。例如：

```
struct B{
   virtual void f1() const;
   virtual void f2(int);
   void f3();
```

```
};
struct D1 : B {
    void f1() const override;      //正确: f1与基类的f1匹配
    void f2() override;            //错误: 参数类型不匹配，不是覆盖
    void f3() override;            //错误: f3不是虚函数
    void f4() override;            //错误: B中没有f4
};
```

（2）若派生类中重定义基类的虚函数时保持函数名和参数表相同，但是返回类型不相同，则编译器报告“返回类型不一致”错误。例外的情况：当基类的虚函数返回的类型是基类本身的指针或引用时，派生类中重写的虚函数可以返回派生类的指针或引用，仍被认为是覆盖的虚函数。

程序 10.5 虚函数的覆盖和继承。

```
//--------------------------------------------------------------------
#include <iostream>
#include <string>
using namespace std;
class Base {
  public:
    virtual int f() const {
      cout << "Base::f()\n";
      return 1;
    }
    virtual void f(string) const {}
    virtual void g() const {}
};
class Derived1 : public Base {
  public:
  //覆盖虚函数g(),继承了虚函数f()和f(string)
    void g() const {}
  //更好的写法是:  void g() const override{}
};
class Derived2 : public Base {
  public:
    //覆盖虚函数f()，隐藏了f(string)，继承了g()
    int f() const override{
      cout << "Derived2::f()\n";
      return 2;
    }
};
class Derived3 : public Base {
  public:
    //编译错误: 不能修改虚函数的返回类型
    //void f() const{ cout << "Derived3::f()\n";}
```

```
};
class Derived4 : public Base {
 public:
   //改变虚函数的参数表，隐藏了 f()和 f(string);继承了 g()
   int f(int) const {
     cout << "Derived4::f()\n";
     return 4;
   }
};
class Derived5 : public Base {
public:
  //编译错误：标记 override 是要覆盖，但改变虚函数的参数表，不是覆盖
  //int f(int) const override {
  //cout << "Derived5::f()\n";  return 5; }
};

//-----------------------------------------------------------------
int main() {
  string s("hello");
  Derived1 d1;
  int x = d1.f();       //Base::f()
  d1.f(s);              //Base::f(string)
  Derived2 d2;
  x = d2.f();           //Derived2::f()
  //d2.f(s);            //错误：f(string)被隐藏
  Derived4 d4;
  x = d4.f(1);          //Derived4::f(int)
  //x = d4.f();         //错误：f() 被隐藏
  //d4.f(s);            //错误： f(string)被隐藏
  Base& br = d4;        //隐式类型转换
  //br.f(1);            //错误：基类接口中没有 f(int)，基类指针不能调用派生类中的成员
  br.f();               //Base:: f()
  br.f(s);              //Base::f(string)
}
//-----------------------------------------------------------------
```

如果希望一个虚函数不能被覆盖，可以将该函数定义为 **final**，方法是在函数的形参列表之后加关键字 final。例如：

```
struct B{
   virtual void f1() const;
   virtual void f2(int);
};
struct D1 : B {
   void f1() const final;        //后代派生类不能覆盖 f1()
};
```

```
struct D2 : D1 {
   void f1() const;       //错误: f1 是 final
   void f2(int);          //正确: 覆盖从 B 处继承而来的 f2
};
```

10.2.3 虚析构函数

在构造函数和析构函数中调用虚函数时，被调用的只是这个虚函数的本地版本。也就是说，虚函数机制在构造函数和析构函数中不起作用。

构造函数不能是虚函数，析构函数可以是虚函数。基类的析构函数如果声明为虚函数，其派生类的析构函数即使不加 virtual 也是虚函数。

析构函数最好声明为虚函数。这是为什么呢？考虑下面的程序。

程序 10.6 析构函数和虚函数。

```
//---------------------------------------------------------------
#include <iostream>
using namespace std;
class Base1 {
  public:
    ~Base1() { cout << "~Base1()\n"; }
};
class Derived1 : public Base1 {
  public:
    ~Derived1() { cout << "~Derived1()\n"; }
};
class Base2 {
  public:
    virtual ~Base2() { cout << "~Base2()\n"; }
};
class Derived2 : public Base2 {
  public:
    ~Derived2() { cout << "~Derived2()\n"; }
};
//--------------------------------------------------------------
int main() {
  Base1* bp = new Derived1;      //隐式类型转换
  delete bp;                     //会调用哪些析构函数？是否正确？
  Base2* b2p = new Derived2;     //隐式类型转换
  delete b2p;                    //会调用哪些析构函数？是否正确？
}
//--------------------------------------------------------------
```

程序的输出结果：

```
~Base1()
```

```
~Derived2()
~Base2()
```

运行这段程序会发现，delete bp 只执行基类的析构函数，没有执行派生类的析构函数。而 delete b2p 会根据指向的对象的类型调用析构函数，即执行 Derived2 的析构函数，随后引起 Base2 的析构函数调用，这才是正确的行为。

10.2.4　实现多态性的步骤

使用虚函数实现多态性的一般步骤是：

（1）在基类中将需要多态调用的成员函数声明为 virtual；

（2）在派生类中覆盖基类的虚函数，实现各自需要的功能；

（3）用基类的指针或引用指向派生类对象，通过基类指针或引用调用虚函数。

这样，会根据基类的指针或引用实际指向的（派生类）对象来调用派生类中的虚函数版本。如果派生类没有覆盖基类的虚函数，则继承的基类虚函数被调用。

需要注意的是，只有通过基类的指针或引用才能实现虚函数的多态调用，通过对象调用虚函数不会有多态性。C++为了减少程序运行时的开销，提高效率，在编译时能确定的信息不会推迟到运行时处理。对虚函数的绑定是根据实施调用的对象类型确定的，如果使用指针或引用调用虚函数，那么要到运行时才知道它们指向的实际对象类型，因而会进行动态绑定。如果直接使用对象调用虚函数，对象的类型在编译时就知道了，不必推迟绑定，因为即使动态绑定，其结果也和静态绑定一样。

程序 10.7　指针、对象和引用调用虚函数。

```
//-------------------------------------------------------------
#include <iostream>
using namespace std;
class Base {
  public:
    virtual void vfunc(){   cout<<"Base::vfunc()"<<endl;}
};
class Derived1 : public Base {
  public:
    void vfunc(){   cout<<"Derived1::vfunc()"<<endl;}
};
class Derived2 : public Base {
  public:
    void vfunc(){   cout<<"Derived2::vfunc()"<<endl;}
};
//-------------------------------------------------------------
int main(){
  Base b;
  Derived1 d1;
  Derived2 d2;
  b.vfunc();//已知 b 是 Base 类型的对象,编译时绑定到 Base::vfunc()
```

```
    d1.vfunc();          //同上，编译时绑定到 Derived1::vfunc()
    d2.vfunc();          //同上，编译时绑定到 Derived2::vfunc()
    b = d1;              //对象向上类型转换，发生 d1 对象切片成为 Base 类型
    b.vfunc();           //对象调用，没有多态性，仍然是编译时绑定到 Base::vfunc()
    //基类指针 pb 可能指向基类和派生类对象，所以 pb 调用的虚函数运行时才绑定
    Base *pb = &b;
    pb -> vfunc();       //运行时绑定到 pb 指向的 b 所属类型 Base 的 vfunc()
    pb = &d1;            //指针向上类型转换
    pb -> vfunc();       //运行时绑定到 pb 指向的 d1 所属类型 Derived1 的 vfunc()
    pb = &d2;            //指针向上类型转换
    pb -> vfunc();       //运行时绑定到 pb 指向的 d2 所属类型 Derived2 的 vfunc()
    //引用的虚函数调用与指针情况相同
}
//-------------------------------------------------------------
```

程序的输出结果：

```
Base::vfunc()
Derived1::vfunc()
Derived2::vfunc()
Base::vfunc()
Base::vfunc()
Derived1::vfunc()
Derived2::vfunc()
```

使用基类指针或引用调用虚函数时的一个常见问题是忘记了指针或引用本身的类型。以指针为例，声明指针时指针是基类类型，而指针可能指向派生类对象。因此，与指针相关的有两个类型：一个是声明时的类型，编译时可以知道的，称为**静态类型**；一个是运行时指针实际指向的对象类型，运行时才能得知，称为**动态类型**。引用与指针情况类似。只有基类指针或引用会出现静态类型与动态类型不相同的现象，这是 C++语言支持多态性的根本所在。

通过指针调用函数时，编译时对调用进行静态类型检查，依据的是指针的静态类型，因此，指针所属类型的接口决定了函数调用的匹配。也就是说，通过基类指针只能调用基类接口中出现的成员函数，不能调用派生类中新增加的函数，即使是虚函数。

对非虚函数和对象调用的函数都是在编译时进行绑定，因为对象的静态类型和动态类型永远都是一致的。通过指针调用虚函数时进行动态绑定，由指针的动态类型决定运行时执行哪个版本。

程序 10.8 基类接口和虚函数调用。

```
//-------------------------------------------------------
class Base {
public:
   virtual void f(){}
};
```

```
class Derived : public Base {
public:
   void f(){}
   virtual void g(){}    //派生类增加的成员函数
};

int main(){
   Base b;
   b.f();
                      //b.g(); 这个错误容易发现,Base 中没有 g()
   Derived d;
   d.f();             //正确
   d.g();             //正确
   Base* pb = &d;
   pb -> f();         //正确, 多态调用, 绑定到 Derived::f()
   pb -> g();         //错误: "Base 中没有成员 g";pb 虽然指向 d,但 pb 是 Base 类型的
}
//---------------------------------------------------------
```

通过上面的讨论可以看到，派生类如果扩充了基类接口，其扩充的部分不能通过基类对象或地址调用。要实现多态性，保持派生类与基类的接口一致非常重要。

10.3　动态绑定的实现

一个类中如果包含虚函数，会影响其对象的布局。例如，运行程序 10.9 的结果是什么呢？

程序 10.9　带虚函数的类对象的布局。

```
//--------------------------------------------
#include <iostream>
using namespace std;
class B1{
    int m;
  public:
    void f(){}
};
class B2{
    int m;
  public:
    virtual void f(){}
};
class D1: public B1{
    int n;
  public:
    void f(){}
```

```
};
class D2: public B2{
    int n;
  public:
    void f(){}
};
class B3 {
    int n;
  public:
    virtual void g(){}
virtual void h(){}
};
//---------------------------------------------
int main(){
     cout<<"sizeof(B1)="<<sizeof(B1)<<endl;
     cout<<"sizeof(B2)="<<sizeof(B2)<<endl;
     cout<<"sizeof(D1)="<<sizeof(D1)<<endl;
     cout<<"sizeof(D2)="<<sizeof(D2)<<endl;
     cout<<"sizeof(B3)="<<sizeof(B3)<<endl;
}
//---------------------------------------------
```

程序的输出结果：

```
sizeof(B1)=4
sizeof(B2)=8
sizeof(D1)=8
sizeof(D2)=12
sizeof(B3)=8
```

这和你分析得到的结果相同吗？

B1和B2两个类的唯一差别在于B2中的f()是虚函数，但B2类对象所占内存比B1多4个字节。这4个字节从何而来呢？ D1和D2的代码完全相同，只是基类不同，它们的字节数容易理解：派生类对象所占的内存大小是基类子对象加上派生类自己的成员。B3比B2多一个虚函数，但是和B2字节数相同，这说明虚函数的数量并不影响对象的布局。

对象的这种布局与动态绑定的实现机制相关。C++标准语言规范并没有规定编译器应该如何实现动态绑定，各种编译器可以按自己的方式进行处理。当编译器看到虚函数的声明时，会自动进行一系列的幕后工作，安装必要的动态绑定机制。下面是一般编译器使用的处理方式。

如果一个类中包含虚函数，编译器会为该类创建一个虚函数表VTABLE，表中保存该类所有虚函数的地址。同时，编译器还在这个类中放置一个秘密的指针成员VPTR，VPTR指向该类的VTABLE。这就是B2比B1多出来的4个字节。在对象的内存空间中，首先存放VPTR指针成员，之后存储对象的其他成员，如图10.2所示。

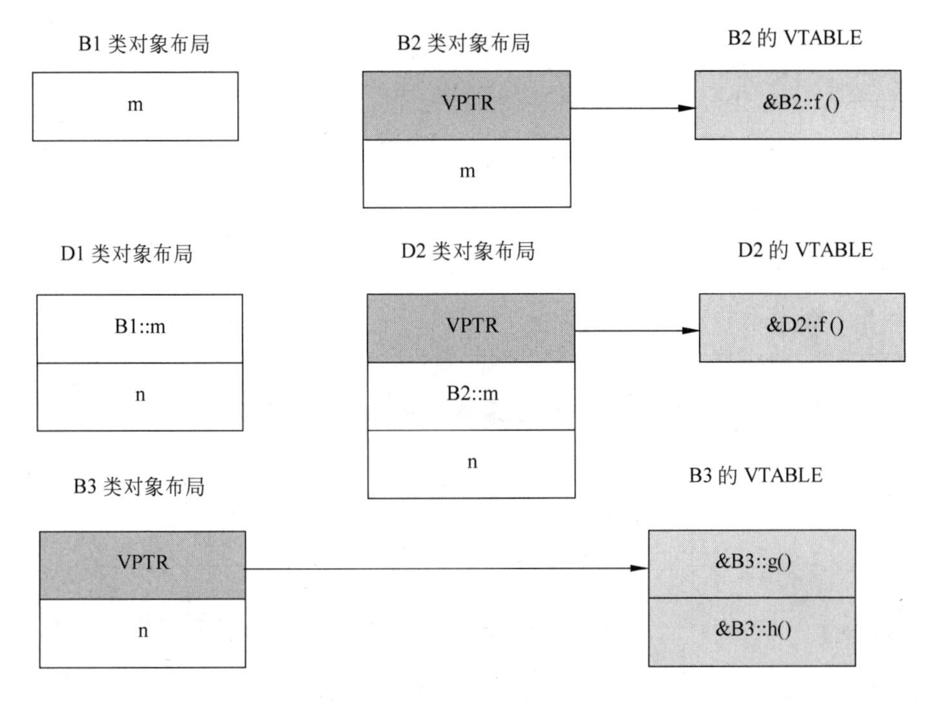

图 10.2　虚函数和对象布局

每当创建一个含有虚函数的类，或从含有虚函数的类派生一个类时，编译器会为这个类创建一个唯一的 VTABLE，在这个 VTABLE 中放置该类中所有虚函数的地址。如果在派生类中没有重新定义基类中的虚函数，编译器就使用基类虚函数的地址，然后编译器在这个类中放置 VPTR 指针成员。创建对象时，构造函数会初始化对象中 VPTR，让它指向所属类的 VTABLE 的起始地址。

例如下面的代码：

```
//------------------------------------------------------------
class shape {
public:
  virtual double area() const  { return 0; }
  virtual void draw(){}
  //…
};
class rectangle: public shape {
public:
  double area() const   {return height * width; }
  void draw(){…}
protected:
  double height, width;
};
class square: public rectangle {
public:
  void draw(){…}
```

```
};
class circle: public shape {
public:
  double area() const   {return PI* radius * radius; }
  void draw(){…}
private:
  double radius;
};
shape* sa[] = {new circle, new rectangle, new rectangle, new square};
//------------------------------------------------------------------
```

对这段代码，编译器创建的 VTABLE 和 VPTR 如图 10.3 所示。

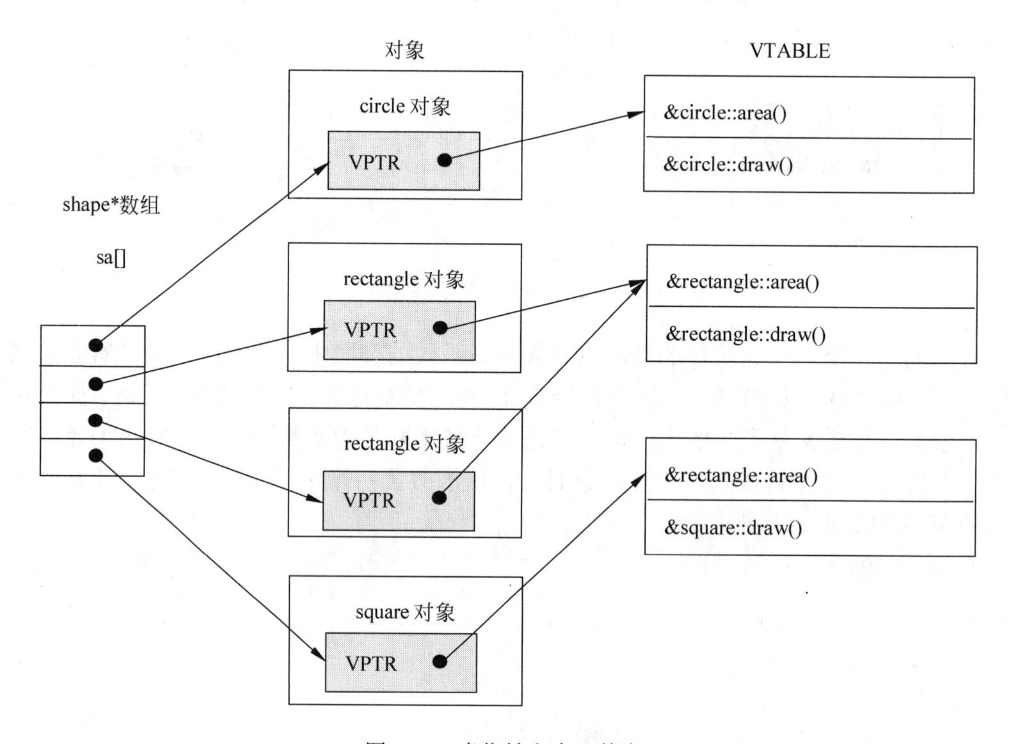

图 10.3　虚指针和虚函数表

当通过基类指针调用一个虚函数时，例如上面的 sa[0]，它指向 circle 对象的起始地址。编译器从 sa[0]指向的对象中取出 VPTR，根据 VPTR 找到相应的虚函数表 VTABLE。再根据函数在 VTABLE 中的偏移，找到适当的函数。因此，不是根据指针的类型 shape*决定调用 shape::area()，而是调用“VPTR+偏移量”处的函数。因为获取 VPTR 和确定实际的函数地址发生在运行时，所以就实现了动态绑定。

派生类如果覆盖了基类中的虚函数，就在派生类的 VTABLE 中保存新版本虚函数的地址，没有重定义的仍使用基类虚函数的地址。同一个虚函数在派生类和基类的 VTABLE 中处于相同的位置。如果派生类增加了新的虚函数，则编译器先将基类的虚函数准确地映射到派生类的 VTABLE 中，再加入新增加的虚函数地址。只存在于派生类中的虚函数不能通过基类指针调用。

继承和虚函数会使构造函数的行为更复杂。如果一个类包含虚函数，虽然编写构造函数的代码时不必涉及任何虚指针的初始化操作，但编译器会自动插入相关的代码。编译器自动生成的默认构造函数也不是真的什么都不做，例如初始化虚指针这些都是要进行的。由此可以看到，构造函数中有很多隐藏起来的行为，特别是处于继承层次中和带有虚函数的类，因此，这些类的构造函数并不像看起来那么简单。

10.4　抽象类

通过建立类层次和编写面向基类接口的代码，可以利用继承和虚函数实现多态性，根据运行时对象的类型信息调用操作的不同实现，最终体现同一类层次中不同派生类对象响应相同消息的不同方式，这种代码结构更加灵活、更易扩展。为此，面向对象设计中经常需要对一组具体类的共性进行抽象，自下而上形成更一般的基类，来描述这组类的公共接口。

在这种向上抽象的过程中，越上层的基类其抽象程度越高，有时甚至难以对它们的某些操作给出具体描述。这些基类存在的目的已经不再是创建实例，而只是描述类层次中派生类的共同特性，为这些派生类提供一个公共接口。这样的类是“抽象”的，与之相对的概念是“**具体类**”。例如，汽车、火车、轮船都是具体类，它们都有实例存在，都可以“驾驶”；可以用“交通工具”类描述汽车、火车、轮船等类的共性，可以说“驾驶交通工具”，但是难以描述这个“驾驶”操作到底是怎样的，因而这个操作是抽象操作，而“交通工具”类是抽象类。

UML 类图中抽象类和抽象操作的名字使用斜体表示，如图 10.4 所示。

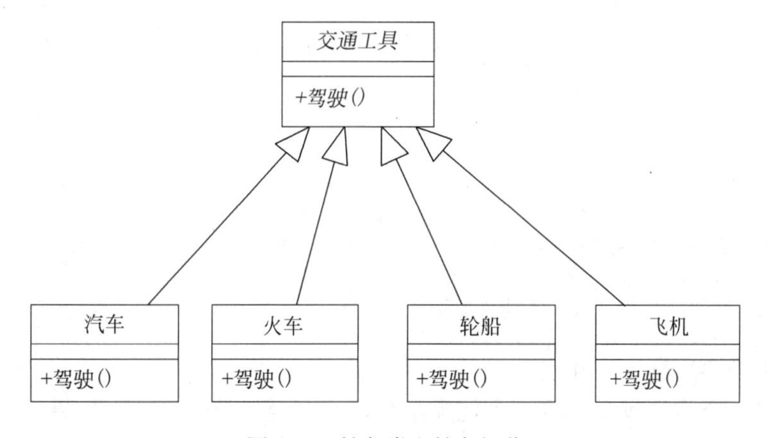

图 10.4　抽象类和抽象操作

抽象类有两个主要用途：一是描述一般性的通用概念，如图形、交通工具等，这些概念自己没有实例，只是使用它们的具体派生类实例。另一个用途是为一组派生类提供公共接口，而接口的实现由各个派生类提供。例如，如果知道飞机是一种交通工具，就知道它可以驾驶，但如何驾驶则要“飞机”类自己定义。

C++中用**纯虚函数**定义抽象操作，纯虚函数没有实现。包含至少一个纯虚函数的类称为**抽象类**。例如，可以将交通工具类中的“驾驶”操作定义为纯虚函数，而交通工具类就成为了抽象类。抽象类一般只用作其他类的基类，因此也被称为**抽象基类**。

定义纯虚函数的语法如下：

```
virtual 返回类型 函数名（参数表） = 0;
```

以图10.5所示的Shape类层次为例，在现实中，Shape是一个一般性的抽象概念，不存在Shape类的实例，计算面积的area()操作和计算周长的perimeter()操作对一个不确定的图形来说也是无法实现的。图中的Shape被表示为抽象类，area()和perimeter()被表示为抽象操作。

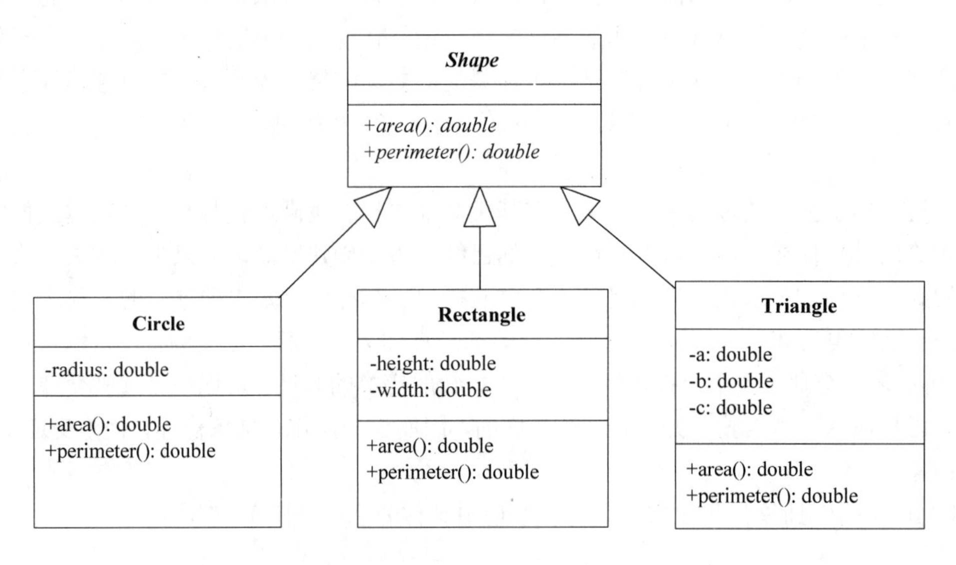

图10.5 Shape类层次

在C++中定义Shape类及其操作如下：

```
class Shape {
public:
  virtual double area() = 0;          //纯虚函数
  virtual double perimeter() = 0;     //纯虚函数
};//Shape中包含纯虚函数，是抽象类
```

使用抽象类要注意以下几点。

（1）如果一个类中包含至少一个纯虚函数，这个类就是抽象类。如果一个抽象类中的所有成员函数都是纯虚函数，这个类称为**纯抽象类**。上面的Shape是一个抽象类，而且是一个纯抽象类。C++中的纯抽象类类似于Java中的**接口**（interface）。

（2）当继承一个抽象类时，要在派生类中实现（覆盖）所有的纯虚函数，否则派生类也被看作是一个抽象类。例如，Shape类的派生类必须覆盖area()和perimeter()，否则会被作为抽象类——因为继承得到了未实现的纯虚函数。

```
class Rectangle: public Shape{  //具体派生类
  public:
```

```
        //覆盖抽象基类的纯虚函数
        double area(){ return width*height;}
        double perimeter(){ return (width+height)*2; }
    private:
        double width, height;
};
```

（3）不能创建抽象类的实例，但可以创建由抽象类派生的具体子类的实例，也可以定义抽象类的指针或引用，它们指向具体派生类的对象。事实上，程序中往往要通过抽象基类的指针或引用来实现虚函数的多态调用。例如：

```
int main(){
   Shape s;                    //编译器报告错误：不能声明含有纯虚函数的 Shape 类实例
   Rectangle r(4,5);
   Shape *ps = &r;             //正确，可以声明 Shape 类的指针，指向具体派生类实例
   cout << ps->area();
   Shape& rs = r;              //正确，可以声明 Shape 类的引用，引用具体派生类对象
   cout << rs.perimeter();
}
```

（4）抽象类中可以包含普通成员函数，在普通成员函数中可以调用纯虚函数，因为纯虚函数被推迟到某个具体派生类中实现，由于虚函数的动态绑定，在派生类对象实施这个调用时会体现为具体操作对具体操作的调用。

程序 10.10　纯虚函数的调用。

```
//-------------------------------------------------------
#include <iostream>
using namespace std;
class abstract{                //抽象基类
  public:
     virtual void pf()=0;      //纯虚函数
     void f(){                 //普通成员函数
         cout<<"In abstract::f()"<<endl;
         pf();                 //由调用 f()的对象类型确定调用哪个类的 pf()实现
     }
};
class concrete : public abstract{   //具体派生类
  public:
     //实现基类接口中的纯虚函数
     void pf(){      cout<<"concrete::pf()"<<endl;    }
};
int main(){
     concrete c;
     c.f();                    //正确
     abstract& ra = c;
     ra.f();
```

```
}
//-----------------------------------------------------
```

程序的输出结果：

```
In abstract::f()
concrete::pf()
In abstract::f()
concrete::pf()
```

在程序10.10中，派生类concrete中没有覆盖基类的f()，所以c.f()会引起对abstract::f()的调用，f()的this指针指向c；在f()中调用pf()时，实际上是this->pf()，由于pf()是虚函数，根据this指向的对象c的类型，将调用concrete:pf()。这种方法可以用来实现面向对象中的回调——在基类成员函数中调用派生类的成员函数，这是框架（framework）代码中常用的技术。

（5）抽象基类和具体派生类的关系是一般类和特殊类之间的关系，是一种继承关系。在确定抽象基类的接口时，应该确保接口中的操作是同类对象共同行为的抽象。否则，会为继承这个抽象基类的整个类层次带来不利影响，抽象基类中的变化会引起整个类层次的改变，所以抽象基类中的信息应该尽可能简单，尽可能和研究对象的本质相关。

10.5 RTTI

RTTI（Run-Time Type Identification，运行时类型识别）允许使用基类指针或引用来操纵对象的程序获得这些指针或引用实际所指对象的类型。C++为支持RTTI提供了以下两个运算符。

（1）dynamic_cast运算符，允许在运行时刻进行类型转换，从而使程序能够在一个类层次结构中安全地转换类型，将基类指针转换为派生类指针，或者将基类的引用转换为派生类的引用。当然，这种转换是在确保成功的情况下才进行的。

（2）typeid运算符，指出指针或引用指向的对象的实际类型。

dynamic_cast运算符的操作数类型必须是带有一个或多个虚函数的类。对于带有虚函数的类类型操作数，RTTI是运行时刻的操作，对其他操作数而言，它只是编译时刻的事件。

10.5.1 dynamic_cast与向下类型转换

既然存在派生类向基类的类型转换，那么是不是也可以进行基类向派生类的类型转换呢？

派生类向基类的类型转换总是安全的，但基类向派生类的类型转换的安全性却难以保证。例如：

```
class Pet{…};
class Cat: public Pet{…};
class Dog: public Pet{…};
//…
```

```
Pet *ppet;
Cat Garfield, *pc;
Dog Goofy, *pd = &Goofy;
ppet = &Carfield;    //正确: 向上类型转换
pc = ppet;           //基类指针向派生类指针的向下类型转换, 安全吗?
pd = ppet;           //同样的向下类型转换,安全吗?
```

可以看到，同样的基类指针到派生类指针的类型转换，其安全性不同。当基类指针指向派生类对象时，向下类型转换是安全的；如果基类指针指向基类对象或者其他派生类的对象，那么这种向下类型转换就是危险的。指针指向的对象到底是什么类型只有在程序运行期间才可以获知，因而需要运行时的类型信息才能判断是否可以安全地转换，并真正实施转换。

显式类型转换 dynamic_cast 可以把一个类类型对象的指针转换成同一类层次结构中的其他类的指针，也可以把一个类类型对象的左值转换为同一类层次结构中其他类的引用。和其他显式转换不同的是，dynamic_cast 是在运行时执行的。如果指针或左值操作数不能被安全地转换为目标类型，则 dynamic_cast 将失败。如果是对指针类型的 dynamic_cast 失败，则 dynamic_cast 的结果是空指针，即 0。如果针对引用类型的 dynamic_cast 失败，则 dynamic_cast 会抛出一个 bad_cast 类型的异常。

下面是一个 dynamic_cast 的应用示例。假设公司的管理系统中已有的一些类和代码如下：

```
//-------------------------------------------------------
  //一组表示公司不同员工的类, 其中包含计算工资的操作
  class employee {
  public:
    virtual void salary();
};
class manager : public employee {
public:
    void salary();
};
class programmer : public employee {
public:
    void salary();
};
void company::payroll( employee *pe ) {//公司发放工资的操作
     pe -> salary();
}
//-------------------------------------------------------
```

利用类层次和虚函数 salary()提供的多态性，payroll()能够实现对不同类型员工的工资发放。

假设在年终时公司根据工作业绩，决定向所有的程序员除工资以外再加发一笔奖金，

并且用一个 bonus()操作计算和发放每个程序员的奖金。显然，bonus()作为 programmer 的成员函数比较合适。可引起的问题是，如何在 payroll()中调用 bonus()呢？

一种解决方案是将 bonus()作为基类 employee 的虚函数，并提供一个默认实现，然后在 programmer 中根据奖金的发放办法重写 bonus()，其他类只要继承基类中的实现即可。这样在 payroll()中就可以调用 bonus()。

```
//--------------------------------------------------------
  class employee {
  public:
     virtual void salary();
     virtual void bonus(){}              //提供默认实现
};
class manager : public employee {
public:
     void salary();
};
class programmer : public employee {
public:
     void salary();
     void bonus(){…}                     //重定义 bonus
};
void company::payroll( employee *pe ) { //公司发放工资的操作
     pe -> salary();
     pe -> bonus();  //程序员调用自己定义的 bonus，其他员工则调用基类的默认实现
}
//--------------------------------------------------------
```

这个方案看似简单直接，实际上存在几个问题：第一，修改员工类层次中的基类 employee 会影响整个类层次，这在面向对象设计中是应该尽量避免的。第二，向基类中增加的虚函数实际上只对 programmer 有意义，将它放在基类接口中会被很多不需要它的派生类继承。第三，对基类的修改会引起整个类层次代码的重新编译。如果因为某些原因不能得到类层次的源代码，比如这是公司购买的系统，那么这个方案将是不可行的。

另一种方案是不增加虚函数，而将 bonus()操作放在需要它的 programmer 类中。即使没有 programmer 类的源代码，也可以在 programmer 类定义的头文件中增加 bonus()成员函数声明，然后增加一个源文件来定义这个成员函数。

```
//--------------------------------------------------------
  //programmer 的头文件
  class programmer : public employee {
  public:
    void salary();
    //增加操作
    void bonus();
  };
```

```
//----------------------------------------------------------
//----------------------------------------------------------
  //用一个源文件实现 programmer::bonus()操作
  //#include programmer 类的头文件
  void programmer::bonus(){…}
//----------------------------------------------------------
```

但是，这引起一个新问题：payroll()需要一个基类指针作参数，通过这个指针只能调用基类接口中的操作，即使指针实际上是指向一个 programmer 对象，也不能直接调用 programmer 类中增加 bonus()操作。

在这种情况下，可以使用 dynamic_cast 进行向下类型转换，将基类指针转换为派生类 programmer 的指针，并用这个指针调用 programmer 的成员函数 bonus()。

```
//----------------------------------------------------------
  void company::payroll( employee *pe ) {
    programmer *pm = dynamic_cast< programmer* >( pe );
    /* 如果 pe 指向的是一个 programmer 类型的对象，则转换成功，
      pm 指向 programmer 对象的起始地址 */
    if (pm){ //用 pm 调用 programmer 的成员函数 bonus 发奖金
        pm -> bonus();
    }
    /* 如果 pe 指向的不是 programmer 类型的对象，则转换失败,pm 的值为 0 */
    else {}
    //使用 employee 的成员，正常发放所有员工的工资
    pe -> salary();
  }
//----------------------------------------------------------
```

dynamic_cast 先检验所请求的转换是否有效，只有在有效时才会执行转换，而检验过程发生在程序运行时。dynamic_cast 用于基类指针到派生类指针的安全转换，它被称为**安全的向下类型转换**。如果必须通过基类指针（或引用）使用派生类的特性，而该特性又没有出现在基类接口中时，可以使用 dynamic_cast。

需要注意的是：

（1）使用 dynamic_cast 时，必须对一个含有虚函数的类层次进行操作。

（2）dynamic_cast 的结果必须在检测是否为 0 之后才能使用。

10.5.2　typeid

RTTI 提供的 typeid 运算符对类型或表达式进行操作，返回操作数的确切类型。typeid 运算符返回一个 type_info 类型的引用。type_info 在头文件<typeinfo>中定义。例如：

```
#include <typeinfo>
programmer pobj;
employee& re = pobj;
//type_info::name()返回 C 风格字符串表示的类型名
```

```
cout << typeid(re).name() << endl; //输出"programmer"
```

typeid 运算符必须与表达式或类型名一起使用。当 typeid 运算符的操作数是类类型，但不是带有虚函数的类类型时，typeid 运算符会指出操作数的类型，而不是底层对象的类型。

```
#include <typeinfo>
class Base{/*没有虚函数*/};
class Derived:public Base{/*没有虚函数*/};
Derived dobj;
Base* pb = &dobj;
cout << typeid(*pb).name() << endl; //输出"Base"
```

10.6 类层次设计的例子

封装、继承和多态性是面向对象程序设计方法的强大机制。面向对象设计的一项主要工作就是设计类并通过各种关系组织这些类。为了利用多态性带来的优点，在更高的抽象层次上编写灵活、通用的代码，面向对象程序中通常会利用继承关系建立一些类层次结构。

建立类层次的一般方式有两种：一是自顶向下，先设计描述通用特性和操作的基类，然后继承基类，得到各种派生类以解决特定问题；二是自底向上，先完成底层类的设计，再根据需要抽象出它们的共性，得到描述它们共同接口的公共基类，最后面向基类在更高的抽象层次上编写程序。在设计中同时使用这两种方式的情况也很常见。

10.6.1 模仿钓鱼的例子

这个例子基于图 10.6 所示的类层次，利用多态机制实现模仿钓鱼的操作。其中 Fish 为抽象基类，派生类为 GoldenFish 和 SilverFish。UML 类图中加下画线的属性和操作是类属性和类操作，在 C++中用静态成员实现。

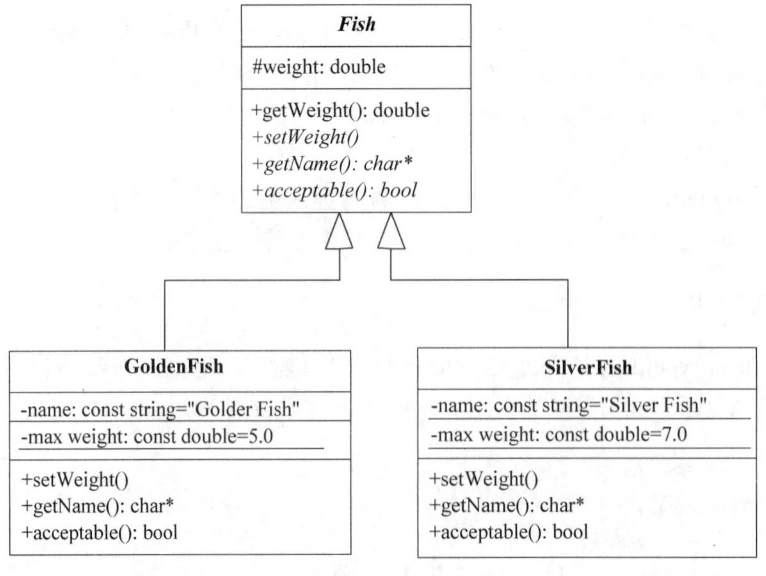

图 10.6　Fish 类层次

程序 10.11　模拟钓鱼的程序。

```
//--------------------------------------------------------------
//fish.h
#ifndef FISH_H
#define FISH_H
#include <string>
using namespace std;
class Fish {
public:
  //判断鱼是否可以被接受
  virtual bool acceptable() const = 0;
  //随机产生鱼的重量
  virtual void setWeight() = 0;
  //返回鱼的重量
  double getWeight() const{ return weight; }
  //返回鱼的名字
  virtual string getName() const = 0;
protected:
  double weight;
};

class GoldenFish : public Fish {
public:
   //GoldenFish 的接受条件: 重量在 1~2kg
   bool acceptable() const{
       if(getWeight()<=2 && getWeight()>=1){
          return true;
       }
       return false;
   }
   //产生 GoldenFish 类型鱼的重量
   void setWeight(){
       weight = rand() / (double)(RAND_MAX/5);
   }
   string getName() const{ return NAME; }
private:
   static const string NAME;
   static const double MAX_WEIGHT;
};
const string GoldenFish::NAME = "GoldenFish";
const double GoldenFish::MAX_WEIGHT = 5.0;

class SilverFish : public Fish {
public:
```

```
    //SilverFish 的接受条件: 重量在 0.5~1.5kg
    bool acceptable() const{
        if(getWeight()<=1.5 && getWeight()>=0.5){
            return true;
        }
        return false;
    }
    //产生 SilverFish 类型鱼的重量
    void setWeight(){
        weight = rand() / (double)(RAND_MAX/7);
    }
    string getName() const{ return NAME; }
private:
    static const string NAME;
    static const double MAX_WEIGHT;
};
const string SilverFish::NAME = "SilverFish";
const double SilverFish::MAX_WEIGHT = 7.0;
#endif  //FISH_H
//--------------------------------------------------------------
//--------------------------------------------------------------
//test.cpp
#include <iostream>
#include <cstdlib>
#include <ctime>
#include "fish.h"
//随机产生 0 ~ num-1 的整数
int random(int num)
{
  return static_cast<int>
    ((num*static_cast<long>(rand()))/(RAND_MAX+1L));
}
//统计鱼的总重量
double totalweight = 0;
//面向 Fish 处理的函数，与具体类型无关
void handle(Fish* fp){
    fp -> setWeight();
    if(fp -> acceptable()){
        totalweight = fp->getWeight() + totalweight;
        cout<< fp->getName() << ": " << fp->getWeight() << "kg" << endl;
    }
}
//随机产生两种鱼，金鱼或银鱼
//判断是否接受钓到的鱼，直到总重量超过 15kg 为止
int main() {
```

```
    srand((unsigned)time(0));     //种子随机数发生器
    Fish *fp;
    while(totalweight < 15.00){
        int type= random(2);
        if(type==1){
            fp = new GoldenFish;
            handle(fp);
        }
        else{
            fp = new SilverFish;
            handle(fp);
        }
    }
}
//-----------------------------------------------------------
//-----------------------------------------------------------
```

程序的一次运行结果：

```
GoldenFish: 1.21166kg
SilverFish: 0.636189kg
SilverFish: 1.17069kg
GoldenFish: 1.43461kg
GoldenFish: 1.71784kg
GoldenFish: 1.22936kg
GoldenFish: 1.00717kg
GoldenFish: 1.59469kg
GoldenFish: 1.04731kg
GoldenFish: 1.40409kg
GoldenFish: 1.87426kg
GoldenFish: 1.36243kg
```

程序 10.11 中，handle()是面向基类进行处理的函数，接受基类指针 Fish*。该函数用于随机产生 Fish 的重量，并将重量累加至 totalweight，并同时打印鱼的信息。

由于虚函数动态绑定带来的多态性，使得 handle()函数适用于所有从 Fish 派生的具体类型。该函数灵活且易于扩展，如果添加其他类型的鱼，如 CopperFish，handle()的代码不会受到任何影响。

10.6.2 零件库存管理的例子

1. 问题描述

在制造业环境中，一些复杂产品是由零件装配而成的，常见的需求是记录零件的库存以及这些零件的使用方式。下面用一个简单的程序来模拟不同种类的零件和它们的特性，以及用这些零件构造复杂组装件的方式。

（1）每个零件的信息有零件名字（字符串）、零件种类标识号（整数）、成本价（浮点数）。

（2）零件可以装配成更复杂的组装件。一个组装件可以包含多个零件，而且可以具有层次结构。也就是说，一个组装件可以由许多子组装件构成，每个子组装件又可能由零件或更小的子组装件构成。

（3）要求程序能够输出每个库存零件或组装件的成本价和名字清单。组装件的成本价格是它的所有组成零件的价格之和，名字是其组成零件的名字列表。

2．问题分析和类的设计

（1）零件类 Part：属性有名字（name），种类标识号（ID），成本价（price）。Part 类中需要提供获取名字和价格的操作。

考虑到每种零件可能有成千上万个，如果将这些属性作为每个零件实例要保存的数据，那么重复数据存储量大，而且修改不容易。例如，5 万个三号螺丝，那么这些数据要重复保存在这 5 万个实例中，假设螺丝成本上涨，就需要到这 5 万个实例中去改变价格值。还有一个隐含的问题：如果某种零件没有库存了，那么这种零件的信息要保存在哪里呢？

（2）零件分类目录类 Catalog：为了解决上述问题，可以单独设置一个零件分类目录类，每个 Catalog 对象描述一种零件的名字、标识号、价格；每个零件对象都属于某一个分类目录，零件对象从类目中获得自己的信息。例如三号螺丝可以作为一个类目实例，那么 5 万个三号螺丝零件都是从它这里获取自己的信息，数据不会大量冗余，修改也更容易。更重要的一点：即使库存的某种零件全部用完，零件的信息还保存在与之相关的类目对象中。

（3）组装件类 Assembly：组装件对象是由零件和其他组装件组成的，可以设计为聚合类，其中包含一个 vector 来存储其组成部分。组装件类中提供加入组成部分的操作来模拟组装动作。组装件的价格通过累加 vector 中各个元素价格的方式计算，名字清单的获取与此类似。

组装件的组成对象分属于两个类型：Part 和 Assembly，这个 vector 中的元素应该是什么类型呢？是 Part 还是 Assembly？

（4）部件类 Component：为了描述零件和组装件都可以作为 Assembly 的组成部分这个共性，可以抽象出一个部件类 Component。Part 和 Assembly 都是部件，部件也只有 Part 和 Assembly 两种实例，因而将部件设计为抽象类。Component 类提供 Part 和 Assembly 的公共接口，至少要包含取得价格和取得名字的抽象操作。一个 Assembly 就是由一组 Component（Part 或 Assembly）的实例聚合而成的。

通过上面的分析和设计，可以得到图 10.7 所示的 UML 类图。

在图 10.7 的类图中出现了继承、聚合和关联关系。

（1）关联：每个 Part 对象都关联到一个目录，用 Part 类的一个指向 Catalog 的指针成员实现。

（2）继承：Component 是一个抽象类，提供了两个抽象操作；Part 和 Assembly 是 Compoent 的具体派生类，要分别实现自己的 getName()和 getPrice()操作。

（3）聚合：Assembly 是由一组 Compoent，即 Part 或 Assembly 对象组成的，addComponent()实现组装操作。Assembly 类中的向量数据成员 comp 存储组装件的多个组成部件。

实现这个类层次的 C++代码如程序 10.12 所示。

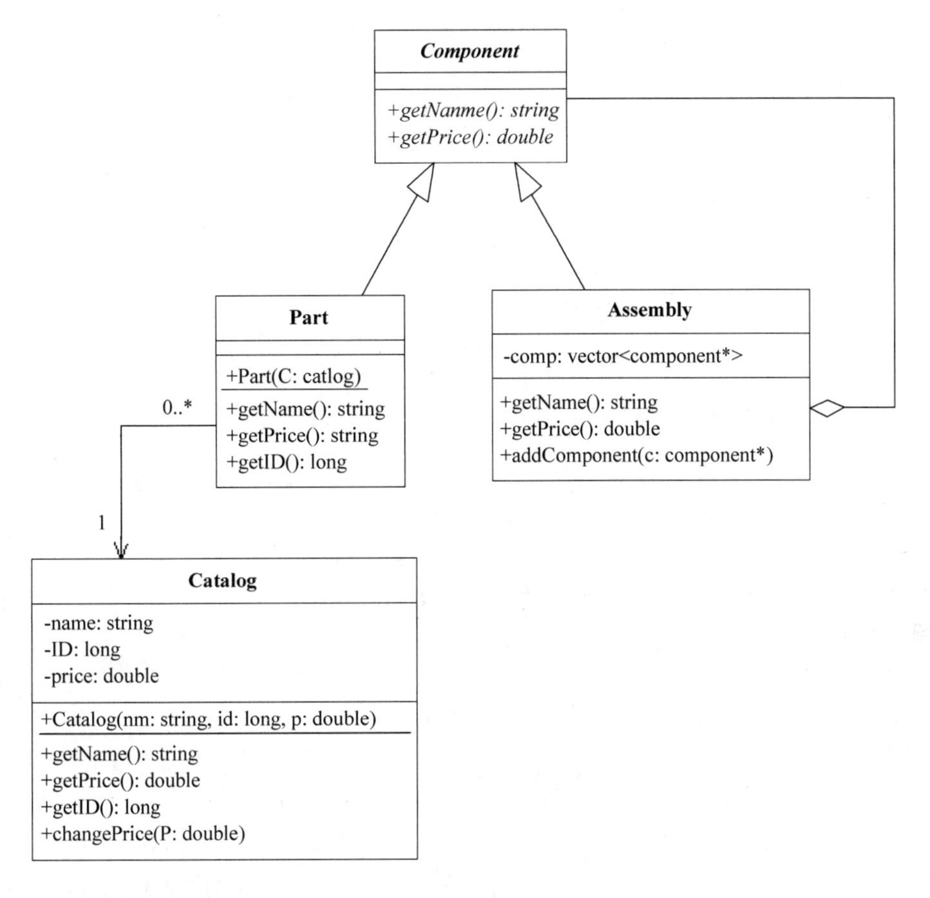

图 10.7 零件类层次

程序 10.12 零件库存管理程序。

```
//--------------------------------------------------------
//parts.h
#ifndef PARTS_H
#define PARTS_H
#include <string>
#include <vector>
using namespace std;
//零件类目
class Catalog{
public:
    Catalog(long id, string nm, double pr){ name=nm; ID=id; price=pr;}
    string getName(){ return name; }
    double getPrice(){return price;}
    long getID() {return ID; }
    void changePrice(double pr) { price = pr; }
private:
    string name;
```

```
    double price;
    long ID;
};
//抽象部件类
class Component{
public:                                              //Part和Assembly的公共接口
    virtual double getPrice() = 0;
    virtual string getName() = 0;
};
//零件类
class Part : public Component{
public:
    Part(Catalog* c):cat(c){}                        //零件对象必须有分类目录
    string getName(){return cat->getName();}
    double getPrice() {return cat->getPrice();}
    double getID() {return cat->getID();}
private:
    Catalog* cat;                                    //零件所属的类目
};
//组装件类
class Assembly : public Component{
public:
    void addComponent(Component* cp){   comp.push_back(cp); }
    string getName(){                                //得到组成部分的名字清单
        string namelist("");
        for(int i=0; i <comp.size(); ++i){
            namelist += comp[i]-> getName();         //多态调用
            namelist += "  ";
        }
        return namelist;
    }
    double getPrice(){  //计算成本价格
        double price = 0;
        for(int i=0; i < comp.size(); ++i){
            price += comp[i]->getPrice();            //多态调用
        }
        return price;
    }
private:
    vector<Component*> comp;                         //组成部分
};
#endif  //PARTS_H
//---------------------------------------------------------
//---------------------------------------------------------
```

```
//模拟零件管理和组装的程序 test.cpp
#include <iostream>
#include "parts.h"
using namespace std;
int main(){
    //创建各类零件的分类目录
    Catalog c1(100691, "strut", 0.3);
    Catalog c2(100692, "screw", 0.5);
    Catalog c3(100693, "bolt", 0.2);
    //创建各种零件对象
    Part strut1(&c1), strut2(&c1);
    Part screw1(&c2);
    Part bolt1(&c3), bolt2(&c3);
    //输出零件的信息
    cout<<"strut1: "<<strut1.getName()<<"\t"<<strut1.getPrice()<<endl;
    cout<<"screw1: "<<screw1.getName()<<"\t"<<screw1.getPrice()<<endl;
    //创建组装件，并向其中组装部件
    Assembly a1, a2;
    a1.addComponent(&strut1);
    a1.addComponent(&strut2);
    a1.addComponent(&bolt1);
    cout<<"assembly 1: "<<a1.getName()<<"\t"<<a1.getPrice()<<endl;
    a2.addComponent(&screw1);
    a2.addComponent(&bolt2);
    a2.addComponent(&a1);
    cout<<"assembly 2: "<<a2.getName()<<"\t"<<a2.getPrice()<<endl;
}
//-----------------------------------------------------------
//-----------------------------------------------------------
```

程序的输出结果：

```
strut1: strut   0.3
screw1: screw   0.5
assembly 1:  strut  strut   bolt    0.8
assembly 2:  screw  bolt strut  strut   bolt        1.5
```

从过程式程序设计到基于对象的程序设计也许不是很困难，利用 C++提供的语言成分，定义各种类，创建对象，给它们发送消息，很容易就可以看到数据抽象和封装带来的好处，甚至还可以应用一些简单的继承。接下来，要进入真正的面向对象程序设计，就必须依靠虚函数带来的多态性。虚函数增强了类型的概念，允许一组具有共性的类型表达各自的个性。过程式语言的特征可以在算法层面上来理解，而虚函数就只能从设计的观点来理解。虽然这些概念比较难，但这也是学习和掌握面向对象程序设计必经的一个转折点。

10.7 小结

- 面向对象的核心概念是封装、继承和多态性。C++通过虚函数和动态绑定实现多态性。
- 除了定义抽象数据类型，类还涉及到继承和多态的概念，因此，可以将类看作是抽象数据类型再加上继承和多态。
- 通过基类指针或引用调用虚函数时，会根据指针或引用实际指向的对象类型来解析函数的调用。
- 包含纯虚函数的类称为抽象类，抽象类用来为一组派生类提供公共的接口。
- C++的 RTTI 机制可以获得程序运行时的类型信息。

10.8 习题

一、复习题

1. 派生类类型在向基类类型转换时发生了实际类型信息丢失的问题。如果希望根据指针（或引用）实际指向对象的类型来实施成员函数的调用，应该如何处理？
2. 什么是动态绑定？它与虚函数有什么关系？
3. 叙述使用虚函数实现多态性的一般过程。
4. 抽象类有什么作用？如何定义抽象类？
5. 在什么情况下会使用抽象类或是纯抽象类？
6. 举例说明 C++中显式类型转换运算符 dynamic_cast 的作用。
7. 你是如何理解 C++中的多态机制的？

二、编程题

1. 有以下代码所示的类层次：

```
class base{
public:
   base(string _name):name(_name){ }
   string getName(){return name;}
   virtual void print(){cout<<name;}
private:
   string name;
};
class derived:public base{
public:
   derived(string _name,int _val):base(_name),val(_val){ }
   void print(){base::print(); cout<<" "<<val;}
private:
   int val;
};
```

确定在执行语句（1）～（6）时调用的是哪些函数：

```
base bobj("base");
base *bp1 = &bobj;
base &br1 = bobj;
derived dobj("derived", 10);
base *bp2 = &dobj;
base &br2 = dobj;
(1)bobj.print();
(2)dobj.print();
(3)bp1->getName();
(4)bp2->getName();
(5)br1.print();
(6)br2.print();
```

2. 某书店销售各种期刊杂志、书籍、音乐 CD、VCD 和 DVD。设计描述各种商品信息的类层次结构：

（1）期刊杂志有期刊名、发行刊号、发行周期、期号、价格等信息；

（2）书籍有书名、作者、出版社、ISBN、价格等信息；

（3）音乐 CD 有 CD 名、演唱（奏）者、风格、曲目时间、价格等信息；

（4）VCD 和 DVD 有片名、曲目时间、价格等信息。

书店需要一个书籍销售管理系统，假定每件商品的信息可以通过扫描条码输入系统，请实现系统结账模块的商品价格计算和清单打印操作。

3. 利用抽象类和虚函数改写第 9 章习题中的 Shape 类层次。再编写一个 totalArea()函数计算任意两个形状的面积之和。

4. 完成小芳便利店第三个版本。第三个版本要求：

（1）在第二个版本的基础上增加进口货物类 ImportedGoods；要求在进口货物的名称后加“<I>”，其价格在基本货物价格的基础上增加 20%。

（2）格式化价格的输出，至少保留两位小数。

图 10.8 是新加入类 ImportedGoods 的 UML 图。

三、思考题

1. 什么是虚函数？什么是纯虚函数？为什么引入虚函数和纯虚函数？

2. 析构函数应该是虚函数吗？为什么？

3. 请问以下程序的执行结果是什么？

```
//---------------------------------------------------------
#include <iostream>
using namespace std;
class CBase {
public:
   virtual void foo(){ cout<<"foo in base"<<endl; }
   virtual void bar(){ cout<<"bar in base"<<endl; }
};
```

```
class CChild : public CBase {
public:
   virtual void foo(){ cout<<"foo in child"<<endl; }
   virtual void bar(){ cout<<"bar in child"<<endl; }
};
int * get(void);
int main() {
   void (CBase::* pVirtualPointer)(void);
   CBase base;
   CChild child;
   pVirtualPointer = &CBase::foo;
   (base.*pVirtualPointer)();
   (child.*pVirtualPointer)();
   pVirtualPointer = &CBase::bar;
   (base.*pVirtualPointer)();
   (child.*pVirtualPointer)();
}
//-----------------------------------------------------------
```

Goods

-name: char*
-price: float

+Goods(_name: char*,_price: double)
+setNanme(_name: char*)
+getName(): char*
+setPrice(_price: double)
+getPrice(): double

ImportedGoods

+ImportedGoods(_name: char*,_price: double)
+getName(): char*
+getPrice(): double

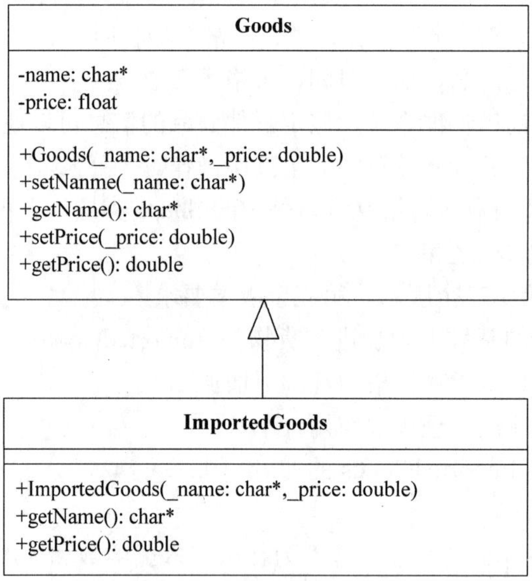

图 10.8　编程题 4

4. 请问以下程序的执行结果是什么？

```
//-----------------------------------------------------------
 #include <iostream>
 using namespace std;
 class A {
 public:
    A() { cout<<"A::A() called."<<endl; }
```

```
    virtual ~A(){ cout<<"A::~A() called."<<endl; }
};
class B:public A {
public:
    B(int i){
        cout<<"B:B() called."<<endl;
        buf = new char[i];
    }
    virtual ~B(){
        delete []buf;
        cout<<"B:~B() called."<<endl;
    }
private:
    char *buf;
};
void fun(A *a){ delete a; }
int main()
{
    A *a = new B(15);
    fun(a);
}
//---------------------------------------------------------
```

5. 在 10.6 节的零件库存管理程序中，Assembly 类使用了 vector<Component*>类型的数据成员来保存组成一个组件对象的零件和子组装件。能否使用 vector<Component>或 vector<Component&>代替呢？为什么？

6. “对于 C++面向对象编程来说，一个悖论是我们无法直接使用对象进行面向对象编程，相反，我们必须使用指针和引用。”你对这句话如何理解？

CHAPTER11

第11章 模板与泛型编程

本章学习目标:

- 了解泛型程序设计的思想和模板的用途;
- 掌握定义和使用函数模板的语法;
- 掌握定义和使用类模板的语法。

模板是 C++泛型编程的基础。模板可以理解为是一个创建函数或类的蓝图或者公式。当使用模板时,提供足够的信息,将蓝图转换为特定的类或函数。这种转换发生在编译时。本章学习定义和使用模板的语法。

11.1 函数模板

假设要编写一个函数比较两个值,返回结果表示第一个值是小于、大于还是等于第二个值。应该如何解决这个问题呢?这个函数的算法虽然很简单,但需要为所有要比较的类型都提供一个实现。利用重载函数,看似可以解决这个问题:

```
int compare(const int& v1, const int& v2){
  if(v1 < v2) return -1;
  if(v1 > v2) return 1;
  return 0;
}
int compare(const string& v1, const string& v2){
  if(v1 < v2) return -1;
  if(v1 > v2) return 1;
  return 0;
}
```

这两个函数几乎是相同的,唯一的差异是参数的类型,函数体完全一样。

如果对每种要比较的类型都要定义 compare()函数,那就要对不同的数据类型重复书写几乎相同的代码。虽然“复制一粘贴”的编辑功能可以减少编程工作量，但还是会造成代码的重复和冗余。而且这种方法还有一个缺点：如果算法本身有所改变，那么对处理所有数据类型的算法代码都要一一进行修改，增加了维护的负担。另外，在编写程序时，我们要确定所有可能要用 compare()函数比较的类型，对用户定义的类型而言，这显然不可行。

要解决这个问题，可以定义一个通用的函数模板，而不是为每个类型定义一个新函数。函数模板提供了一种描述通用算法的机制，它将算法处理的数据类型参数化，从而既可以保留函数定义和函数调用的语义，又不必绕过 C++的类型检查。

11.1.1　函数模板的定义

函数模板提供了一种用算法模板自动生成各种类型函数实例的机制。程序员将函数接口（参数表和返回类型）中的全部或者部分类型参数化，而函数体保持不变。如果一个函数的实现对一组实例都是相同的，区别仅在于每个实例处理不同的数据类型，那么该函数就可以定义为函数模板。

定义函数模板的语法如下：

```
template <模板参数表>  函数返回类型 函数名 ( 函数参数表 ){ 函数体 }
```

例如，下面代码是 compare 函数模板的定义：

```
template < typename T >
int compare(const T& v1, const T& v2){
   if(v1 < v2) return -1;
   if(v2 < v1) return 1;
   return 0;
}
```

关键字 template 放在模板声明和定义的最前面。template 之后是用尖括号括起来的模板参数表。模板参数表不能为空。模板参数可以是类型参数，它代表了一种类型；也可以是非类型参数，它代表一个常量表达式。

模板**类型参数**由关键字 class 或 typename 后加一个标识符构成。class 和 typename 这两个关键字在模板参数表中的意义是相同的，表示后面的标识符代表一个潜在的内置类型或用户自定义类型。例如，compare<T>函数模板中的 T 就是模板类型参数，可以用作类型名。一个函数模板可以有多个类型参数，每个类型参数前都要有 class 或 typename 关键字。当模板被实例化时，会由实际的类型替换模板的类型参数。

模板**非类型参数**由一个普通的参数声明构成。模板非类型参数表示该参数名代表了一个潜在的值，这个值是模板定义中的一个常量。在模板被实例化时，非类型参数会被一个编译时刻已知的常量值代替。

模板参数之后是函数定义或声明，除了可以使用模板参数指定的类型或常量值以外，函数模板的定义与普通函数的定义相同。

例如，要编写程序实现一个算法，找到并返回数组中的最小元素。算法一般用函数实现，所以应该设计一个函数，可是面临的问题是：函数中的数组元素应该是什么类型呢？只要指定类型，这个函数的实现非常简单。例如，对 int 类型的数组，可以编写如下代码：

```
//------------------------------------------------------------
int min(int array[], int size)
{
   int min_val = array[0];
   for (int ix = 1; ix < size; ++ix )
      if ( array[ix] < min_val )  min_val = array[ix];
   return min_val;
}
//------------------------------------------------------------
```

实际上，对任何类型的数组，只要可以用“<”运算符比较两个元素的大小，就可以应用这个算法。像这样的通用算法还有很多，例如排序、查找等。

用函数模板可以实现通用算法。将具体算法实现中的数据类型参数化，用模板类型参数代替，保留函数中与类型无关的代码，就可以得到函数模板的定义。在min()函数的代码中，加下画线的三处 int 都与算法处理的数据类型相关，需要用类型参数替换，其余代码不变。如此，得到在数组中查找最小元素的函数模板 min<Type>：

```
//------------------------------------------------------------
template <class Type> Type min(Type array[], int size)
//模板类型参数 Type 在函数模板的定义中作为类型标识符使用
{
   Type min_val = array[0];
   for (int ix = 1; ix < size; ++ix )
      if ( array[ix] < min_val )  min_val = array[ix];
   return min_val;
}
//------------------------------------------------------------
```

如果使用模板非类型参数表示数组大小，这个算法也可以如下定义：

```
//------------------------------------------------------------
template <class Type, int size> Type min2( const Type (&array)[size])
//模板类型参数 Type 在模板定义中作为类型标识符使用
//模板非类型参数 size 作为常量使用，表示数组的大小
//传递数组的 const 引用作为函数参数
{
   Type min_val = array[0];
   for (int ix = 1; ix < size; ++ix )
      if ( array[ix] < min_val )  min_val = array[ix];
   return min_val;
}
//------------------------------------------------------------
```

当调用模板 min<Type>时，编译器会用一个具体类型替换 Type。调用模板 min2<Type, size>时会用一个具体类型和一个常量值分别替换 Type 和 size。函数模板参数这种类型和值的替换过程被称为模板实例化。

11.1.2　函数模板的实例化

函数模板指定了如何根据一组实际类型或值构造出独立的函数，这个构造过程被称为**模板实例化**。模板实例化是在函数模板被调用或取地址时隐式发生的。

当调用一个函数模板时，编译器用函数实参推演模板实参。当调用 compare 时，编译器使用实参的类型来确定绑定到模板参数 T 的类型。

例如下面对 compare 的使用：

```
cout << compare(1, 0) << endl;          //T 为 int
```

实参类型为 int，编译器会推断出模板实参为 int，并将它绑定到模板参数 T。

编译器用函数实参的类型来决定模板实参的类型和值的过程被称为**模板实参推演**。编译器用推断出来的模板实参**实例化**一个特定版本的函数。当编译器实例化一个模板时，使用实际的模板实参代替对应的模板参数来创建出模板的一个新实例。

函数模板本身并不是真正的函数定义，因为其中的类型信息不完整。函数模板被调用时编译器首先对其进行实例化，生成真正完整的函数定义实例，然后再实施对函数实例的调用。

根据每次调用模板函数的不同实参，一个函数模板可以实例化得到多个不同的函数定义。

```
cout << compare(5, 7) << endl;          //T 为 int
//实例化得到: int compare(const int &, const int &){…}
vector<int> v1{1,2,3}, v2{2,3,4};
cout << compare(v1, v2) << endl;        //T 为 vector<int>
//实例化得到: int compare(const vector<int> &, const vector<int> &){…}
```

对上面两个调用，编译器会生成两个不同版本的 compare 函数。对第一个调用生成的版本中 T 被替换为 int：

```
int compare(const int& v1, const int& v2){
  if(v1 < v2) return -1;
  if(v2 < v1) return 1;
  return 0;
}
```

对第二个调用生成的版本中 T 被替换为 vector<int>：

```
int compare(const vector<int>& v1, const vector<int>& v2){
  if(v1 < v2) return -1;
  if(v2 < v1) return 1;
  return 0;
}
```

编译器生成的这些版本被称为**模板的实例**。

在使用函数模板时，必须能够通过上下文为每一个模板实参确定一个唯一的类型或值，否则会产生编译错误。例如：

```
compare(2, 6.7);    //错误：推演 const T 的类型出现冲突：int 和 double
```

解决这种问题的方法是显式指定模板实参。

```
compare<double>(2, 6.7);          //正确,显式指定，对实参 2 进行类型转换
compare<int>(2, 6.7);             //正确,显式指定，对实参 6.7 进行类型转换
```

当模板实参被显式指定时，函数参数的类型已经确定，就没有必要推演模板实参。函数实参可以应用隐式类型转换，转换成相应的函数参数；也可以显式地指定一部分模板实参，其余（尾部）的实参由编译器从函数的实参中推演得到。例如：

```
template<class T1, class T2, class T3> T1 func(T2 arg1, T3 arg2){ /*…*/}
int main() {
   int x, y;
   double d;
   x = func( y, d );         //错误：调用中没有 T1 的信息，不能推演出模板实参 T1
   x = func<int, int, double>(y,d);      //正确,显式指定
   x = func<int>(y, d);      //正确,显式指定了 T1，能够推演出 T2 T3
}
```

显式模板实参应该只用在解决二义性时，或用在模板实参不能被推演出来的情况下。只要可能就应该省略显式模板实参。

11.1.3 函数模板的重载

函数模板可以被另一个模板或一个普通非模板函数重载。名字相同的函数必须具有不同数量或类型的参数。例如：

```
template < class T > T min(const T& a, const T& b ){
   return a < b ? a : b ;
}
template < class T > T min(const T& a, const T& b, const T& c ){
   T t = a < b ? a : b ;
   return t < c ? t : c ;
}
```

函数模板的重载通常是函数参数的个数不同，而不是参数类型。例如，下面是同一个函数模板的重复定义而不是重载，会引起编译错误。

```
template < class T1 > T1 min( T1 a, T1 b ){
   return a < b ? a : b ;
}
template < class T2 > T2 min( T2 a, T2 b ){
   return a < b ? a : b ;
}
```

经常使用的还有另一种重载方式：用一个非模板函数重载一个同名的函数模板。例如，用上面的 min<T>函数模板比较两个 C 风格字符串：

```
char* s1 = "abc";
char* s2 = "def";
min( s1, s2 );        //比较的是两个字符串的首地址，而不是字符串的内容
```

为此，可以写一个专门处理字符串比较的非模板函数，对 min<T>模板进行重载。

```
int min( char* a, char* b ){
  return strcmp(a, b);
}
```

这样，当参数的类型为 char*时，会调用这个非模板函数进行比较。

对于一个函数调用，考虑普通函数和模板函数的函数重载解析步骤如下。

（1）寻找一个参数完全匹配的非模板函数，若找到，则调用该函数。

（2）寻找一个函数模板，能将其实例化为一个完全匹配的函数，若找到，则调用。

（3）只考虑重载函数集中的普通函数，按照重载函数解析过程选择可调用的函数，若找到，则调用。

在上面三步中如果都没有找到匹配的函数，则出现“无可调用的函数”错误。如果某一步出现了多个匹配的函数，则引起二义性错误。

11.2 类模板

类模板用来实现通用数据类型，例如 vector 就是 C++标准模板库中定义的一个类模板。下面以一个通用堆栈类来说明类模板的定义和使用。

一个整型堆栈类可能如下定义：

```
class Stack{
public:
   Stack();
   ~Stack();
   int pop();              //出栈
   void push(int);         //进栈
   bool empty();       //判断栈是否空
   bool full();        //判断栈是否满
   //…
};
```

这个 Stack 类只能处理 int 类型的对象。如果想用堆栈处理另一种类型的数据，例如 double、string 或者用户自定义类型的对象，应该怎么办？

一种解决方法是复制和修改代码：复制整个 Stack 类的实现，并修改它，使之能够对 double 类型工作，然后对下一个类型再复制，再修改。由于类名字不能重载，必须为每个堆栈类指定不同的名字：IntStack、DoubleStack、StringStack，等等。每当需要一个新类型

的堆栈时，就重复该复制、修改和命名过程。这种过程不仅是无休止的，而且会引起复杂的维护问题。

C++中用类模板来实现这种通用类型。可以定义一个堆栈类模板，利用模板机制为每个具体类型的堆栈自动生成相应的类定义。

Stack 类模板可以如下定义：

```
template <class Type>
class Stack{
public:
   Stack();
   ~Stack();
   Type pop();
   void push(Type);
   bool empty();
   bool full();
   //…其他成员
};
```

使用下面的代码可以生成各种类型的堆栈对象：

```
Stack<int> is;          //int 堆栈
Stack<double> ds;       //double 堆栈
Stack<string> ss;       //string 堆栈
```

11.2.1 类模板的定义

类模板定义的一般语法形式为：

```
template <模板参数表> class 类名{ 成员声明 };
```

类模板的定义和声明都以关键字 template 开头，template 之后是尖括号括起来的模板参数表。模板参数可以是类型参数，它代表了一种类型；也可以是非类型参数，它代表一个常量表达式。

模板类型参数由关键字 class 或 typename 后加一个标识符构成，这个标识符代表一个潜在的内置类型或用户自定义类型。一旦声明了类型参数，在类模板定义余下的部分它就可以被用作类型标识符。

一个类模板可以有多个类型参数，每个类型参数前都要有 class 或 typename 关键字。当类模板被实例化时，会由实际的类型替换模板的类型参数。

模板非类型参数由一个普通的参数声明构成。模板非类型参数代表了一个潜在的值，这个值是模板定义中的一个常量。在模板被实例化时，非类型参数会被一个编译时刻已知的常量值代替。

程序 11.1 是类模板 Stack 的定义和部分实现。Stack 用数组实现，创建栈对象时需要指定栈的最大容量。

程序 11.1 堆栈类模板 Stack。

```
//----------------------------------------------------
template <class Type>
class Stack{
public:
   Stack(int cap);
   ~Stack() { delete []ele; }
   void push(Type e);
   Type pop();
   bool empty() { return top == bottom; }
   bool full() { return top == size-1; }
private:
   Type* ele;
   int top;
   int size;
   const static int bottom = -1;
};
//----------------------------------------------------
```

11.2.2　类模板的实例化

类模板本身并不定义任何类型，而只是指定了怎样根据一个或多个实际的类型或值构造单独的类。从通用的类模板定义中生成类的过程被称为**模板实例化**。例如：

```
Stack<int> is(20);
Stack<string> ss(10);
```

这两条语句分别将 Stack 类模板实例化为两个类：一个是将类模板中的参数 Type 用 int 替换；另一个是将 Type 用 string 替换。is 和 ss 都是类类型的对象，但是分属于 Stack<int> 和 Stack<string>两个不同的类型。

同一个类模板用不同的类型实例化之后得到的类之间并没有任何特殊的关系，类模板的每个实例都是一个独立的类型。

类模板在实例化时必须显式指定模板实参。声明一个类模板实例的指针和引用不会引起类模板的实例化。

11.2.3　类模板的成员函数

和非模板类一样，类模板的成员函数可以在类模板中定义，这时，该成员函数是 inline 的，例如 Stack 类模板中的成员函数 empty()和 full()。

成员函数也可以在类模板之外定义，这时要使用特殊的语法，以指明它是一个类模板的成员。成员函数定义的前面必须加上关键字 template 以及模板参数表。注意，类模板的名字为：类名<模板参数名表>。

例如，Stack 类模板的成员函数在类外定义如下：

```
//----------------------------------------------------
```

```
template<class Type> Stack<Type>::Stack(int cap){
   assert( cap > 0 );
   size = cap;
   ele = new Type[size];
   top = bottom;
}
template<class Type> void Stack<Type>::push(Type e)
{ ele[++top] = e;  }
template<class Type> Type Stack<Type>::pop()
{ return ele[top--]; }
//-----------------------------------------------------
```

类模板的成员函数本身也是一个模板，当类模板被实例化时，成员函数并不自动实例化。只有当一个成员函数被调用时，它才被实例化。例如：

```
Stack <string> ss(10);                //用 string 实例化 Stack 类模板
while ( !ss.full() ) {
    string str;
    cin>>str;
    ss.push(str);                     //实例化成员函数 push()
}
while (!ss.empty() )
    cout<<ss.pop()<<endl;             //实例化成员函数 pop()
```

11.2.4 模板的非类型参数

模板的非类型参数代表一个常量值，大多数情况下都是整型。如果使用模板非类型参数表示堆栈的大小，Stack 类模板也可以如程序 11.2 中那样定义：

程序 11.2 使用非类型参数的 Stack 类模板。

```
//------------------------------------------------------------
template <class Type, int cap> //cap 在 Stack 定义中用作常量
class Stack{
public:
   Stack();       //构造函数不带 int 参数，由模板参数 cap 提供堆栈大小
   ~Stack() { delete []ele; }
   void push(Type e) { ele[++top] = e; }
   Type pop() { return ele[top--]; }
   bool empty() { return top == bottom; };
   bool full() { return top == size-1; }
private:
   Type* ele;
   int top;
   int size;
   const static int bottom = -1;
};
```

```
//成员函数的类外定义，两个模板参数
template<class Type, int cap> Stack<Type, cap>::Stack(){
  assert( cap > 0 );
  size = cap;
  ele = new Type[size];
  top = bottom;
}
//----------------------------------------------------------------
//使用 Stack 类模板的代码
int main(){
  Stack<int,10> is;     //实例化时指定两个参数: Type=int, cap=10
  for(int i=0; i<10; i++)
      is.push(i);
  while(!is.empty())
      cout<<is.pop()<<"\t";
}
//----------------------------------------------------------------
```

11.2.5　类模板的静态数据成员

类模板中可以声明静态数据成员，静态数据成员的定义必须出现在类模板的定义之外。

类模板的每个实例都有自己的一组静态数据成员。每个静态数据成员实例都与一个类模板实例相对应。因此，一个静态数据成员的实例总是通过一个特定的类模板实例被引用。

11.2.6　类模板的友元

有三种友元声明可以出现在类模板中，具体如下。

（1）非模板友元类或友元函数。不使用模板参数的友元类或友元函数是类模板的所有实例的友元。

（2）绑定的友元类模板或函数模板。使用模板类的模板参数的友元类和友元函数与实例化后的模板类实例之间是一一对应的关系。例如，程序 11.3 中的 Queue 就是 QueueItem 的友元类模板，通过模板类型参数绑定。

程序 11.3　队列类模板 Queue。

```
//-------------------------------------------------------------
//Queue 用链表实现，链表节点用 QueueItem 类模板实现
#include <cassert>
template <class Type> class Queue;       //向前引用声明 Queue
template <class T> class QueueItem{      //链表节点类模板
public:
  QueueItem(const T& data):item(data),next(0){}
  friend class Queue<T>;                 //友元声明，使用模板类型参数 T 绑定实例
private:
```

```
    T item;
    QueueItem* next;
};
//--------------------------------------------------------
template <class Type> class Queue{  //队列类模板
public:
    Queue():front(0),back(0){}
    ~Queue();
    Type remove();
    void add(const Type&);
    bool is_empty()const { return front == 0; }
private:
    QueueItem<Type> *front;
    QueueItem<Type> *back;
};
//Queue 类模板成员函数的类外定义
template <class Type> Queue<Type>::~Queue(){…}
template <class Type> void Queue<Type>::add(const Type& val){…}
template <class Type> Type Queue<Type>::remove(){…}
//--------------------------------------------------------
```

用实际类型 type 实例化 Queue 类模板得到的 Queue<type>类是相应的 QueueItem<type>类的友元。

（3）非绑定的友元类模板或函数模板。这时友元类模板或函数模板有自己的模板参数，因此和模板类实例之间形成一对多的映射关系，即对任一个模板类的实例，友元类模板或函数模板的所有实例都是它的友元。早期的一些编译器不支持这种友元声明。

例如：

```
template <class T>
class MTC{
    public:
    friend void foo ();
    //foo()是所有 MTC 模板的实例的友元
    friend void goo<T>( vector<T> );
    //每个实例化的 MTC 类都有一个相应的 goo()友元实例
    template <class Type> friend void hoo( MTC<Type> );
    //对 MTC 的每个实例，hoo()的每个实例都是它的友元
};
```

11.3 模板的编译

模板直到实例化才生成代码。当编译器遇到模板定义时，并不生成代码；只有实例化出模板的一个特定版本时，编译器才会生成代码。编译器在使用模板而不是定义模板时生成代码，影响如何组织代码以及何时检测到模板内代码的编译错误。

编译器编译模板时，分为如下三个阶段。

第一个阶段是编译模板本身的定义时。这个阶段编译器只检查基本语法错误，不会发现很多错误。

第二个阶段是编译器遇到模板的使用时。此时可能会检查函数模板调用的实参数目和实参类型，对类模板检查模板实参的个数是否正确。

第三个阶段是模板实例化时。只有这个阶段才能发现类型相关的错误。依赖于编译器如何管理实例化，这类错误甚至可能到链接时才报告。

实际编程时，由于模板语法复杂，容易引起编译错误。为了使代码调试更容易，在编写模板代码时可以采取如下步骤。

（1）编写对某个类型适用的普通函数或普通类，编译、运行、测试代码，确定代码可以正确工作之后进入下一步。

（2）使用模板语法改写代码，编译、调试、测试模板代码。

11.3.1　模板的代码组织

对于普通函数的调用，编译器只需要看到函数的声明。当使用类类型的对象时，类定义必须是可用的，但不要求成员函数的定义必须出现。因此，类定义和函数声明放在头文件中，而普通函数和成员函数的定义放在源文件中。

模板和普通函数不同，在调用函数模板时，为了生成一个实例化版本，编译器需要知道函数模板或类模板成员函数的定义，而不是只有声明。因此，模板的头文件通常既包含模板的声明，也包含模板的定义。

模板被实例化的文件中要包含模板的完整定义。对函数模板而言，要在它被实例化的每个文件中都包含其定义；对类模板而言，类模板的定义和所有成员函数以及静态数据成员的定义必须完全被包含在每个要将它们实例化的文件中。所以，一般将函数模板的定义、类模板的完整定义（包括在类模板外定义的成员函数）都放在头文件中，在实例化模板的文件中包含相应的头文件。

注意，为了避免模板定义被同一文件多次包含而引起编译错误，在模板定义的头文件中应该使用包含守卫：

```
#ifndef FLAG
#define FLAG
  模板定义
#endif
```

程序 11.4　函数模板的代码组织。

```
//-----------------------------------------------------------
//模板定义头文件 templatemin.h
#ifndef TEMPLATE_MIN_H
#define TEMPLATE_MIN_H
template <class Type> Type min(Type array[], int size){
   Type min_val = array[0];
   for (int ix = 1; ix < size; ++ix )
```

```
        if ( array[ix] < min_val )  min_val = array[ix];
    return min_val;
}
#endif //TEMPLATE_MIN_H
//---------------------------------------------------------------
//---------------------------------------------------------------
//使用模板定义的源文件 test.cpp
#include <iostream>
#include "templatemin.h"
using namespace std;
int main(){
    int a[]={2,5,3,4,1,7};
    cout << min(a, 6) << endl;
    double da[] = {1.2,3,5,7.2};
    cout << min(da, 4)<< endl;
}
//---------------------------------------------------------------
```

程序的输出结果：

```
1
1.2
//---------------------------------------------------------------
```

程序 11.5 类模板的代码组织。

```
//---------------------------------------------------------------
//模板定义头文件 myqueue.h
#ifndef QUEUE_H_
#define QUEUE_H_
#include <cassert>
template <class Type> class Queue;
template <class T> class QueueItem{
public:
    QueueItem(const T& data):item(data),next(0){}
    friend class Queue<T>;
private:
    T item;
    QueueItem* next;
};
template <class Type> class Queue{
public:
    Queue():front(0),back(0){}
    ~Queue();
    Type remove();
    void add(const Type&);
```

```
  bool is_empty()const { return front == 0; }
private:
  QueueItem<Type> *front;
  QueueItem<Type> *back;
};
//成员函数的类外定义也在头文件中
template <class Type> Queue<Type>::~Queue(){
  while ( !is_empty() )    remove();
}
template <class Type> void Queue<Type>::add(const Type& val){
  QueueItem<Type> *pt = new QueueItem<Type>( val );
  if ( is_empty() )
      front = back = pt;
  else {
      back -> next = pt;
      back = pt;
  }
}
template <class Type> Type Queue<Type>::remove(){
  assert(!is_empty());
  Type val = front->item;
  QueueItem<Type> *pt = front;
  front = front->next;
  delete pt;
  return val;
}
#endif /* QUEUE_H_ */
//------------------------------------------------------------
//------------------------------------------------------------
//Queue 模板的测试程序 test.cpp
#include <iostream>
#include "myqueue.h"
using namespace std;
int main(){
  Queue<int> qi;
  for(int i=0; i<5; i++)
      qi.add(i);
  while(!qi.is_empty())
      cout<<qi.remove()<<"\t";
}
//------------------------------------------------------------
```

程序的输出结果：

```
0  1  2  3  4
```

11.3.2 显式实例化

当模板被使用时才会进行实例化这一特性意味着，相同的实例可能出现在多个目标文件中。当两个或多个独立编译的源文件使用了相同的模板，并提供了相同的模板参数时，每个文件中就都会有该模板的一个实例。

在大系统中，在多个文件中实例化相同模板的额外开销可能非常严重。C++11 可以通过**显式实例化**来避免这种开销。

显式实例化包括声明和定义，形式如下：

```
extern template 声明;                                  //实例化声明
template 声明;                                         //实例化定义
```

声明是一个类或函数声明，其中所有模板参数都已经被替换为模板实参。例如：

```
template class Stack<int>;                             //实例化定义
extern template class Stack<int>;                      //实例化声明
template int compare(const int&, const int&);          //实例化定义
```

当编译器遇到 extern template 声明时，不会在本文件中生成实例化代码。将一个实例化声明为 extern 就表示承诺在程序其他位置有该实例化的一个定义。对于一个给定的实例化版本，可能有多个 extern 声明，但必须只有一个定义。

extern 声明必须出现在任何使用此实例化版本的代码之前，否则编译器在遇到使用一个模板时自动对其实例化。

当编译器遇到一个实例化定义时，为其生成代码。一个类模板的实例化定义会实例化该模板的所有成员，包括 inline 成员函数。当编译器遇到一个实例化定义时，它不了解程序会使用哪些成员函数，因此，编译器会实例化该类的所有成员。不像对类模板的普通实例化那样只有调用的成员函数才实例化。

C++11 中的“模板显式实例化定义、extern 模板声明和使用”就像是“全局变量的定义、extern 声明和使用”方式的再次应用。不过，与全局变量声明相比，不使用 extern 模板声明并不会导致任何问题。extern 模板定义应该是一种针对编译器的编译时间及空间的优化手段，目的是消除因大量模板使用引起的模板实例化展开而产生的代码冗余。只有在项目比较大的情况下，才建议进行这样的优化。

11.4 模板的更多特性

C++11 增加了一些关于模板的新特性，使模板的定义和使用更加灵活高效，这一节进行简单的介绍。

11.4.1 模板的默认实参

较早的 C++标准只允许为类模板提供默认实参。C++11 允许为函数模板提供默认模板实参。

例如，使用标准库的 less 函数作为默认模板实参对象重写 compare<T>函数模板：

```
//compare 有一个默认模板实参 less<T>和一个默认函数实参 F
template<typename T, typename F = less<T>>
int compare(const T& v1, const T& v2, F f = F()){
  if (f(v1, v2)) return -1;
  if (f(v2, v1)) return 1;
  return 0;
}
```

在这个函数模板的定义中，增加了一个模板类型参数 F，表示可调用对象。函数增加了一个参数 f，绑定到一个可调用对象上。

模板参数 F 有一个默认实参 less<T>，对应的函数参数也提供了默认实参 F()。默认模板实参指出，compare<T，F>将使用标准库的 less 函数对象类，并用和 compare 一样的类型参数实例化，默认函数实参指出 f 将是类型 F 的一个默认初始化的对象。

当使用这个版本的 compare 模板时，可以提供自己的比较操作，但并不是必需的：

```
class Date{…};
bool before(const Date&, const Date&);      //比较日期大小
int main(){
  int i = compare(5, 12);                   //使用默认的 less<int>，i 为-1
  Date date1, date2;
  int j = compare(date1, date2, before);    //使用 before
}
```

使用类模板时，模板名后的尖括号是不可省略的。如果一个类模板为所有模板参数都提供了默认实参，要使用这些默认实参，也必须在模板名之后跟一对空的尖括号：

```
template <class T = int> class Numbers{…}; //模板类型参数 T 默认为 int
Numbers<long double> ldnum;                //使用指定类型实参 long double
Numbers<> inum;                            //使用默认模板类型实参 int
```

11.4.2　模板特化

单一的通用模板定义有时候不适合特定类型，可能编译失败或者行为不正确。当不能或不希望使用模板版本时，可以定义类或函数模板的一个特化版本。

例如，compare 函数模板不适合比较 C 风格字符串（字符指针），我们希望通过调用 strcmp 比较两个字符串的内容而非地址值。为了处理字符指针，可以为通用的 compare<T>定义一个**模板特化**版本。一个特化版本就是模板的一个独立定义，在其中一个或多个模板参数被指定为特定的类型。

特化一个函数模板时，必须为原模板中的每个模板参数都提供实参。例如：

```
//原模板：可以比较任意两个类型的通用版本
template < typename T > int compare(const T& v1, const T& v2);
//特化版本：处理字符数组的指针
```

```
template<>        //空尖括号表明所有模板参数都会有提供的实参
int compare(const char* const &p1, const char* const &p2){
  return strcmp(p1, p2);
}
```

定义特化版本时，函数参数类型必须与原模板中对应的类型匹配。

当定义函数模板的特化版本时，本质上是接管了编译器的工作，为原模板的一个特殊实例提供了定义。一个特化版本本质上是一个实例，而不是函数名的重载版本。因此，特化不影响函数匹配。

除了特化函数模板，还可以特化类模板。与函数模板不同的是，类模板可以**部分特化**。类模板的特化不必为所有模板参数都提供实参，可以只指定一部分而非所有模板参数，或是参数的一部分而非全部特性。一个类模板的**部分特化**本身是一个模板，使用时还必须为那些在特化版本中未指定的模板参数提供实参。

一个模板特化就是一个用户提供的模板实例，它将一个或多个模板参数绑定到特定类型或值上。当不能或不希望将模板定义用于某些特定类型时，特化非常有用。

11.4.3 可变参数模板

可变参数模板就是接受可变数目参数的模板函数或模板类。可变数目的参数被称为**参数包**。存在两种参数包：**模板参数包**，表示零个或多个模板参数；**函数参数包**，表示零个或多个函数参数。

模板参数包或函数参数包用省略号（…）表示。在模板参数表中，class…或 typename…指出接下来的参数表示零个或多个类型的列表；一个类型名后面跟…表示零个或多个给定类型的非类型参数的列表。在函数参数表中，如果一个参数的类型是模板参数包，那么此参数也是一个函数参数包。例如：

```
//Args 是一个模板参数包，rest 是一个函数参数包
template<typename T, typename…Args>
void foo(const T& t, const Args&…rest);
```

编译器从函数的实参推断模板参数类型。对于一个可变参数模板，编译器还会推断包中参数的数目。例如：

```
int i = 0;
double d = 3.14;
string s = "Lifeless, faultless.";
foo(i, s, 12, d);        //包中 3 个参数
foo(d, s);               //包中 1 个参数
foo("hi");               //包中 0 个参数
```

可变参数函数通常是递归的。第一步调用处理包中的第一个实参，然后用剩余实参调用自身。例如：

```
//------------------------------------------------------------
//用来终止递归并打印最后一个元素的函数
```

```
//此函数必须在可变参数版本的 print 定义之前声明
template <typename T> ostream& print(ostream& os, const T& t){
   return os << t;
}
//可变参数的 print()函数模板
template <typename T, typename…Args>
ostream& print(ostream& os, const T& t, const Args…rest){
   os << t << ", ";              //打印第一个实参
   return print(os, rest…);      //递归调用，打印其他实参
}
int main(){
   int i = 0;
   double d = 3.14;
   string s = "Lifeless, faultless.";
   print(cout, i , d, s);
}
//------------------------------------------------------------
```

程序的输出结果：

```
0, 3.14, Lifeless, faultless.
```

当需要知道包中有多少元素时，可以使用 sizeof…**运算符**。sizeof…运算符返回一个常量表达式，且不会对实参求值。例如：

```
template<typename…Args> void g(Args…args){
  cout << sizeof…(Args) << endl;    //类型参数的数目
  cout << sizeof…(args) << endl;    //函数参数的数目
}
```

程序 11.6　求一组数据的总和与平均值。

```
//------------------------------------------------------------
#include <iostream>
using namespace std;
//利用可变参数模板求数据总和
template<typename T> T sum(T n){
   return n;
}
template<typename T, typename…Args>
T sum(T n, Args…rest) {
   return n + sum(rest…);
}
//利用 sum 模板和 sizeof…求平均值
template<typename…Args>
auto avg(Args…args) -> decltype(sum(args…)){
   return sum(args…) / sizeof…(args);
```

```
}
//测试程序
int main(){
   cout << sum(1, 2, 3) << endl;
   cout << sum(3.4, 5.5, 2, 1) << endl;
   cout << avg(80, 90, 76, 55) << endl;
   cout << avg(12.2, 13.5, 6) << endl;
   cout << sum(3.4, 5) << endl;      //类型推演得 T 为 double
   cout << sum(5, 3.4) << endl;      //类型推演得 T 为 int
}
//------------------------------------------------------------
```

程序的输出结果：

```
6
11.9
75
10.5667
8.4
8
```

这一节只是简单浏览了模板特性的一部分，未及其深层。这些特性使库的编写更高效、更简单。C++语言的标准库利用各种语言特性提供了很多有用的数据结构和算法。对于程序员来说，除非是专门的库设计者，一般大多是使用这些标准类型和标准算法，而不是自己定义模板。因而，新标准注重使标准库更简单、更安全，使用更高效，可以不必了解模板是如何定义的就能使用。

11.5 模板和代码复用

模板机制支持泛型程序设计，用于实现通用算法和通用数据结构。模板也是一种复用代码的机制，与继承和包含相比，模板的使用限制更多，灵活性不足，因而适用范围有限。

与继承类似，模板描述的也是共性。只不过继承描述类型在概念上的相似性，而模板追求代码的相似度。模板对代码的相似度要求非常严苛：除了处理的数据类型不同外，其余代码应该完全相同。

继承描述一组具有公共接口的类之间的层次关系，基类和派生类之间是类型/子类型的关系，一个派生类对象也是基类类型的，可以代替基类对象使用。类层次中各个类之间的差异往往体现在对消息的不同处理方式上。类模板在实例化之后形成真正的类型定义。实例化同一个类模板得到的各种类型之间除了代码相似外，没有任何内在的逻辑关系，这些类可以分别实例化各自的对象，同样，这些对象也互不相干。类模板的不同实例之间的差异体现在代码中的某些数据类型和常量值不同。

继承利用虚函数的运行时绑定展现包含多态性，是动态机制。模板通过类型参数化实现了参数多态性，模板实例化发生在编译期间，是静态机制。

在C++中，继承、组合、模板都是有效的代码复用机制，在实际应用中要根据待解决问题的特点选择适合的方法。

11.6　小结

- 模板是复用代码的一种机制，利用模板可以进行与类型无关的泛型程序设计。
- 函数模板可以实现通用算法。函数模板的实例化在函数被调用或取地址时发生。
- 类模板可以定义通用的数据结构。类模板的实例化只在创建对象时发生，声明类模板的指针或引用不会引起类模板的实例化。
- 模板的声明和定义代码都应该放在头文件中。

11.7　习题

一、复习题

1. C++的模板机制解决什么问题？

2. 什么叫做函数模板实例？函数模板在什么时刻被实例化？

3. 什么叫做类模板实例？类模板在什么时刻被实例化？

4. 模板的显式实例化有什么作用？

二、编程题

1. 设计一个函数模板 bisearch，对一个有序数组采用二分法查找指定元素，返回下标。

2. 设计一个函数模板，对有 n 个元素的数组 arr 求最大值。

3. 编写一个通用函数，交换同类型的两个变量值。

4. 设计并实现一个通用集合类。

5. 设计并实现一个通用单链表类。

6. 设计一个数组类模板 Array<T>，其中包含数组的常规操作、排序和查找等方法。使用各类型的数据对其进行测试。

三、思考题

1. 模板有什么特点？什么时候使用？

2. 定义模板参数时使用 typename 与使用 class 有区别吗？

3. 编写三个函数模板实现以下链表操作：

（1）建立一个双向链表；

（2）插入一个链表节点；

（3）删除一个链表节点。

CHAPTER 12

第12章 标准库容器和算法

本章学习目标:

- 了解标准库容器类的种类和特点;
- 了解泛型算法的种类和一般结构;
- 掌握顺序容器类 vector 的操作;
- 掌握顺序容器类 list 的操作;
- 掌握 string 类的高级操作;
- 了解迭代器的种类、特点和作用;
- 了解关联容器的特点和用途。

C++11 标准的文本有三分之二都在描述标准库。除了 I/O 库之外，标准库的核心是包含标准容器和泛型算法在内的标准模板库（STL）。这些设施能帮助程序员编写简洁高效的程序。虽然不需要深入了解其全部，但是应该熟练掌握一些核心库设施。

12.1 容器和算法概览

标准模板库的核心是容器、算法和迭代器，用来实现常用算法和数据结构。容器的基本目的是将多个对象存储在单个容器对象中，并对它们进行操作。迭代器是对应用在容器或其他序列上的指针的抽象。算法，也称标准算法或泛型算法，通过迭代器作用于容器，是实现诸如查找和排序等常用算法的函数模板。

12.1.1 容器概览

容器是一种保存其他对象的对象，C++的容器都定义为模板类。所有容器共享公共的接口，不同容器按不同方式对其进行扩展，定义了一组适用于该容器的操作，并提供了不同性能和功能的权衡。标准库容器类及描述如表 12.1

所示。

表 12.1　标准库容器类

容器类			描述	头文件
标准容器	顺序容器	vector	可变大小数组	<vector>
		deque	双端队列	<deque>
		list	双向链表	<list>
		array	固定大小数组	<array>
		forward_list	单向链表	<forward_list>
	关联容器	map	键/值对，每个键只能关联一个值	<map>
		multimap	键/值对，每个键可以关联多个值	
		set	集合，每个元素都是唯一的	<set>
		multiset	集合，元素可以不唯一	
		unordered_map	用哈希函数组织的 map	< unordered_map>
		unordered_multimap	用哈希函数组织的 multimap	
		unordered_set	用哈希函数组织的 set	< unordered_set>
		unordered_multiset	用哈希函数组织的 multiset	
容器适配器		stack	栈	<stack>
		queue	队列	<queue>
		priority_queue	优先级队列	
拟容器		bitset	位的集合(无迭代器)	<bitset>
		basic_string string wstring	字符串 无 front()和 back()成员函数	<string>
		valarray	数值数组(无迭代器)	<valarray>
		vector<bool>	vector 模板的实例(不能获得其元素的指针)	<vector>

C++标准容器分为**顺序容器**和**关联容器**。顺序容器依次存放和使用容器中的每个元素，如 vector 和 list。关联容器则允许基于键快速检索容器中元素的值，如 set 和 map。

容器适配器也是类模板，它使用容器存储元素，但提供了比标准容器更严苛的接口。

拟容器（pseudo-container）与标准容器相似，但是不完全满足容器的所有需求，例如，string 类就只能存储字符类型的元素，bitset 就没有相应的迭代器，因而不能用标准算法处理。

迭代器是对指向容器和其他序列的指针的抽象。迭代器泛化了指针概念，可以像内置数组上的指针一样进行自增（++）、自减（--）和解引用（*）运算，并且这些运算对各种容器产生相同的行为。

12.1.2　容器操作概览

容器类型上的操作形成了一种层次：

- 所有容器类型都提供的操作，见表 12.2。
- 仅针对顺序容器、关联容器或无序容器的操作。
- 只适用于一小部分容器的操作。

表 12.2 容器操作

类别	操作	描述
类型别名	iterator const_iterator size_t difference_type value_type reference const_reference	此容器类型的迭代器类型 可以读取元素，但不能修改元素的迭代器类型 无符号整数类型，足够保存此容器类型最大可能容器的大小 带符号整数类型，足够保存两个迭代器之间的距离 元素类型 元素的左值类型，即 value_type& 元素的 const 左值类型，即 const value_type&
构造函数	C c; C c1(c2); C c(b, e); C c{a, b, c,…}	默认构造函数，构造空容器（array 不同） 构造 c2 的副本 c1 构造 c，将迭代器 b 和 e 指定的范围[b,e)内的元素复制到 c 中（array 不支持） 列表初始化 c
赋值和交换	c1 = c2 c = {a, b, c,…} a.swap(b) swap(a, b)	将 c1 的元素替换为 c2 中的元素 将 c 中的元素替换为列表中元素（array 不适用） 交换 a 和 b 的元素 等价于 a.swap(b)
大小	c.size() c.max_size() c.empty()	c 中元素的数目（不支持 forward_list） c 可保存的最大元素数目 c 中若没有存储元素，返回 true，否则返回 false
添加/删除元素（不适用于 array，在不同容器中，这些操作的接口都不同）	c.insert(args) c.emplace(inits) c.erase(args) c.clear()	将 args 中的元素复制进 c 用 inits 构造 c 中的一个元素 删除 args 指定的元素 删除 c 中的所有元素，返回 void
关系运算符	==, != <, <=, >, >=	所有容器都支持相等（不相等）运算符 关系运算符（无序关联容器不支持）
获取迭代器	c.begin(), c.end() c.cbegin(), c.cend()	返回指向 c 的首元素和尾元素之后位置的迭代器 返回 const _iterator
反向容器的额外成员（不支持 forward_list）	reverse_iterator const_reverse_iterator c.rbegin(), c.rend() c.crbegin(), c.crend()	按逆序寻址元素的迭代器 不能修改元素的逆序迭代器 返回指向 c 的尾元素和首元素之前位置的迭代器 返回 const_reverse_iterator

标准库容器定义的操作集合并不大。标准库并没有给每个容器添加大量的功能，而是提供了一组通用算法，这些算法中的大多数都独立于特定的容器，可以用于不同类型的容器和不同类型的元素。

12.1.3　算法概览

算法通过迭代器作用于容器，所有算法都是函数模板。大部分标准算法都在头文件<algorithm>中声明，有些数值算法在<numeric>中声明。

算法提供了操作容器中内容的手段，如排序、查找、转换等。使用泛型算法最大的优点就是这些算法可以针对多种容器类型（无论是 vector、list 还是 stack）和多种数据类型（元素类型无论是 int、float 还是 string）进行操作。标准算法简表如表 12.3 所示。

表 12.3　标准算法简表

类别	算法	描述
计数	count, count_if, for_each, all_of, any_of, none_of	检查序列的每个元素
比较	equal, max, max_element, min, min_element, minmax, minmax_element, mismatch, lexicographical_compare	比较对象或序列
查找	adjacent_find, find, find_end, find_first_of, find_if, search, search_n	在序列中查找一个值或一个子序列
折半查找	binary_search, equal_range, lower_bound, upper_bound	对已排序的序列进行折半查找
修改操作	copy, copy_backward, copy_if, fill, fill_n, generate, generate_n, iter_swap, move, move_backward, random_shuffle, remove, remove_copy, remove_copy_if, remove_if, replace, replace_copy, replace_copy_if, replace_if, reverse, reverse_copy, rotate, rotate_copy, shuffle, swap_ranges, transform, unique, unique_copy	复制、填充、删除、替换、逆序、转换等修改序列的操作
排序	is_partitioned, is_sorted, is_sorted_until, nth_element, partial_sort, partial_sort_copy, partition, sort, stable_partition, stable_sort	排序和划分相关的操作
合并	inplace_merge, merge	合并两个有序序列
数列	is_permutation, next_permutation, prev_ permutation	重排序列元素生成数列
堆操作	make_heap, pop_heap, push_heap, sort_heap	将序列作为堆数据结构
集合操作	includes, set_difference, set_intersection, set_symmetric_difference, set_union	对已排序的序列进行标准集合操作
数值	accumulate, adjacent_difference, inner_product, itoa, partial_sum	序列的和、内积、相邻和、相邻差、递增

除了容器、算法和迭代器之外，标准模板库还依赖其他一些标准组件的支持，主要有分配器（allocator）、谓词（predicate）、比较函数和函数对象。

下面几节将对一些常用的容器、算法和迭代器进行介绍。关于标准库更详细的内容请查阅《C++程序员参考手册》。

12.2　顺序容器

标准库定义了 5 种顺序容器，如表 12.4 所示。所有顺序容器都提供了快速顺序访问元素的能力，但是在添加和删除元素以及非顺序随机访问元素方面有不同的性能考虑。

表 12.4　顺序容器类型

顺序容器	存储结构	访问元素	插入/删除元素	独特性
vector	可变大小数组	快速随机	尾部快速	连续存储
array	固定大小数组	快速随机	不支持	固定大小
deque	双端队列	快速随机	头尾位置快速	—
list	双向链表	双向顺序	任意位置快速	有额外空间开销
forward_list	单向链表	单向顺序	任意位置快速	不支持 size 操作

使用这些容器时，必须包含相应的头文件，头文件名与容器类型名相同。

这些容器都提供高效、灵活的内存管理。除了固定大小的 array 之外，都可以添加和删除元素、扩张和收缩容器的大小。容器保存元素的策略对容器操作的效率甚至是否支持特定操作有很大的影响。新标准的容器比旧版本效率更高，性能几乎与最精心优化过的同类数据结构一样好，甚至更好。现代 C++程序应该使用标准库容器，而不是更原始的数据结构，如内置数组。

选择使用容器的种类时可以参考一些基本原则，具体如下。

- 通常，使用 vector 是最好的选择，除非有很好的理由，否则应使用 vector。
- 如果程序有很多小元素，且空间额外开销是重要考虑，不要选择 list 或 forward_list。
- 如果要求随机访问元素，使用 vector 或 deque。
- 如果要求在容器中间插入或删除元素，使用 list 或 forward_list。
- 如果需要在头尾位置插入或删除元素，但不会在中间位置插入或删除，使用 deque。

如果有多种需要，可以在一个阶段使用某一种容器，然后在另一个阶段将容器中的内容复制到另一种容器。

如果不确定使用哪种容器，那么在程序中只使用 vector 和 list 公共的操作：使用迭代器、不使用下标操作、避免随机访问。这样，在必要时使用哪个都很方便。

顺序容器和关联容器的不同之处在于两者组织元素的方式。这些差异直接关系到元素如何存储、访问、添加以及删除。下面分两小节介绍顺序容器的操作：所有容器都支持的操作和顺序容器特有的操作。

12.2.1　通用操作

表 12.5 列出了顺序容器的定义、初始化、赋值、大小、比较相关的操作。除了特殊说明之外，这些操作都是所有容器通用的。

表 12.5　容器的通用操作

类别	操作	描述
定义和初始化	C c;	默认构造函数。如果 C 是 array，则 c 中元素按默认方式初始化；否则 c 为空
	C c1(c2); C c1 = c2;	c1 初始化为 c2 的副本。c1 和 c2 必须是相同类型：必须是相同的容器类型，且保存相同的元素类型；对于 array 类型，两者还必须具有相同的大小

续表

类别	操作	描述
定义和初始化	C c{a, b, c,…} C c={a, b, c,…}	c 初始化为列表中元素的副本。列表中元素的类型必须与 C 的元素类型相容。对于 array 类型，列表中元素数目必须等于或小于 array 的大小，缺少的元素都进行值初始化
	C c(b, e);	c 初始化为迭代器 b 和 e 指定的范围[b,e)内的元素副本。范围中元素的类型必须与 c 的元素类型相同（array 不支持）
只有顺序容器的构造函数才能接受大小参数	C seq(n)	seq 包含 n 个元素，这些元素进行了值初始化；此构造函数是 explicit 的（array 和 string 不适用）
	C seq(n, t)	seq 包含 n 个初始化为值 t 的元素（array 不适用）
赋值和交换（适用于所有容器）	c1 = c2	将 c1 的元素替换为 c2 中元素的副本。c1 和 c2 必须具有相同的类型
	c = {a, b, c,…}	将 c 中的元素替换为列表中元素的副本（array 不适用）
	c1.swap(c2) swap(c1, c2)	交换 c1 和 c2 中的元素。c1 和 c2 必须具有相同的类型。swap 通常比从 c2 向 c1 复制元素快得多
assgin 赋值操作（不适用于关联容器和 array）	seq.assign(b, e)	将 seq 中的元素替换为迭代器 b 和 e 所表示的范围中的元素。迭代器 b 和 e 不能指向 seq 中的元素
	seq.assisn(il)	将 seq 中的元素替换为初始化列表 il 中的元素
	seq.assign(n, t)	将 seq 中的元素替换为 n 个值为 t 的元素
大小（resize 不适用于 array）	c.size()	c 中元素的数目（不支持 forward_list）
	c.max_size()	c 可保存的最大元素数目
	c.empty()	c 中若没有存储元素，返回 true，否则返回 false
	c.resize(n)	调整 c 的大小为 n 个元素。若 n<size()，则多出的元素被丢弃。若必须添加新元素，则对新元素进行值初始化
	c.resize(n, t)	调整 c 的大小为 n 个元素。新添加的元素都初始化为值 t
关系运算符	==, !=	所有容器都支持相等（不相等）运算符
	<, <=, >, >=	关系运算符（无序关联容器不支持）

1. 定义和初始化

容器类都定义了默认构造函数和拷贝构造函数。

标准库 array 类型不支持普通的容器构造函数。array 的大小也是类型的一部分，当定义一个 array 时，要指定元素类型和容器大小。默认构造的 array 是非空的，包含了与大小一样多的元素，都被默认初始化。

```
//适用于所有容器的定义方式
vector<string> svec;              //创建一个存放 string 对象的空容器
vector<string> svec1(svec);       //创建 svec 的副本
//下面两种方式仅适用于顺序容器
vector<string> svec2(10,"hi");    //创建大小为 10 的容器，用"hi"初始化每个元素
vector<string> svec3(10);         //创建大小为 10 的容器，每个元素是空串
//定义 array 时要指定类型和大小
```

```
array<int, 3> a1;            //3个int元素，默认初始化：全局0，局部自动随机值
array<int, 4> a2 = {1,2};    //1 2 0 0
array<string, 3> a3  = {"a","bb","ccc"};    //a bb ccc
```

2．赋值和交换

赋值运算符将左操作数容器中的全部元素替换为右操作数容器中元素的副本。

```
c1 = c2;                     //c1的内容替换为c2中元素的副本
c1 = {1, 2, 3};              //赋值后c1大小为3
```

仅顺序容器支持 assign 操作。赋值运算符要求左右操作数的类型相同。assign 则允许从一个不同但相容的类型赋值，或者从容器的一个子序列赋值。assign 操作用参数所指定的元素的副本替换左边容器中的所有元素。例如：

```
//seq.assign(b, e);
list<string> names;
vector<const char*> cstyle;
names = cstyle;              //错误：容器类型不匹配
names.assign(cstyle.begin(), cstyle.end());//正确：元素之间可以类型转换
//seq.assign(n,t)
list<string> slist1(1);      //1个元素，为空string
slist1.assign(10, "hi!");    //10个元素都是"hi"，替换slist1的原有元素
```

标准库 array 类型允许赋值，但不支持 assign，也不允许用花括号包围的值列表进行赋值。

swap 操作交换两个相同类型容器的内容。

```
vector<string> vs1(10);
vector<string> vs2(20);
swap(vs1, vs2);              //交换
```

交换两个容器内容的操作速度很快，因为 swap()只是交换两个容器的内部数据结构，元素本身并未交换。容器类型为 array 和 string 的情况除外。

赋值相关的运算会导致指向左边容器内部的迭代器、引用和指针失效。swap()操作将容器内容交换不会导致指向容器的迭代器、引用和指针失效。除 array 外，swap()不对任何元素进行复制、删除或插入操作，因此可以保证在常数时间内完成。

3．容器大小操作

与容器大小相关的操作主要有：查询容器大小（元素个数），判断容器是否为空，调整容器大小等。例如：

```
vector<int> ivec(10,2);
ivec.size();             //返回容器中当前的元素个数
ivec.empty();            //判断容器是否为空，如果是，返回true
ivec.resize(15);         //将容器大小改为15，新添加的元素初始化为0
ivec.resize(20,5);       //将容器大小改为20，新添加的元素初始化为5
ivec.resize(5);          //将容器大小改为5，在尾部将多余元素删除
```

4. 关系运算符

容器的关系运算符使用元素的关系运算符完成比较。只有其元素类型也定义了相应的比较运算符时，才可以使用关系运算符来比较两个容器。

顺序容器都定义了关系运算符，可以用它们进行容器的比较。容器的比较就是容器内元素的比较，比较原则为：

（1）如果两个容器的大小相等且所有元素都对应相等，则容器相等；

（2）如果不相等，比较的结果取决于第一个不相等元素的比较结果。

例如：

```
ivec0: 0 1 2 3 4
ivec1: 1 2 3
ivec2: 0 1 2
ivec3: 1 2 3
ivec0 >  ivec1        //false
ivec1 != ivec2        //true
ivec1 > ivec2         //true
ivec1 == ivec 3       //true
ivec0 >  ivec2        //true
```

12.2.2　特有操作

除了 array 之外，所有标准容器都提供灵活的内存管理。在运行时可以动态添加或删除元素来改变容器大小。顺序容器访问、添加和删除元素的操作如表 12.6 所示。

表 12.6　顺序容器的特有操作

类　别	操　作	描　述
在顺序容器中访问元素： at 和下标操作只能用于 string、vector、array 和 deque； back 不适用于 forward_list	c.back()	返回 c 中最后一个元素的引用。若 c 为空，则函数行为未定义
	c.front()	返回 c 中第一个元素的引用。若 c 为空，则函数行为未定义
	c[n]	返回 c 中下标为 n 的元素的引用，n 是一个无符号整数。若 n>=c.size()，函数行为未定义
	c.at(n)	返回 c 中下标为 n 的元素的引用。如果下标越界，抛出 out_of_range 异常
向顺序容器添加元素： 这些操作会改变容器的大小； array 不支持这些操作； forward_list 有自己专有版本的 insert 和 emplace； forward_list 不支持 push_back 和 emplace_back； vector 和 string 不支持 push_front 和 emplace_front	c.push_back(t) c.emplace_back(args)	在 c 的尾部创建一个值为 t 或由 args 创建的元素。返回 void
	c.push_front(t) c.emplace_front(args)	在 c 的头部创建一个值为 t 或由 args 创建的元素。返回 void
	c.insert(p,t) c.emplace(p, args)	在迭代器 p 指向的元素之前创建一个值为 t 或由 args 创建的元素。返回指向新添加的元素的迭代器
	c.insert(p,n,t)	在迭代器 p 指向的元素之前插入 n 个值为 t 的元素。返回指向新添加的第一个元素的迭代器；若 n 为 0，返回 p

续表

类　别	操　作	描　述
向顺序容器添加元素： 这些操作会改变容器的大小； array 不支持这些操作； forward_list 有自己专有版本的 insert 和 emplace； forward_list 不支持 push_back 和 emplace_back； vector 和 string 不支持 push_front 和 emplace_front	c.insert(p,b,e) c.insert(p, il)	将迭代器 b 和 e 指定的范围内的元素插入到迭代器 p 指向的元素之前。b 和 e 不能指向 c 中的元素。返回指向新添加的第一个元素的迭代器；若范围为空，则返回 p il 是一个花括号括起来的元素值列表。将这些给定值插入到迭代器 p 指向的元素之前。返回指向新添加的第一个元素的迭代器；若列表为空，则返回 p
顺序容器的删除操作： 这些操作会改变容器的大小，不适用于 array； forward_list 有特殊版本的 erase； forward_list 不支持 pop_back 操作； vector 和 string 不支持 pop_front 操作	c.pop_back() c.pop_front() c.erase(p) c.erase(b,e) c.clear()	删除 c 中最后一个元素，返回 void。若 c 为空，则函数行为未定义 删除 c 中第一个元素，返回 void。若 c 为空，则函数行为未定义 删除迭代器 p 所指定的元素，返回一个指向被删除元素之后元素的迭代器，若 p 指向最后一个元素，则返回尾后迭代器。若 p 是尾后迭代器，则函数行为未定义 删除迭代器 b 和 e 所指定范围内的元素。返回一个指向最后一个被删除元素之后元素的迭代器，若 e 本身就是尾后迭代器，则函数也返回尾后迭代器 删除 c 中所有元素，返回 void
forward_list 的插入和删除操作	ls.before_begin() ls.cbefore_begin() ls.insert_after(p,t) ls.insert_after(p,n,t) ls.insert_after(p,b,e) ls.insert_after(p,il) ls.emplace_after(p, args) ls.erase_after(p) ls.erase_after(b,e)	返回指向链表第一个元素之前不存在的元素的迭代器。此迭代器不能解引用 同上，返回 const_iterator 在迭代器 p 之后的位置插入元素。t 是一个对象，n 是数量，b 和 e 是一对表示范围的迭代器，il 是一个花括号列表。返回一个指向最后一个插入元素的迭代器。如果范围为空，则返回 p。若 p 为尾后迭代器，则函数行为未定义 使用 args 在 p 指定的位置创建一个元素。返回指向这个新元素的迭代器。若 p 为尾后迭代器，则函数行为未定义 删除 p 指向的位置之后的元素，或删除从 b 之后直到 e 之间的元素。返回一个指向被删除元素之后元素的迭代器，若不存在这样的元素，则返回为后迭代器。如果 p 指向 ls 最后一个元素或者是一个尾后迭代器，则函数行为未定义
管理容器大小的操作： shrink_to_fit 只适用于 vector、string 和 deque； capacity 和 reserve 只适用于 vector 和 string	c.shrink_to_fit() c.capacity() c.reserve(n)	将 capacity()减小为和 size()相同大小 不重新分配空间的话，c 可以保存多少元素 分配至少能容纳 n 个元素的内存空间。这个操作并不改变容器中元素的数量，只影响 vector 预先分配多大的内存空间

1．访问元素

可以访问容器的第一个或最后一个元素。front()和 back()操作分别返回容器第一个元素和最后一个元素的引用。

```
vector<int> ivec(10,2);
ivec.front() = 5;          //返回容器内第一个元素的引用
int a = ivec.back();       //返回容器内最后一个元素
int b = ivec[4];           //下标访问
int c = ivec.at(10);       //at 操作
```

2．添加元素

顺序容器支持 push_front()和 push_back()操作，分别在容器首尾添加元素。添加元素时，是将元素的值复制到容器中，因此当容器内元素的值发生改变时，不会影响原始数据。

```
list<string> slist;
string str;
while(cin >> str)
{
  slist.push_front(str);                //在 slist 前端添加一个元素
  slist.push_back(str);                 //在 slist 尾部添加一个元素
}
```

insert 操作允许在容器任意位置插入 0 或多个元素。

```
slist.insert(iter, "Hello");
//vector 不支持 push_front，可以用 insert 插入到 begin 之前
vector<string> svect;
svect.insert(svect.begin(), "Hello"); //插入到 vector 末尾之外的位置都可能很慢
svect.insert(svect.end(), 10, "echo"); //插入 10 个元素到 svect 末尾
//插入迭代器范围或初始化列表元素
list<string> slist;
vector<string> v = {"Harry", "Ron", "Hermione", "Lily", "Sirius"};
slist.insert(slist.begin(), v.begin(), v.begin() + 3);
slist.insert(slist.end(), {"end", "of", "list"});
//slist: Harry Ron Hermione end of list
```

emplace_front()、emplace_back()和 emplace()操作构造元素而不是复制元素。push()和 insert()操作接受的参数是元素，而 emplace()操作接受的参数被传递给元素的构造函数直接在容器管理的内存空间中构造元素。

```
//假设类型 Date 的构造函数为 Date(int year, int month, int day)
list<Date> dlist;
dlist.emplace_back(2016, 9, 10);        //在 dlist 的末尾构造一个 Date 对象
dlist.push_back(2016, 9, 10);           //错误：没有接受 3 个参数的 push_back
```

3．删除元素

可以删除容器内的指定元素、所有元素、第一个元素或最后一个元素。删除元素的成

员函数并不检查其参数，所以删除元素前，要确保元素是存在的。

```
vector<int> ivec(10,2);
ivec.clear();         //删除容器内所有元素，函数返回void
ivec.pop_back();      //删除容器内最后一个元素，函数返回void，空容器未定义该函数
ivec.pop_front();     //删除容器内第一个元素，函数返回void，空容器未定义该函数
ivec.erase(ivec.begin() + 1);                //删除容器内第二个元素
ivec.erase(ivec.begin(), ivec.begin()+2);    //删除容器内前两个元素
```

4．特殊的forward_list操作

forward_list是单向链表，当添加或删除一个元素时，删除或添加的元素之前的那个元素的后继会发生改变。为了添加或删除元素，需要访问其前驱，以便改变前驱的链接。在单向链表中，没有简单的方法来获得一个元素的前驱。因此，在forward_list中添加或删除元素的操作是通过改变给定元素之后的元素完成的。

由于这些操作和其他容器上的操作实现方式不同，forward_list 定义了 insert_after、emplace_after和erase_after操作。当在forward_list中添加或删除元素时，必须关注两个迭代器：一个指向要处理的元素；另一个指向其前驱。

```
//从flst中删除奇数元素
forward_list<int> flst = {0, 1, 2, 3, 4, 5, 6, 7, 8, 9};
auto prev = flst.before_begin();        //flst第一个元素之前
auto curr = flst.begin();               //flst第一个元素，curr是prev后继
while(curr != flst.end()){              //仍有元素要处理
  if(*curr % 2)                         //元素为奇数
      curr = flst.erase_after(prev);    //删除prev后继curr,移动curr
  else {
      prev = curr; //移动两个迭代器，curr指向下一个元素，prev指向其前驱
      ++curr;
  }
}
```

12.2.3 顺序容器适配器

标准库定义了三种顺序容器适配器：stack、queue和priority_queue。容器适配器接受一种已有的容器类型，使其行为看起来像一种不同的类型。例如，stack适配器接受一个顺序容器（除forward_list和array之外），并使其操作起来向一个stack一样。表12.7是容器适配器支持的操作和类型。

表12.7 容器适配器的操作

类别	操作	描述
所有容器适配器都支持的操作和类型	size_type	一种类型，足以保存当前类型的最大对象的大小
	value_type	元素类型
	container_type	实现适配器的底层容器类型
	A a;	创建一个名为a的空适配器

续表

类　　别	操　　作	描　　述
所有容器适配器都支持的操作和类型	A a(c);	创建一个名为 a 的适配器，带有容器 c 的一个副本
	关系运算符	每个适配器都支持所有关系运算符，这些运算符返回底层容器的比较结果
	a.empty()	若 a 包含元素，返回 false，否则返回 true
	a.size()	返回 a 中元素的数目
	a.swap(b) swap(a,b)	交换 a 和 b 的内容，a 和 b 必须有相同的类型，包括底层容器的类型也必须相同
栈适配器 stack 支持的操作： stack 默认基于 deque 实现，也可以在 list 或 vector 上实现	s.pop()	删除栈顶元素，但不返回该元素值
	s.push(item) s.emplace(args)	创建一个新元素压入栈顶，该元素通过复制或移动 item 而来，或者由 args 构造
	s.top()	返回栈顶元素，但不将元素弹出
队列适配器 queue 和 priority_queue 支持的操作： queue 默认基于 deque 实现，priority_queue 默认基于 vector 实现； queue 也可以用 list 或 vector 实现，priority_queue 也可以用 deque 实现	q.pop()	返回 queue 的首元素，或 priority_queue 的最高优先级元素，但不返回此元素
	q.front() q.back()	返回首元素或尾元素，但不删除此元素（只适用于 queue）
	q.top()	返回最高优先级元素，但不删除此元素（只适用于 priority_queue）
	q.push(item) s.emplace(args)	在 queue 末尾或 priority_queue 中恰当的位置创建一个元素，其值为 item，或者由 args 构造

```
//使用 stack
stack<int> stk;              //空栈
//填满栈
for(int ix = 0; ix != 10; ++ix)
   stk.push(ix);
while(!stk.empty()){          //重复操作到栈空为止
   int val = stk.top();
   //使用栈顶值的代码，例如 cout << val << " ";
   stk.pop();                 //弹出栈顶元素
   }
```

12.2.4　string 类的额外操作

标准库 string 类型和 vector 的操作方式相同，可以看作是只存储字符的容器。第 4 章介绍了 string 类型的基本操作（见表 4.2 和表 4.3）。string 除了支持顺序容器的共同操作之外，还提供了一些额外的操作（见表 12.8）。这些操作使用了重复的模式，所以只在此处列出，供快速浏览查阅。

表 12.8　string 的额外操作

类　　别	操　　作	描　　述
构造 string 的其他方法： n, len2 和 pos 都是无符号值	string s(cp, n)	s 是 cp 指向的数组中前 n 个字符的副本。此数组至少应该包含 n 个字符
	string s(s2, pos2)	s 是 string s2 从下标 pos2 开始的字符的副本。若 pos2>s2.size()，构造函数行为未定义

续表

类　别	操　作	描　述
	string s(s2, pos2, len2)	s 是 string s2 从下标 pos2 开始 len2 个字符的副本。若 pos2>s2.size()，构造函数行为未定义。不管 len2 的值是多少，构造函数至多复制 s2.size()-pos2 个字符
子字符串操作	s.substr(pos,n)	返回一个 string，包含 s 中从 pos 开始的 n 个字符的副本。pos 的默认值为 0，n 的默认值为 s.size()-pos，即复制从 pos 开始的所有字符
修改 string 的操作	s.insert(pos,args)	在 pos 之前插入 args 指定的字符。pos 可以是一个下标或迭代器。接受下标的版本返回一个指向 s 的引用，接受迭代器的版本返回指向第一个插入字符的迭代器
	s.erase(pos, len)	删除从位置 pos 开始的 len 个字符。如果 len 被省略，则删除从 pos 开始直至 s 末尾的所有字符。返回一个指向 s 的引用
	s.assign(args)	将 s 中的字符替换为 arg 所指定的字符。返回一个指向 s 的应用
	s.append(args)	将 args 追加到 s。返回一个指向 s 的引用
	s.replace(range,args)	删除 s 中范围 range 内的字符，替换为 args 指定的字符。range 或者是一个下标和一个长度，或者是一对指向 s 的迭代器。返回一个指向 s 的应用
	args 可以是下列形式之一	
	str	不同于 s 的字符串
	str, pos, len	str 中从 pos 开始最多 len 个字符
	cp, len	cp 指向的字符数组的前（最多）len 个字符
	cp	cp 指向的以空字符结尾的字符数组
	n,c	n 个字符 c
	b,e	迭代器 b 和 e 指定的范围内的字符，b 和 e 不指向 s
	初始值列表	花括号括起来的逗号分隔的字符列表
string 搜索操作：搜索操作返回指定字符出现的下标，如果未找到则返回 npos（const string::size_t 类型）	s.find(args)	查找 s 中 args 第一次出现的位置
	s.rfind(args)	查找 s 中 args 最后一次出现的位置
	s.find_first_of(args)	在 s 中查找 args 中任何一个字符第一次出现的位置
	s.find_last_of(args)	在 s 中查找 args 中任何一个字符最后一次出现的位置
	s.find_last_not_of(args)	在 s 中查找第一个不在 args 中的字符
	s.find_first_not_of(args)	在 s 中查找最后一个不在 args 中的字符
string 比较操作 s.compare (6 种参数形式)	(s2)	比较 s 和 s2
	(pos1, n1, s2)	将 s 中从 pos1 开始的 n1 个字符与 s2 进行比较
	(pos1, n1, s2, pos2, n2)	将 s 中从 pos1 开始的 n1 个字符与 s2 中从 pos2 开始的 n2 个字符进行比较

续表

类　别	操　作	描　述
string 比较操作 s.compare (6 种参数形式)	(cp)	比较 s 和 cp 指向的以空字符结尾的字符数组
	(pos1, n1, cp)	将 s 中从 pos1 开始的 n1 个字符与 cp 指向的以空字符结尾的字符数组进行比较
	(pos1, n1, cp, n2)	将 s 中从 pos1 开始的 n1 个字符与 cp 指向的地址开始的 n2 个字符进行比较

程序 12.1 是一个使用 string 操作的例子，函数 string_replace()将字符串 s1 中子串 s2 替换为 s3。

程序 12.1　替换字符串中的子串。

```
//-------------------------------------------------------
#include<string>
#include<iostream>
using namespace std;
//用 erase()和 insert()替换字符串的方法
//函数的功能是将字符串 s1 中的所有子串 s2 都替换为 s3
void string_replace(string& s1, const string& s2, const string& s3) {
  string::size_type pos = 0;
  string::size_type a = s2.size(); //字符串 s2 的长度
  string::size_type b = s3.size(); //字符串 s3 的长度
  while ((pos = s1.find(s2, pos)) != string::npos) {
      s1.erase(pos, a);                //从 s1 的 pos 下标开始，删除子串 s2
      s1.insert(pos, s3);              //将字符串 s3 插入到 s1 的 pos 位置
      pos += b;                        //更新 pos，到 s3 之后
  }
}
//-------------------------------------------------------
//测试程序
int main() {
  string s1 = "ago abandon ABC about";
  string s2 = "ab";
  string s3 = "??";
  cout << s1 << endl;
  string_replace(s1, s2, s3);
  cout << s1 << endl;
}
//-------------------------------------------------------
```

程序的输出结果：

```
ago abandon ABC about
ago ??andon ABC ??out
```

12.3 迭代器

标准库提供了迭代器访问容器内的元素。迭代器是一种可以检查并遍历容器内元素的数据类型，类似于容器位置的指示器，用这个指示器可以访问当前位置的元素。迭代器对所有容器都适用，一般建议使用迭代器来遍历和访问容器，而不是使用下标操作，实际上很多容器并不像 vector 一样支持下标运算。在第 4 章已简单介绍了迭代器的基本概念。

迭代器范围的概念是标准库的基础。迭代器范围由一对迭代器表示，两个迭代器分别指向同一个容器中的元素或是尾元素之后的位置。这样的两个迭代器通常被称为 begin 和 end，标记了容器中元素的一个范围。这种元素范围被称为左闭合区间，标准数学描述为 **[begin, end)**，表示范围自 begin 开始，于 end 之前结束。

标准库使用左闭合区间是因为它有三种性质：

- 如果 begin 和 end 相等，则范围为空。
- 如果 begin 与 end 不等，则范围至少包含一个元素，且 begin 指向该范围中的第一个元素。
- 可以对 begin 递增若干次，使得 begin==end。

这些性质意味着可以用类似下面的代码来循环处理一个元素范围，而且是安全的：

```
while (begin != end) {
   *begin = val;      //正确：范围非空
   ++begin;           //移动迭代器至下一个元素
}
```

12.3.1 迭代器的运算

每种容器都可以定义自己的迭代器变量。例如：

```
vector<int>::iterator viter;
list<string>::iterator liter;
```

容器都提供了成员函数 begin()，返回指向容器第一个元素的迭代器；成员函数 end() 返回容器最后一个元素的下一个位置。

例如，可以使用 begin()对迭代器变量进行初始化：

```
vector<int> ivec(10,2);
vector<int>::iterator iter = ivec.begin();
```

注意：end()返回的迭代器并不指向容器中的任何元素，它指向“最后一个元素的下一个位置”。

有时候，可以定义两个迭代器变量：

```
vector<int>::iterator first = ivec.begin(),last = ivec.end();
```

可以比较 first 和 last 是否相等来判断容器是否为空，如果 first 等于 last，则容器为空；

如果不相等，则容器中至少有一个元素。

迭代器的常用运算见表 12.9。

表 12.9　迭代器的运算

运　　算	描　　述
*iter	返回 iter 指向的元素的引用
iter->mem	获取 iter 指向的元素的成员 mem
++iter / iter++	指向容器中的下一个元素
--iter / iter--	指向容器中的前一个元素（forward_list 迭代器不支持）
iter1 == iter2 iter1 != iter2	比较两个迭代器是否相等，即它们是否指向容器中的同一个元素

vector 和 deque 容器的迭代器还支持表 12.10 中的运算。

表 12.10　vector 和 deque 容器迭代器支持的运算

运　　算	描　　述
iter + n / iter – n	将产生指向容器后面（前面）第 n 个元素的迭代器
iter1 += iter2 iter1 -= iter2 iter1 – iter2	两个迭代器进行相加、相减运算 注意：两个迭代器必须指向同一个容器
>, >=, <, <=	比较两个迭代器的位置，位置在前面的迭代器要小于位置在后面的迭代器

通过迭代器操作，可以定位和遍历容器内的元素，并进行各种操作。

程序 12.2　利用迭代器操作 list。

```
//-----------------------------------------------------
#include <iostream>
#include <list>
#include <string>
using namespace std;
class Demo{
      string str;
   public:
      Demo(string _str="hi") {  str=_str;      }
      string getstring()     {  return str;    }
};
int main(){
   list<int> ilist(2,2);
   list<int>::iterator iter = ilist.begin();
   while(iter != ilist.end())    {
         cout<<*iter<<endl;
         iter++;
   }
   list<Demo> delist(2,Demo());
   for(list<Demo>::iterator de_iter = delist.begin();
                            de_iter != delist.end();  de_iter++)
```

```
        cout<<de_iter->getstring()<<endl;
    list<int> empty;
    list<int>::iterator first = empty.begin(),last = empty.end();
    if(first == last)
        cout<<"container is empty"<<endl;
}
//-------------------------------------------------------
```

程序的输出结果：

```
2
2
hi
hi
container is empty
```

12.3.2 与迭代器有关的容器操作

容器类上的插入和删除操作都有使用迭代器范围的版本。

例如，通过容器提供的 insert 成员函数，可以在容器的指定位置插入元素。

程序 12.3 利用迭代器向容器中插入元素。

```
//-------------------------------------------------------
#include <iostream>
#include <list>
using namespace std;
int main(){
    list<int> srclist;
    srclist.push_front(2);
    srclist.push_front(1);
    list<int> ilist;
    ilist.push_back(5);
    ilist.insert(ilist.begin(),4);
    ilist.insert(ilist.begin(),1,3);
    list<int>::iterator srcfirst = srclist.begin(),
                        srclast  = srclist.end();
    ilist.insert(ilist.begin(),srcfirst,srclast);
    for(list<int>::iterator iter = ilist.begin();
            iter != ilist.end(); iter++)
        cout<<*iter<<"\t";
}
//-------------------------------------------------------
```

程序的输出结果：

```
1  2  3  4  5
```

所有容器都提供 erase 成员函数，可以删除指定位置的元素。例如：

程序 12.4　删除容器中指定位置的元素。

```
//---------------------------------------------------------
#include <iostream>
#include <list>
using namespace std;
int main(){
    list<int> ilist;
    ilist.insert(ilist.begin(),5);
    ilist.insert(ilist.begin(),4);
    ilist.insert(ilist.begin(),3);
    ilist.insert(ilist.begin(),2);
    ilist.insert(ilist.begin(),1);
    list<int>::iterator iter = ilist.begin(),b,e;
    b = ++iter;
    e = ++iter;
    e = ++iter;
    ilist.erase(b,e);
    for(iter = ilist.begin();iter!=ilist.end();iter++)
        cout<<*iter<<"\t";
}
//---------------------------------------------------------
```

程序的输出结果：

```
1  4  5
```

12.3.3　反向迭代器

除了 forward_list 之外的容器都有反向迭代器，反向迭代器在容器中从尾元素向首元素移动。对于反向迭代器，递增以及递减操作的含义会颠倒：对反向迭代器 rit，++rit 会移动到前面一个元素，--rit 会移动到下一个元素。

通过调用容器的 rbegin()、rend()、crbegin()和 crend()成员函数获得反向迭代器的非 const 和 const 版本。反向迭代器与普通迭代器的关系如图 12.1 所示。

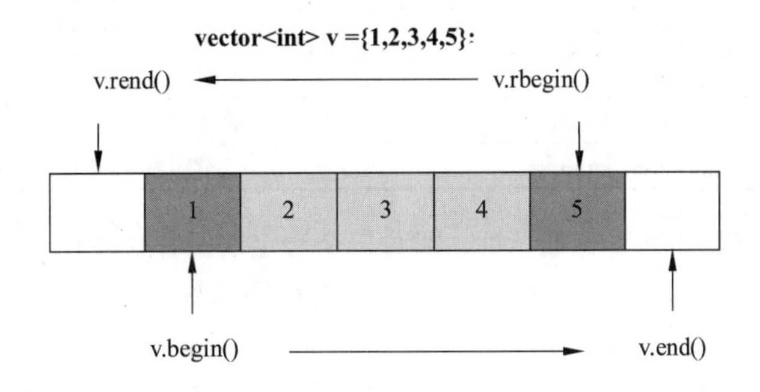

图 12.1　迭代器 begin()/end()和 rbegin()/rend()

下面的循环是一个使用反向迭代器的例子，逆序打印 vec 中的元素：

```
vector<int> vec = {0, 1, 2, 3, 4, 5, 6, 7, 8, 9};
//从尾元素到首元素的迭代
for(auto r_iter = vec.crbegin();        //r_iter 指向尾元素
          r_iter != vec.crend();        //crend 指向首元素之前的位置
          ++r_iter)                     //++向容器头移动
   cout << *r_iter << " ";              //输出: 9 8 7 6 5 4 3 2 1 0
```

反向迭代器让某些标准算法的使用更灵活。例如，算法 sort(b, e)对迭代器 b 和 e 之间的元素按升序排序，如果使用反向迭代器，则可以得到降序排序的序列：

```
sort(vec.begin(), vec.end());           //按升序对 vec 排序，最小元素在第一个
sort(vec.rbegin(), vec.rend());         //按逆序排序：最小元素在末尾
```

迭代器使算法独立于特定的容器，泛型算法通常不直接操作容器，而是遍历由两个迭代器指定的一个元素范围来进行操作。在泛型算法一节，将会看到更多迭代器的使用。

12.4 关联容器

关联容器支持键（key）的使用。顺序容器通过元素在容器中的位置来访问元素，而关联容器则是通过键访问元素。关联容器支持高效的键查找和访问，两个主要的关联容器类型是 map 和 set。

标准库提供 8 个关联容器类型，如表 12.11 所示。这 8 个容器的不同体现在三个维度：每个容器（1）或者是一个 set，或者是一个 map；（2）或者要求键不重复，或者允许重复键；（3）按顺序保存元素，或无序保存。允许重复键的容器名字中包含“multi”，不保持键按顺序存储的容器名字以单词“unordered”开头。

表 12.11　关联容器类型

类　别	类　型	描　述
按键有序保存元素	map	关联数组：保存键-值对（key,value）
	set	键即值，即只保存键的容器
	multimap	键可重复出现的 map
	multiset	键可重复出现的 set
无序集合	unordered_map	用哈希函数组织的 map
	unordered_set	用哈希函数组织的 set
	unordered_multimap	哈希组织的 map；键可以重复出现
	unordered_multiset	哈希组织的 set；键可以重复出现

对 map 和 set 来说，键具有唯一性，即对一个给定的键，只能有一个元素的键等于它。multimap 和 multiset 没有此限制，允许多个元素有相同的键。

无序容器使用哈希函数组织元素，在键类型的元素没有明显的序关系的情况下，无序容器非常有用。无序容器和有序容器提供相同的操作。无论是有序容器还是无序容器，具有相同键的元素都是相邻存储的。

关联容器对键的类型有一些限制。对于有序容器，键类型必须定义元素比较的方法。有序容器使用比较函数来比较键，默认情况下，使用键类型的“<”运算符。对于无序容器，默认情况下使用键类型的“==”运算符比较元素，还使用 hash<key_type>类型的对象生成每个元素的哈希值。标准库为内置类型、string 类型和智能指针类型都定义了哈希模板，因此可以直接将键定义为这些类型。如果要将键定义为自定义类型的，则必须提供自己的哈希模板版本。

12.4.1　pair 类型

map 的元素是 pair。标准库 pair 类型保存名为 first 和 second 的 public 数据成员，在头文件<utility>中定义。pair 类型是模板类，接受两个类型参数，作为其成员的类型。

pair 上的操作如表 12.12 所示。

表 12.12　pair 类型上的操作

操　　作	描　　述
pair<T1, T2> p;	p 是一个成员类型为 T1 和 T2 的 pair，成员 first 和 second 都进行了值初始化
pair<T1, T2> p(v1, v2) pair<T1, T2> p = {v1,v2}	p 是一个成员类型为 T1 和 T2 的 pair，成员 first 和 second 分别用 v1 和 v2 初始化
make_pair(v1, v2)	返回一个用 v1 和 v2 初始化的 pair。pair 的类型从 v1 和 v2 的类型推断出来
p.first	返回 p 的 first 数据成员（public）
p.second	返回 p 的 second 数据成员（public）
p1 relop p2	关系运算符 relop(<, <=, >, >=)按字典序定义： 当 p1.first<p2.first 或!(p2.first< p1.first) && p1.second < p2.second 成立时，p1 < p2 为 true。 关系运算利用元素的<运算符实现
p1 == p2 p1 != p2	当 first 和 second 成员分别相等时，两个 pair 相等。 相等性判断利用元素的==运算符实现

12.4.2　关联容器的操作

关联容器都支持表 12.2 中的普通容器操作。关联容器不支持顺序容器的位置相关的操作，例如 push_front 或 push_back，不过支持一些顺序容器不支持的操作，如表 12.13 所示。

表 12.13　关联容器的操作

类　　别	操　　作	描　　述
类型别名	key_type	此容器类型的键类型
	mapped_type	每个键关联的类型；只适用于 map
	value_type	对 set，与 key_type 相同 对 map，为 pair<const key_type, mapped_type>
迭代器解引用	*iter	解引用迭代器 iter，得到一个类型为容器的 value_type 的值的引用。对 map 而言，value_type 是一个 pair 类型，first 成员保存 const 的键，second 成员保存值。对 set 而言，得到的是 const key_type

续表

类　别	操　作	描　述
添加元素	c.insert(v) c.emplace(args)	v是value_type类型的对象，args用来构造一个元素。对于map和set，只有当元素的键不在c中时才插入（或构造）元素。函数返回一个pair，包含一个迭代器，指向具有指定键的元素，以及一个指示插入是否成功的bool值。对于multimap和multiset，总会插入（或构造）给定元素，并返回一个指向新元素的迭代器
	c.insert(b,e) c.insert(il)	b和e是迭代器，表示一个c::value_type类型值的范围；il是这种值的花括号列表。函数返回void。对于map和set，只插入键不在c中的元素。对于multimap和multiset，插入范围中的每个元素
	c.insert(p,v) c.emplace(p,args)	类似insert(v)或emplace(args)，但将迭代器p作为一个提示，指出从哪里开始搜索新元素应该存储的位置。返回一个迭代器，指向具有给定键的元素
删除元素	c.erase(k)	从c中删除每个键为k的元素。返回一个size_type值，指出删除的元素个数
	c.erase(p)	从c中删除迭代器p指定的元素。p必须指向c中一个真实元素，不能等于c.end()。返回一个指向p之后元素的迭代器，若p指向c中最后一个元素，则返回c.end()
	c.erase(b,e)	删除迭代器对b和e所表示的范围中的元素，返回e
下标操作： 下标和 at 操作只适用于非const的map和unordered_map	c[k]	返回关键字为k的元素；若k不在c中，添加一个关键字为k的元素，对其进行值初始化。map的下标操作返回一个mapped_value对象，和迭代器解引用的返回类型不同
	c.at(k)	访问关键字为k的元素，带参数检查；若k不在c中，抛出一个out_of_range异常
查找元素： lower_bound和upper_bound不适用于无序容器	c.find(k)	返回一个迭代器，指向第一个键为k的元素，若k不在c中，则返回c.end()
	c.count(k)	返回键等于k的元素的数量。对于不允许重复关键字的容器，返回值永远是0或1
	c.lower_bound(k)	返回一个迭代器，指向第一个键不小于k的元素
	c.upper_bound(k)	返回一个迭代器，指向第一个键大于k的元素
	c.equal_range(k)	返回一个迭代器pair，表示键等于k的元素的范围。若k不存在，pair的两成员均等于c.end()

下面通过map和set的使用例子说明关联容器的操作。

12.4.3　map

map 容器也被称为字典或关联数组。map 中的元素是（key, value）数据对，其中 value 用来存储数据，key 用来做 value 的索引。这点非常类似于字典中某个单词（相当于 key）所在的页码（相当于 value）。

定义 map 时，必须指明键类型和值类型。可以按照如下方式定义 map：

```
map<string, int> dictionary;    //定义一个空的 map 对象
```

初始化 map 时，必须提供键类型和值类型，将每个 key-value 对用花括号括起：{key, value}，一起构成 map 中的一个元素。

```
map<string, int> dictionary = { {"a", 1}, {"an", 2}, {"and", 3}};
   //dictionary 中有三个元素
```

map 可以使用下标操作，其下标不必是整数。

```
dictionary["an"] = 1;//如果 dictionary 中没有键为 an，则将("an",1)插入到容器中
```

向 map 中插入新元素：

```
dictionary.insert(map<string, int>::value_type("aq",2));
//更简单的方法：插入元素(s, 1)
dictionary.insert({s, 1});
dictionary.insert(make_pair(s, 1));
dictionary.insert(pair<string, int>(s, 1));
```

关联容器的迭代器都是双向的。定义 map 的迭代器：

```
map<string, int>::iterator map_it = dictionary.begin();//迭代器
//更简单的写法：auto map_it = dictionary.begin();
```

使用 map 中元素的值（以输出为例）：

```
cout << map_it->first;          //迭代器指向的容器元素的键(key)
cout << map_it->second;         //迭代器指向的容器元素的值(value)
```

删除 map 中元素：

```
dictionary.erase("an");         //删除键为"an"的元素
dictionary.erase(map_it);       //删除迭代器指向的元素
```

遍历 map 中元素：

```
for(auto map_it = dictionary.begin();
        map_it != dictionary.end(); map_it++)
   cout << map_it->first << "  "
        << map_it->second << endl;
```

map 中的元素具有起索引作用的键 key，因此可以直接用 key 作为下标来访问值 value，

这也是 map 的特别之处。例如：

```
cout << dictionary["an"];    //输出键"an"对应的值，如果不存在，则创建新元素
```

如果容器 dictionary 中没有键为"an"的元素，则会新建元素，元素的键为"an"，值初始化为 0。

程序 12.5 统计并输出文件 words.txt 中每个单词的出现次数。

```
//-----------------------------------------------------
#include <iostream>
#include <fstream>
#include <string>
#include <map>
using namespace std;
int main(){
  map<string, int> dic;
  string word;
  ifstream file("words.txt");
  while (file >> word)
      ++dic[word];
  for(const auto &w : dic)
      cout << w.first << " \t " << w.second << endl;
  file.close();
}
//-----------------------------------------------------
```

12.4.4 set

set 是单纯键的集合，主要用于查询。例如：将没有记住的单词放入 set 集合，这样就可以查询记住了哪些单词，哪些没有记住，此时并不关心单词的页码。

定义 set 时，需要指明键类型。可以按照以下方式定义和使用 set：

```
set<string> sset;
```

向 set 中插入元素：

```
sset.insert("bee");
sset.insert("butterfly");
```

可以使用 count()函数来统计 set 中指定键的个数，返回结果只有两种值：1 表示存在该元素，0 表示该元素不存在。

```
sset.count("butterfly");//返回 1，表示 set 中有键"butterfly"
```

对程序 12.5 进行修改，统计时忽略常见单词，如“a”“the”“and”等。可以使用 set 保存想要忽略的单词，只对不在集合中的单词统计出现次数。

程序 12.6 统计并输出文件 words.txt 中每个单词的出现次数，忽略常见单词。

```
//-----------------------------------------------------
#include <iostream>
```

```
#include <fstream>
#include <string>
#include <set>
#include <map>
using namespace std;
int main(){
  map<string, int> dic;
  set<string> exclude = { "The", "But", "And", "Or", "An", "A",
           "the", "but", "and", "or", "an", "a"};
  string word;
  ifstream file("words.txt");
  while (file >> word)
      if(exclude.find(word) == exclude.end())  //word 不在 exclude 中
          ++dic[word];
  for(const auto &w : dic)
      cout << w.first << " \t " << w.second << endl;
  file.close();
}
//--------------------------------------------------
```

12.5　泛型算法

为了方便对容器中的元素进行各种常用操作，C++定义了一系列标准算法。这些算法与容器类型和容器中元素的数据类型无关，被称为**泛型算法**。算法通过迭代器操纵容器中的元素，因而与容器类型无关；算法由函数模板实现，因而与元素的类型无关。

大多数泛型算法在头文件<algorithm>中定义，数值泛型算法在<numeric>中定义。

标准库定义了 100 多种算法，要想高效使用这些算法，要了解它们的结构而不是单纯记忆每个算法的细节。

泛型算法通常不直接操作容器，而是遍历由两个迭代器指定的一个元素范围来进行操作，迭代器使算法可以独立于特定的容器。

虽然迭代器的使用令算法不依赖于容器类型，但算法依赖于元素类型的操作。大多数算法都使用了一个或多个元素类型上的操作，例如，查找算法 find 要用比较“==”运算符，排序算法 sort 要用“<”运算符。不过，大多数算法提供了一种方法，允许用自定义的操作来代替默认的运算符。通过向算法传递谓词或 lambda、函数对象等可调用对象，能够定制算法的操作。例如：

程序 12.7　查找容器中第一个正数。

```
//------------------------------------------------------------
#include <iostream>
#include <vector>
#include <iterator>
#include <algorithm>
```

```
using namespace std;
struct isPos{       //函数对象类
  bool operator()(int n){ return n > 0;}
};
int main(){
  vector<int> vi = {-1, -2, 4, 9, -3, 5};
//算法 find_if(b, e, unaryPred)返回一个迭代器，指向[b, e)迭代器范围中
//第一个令 unaryPred 为 true 的元素。如果未找到元素，返回 e。
  auto firstPos = find_if(begin(vi), end(vi), isPos());
  if(firstPos != vi.end())
      cout <<"First positive number in vector is: "
           << *firstPos << endl;
}
//---------------------------------------------------------------
```

程序的输出结果：

```
First positive number in vector is: 4
```

算法本身不会执行容器的操作，它们只会作用于迭代器之上，执行迭代器的操作。算法永远不会改变底层容器的大小，算法可能改变容器中保存的元素的值，也可能在容器内移动元素，但不会直接添加或删除元素。

虽然大多数算法遍历输入范围的方式相似，但它们使用范围中元素的方式不同。理解算法最基本的方法就是了解它们是否读取元素、改变元素或是重排元素顺序。

只读算法只会读取输入范围内的元素，而不改变元素，例如 find、count、equal 等。

如果算法接受两个序列做参数，如 equal 算法确定两个序列是否保存相同的值，那么都假定第二个序列至少与第一个序列一样长。

写容器元素的算法将新值赋予序列中的元素，如 fill、copy、replace 等。使用这类算法时，要确保序列原大小不少于要求算法写入的元素数目，因为算法自身不可能改变容器的大小。向目标位置迭代器写入数据的算法都假定目标位置足够大，能容纳要写入的元素。

有些算法会重排容器中元素的顺序，例如 sort。调用 sort 会重排输入序列中的元素，使之有序，它利用元素类型的“<”运算符实现排序。

通常不对关联容器使用泛型算法。关联容器的键是 const，这意味着不能将关联容器传递给修改或重排容器元素的算法。关联容器可用于只读取元素的算法，但是很多这类算法都要搜索序列。关联容器中的元素不能通过键进行快速查找，所以，使用泛型算法如 find 查找元素远不如关联容器专用的 find 成员快速。在实际编程中，如果真要对关联容器使用算法，要么把它作为一个源序列，要么把它作为一个目标位置。例如，可以用泛型算法 copy 将元素从一个关联容器复制到另一个序列。

算法的形参有一组规范。理解这些参数的含义，可以将注意力集中在算法所做的操作上。大多数算法具有如下 4 种形式之一：

```
alg(beg, end, other args);
alg(beg, end, dest, other args);
```

```
alg(beg, end, beg2, other args);
alg(beg, end, beg2, end2, other args);
```

其中，alg 是算法名字，迭代器 beg 和 end 表示算法所操作的输入范围。

迭代器 dest 表示算法可以写入的目标位置。算法假定按其需要写入数据，不管写入多少个元素都是安全的。也就是说，算法假定目标空间足够容纳写入的数据。

单独的迭代器 beg2 或是迭代器对 beg2 和 end2 都表示第二个输入范围。使用这组参数的算法通常用第二个范围中的元素与第一个范围结合起来进行一些运算，例如比较。

下面通过常用的查找和排序算法的示例简单说明泛型算法的使用。

12.5.1　查找

可以在任何容器中使用 find(b,e,search_value)函数来查找位于迭代器 b 和 e 间的值 search_value。如果查找成功，find()就返回指向该元素的迭代器，否则返回第二个实参（即传递给 e 的实参，也是一个迭代器）。通过判断 find()的返回值与第二个实参是否相等，就可以得知查找是否成功。

```
list<int> ilist;
…//向 ilist 中插入元素
list<int>::iterator result_it = find(ilist.begin(),ilist.end(),78);
//查找是否有 78 这个元素
if(result_it == ilist.end())    //判断查找是否成功
   cout << " fail " << endl;
else
   cout << " success " << endl;
```

find()还可以用来在内置数组中查找指定元素。

```
int ia[6] = {100,34,78,3};
int *pr = find(ia,ia+6,78);
if(pr == ia+6)
   cout << "fail" << endl;
else
   cout << "success" << endl;
```

12.5.2　排序

sort(b,e)对迭代器 b 和 e 之间的元素排序。

```
vector<string> svec;
svec.push_back("bee");
svec.push_back("flower");
svec.push_back("an");
svec.push_back("smile");
sort(svec.begin(), svec.end());
```

对数组排序：

```
string sa[4] = {"bee", "flower", "an", "smile"};
sort(sa, sa+4);
```

程序 12.8 对文件 words.txt 中的单词按字典序排序并输出到文件 output.txt。

```
//-----------------------------------------------------------------
#include <fstream>
#include <string>
#include <vector>
#include <algorithm>
using namespace std;
int main(){
   //将文件中的单词读入一个 vector
   ifstream in("words.txt");
   vector<string> words;
   string wd;
   while(in>>wd)
       words.push_back(wd);
   //排序
   sort(words.begin(), words.end());
   //将排序后的 vector 中的单词逐个写入输出文件
   ofstream out("output.txt");
       for(const auto &w : words)
       out<< w <<"\n";
   in.close();
   out.close();
}
//-----------------------------------------------------------------
```

12.6 小结

- 标准模板库提供了各种类模板和函数模板来实现常用的数据结构和算法。
- 标准模板库的核心是三种基本元素：容器、算法和迭代器。
- 容器的基本目的是将多个对象保存在单个容器对象中并进行特定操作。
- 按照存储和使用元素的方式将标准容器分为顺序容器和关联容器。
- 迭代器是对应用在容器或其他序列上的指针的抽象。
- 算法通过迭代器作用于容器，是实现容器常用算法的函数模板。

12.7 习题

一、复习题

1. 举例说明创建和初始化一个 vector 对象有哪些方式。

2. 假设有一个名为 Foo 的类，其中没有定义默认构造函数，只提供了一个构造函数 Foo(int)。定义一个存放 Foo 的 list 对象，该对象有 10 个元素。

3. 使用只带一个长度参数的 resize 操作对元素类型有什么要求？

4. 查阅标准模板库的资料，解释 vector 的容量（capacity）和大小（size）的区别。解释为什么 vector 需要支持“容量”的概念，而 list 却不需要。

二、编程题

1. 将一组整数存放到 list 中并对其按升序排序。

2. 使用迭代器编写程序，从标准输入设备读入若干 string 对象，并将它们存储在一个 vector 容器中，然后逆序输出 vector 中所有的元素。

3. 利用适当的容器类实现电话簿类 PhoneBook，要求如下。

（1）联系人信息包括：姓名，电话号码。

（2）支持添加新联系人、删除联系人。

（3）支持双向查找：给定姓名查找电话号码，给定电话号码查找姓名。

（4）支持电话簿导出到文本文件；导出的文件每行存储一条联系人记录，姓名和电话号码之间用空白分隔。

（5）支持从文本文件导入电话簿；文件中每行有一条联系人记录，姓名和电话号码之间用空白分隔。

4. 利用两个 stack 实现一个队列类。

5. 编写程序，判断一个句子是否是回文。

6. 编写程序，按照字典序列出一个文件中的所有不同单词及其出现次数。

三、思考题

1. 读取存放 string 对象的 list 容器时，可以使用什么迭代器类型？

2. 为什么不可以使用容器来存储 iostream 对象？

3. C++标准库为 vector 对象提供的内存分配策略是什么？

4. 容器 vector、deque、list 和 forward_list 之间有什么区别？

5. 容器 array 和内置数组有什么区别？array 和 vector 有什么区别？

CHAPTER 13

第13章 异常处理

本章学习目标:

- 理解 C++的异常处理机制及其用途;
- 掌握 throw-try-catch 异常处理结构;
- 掌握抛出异常、捕获异常和处理异常的流程;
- 掌握 noexcept 异常说明的语法和作用;
- 了解标准异常库和异常类层次;
- 了解其他常用的错误处理技术。

大规模程序设计要求程序设计语言提供在独立开发的子系统之间协同处理错误的能力。C++的异常处理机制允许程序中独立开发的部分能够在运行时就出现的问题进行通信并做出相应的处理。异常是把代码执行期间发生的错误或例外事件传递给调用方代码的一种特殊手段。异常的基本结构是 throw-try-catch:被调函数使用 throw 抛出一个异常对象,调用链上层其他函数的 try-catch 语句捕获并处理这个异常。本章介绍如何抛出异常、捕捉异常和处理异常,并讨论其他常见的错误处理技术。

13.1 异常处理机制

异常是程序可能检测到的、运行时刻不正常的情况,例如除数为 0、数组越界访问、自由存储空间耗尽、不能连接数据库等。这样的异常存在于程序的正常执行流程之外,而且要求程序立即予以处理。

当程序的某部分检测到一个它无法处理的问题时,需要用到异常处理。此时,检测出问题的部分应该发出某种信号以表明程序遇到了故障,无法继续执行,而信号的发出方无须知道故障将在何处解决。一旦发出异常信号,检测出问题的部分就完成了任务。

如果程序中含有可能引发异常的代码,那么通常也会有专门处理问题的代码。例如,如果程序的问题是输入无效,则异常处理部分可能会要求用户重新输入正确的数据。

异常处理机制为程序中异常检测和异常处理这两部分的协作提供支持。在 C++中，异常处理包括：

- **throw 表达式**。检测到异常的程序段通过 throw 表达式抛出异常对象，发出遇到无法解决的问题的通知。
- **try-catch 语句块**。异常处理部分使用 try 语句块处理异常。try 块以关键字 try 开始，并以一个或多个 catch 子句结束。try 语句块中代码抛出的异常通常会被某个 catch 子句处理。catch 子句也被称为**异常处理器**。
- **异常类**。用于在 throw 表达式和相关的 catch 子句之间传递异常的具体信息。

要想有效地使用异常处理，必须先了解抛出异常时发生了什么，捕获异常时发生了什么，以及用来传递错误的对象的意义。

13.1.1　抛出异常

以一个简单的圆形类 Circle 为例。

程序 13.1　简单的 Circle 类。

```
//-----------------------------------------------
  #include <iostream>
  #include <stdexcept>
  using namespace std;
  const double PI = 3.14159;
  class Circle{
  public:
    Circle(double r = 1.0);           //构造函数
    void setRadius(double r);         //设置半径
    double getRadius() const;         //获取半径
    double area()const;               //获取面积
    double peremeter()const;          //获取周长
  private:
    double radius = 1.0;
  };
  Circle::Circle(double r) : radius(r){}
  void Circle::setRadius(double r){ radius = r; }
  double Circle::getRadius() const { return radius;    }
  double Circle::area()const { return PI * radius * radius; }
  double Circle::peremeter()const { return PI * radius * 2; }
  //-----------------------------------------------
  //使用 Circle 类的程序
  int main(){
    Circle c;
    cout << "Enter a radius: " << endl;
    double r;
    cin >> r;
    c.setRadius(r);
```

```
    cout << c.peremeter() << endl;
    cout << c.area() << endl;
    return 0;
}
//-------------------------------------------------
```

在使用 Circle 类的对象时，不能将半径初始化或者设置为负数。检测半径值是否合法的工作由 Circle 类的构造函数和成员函数 setRadius()很容易完成。但是，如何通知调用者，如此处的 main()函数呢？

第一种方法是显示错误信息。例如：

```
void Circle::setRadius(double r){
  if(r > 0)
      radius = r;
  else
      cerr << "Radius must be positive." << endl;
}
```

在真实的程序中，应该把设置半径之类的代码和与用户交互的代码分离开来。

第二种方法是通过函数返回值，可以让 setRadius()返回一个表示操作是否正常完成的值。例如：

```
bool Circle::setRadius(double r){
  if(r > 0){
      radius = r;
      return true;
  }
  else
      return false;
}
```

在 C++中，函数的返回值可以被忽略。如果客户代码不检测 setRadius()函数的返回值，这种通知方式就可能不起作用。而构造函数根本不返回值。

C++程序中出现不正常情况时，检测到异常的程序段可以通过抛出异常对象来发出通知。程序的异常检测部分使用 throw 表达式来引发一个异常，语法形式为：

throw 表达式;

throw 关键字后的表达式类型就是被抛出的异常的类型。

程序员可以定义自己的异常类型，或者使用标准库中定义的异常类。在下面 setRadius()的例子中，使用了标准库异常类 runtime_error，在头文件<stdexcept>中定义。初始化 runtime_error 类型的异常对象时要提供一个字符串作参数，其中可以保存关于异常的辅助信息。

```
void Circle::setRadius(double r){
  if(r > 0){
      radius = r;
```

```
   else      //在出现异常情况的位置抛出异常对象
       throw runtime_error("Radius must be positive.");
}
```

当执行一个 throw 时，跟在 throw 后面的语句将不再执行。因此，throw 的用法有点类似于 return 语句：通常作为条件语句的一部分，或者作为某个函数的最后一条语句。

抛出异常将终止当前的函数，并把控制权转移给能处理该异常的代码。

13.1.2 try 语句块

客户程序在使用 Circle 类时如何处理异常呢？例如下面一段使用 Circle 类的代码：

程序 13.2 设置半径时检测半径是否为负数的 Circle 类。

```
//--------------------------------------------------
#include <iostream>
#include <stdexcept>
using namespace std;
const double PI = 3.14159;
class Circle{
public:
   Circle(double r = 1.0);                     //构造函数
   void setRadius(double r);                   //设置半径
   double getRadius() const;                   //获取半径
   double area()const;                         //获取面积
   double peremeter()const;                    //获取周长
private:
   double radius = 1.0;
};
Circle::Circle(double r) : radius(r){}
void Circle::setRadius(double r){              //半径负数时抛出异常
   if(r > 0)
       radius = r;
   else
       throw runtime_error("Radius must be positive.");
}
double Circle::getRadius() const { return radius; }
double Circle::area()const { return PI * radius * radius; }
double Circle::peremeter()const { return PI * radius * 2;}
//--------------------------------------------------
//使用 Circle 类的程序
int main(){
   Circle c;
   cout << "Enter a radius: " << endl;
   double r;
   cin >> r;
   c.setRadius(r);
   cout << c.peremeter() << endl;
```

```
    cout << c.area() << endl;
    return 0;
}
```

可能抛出异常的语句被包围在try语句块之中。try **块**的语法形式为：

```
try {  语句序列  }                          //try 块
catch (异常声明 1) { 异常处理代码 1 }       //catch 子句
catch (异常声明 2) { 异常处理代码 2 }
//…
```

try语句块以关键字try开始，后面是花括号括起来的语句序列。try块中的语句序列组成程序的正常逻辑。

try块之后紧跟一组异常处理代码，称为catch **子句**。catch子句包括三个部分：关键字catch、括号内一个对象的声明（称为**异常声明**），以及一个异常处理代码块。一旦选中了某个catch子句处理异常后，执行与之对应的块。catch一旦完成，程序跳转到try语句块关联的最后一个catch子句之后的语句继续执行。

try块将语句分成组，并将它们与处理这些语句可能抛出的异常的语句相关联。应该如何组织try块的代码呢？

```
//------------------------------------------------
//try 块代码组织方法一: try 块只包围可能抛出异常的调用语句
int main(){
    Circle c;
    cout << "Enter a radius: " << endl;
    double r;
    cin >> r;
    try{
    c.setRadius(r);
    }
    catch(runtime_error e) {
        cout << e.what() << endl;          //输出异常对象 e 中保存的字符串内容
        return -1;                         //作为 main()函数返回值
    }
    cout << c.peremeter() << endl;
    cout << c.area() << endl;
    return 0;
}
//------------------------------------------------
```

上面的程序能够正常工作，但是它把异常处理和程序的正常流程混在一起，结构比较混乱，代码不易理解。应该将处理异常的代码和正常操作的代码分离开。

```
//------------------------------------------------
//try 块代码组织方法二: try 块包围正常处理的代码序列
int main(){
```

```
    try{
        Circle c;
        cout << "Enter a radius: " << endl;
        double r;
        cin >> r;
        c.setRadius(r);
        cout << c.peremeter() << endl;
        cout << c.area() << endl;
    }                                   //正常处理的完整代码
    catch (runtime_error e){            //异常处理代码
        cout << e.what() << endl;
        return -1;                      //如处理了异常，main()函数返回-1
    }
    return 0;                           //如不出现异常，main()函数返回 0
}
//-----------------------------------------------
```

如果程序执行过程中，用户输入正数，try 块中的语句正常执行完，try 块后关联的 catch 子句被忽略，main()函数返回 0。如果用户输入了负 r 值，c.setRadius(r)产生异常，try 块中剩余的代码不再执行，控制流转移到 try 块之后，查找与抛出的异常类型匹配的 catch 子句，如果找到，进入 catch 子句，执行相应的异常处理代码。

在这个例子中，如果用户输入“-5”，控制进入 catch 子句，输出异常消息之后，执行 return -1，main()函数返回。

除了把 try 块放在函数体之中，还可以用 try 块包围整个函数体，这种结构称为**函数 try 块**。

```
//-----------------------------------------------
//try 块代码组织方法三：函数 try 块，try 块包围整个函数体
int main()
try{                                    //try 块和 main()函数的开始
    Circle c;
    cout << "Enter a radius: " << endl;
    double r;
    cin >> r;
    c.setRadius(r);
    cout << c.peremeter() << endl;
    cout << c.area() << endl;
    return 0;
}                                       //try 块和 main()函数的结尾
catch (runtime_error e){                //main()函数的作用域之外
    cout << e.what() << endl;
}
//-----------------------------------------------
```

函数 try 块引入了一个局部作用域，try 块中定义的变量不能在 try 块之外使用，包括

在关联的 catch 子句中也不能使用。

程序执行的任何时候都可能发生异常，特别是异常可能发生在处理构造函数初始值的过程中。构造函数在进入函数体之前首先执行初始化列表，在初始化列表抛出异常时，构造函数体内的 try 语句块还未生效，所以构造函数体内的 catch 语句无法处理构造函数初始化列表抛出的异常。

函数 try 块是处理构造函数初始化列表异常的唯一方法。try 关键字位于构造函数参数表之后，初始化列表的冒号“:”之前。与这个 try 块关联的 catch 既能处理构造函数体抛出的异常，也能处理成员初始化列表中抛出的异常。例如：

程序 13.3 构造函数抛出异常的 Circle 类和函数 try 块。

```
//---------------------------------------------------
#include <iostream>
#include <stdexcept>
using namespace std;
const double PI = 3.14159;
class Circle{
public:
  Circle(double r = 1.0);        //构造函数
  void setRadius(double r);      //设置半径
  double getRadius() const;      //获取半径
  double area()const;            //获取面积
  double peremeter()const;       //获取周长
private:
  double radius = 1.0;
};
//修改 Circle 类的构造函数，检测半径值是否为负
Circle::Circle(double r){
  if(r > 0)
      radius = r;
  else
      throw runtime_error("Radius must be positive.");
}
void Circle::setRadius(double r){
  if(r > 0)
      radius = r;
  else
      throw runtime_error("Radius must be positive.");
}
double Circle::getRadius() const {  return radius;  }
double Circle::area()const { return PI * radius * radius; }
double Circle::peremeter()const { return PI * radius * 2;}
//---------------------------------------------------
//组合 Circle 类对象的圆柱类 Cylinder
class Cylinder{
```

```
    Circle bottom;              //底面
    double height;              //高
public:
    Cylinder(double r, double h);
    //…其他成员
};
//构造函数 try 块
Cylinder::Cylinder(double r, double h) try : bottom(r), height(h)
        //初始化列表，调用 Circle 初始化 bottom,可能产生异常
{}
catch (runtime_error e){    cout << e.what() << endl;}
//-----------------------------------------------
```

13.1.3　异常处理流程

C++的异常处理代码是 catch 子句。程序中的 catch 子句只能出现在两个地方：try 块之后或另一个 catch 子句之后。

当一个异常被 try 块中的语句抛出时，系统在 try 块后的 catch 子句列表中查找能够处理该异常的 catch 子句。被抛出的表达式的类型以及当前的调用链共同决定了哪段处理代码将被用来处理该异常。被选中的处理代码是在调用链中与抛出类型匹配的最近的处理代码。

查找一个 catch 子句处理被抛出的异常的过程如图 13.1 所示。如果 throw 表达式位于 try 块中，则检查与该 try 块关联的 catch 子句，看是否有一个子句能够处理该异常。如果找到一个 catch 子句，则该异常被处理。如果没有找到 catch 子句，则在主调函数中继续查找。如果一个函数调用在退出时带着一个被抛出的异常，并且这个调用位于一个 try 块中，则检查与该 try 块相关联的 catch 子句，看是否有一个子句能够处理该异常。如果找到一个 catch 子句，则该异常被处理；如果没有找到 catch 子句，则继续这样的查找过程。这个过程沿着嵌套函数调用链向上搜索，直到找到该异常的 catch 子句。

在查找处理异常的 catch 子句时，因为异常而退出复合语句和函数定义，这个过程称为**栈展开**。在栈展开的过程中，退出的复合语句和函数定义中的局部变量的生存期也结束了，其中的局部类对象的析构函数会被调用。

如果一个程序中没有处理抛出异常的 catch 子句，异常也不能被忽略。异常表示程序不能继续正常执行，如果没有找到异常处理代码，程序就调用 C++的标准库函数 terminate()，该函数的默认行为是调用标准库函数 abort()，指示程序非正常退出。

C++的异常处理机制是不可恢复的：一旦异常被处理，程序的执行就不能在抛出异常的地方继续。

对于用户输入的数据异常，可以使用循环处理交互，在异常处理之后重新输入。例如：

```
//-----------------------------------------------
//利用 while 循环在异常处理之后重新执行的简略程序
int main(){
    Circle c;
```

```
    double r;
    while(true){            //无限循环
        try{
            cout << "Enter a radius: " << endl;
            cin >> r;
            c.setRadius(r);
            cout << c.peremeter() << endl;
            cout << c.area() << endl;
            break;            //正常处理完成，结束循环
        }
        catch (runtime_error e){
            cout << e.what() << endl;
            continue;     //发生异常，处理完重新执行 try 块
        }
    }
    return 0;
}//----------------------------------------------
```

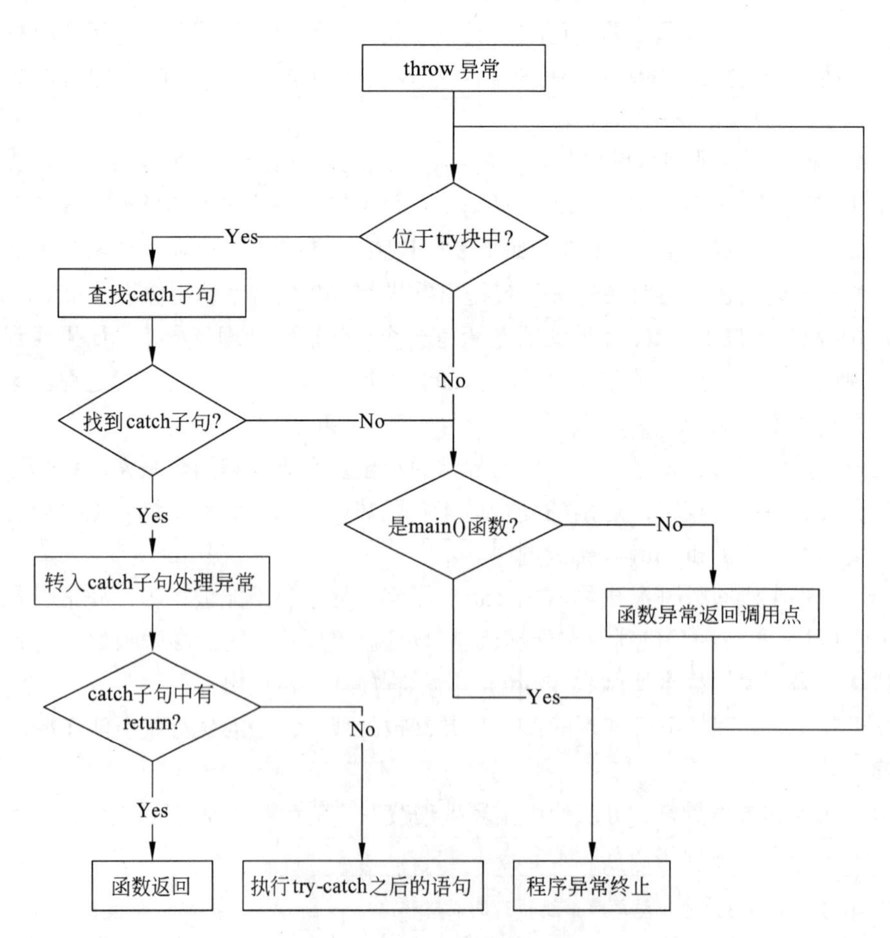

图 13.1　异常处理流程

13.1.4　异常对象

异常对象是一种特殊的对象，编译器用 throw 抛出的表达式对异常对象进行拷贝初始化。因此，throw 语句中的表达式如果是类类型，该类必须有可访问的析构函数和可访问的拷贝或移动构造函数。

异常对象位于编译器管理的空间中，编译器确保无论最终调用了哪个 catch 子句都能访问该空间。当异常处理完毕后，异常对象被销毁。

异常对象总是在抛出点被创建，即使 throw 语句不像上面程序中的显式构造函数调用，也会创建一个异常对象。

```
enum EHstate {NoError, zeroOp, negativeOp, severeError};
enum EHstate st = noError;
int mathFunc( int iv ) {
  if (iv == 0) {
      st = zeroOp;
      throw st;            //创建异常对象，并用 st 初始化这个对象
  }
  //正常处理流程
}
```

当抛出一条表达式时，表达式的静态编译时类型决定异常对象的类型。例如：

```
//…
Derived d;                  //派生类对象 d
Base* pb = &d;              //基类指针 pb 指向派生类对象
throw *pb;                  //解引用基类指针 pb，抛出的只有基类部分，静态类型
```

如果抛出指针类型的异常，要求在任何对应的处理代码存在的地方，指针所指的对象都必须存在。因为当一个异常被抛出时，沿着调用链的块将依次退出，直至找到与异常匹配的处理代码。如果退出了某个块，则同时释放块中局部对象的内存。因此，不能抛出指向局部对象的指针。

13.2　捕获异常

catch 子句的异常声明看起来像是只包含单个形参的函数形参列表。异常声明可以是一个类型声明或一个对象声明。如果要获得 throw 表达式的值，或者要操纵 throw 创建的异常对象，就应该声明一个对象。这样，在抛出异常时可以将信息存储在异常对象中，catch 子句中的语句就可以通过声明的对象来使用这些信息。

声明的类型决定了处理代码能捕捉的异常类型。这个类型可以是左值引用，但不能是右值引用。

当进入 catch 子句时，通过异常对象初始化异常声明中的参数。

如果 catch 子句的异常声明是对象，则用抛出的异常对象初始化异常声明的对象。类

似于函数参数按值传递，该参数是异常对象的一个副本，在 catch 语句块内改变该参数实际上改变的是局部副本，而不是异常对象本身。

```
void calculate(int op){
  try{
     mathFunc(op);
  }
  catch (EHstate eObj)       //eObj 是被抛出的异常对象的副本
  {…}
}
```

catch 子句中的异常声明也可以声明引用类型。如果参数是引用类型，则该参数是异常对象的一个别名，此时改变参数也就是改变异常对象。这样，catch 子句中就可以直接引用 throw 抛出的异常对象，而不是创建一个局部副本。

```
void calculate(int op){
  try{
     mathFunc(op);
  }
  catch (EHstate& eObj)      //eObj 是被抛出的异常对象的引用
  {…}
}
```

为了防止大对象的复制，类类型的异常应该声明为引用。

程序 13.4 异常对象和捕获异常。

```
//-------------------------------------------------------------------
#include <iostream>
using namespace std;
class Excp{ //异常类
public:
   //异常类中应该有适当的构造函数和析构函数
   Excp(){ cout<<"Excp(): default constructor"<<endl; }
   Excp(const Excp&){ cout<<"Excp(Excp&): copy constructor"<<endl; }
   ~Excp(){ cout<<"~Excp(): destructor"<<endl; }
};
void f(){
   throw Excp();          //临时对象语法，显式创建异常对象并抛出
}
void g(){
   Excp e;
   throw e;               //抛出异常对象
}
int main(){
   //捕获并处理 f 中抛出的异常
try{
    cout<<"try f()…"<<endl;
```

```
    f();
  }
  catch(Excp& eobj)                    //引用声明
      {  cout<<"catch reference in f()"<<endl;  }
 //捕获并处理 g 中抛出的异常
 try{
      cout<<"try g()…"<<endl;
      g();
  }
  catch(Excp eobj)                     //对象声明
      {  cout<<"catch object in g()"<<endl;  }
}//end of main
//------------------------------------------------------------------
```

程序的输出结果：

```
try f()…
Excp(): default constructor
catch reference in f()
~Excp(): destructor
try g()…
Excp(): default constructor
Excp(Excp&): copy constructor
~Excp(): destructor
Excp(Excp&): copy constructor
catch object in g()
~Excp(): destructor
~Excp(): destructor
//------------------------------------------------------------------
```

catch 的参数与函数参数类似的有一个特性：如果 catch 的参数是基类类型，可以使用派生类类型的异常对象对其进行初始化。此时，如果 catch 的参数是非引用类型，则异常对象会被切片；如果参数是基类的引用类型，则被绑定到异常对象上。因此，如果要正确调用类类型异常对象的虚函数，应该将异常声明为引用。例如：

程序 13.5　异常对象和虚函数调用。

```
//----------------------------------------------------------
#include <iostream>
using std::cout; using std::endl;
class Excp {                           //自定义异常类
public:
  virtual void print(){                //虚函数
      cerr << "An exception has occurred." << endl;
  }
};
class NegativeArg : public Excp {   //派生类描述具体异常
```

```
    void print(){                        //覆盖基类虚函数
        cerr << "Argument is negative." << endl;
    }
};
class ZeroOperand : public Excp {   //派生类描述具体异常
    void print(){                        //覆盖基类虚函数
        cerr << "Operand is zero." << endl;
    }
};
//------------------------------------------------------------
//客户代码
int main(){
    //…
    try {
        //…可能抛出异常的操作序列
    }
    catch(Excp &eobj){                   //声明为引用，多态调用虚函数
        eobj.print();
        return -1;
    }
    return 0;
}
//------------------------------------------------------------
```

在程序13.5客户代码的try块中，抛出NegativeArg或ZeroOperand类型的异常都可以被catch(Excp&)捕捉，并且会根据对象的实际类型，调用相应类中的print()操作。

异常处理和函数调用有相似之处，但它们的主要区别在于：建立函数调用所需的全部信息在编译时刻已经获得，而异常处理机制要求运行时刻的支持。对于普通的函数调用，通过函数调用解析，编译器知道在调用点上真正被调用的函数是哪一个。但对于异常处理，编译器不知道特定throw语句的catch子句在哪个函数中，以及在处理异常之后执行权会被转交到哪儿，这些决策必须在运行时刻做出。如果异常不存在处理代码，编译器也无法报告，因为这是程序运行时刻才能检测到的错误。

13.2.1 重新抛出异常

在异常处理中可能存在单个 catch 子句不能完全处理异常的情况。可能执行过某些修正动作之后，catch 子句决定将该异常转交给更上层的函数来处理，那么在 catch 子句中可以重新抛出该异常，把异常对象传递给上一级的另一个 catch 子句继续处理。

重新抛出异常仍然使用 throw，语法形式为：

```
throw;
```

只能在 catch 子句的复合语句中重新抛出异常对象。如果异常声明是对象的形式，则重新抛出的仍然是原来的异常对象，catch 子句中的修改不能传递给上一级。如果想将修改后的异常对象抛出，异常声明必须声明为引用，这样可以确保在 catch 子句中对异常对象

的修改能够反映到被重新抛出的异常对象上。

```
void calculate(int op){
  try{
     mathFunc( op);
  }
  catch (EHstate eObj)            //eObj 是被抛出的异常对象的副本
  {
     eObj = severeError;          //希望修改异常对象后再重新抛出，但只是修改了副本
     throw;                       //重新抛出的是原来的异常对象
  }
}
//修改异常对象再抛出
catch (EHstate& eObj)             //eObj 是被抛出的异常对象的引用
{
   eObj = severeError;            //修改了原来的异常对象
   throw;                         //重新抛出的是修改后的异常对象
}
```

13.2.2 捕获所有异常

如果一个函数不能处理某些异常，这个函数就会带着异常退出。但是如果函数在退出之前需要执行一些动作，如释放资源或关闭文件，这些动作可能因为抛出异常被跳过。处理这种问题的方法不是为每个异常都写一个 catch 子句，而是使用捕获所有异常的 catch-all 语法，形式为：

catch(…) { 异常处理 }

任何类型的异常都会进入这个 catch 子句。在 catch-all 中，执行退出前的处理动作之后，经常会使用 throw 重新抛出原来的异常。

catch-all 子句可以单独使用，也可以与其他 catch 子句配合使用。但要注意，catch 子句被检查的顺序与它们在 try 块后的排列顺序相应，一旦找到了匹配，后续的 catch 子句就不再被检查。所以，如果 catch-all 与其他 catch 子句一起使用时，应该放在最后。同样的原因，处理基类异常对象的 catch 子句应该放在处理派生类异常对象的 catch 子句之后。

13.2.3 程序终止

一个程序可能以多种方式终止：

- 从 main()返回。
- 调用 exit()。
- 调用 abort()。
- 抛出一个未被捕捉的异常。

如果一个程序利用标准库函数 exit()终止，所有已经构造的静态对象的析构函数都将被调用，但调用 exit()的函数及该函数的调用者之中的局部对象的析构函数都不会被执行。如果程序使用标准库函数 abort()终止，那么静态对象的析构函数不会被调用。

调用 exit()将终止程序，不会给调用者留下处理问题的机会。exit()的参数被作为程序的返回值返回给系统，零值通常用来指明程序成功结束。

抛出一个异常并捕捉它则能保证局部变量被正确地销毁。如果抛出的异常未被捕捉，那么将调用 terminate()，它的默认行为是调用 abort()终止程序。

函数 exit()和 abort()都在<cstdlib>中声明。

13.3 noexcept 说明

如果能预先知道某个函数会不会抛出异常，对用户和编译器来说显然有益。第一，如果知道函数不会抛出异常，有助于简化调用该函数的代码。第二，如果编译器确认函数不会抛出异常，就能执行某些特殊的优化操作，而这些优化操作可能不适合出错的代码。

C++11 中用 noexcept **说明**指定某个函数不会抛出异常。noexcept 有两种语法形式，一种是简单地在函数声明后加上 noexcept 关键字：

```
void func() noexcept;
```

noexcept 表示修饰的函数不会抛出异常。没有用 noexcept 修饰的函数则有可能抛出异常。

另一种可以接受一个常量表达式作为参数，例如：

```
void func() noexcept(常量表达式);
```

常量表达式的结果会被转换成一个 bool 类型的值。如果值为 true，则函数不会抛出异常；反之，则有可能抛出异常。不带常量表达式的 noexcept 相当于声明了 noexcept(true)，即不会抛出异常。

```
void resize(int) noexcept;              //不会抛出异常
void realloc(int);                      //可能抛出异常
void resize(int) noexcept(true);        //不会抛出异常
void alloc(int) noexcept(false);        //可能抛出异常
```

noexcept 要同时出现在函数的定义和所有声明中。noexcept 的位置在函数的尾置返回类型之前；对成员函数，noexcept 跟在 const 和引用限定符之后，在 final、override 或纯虚函数的=0 之前。

noexcept 的实参常常与 noexcept 运算符混合使用，noexcept 运算符是一个一元运算符，返回值是一个 bool 类型的右值常量表达式，用于表示给定的表达式是否会抛出异常。noexcept 不会对操作数求值。noexcept 运算符的一般形式为：

```
noexcept(e)
```

当 e 调用的所有函数都说明了 noexcept 且 e 本身不含有 throw 语句时，表达式为 true，否则返回 false。例如：

```
void func(int) noexcept;
```

```
void goo();
noexcept(func(i));                    //结果为 true
//使用 noexcept 运算符的异常说明：func 和 goo 的异常说明一致
void f(int) noexcept(noexcept(g()));   //如果 g 不抛出异常，则 f 也不会抛出异常
```

noexcept 运算符通常可以用于模板。例如：

```
template <class T>
void fun() noexcept(noexcept(T())){}
```

这里，fun()函数是否是一个 noexcept 函数，取决于 T()表达式是否会抛出异常。语句中的第二个 noexcept 就是一个 noexcept 运算符。当操作数是有可能抛出异常的表达式时，其返回值为 false，否则为 true。这样，就可以使函数模板根据条件实现 noexcept 修饰的版本和没有 noexcept 修饰的版本。从泛型编程的角度来看，这样的设计保证了可以通过表达式推演出函数是否抛出异常。

注：在早期 C++版本中，使用异常规范随着函数声明列出该函数可能抛出的异常，并且保证该函数不会抛出任何其他类型的异常。异常规范跟随在函数参数表之后，用关键字 throw 指定，后面是用括号括起来的异常类型表。

返回类型 函数名(参数列表)throw(异常类型列表);

如果一个函数声明没有指定异常规范，则该函数可以抛出任何类型的异常，而不是不抛出异常。为了声明函数不会抛出任何异常，可以声明空的异常规范：

返回类型 函数名(参数列表)throw();

C++11 弃用了 C++98 中的异常规范。C++98 中用 throw()声明不抛出异常的函数；在 C++11 中，使用 noexcept 替换 throw()。C++98 中声明抛出异常的异常规范的函数，在 C++11 中则用 noexcept(false)替代。

编译器并不会在编译时检查 noexcept 说明。如果 noexcept 说明的函数中同时有 throw 语句或者调用了可能抛出异常的其他函数，编译器不会报告异常说明违例错误。在程序运行时，如果 noexcept 说明的函数抛出了异常，编译器可以选择直接调用标准库 terminate()函数来终止程序的运行。

noexcept 可以有效地阻止异常的传播与扩散。例如：

程序 13.6　noexcept 说明的使用示例。

```
//-------------------------------------------------------------
#include <iostream>
using namespace std;
void Throw() {throw 1;}
void NoBlockThrow() {Throw();}
void BlockThrow() noexcept {Throw(); }
int main(){
   try{
       Throw();
```

```
    }
    catch(…){
        cout << "Found throw." << endl;                //输出
    }
    try{
        NoBlockThrow();
    }
    catch(…){
        cout << "Throw is not blocked." << endl;       //输出
    }
    try{
        BlockThrow();          //抛出 int 类型的异常对象后被 terminate()终止
    }
    catch(…){
        cout << "Throw is blocked." << endl;
    }
    return 0;
}
//------------------------------------------------------------
```

程序的输出结果：

```
Found throw.
Throw is not blocked.
This application has requested the Runtime to terminate it in an unusual
way.Please contact the application's support team for more information.
```

虽然 noexcept 修饰的函数通过 std::terminate()函数的调用来结束程序执行的方式可能会带来很多问题，例如无法保证对象的析构函数的正常调用，无法保证栈的自动释放等，但很多时候，暴力地终止整个程序确实是很简单有效的做法。事实上，noexcept 被广泛地、系统地应用在 C++11 的标准库中，用于提高标准库的性能，以及满足一些阻止异常扩散的需求。

13.4 标准异常

C++标准库定义了一组类，用于报告在执行标准库函数期间遇到的问题。在自己编写的程序中可以使用这些异常类，或者从它们派生出自己的异常类。

C++标准库的异常类层次结构如图 13.2 所示。

这些异常类分别定义在 4 个头文件中：

- <exception>头文件，定义了最通用的异常类 exception。它只报告异常的发生，不提供任何额外的信息。
- <stdexcept>头文件，定义了几种常用的异常类，如表 13.1 所示。
- <new>头文件，定义了 bad_alloc 异常类型。

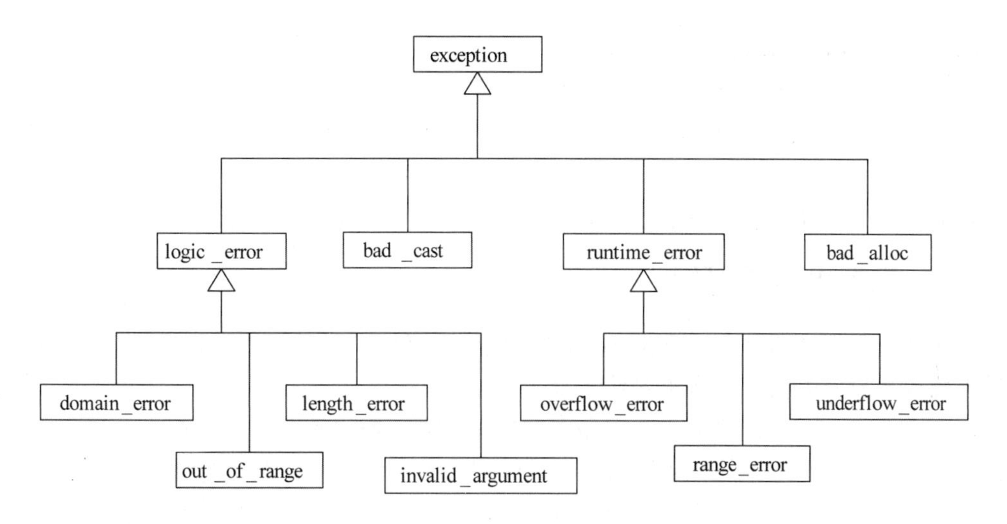

图 13.2　标准库的异常类层次结构

- <type_info>头文件，定义了 bad_cast 异常类型。

表 13.1　<stdexcept>头文件定义的异常类

异常类	描述
exception	最常见的问题
runtime_error	运行时检测出的问题
range_error	运行时错误：结果超出了有意义的值域范围
overflow_error	运行时错误：计算上溢
underflow_error	运行时错误：计算下溢
logic_error	程序逻辑错误
domain_error	逻辑错误：参数对应的结果值不存在
invalid_argument	逻辑错误：无效参数
length_error	逻辑错误：试图创建一个超出该类型最大长度的对象
out_of_range	逻辑错误：使用一个超出有效范围的值
bad_alloc	new 运算符失败时抛出的异常类型
bad_cast	dynamic_cast 无效时抛出的异常类型

标准库异常类只定义了几种操作，包括创建或复制异常类型的对象，以及为异常类型的对象赋值。

exception、bad_alloc、bad_bast 类的对象只能默认初始化，不能提供初始值。

其他异常类型不允许使用默认初始化，应该用 string 对象或者 C 风格字符串初始化。

异常类型只定义了一个成员函数 what()，返回一个 C 风格字符串。如果异常类型有字符串初始值，则返回这个字符串；对无字符串初始值的异常类型，返回值的内容由编译器决定。

exception 类的声明如下：

```
class exception {
public:
```

```
    exception() noexcept;
    virtual ~exception() noexcept;
    virtual const char* what() const noexcept;
};
```

有关其他标准异常类的详细信息可以查阅《C++程序员参考手册》。

13.4.1 自定义异常类型

实际的应用程序通常会自定义exception的派生类以扩展其继承体系。这些面向应用的异常类表示了与应用相关的异常条件。

程序通常由不同的组件构成，程序中的异常处理一般也是分层的。在一个层或一个组件中，不要求每个函数都能够处理异常。C++程序中表示异常的类类型通常被组织成一个组或一个继承层次结构，这样可以分层来处理异常。和其他继承体系一样，层次越低，表示的异常情况就越特殊。

自定义的异常类中应该有适当的构造函数和析构函数。例如程序13.4，异常类中应该包含可访问的构造函数、拷贝构造函数和析构函数。

异常类层次中也可以定义虚函数，例如程序13.5，那么，在针对基类的catch子句中，通过传递异常对象的引用，可以多态地调用虚函数，执行特定派生类中的操作。

使用自己的异常类和使用标准异常类的方式一样。程序在某处抛出异常类型的对象，在另外的地方捕获并处理这些问题。

13.4.2 处理类类型的异常

编译器按照catch子句在try块后出现的顺序检查处理异常的catch子句。一旦编译器为一个异常找到了一个catch子句，就不会再检查后续的catch子句。由于派生类的异常对象可能被基类的catch子句捕获，所以要注意catch子句的排列顺序。

在一个try块之后，catch子句的排列从特殊到一般：

```
try{…}
catch(派生类类型){…}
catch(基类类型){…}
catch(…){…}
```

可以将各类型的异常处理代码集中在一起，从特殊到一般，处理各种异常情况。也可以在程序中的不同位置分层处理异常。在这种情况下，应该将派生类类型的异常处理放在内层，基类类型的异常处理放在外层，最外层使用catch-all，捕获遗漏的异常。

13.5 其他错误处理技术

为了提高程序的正确性和健壮性，减少错误造成的破坏，在编写程序时就应该对各种可能出现的错误进行预防、检测和处理。异常处理是容错系统实现中的主要辅助手段，不过并不是唯一的手段。即使C++支持异常处理，在程序中仍然应该使用其他的错误处理技术。

13.5.1　输入数据检验

程序不应该因为传入错误数据而被破坏。仅仅是“垃圾进，垃圾出”对程序的正确性和安全性毫无保障。通常，可以用以下方法来处理输入的垃圾数据。

（1）检查所有来源于外部的数据的值。当从文件、用户、网络或其他外部接口中获取数据时，应该检查所获得的数据值，以确保它在允许的范围内。对于数值，要确保它在允许的取值范围内；对于字符串，要确保其不超过指定长度。对于有特殊含义的字符串，如银行账号，要确认其值是否合乎用途，否则应拒绝接收。对安全性要求较高的程序，要注意那些企图令缓冲区溢出的数据、超长的字符串、注入的 HTML 或 XML 代码等，这些都是常用的系统攻击手段。

（2）检查函数所有输入参数的值。和检查外部数据一样，只不过数据来源是其他的函数。

如果不希望大部分代码都承担检查错误数据的职责，可以分层次进行处理。例如，在一组类中，可以让一部分类负责清理数据，数据一旦通过它们的检测，另一部分类就可以假定数据是安全的。在一个类中，可以让类的 public 操作负责检查数据并进行清理。一旦 public 操作接受了数据，那么类的 private 操作就可以假定数据是安全的了。

一旦检测到非法或错误的输入数据，就要决定如何处理它。可供选择的方法有很多，在下面做一个简单的介绍。

13.5.2　断言

断言是指在开发期间使用的、让程序运行时进行自检的代码，通常是一个函数或宏。例如，C++标准库中的 assert 宏：

```
assert(int exp);
```

如果表达式 exp 的值为 0，那么将错误信息写入 stderr 并终止程序，否则什么都不做。也可以定义自己的断言。例如，下面的 ASSERT 宏是对 assert 的改进，支持文本信息：

```
//------------------------------------------------
#define ASSERT(condition, message) {          \
   if (!(condition)) {                        \
        LogError("Assertion failed: ",        \
            #condition, message);             \
        exit (EXIT_FAILURE);                  \
}}
//------------------------------------------------
```

异常通常是用于逻辑上可能发生的错误，而断言适用于排除逻辑上不可能存在的状态。断言可以用于在代码中说明各种假定，澄清不希望的情形。例如，可以用断言检查如下这些假定是否满足。

- 输入参数或输出参数的取值处于预期范围内。

● 函数开始或结束执行时，文件处于打开或关闭状态。

● 指针非空等。

断言主要用于开发和维护阶段，在生成产品代码时，可以不将断言编译进目标代码，以免降低系统的性能。

关于断言的使用有如下建议。

（1）用错误处理代码来处理预期会发生的情况，用断言来处理绝不应该发生的状况。

（2）避免把需要执行的代码放到断言中。

如果把代码写在断言里，当关闭断言功能时，编译器很可能将这些代码排除在外。

（3）用断言来注解并验证前置条件和后置条件。

函数的前置条件是调用者在调用该函数之前要确保为真的条件，类的前置条件是类的客户代码在实例化对象之前要确保为真的条件。前置条件是调用方代码对被调用方要承担的义务。后置条件是函数或类在执行结束之后要确保为真的条件。后置条件是函数或类对调用方代码要承担的责任。

（4）对于高健壮性的代码，应该先使用断言再处理错误。

对于每种可能出现的错误，通常只使用断言或错误处理之中的一种来处理。一些大规模、复杂的、生命期很长的应用程序，往往经历了多个版本，进行了多次修改，使用的技术也不统一。例如，Microsoft Word，在其代码中对应该始终为真的条件都加了断言，但同时用错误处理代码处理了这些错误，以应对断言失败的情况。

13.5.3 错误数据处理

断言用于处理代码中不应发生的错误，那么如何处理那些预料中可能要发生的错误呢？有很多技术可以供选择，或结合使用。

1．返回中立值

有时，处理错误数据的最佳做法就是继续执行操作并简单地返回一个没有危害的数值。例如，数值计算可以返回 0，字符串操作可以返回空串，指针操作可以返回一个空指针。

2．换用下一个正确的数据

在处理数据流的时候，有时只需要返回下一个正确的数据即可。例如，在读取数据库记录时发现其中一条记录损坏，可以继续读下去直到又找到一条正确记录为止。如果是以每秒 100 次的速度读取温度计的数据，那么某次得到的数据有误，就等下次继续读取即可。

3．返回与前次相同的数据

例如，如果某次读取温度计没有获得数据，可以简单地返回上次的读取结果。因为根据每秒 100 次的读取频率，这个数据不会有太大变化。

4．换用最接近的合法值

在有些情况下，可以选择返回最接近的那个合法值。例如，如果温度计已经校准在 0～100℃之间，那么检测到小于 0 的读取结果时，可以替换为 0，即最接近的合法值。又如，汽车的速度仪表不能显示负值，在倒车时就显示 0。

5．在日志文件中记录警告信息

在检测到错误数据时，可以在日志文件中记录一条警告信息，然后继续执行。这种方法可以和其他错误处理技术结合使用。

6. 返回错误码

如果只让系统的某些部分处理错误，那么其他部分在发现错误时，可以只是简单报告错误发生，由调用链上的其他函数处理该错误。向系统其余部分通知错误发生常用的方法如下。

（1）设置一个状态变量的值。

（2）用状态值作为函数的返回值。

（3）抛出一个异常。

7. 调用错误处理函数或对象

可以将错误处理都集中在一个全局错误处理函数或对象中。优点在于错误处理的职责集中，便于调试。缺点是整个程序都要知道这个处理点，并与之紧密耦合。

8. 显示出错消息

优点是可以把错误处理的开销减到最少。缺点是用户界面中出现的信息会散布在整个程序中。

9. 局部处理错误

有些设计方案要求在局部解决所有遇到的错误，而处理错误的方法留给设计和实现这部分的程序员来决定。这给予程序员很大的灵活性，但是也会带来一定的风险。

10. 关闭程序

有些系统一旦检测到错误发生就会关闭。这一方法适用于人身安全攸关的程序——继续执行程序带来的风险或危害过大，还不如重新启动。

应对错误虽然有这么多的选择，但是必须注意，在整个程序里应该采用一致的错误处理方式。

13.5.4 审慎使用异常

异常是把代码中的错误或异常事件传递给调用方代码的一种特殊手段。审慎明智地使用异常，可以降低复杂度，但草率使用时，会让代码难以理解。关于异常的使用，有一些指导性原则。

1. 用异常通知程序的其他部分，发生了不可忽略的错误

异常机制的优点在于它提供了一种无法被忽略的错误通知机制。其他的错误处理机制有可能导致错误被忽略，并向外扩散，而异常不会。抛出异常不像正常函数调用那么快，所以异常处理机制应该用在独立开发的不同程序部件之间，用于不正常情况时的通信。例如，库的设计者可能采用异常向客户程序员通知程序的异常情况。

2. 只有在真正例外的情况下才抛出异常

仅在其他编程实践方法无法解决的情况下才使用异常。跟断言相似，异常用来处理罕见甚至永远不该发生的情况。

3. 不能用异常来推卸责任

如果某种错误可以在局部处理，就应该在局部解决。异常会使程序的复杂度增加。

4. 避免在构造函数和析构函数中抛出异常，除非在同一地方捕获它们

从构造函数和析构函数中抛出异常时，处理异常的规则会变得非常复杂。例如，如果在构造函数中抛出异常，则认为对象没有完全构造好，就不会调用析构函数，有可能造成资源泄露。

5．在异常消息中加入关于异常发生原因的全部信息

异常发生的信息对于读取异常消息的人来说很有价值，所以要确保该消息中含有了解异常产生原因所需的信息。例如，如果异常是因为一个数组下标错误而抛出的，就应该在异常消息中包含数组的上界、下界和非法的下标值等信息。

6．避免使用空的 catch 子句

空的 catch 子句意味着出现了不知该如何处理的异常，这要么是 try 块中的代码不对，无故抛出了一个异常；要么是 catch 里的代码不对，因为它没能处理一个有效的异常。应该确定错误根源，然后修改 try 块或 catch 的代码。

7. 了解所用函数库可能抛出的异常

未能捕获由函数库抛出的异常会导致程序异常退出，因此一定要了解使用的函数库会抛出哪些异常。

8. 考虑创建一个集中的异常报告机制

这种方法可以确保异常处理的一致性，能够为一些与异常有关的信息提供集中存储，如所发生的异常种类，每个异常应该如何被处理以及格式化异常消息等。

9. 考虑异常的替换方案

并不是每个 C++程序都应该使用异常处理。应该自始至终考虑各种各样的错误处理机制，考虑一个程序是否真的需要处理异常，不能仅仅因为异常机制的存在而使用异常。

13.6　小结

- 异常是程序的不同组件在运行时遇到不正常情况的通信机制。
- 在发生异常的位置，用 throw 抛出异常对象。异常对象可以是简单类型，也可以是类类型。
- 可能抛出异常的语句被包围在 try 块中。如果抛出了异常，try 块中的其他语句会被跳过。
- try 块后的 catch 子句根据异常声明的类型来捕获和处理 try 块中抛出的相应类型的异常。
- 未能完全处理的异常可以用 throw 再次抛出。
- catch-all 可以捕获任何类型的异常。
- 异常是不容许被忽略的，程序中的异常必须被处理，否则会带着异常逐层退出。
- 用 noexcept 说明指定函数不会抛出异常。
- 可以用类层次组织各种类型的异常，在程序中进行分层异常处理。
- C++标准库函数执行时发生的异常类型由 C++标准异常类层次定义。
- 异常只是错误处理技术的一种，程序中还应该使用其他错误处理技术，如断言、返回错误代码等。
- 异常会使程序的复杂性增加，可以参考一些指导原则，慎用异常机制。

13.7　习题

一、复习题

1. 请描述 C++中异常产生以及异常处理的过程。
2. 在使用 try-catch 结构时应该注意什么？
3. 什么情况下应该在异常声明中声明对象？
4. 什么情况下会在 catch 子句中重新抛出异常？
5. C++提供了哪些标准异常？它们之间的关系如何？提供了哪些重要属性和操作？
6. 说明为什么 C++的异常处理机制是不可恢复的。
7. 在哪些情况下 catch 子句的异常声明应该被声明为引用？
8. 说明栈展开过程中发生的事情。

二、编程题

1. 编写一个抛出除数为零异常的程序，捕获并处理该异常。
2. 从键盘输入 10 个正整数，在输入错误时，给出相应的提示，并提示继续输入，在输入完成后，找到并输出其中的最大数和最小数。
3. 编写一个异常类，用于学生类，目的是控制学生的年龄不能小于 15 岁或大于 60 岁。
4. 给定下面的函数，解释在“!!”的位置可能发生什么异常。

```
void test(int l,int v){
  vector<int> v(l,v);
  int *p = new int[v.size()];
  ifstream in("ints");
  //!!
  //…
}
```

用两种方法修改上面的代码，保证在异常发生时程序是安全的。

5. 设计并实现一个带异常处理的整型堆栈类。
6. 设计并实现一个带异常处理的动态数组类。
7. 已知一个基本的 C++程序：

```
int main(){
//使用 C++标准库
}
```

请修改 main()，以捕获 C++标准库中的函数所抛出的任何异常。要求异常处理代码在调用 abort()结束 main()之前打印出该异常的信息。

8. 编写一个函数，在程序中至多只能被调用 3 次，否则会抛出异常。

三、思考题

1. 如果函数有 noexcept 说明，它能抛出异常吗？如果没有 noexcept 说明呢？

2. 解释下面这个 try 块为什么不正确。应该如何修改？

```
try{
   //use C++ STL
}
catch(exception) {…}
catch(const runtime_error &re) {…}
catch(const overflow_error eobj) {…}
```

附录 A　C++关键字、运算符、标准库头文件表

1．C++关键字表和操作符替代名表

C++关键字表和操作符替代名表，如表 A.1 所示。

表 A.1　C++关键字表和操作符替代名表

C++关键字（斜体是 C++11 新增关键字）				
alignas	continue	friend	register	true
alignof	*decltype*	goto	reinterpret_cast	try
asm	default	if	return	typedef
auto	delete	inline	short	typeid
bool	do	int	signed	typename
break	double	long	sizeof	union
case	dynamic_cast	mutable	static	unsigned
catch	else	namespace	*static_assert*	using
char	enum	new	static_cast	virtual
char16_t	explicit	*noexcept*	struct	void
char32_t	export	*nullptr*	switch	volatile
class	extern	operator	template	wchar_t
const	false	private	this	while
constexpr	float	protected	*thread_local*	
const_cast	for	public	throw	

C++操作符替代名					
and	bitand	compl	not_eq	or_eq	xor_eq
and_eq	bitor	not	or	xor	

2．C++运算符表

C++运算符表如表 A.2 所示。

表 A.2　C++运算符表

优先级	运算符	功　能	用　法
1	::	作用域解析	::name　scope::name
2	.	成员选择	object.member
	—>	成员选择	pointertoobject -> member
	[]	下标	variable[expr]
	()	函数调用	functionnam(expr_list)
	()	类型构造	type(expr_list)
	++	后缀自增	lvalue ++
	--	后缀自减	lvalue --
	typeid	运行时刻类型 id	typeid(type), typeid(expr)
	const_cast	类型转换	const_cast<type>(expr)
	dynamic_cast	类型转换	dynamic_cast<type>(expr)
	reinterpret_cast	类型转换	reinterpret_cast<type>(expr)
	static_cast	类型转换	static_cast<type>(expr)

续表

<table>
<tr><th>优先级</th><th>运算符</th><th>功　能</th><th>用　法</th></tr>
<tr><td rowspan="13">3</td><td>sizeof</td><td>对象或类型的大小</td><td>sizeof(type), sizeof expr</td></tr>
<tr><td>++</td><td>前缀自增</td><td>++lvalue</td></tr>
<tr><td>--</td><td>前缀自减</td><td>--lvalue</td></tr>
<tr><td>~</td><td>按位非</td><td>~expr</td></tr>
<tr><td>!</td><td>逻辑非</td><td>!expr</td></tr>
<tr><td>-</td><td>一元减</td><td>-expr</td></tr>
<tr><td>+</td><td>一元加</td><td>+expr</td></tr>
<tr><td>*</td><td>解引用</td><td>*expr</td></tr>
<tr><td>&</td><td>取地址</td><td>&expr</td></tr>
<tr><td>( )</td><td>类型转换</td><td>(type) expr</td></tr>
<tr><td>new</td><td>分配对象或数组</td><td>new type(expr), new type[expr]
new (expr_list) type(expr_list)</td></tr>
<tr><td>delete</td><td>释放对象或数组</td><td>delete pointer, delete[]pointer</td></tr>
<tr><td>noexcept</td><td>能否抛出异常</td><td>noexcept(expr)</td></tr>
<tr><td rowspan="2">4</td><td>->*</td><td>指向成员选择</td><td>pointer ->* pointertomember</td></tr>
<tr><td>.*</td><td>指向成员选择</td><td>object .* pointertomember</td></tr>
<tr><td rowspan="3">5</td><td>*</td><td>乘</td><td>expr * expr</td></tr>
<tr><td>/</td><td>除</td><td>expr / expr</td></tr>
<tr><td>%</td><td>取模（求余）</td><td>expr % expr</td></tr>
<tr><td rowspan="2">6</td><td>+</td><td>加</td><td>expr + expr</td></tr>
<tr><td>–</td><td>减</td><td>expr – expr</td></tr>
<tr><td rowspan="2">7</td><td><<</td><td>按位左移</td><td>expr << expr</td></tr>
<tr><td>>></td><td>按位右移</td><td>expr >> expr</td></tr>
<tr><td rowspan="4">8</td><td><</td><td>小于</td><td>expr < expr</td></tr>
<tr><td><=</td><td>小于等于</td><td>expr < = expr</td></tr>
<tr><td>></td><td>大于</td><td>expr > expr</td></tr>
<tr><td>>=</td><td>大于等于</td><td>expr > = expr</td></tr>
<tr><td rowspan="2">9</td><td>= =</td><td>等于</td><td>expr = = expr</td></tr>
<tr><td>! =</td><td>不等于</td><td>expr ! = expr</td></tr>
<tr><td>10</td><td>&</td><td>按位与</td><td>expr & expr</td></tr>
<tr><td>11</td><td>^</td><td>按位异或</td><td>expr ^ expr</td></tr>
<tr><td>12</td><td>|</td><td>按位或</td><td>expr | expr</td></tr>
<tr><td>13</td><td>&&</td><td>逻辑与</td><td>expr && expr</td></tr>
<tr><td>14</td><td>||</td><td>逻辑或</td><td>expr || expr</td></tr>
<tr><td>15</td><td>? :</td><td>条件表达式</td><td>expr ? expr : expr</td></tr>
<tr><td rowspan="2">16</td><td>=</td><td>赋值</td><td>lvalue = expr</td></tr>
<tr><td>*=　/=　%=
+=　-=
<<=　>>=
&=　|=　^=</td><td>复合赋值</td><td>lvalue op= expr</td></tr>
<tr><td>17</td><td>throw</td><td>抛出异常</td><td>throw expr</td></tr>
<tr><td>18</td><td>,</td><td>逗号运算</td><td>expr , expr</td></tr>
</table>

注：运算符按照优先级由高到低排列，其中 1 最高，18 最低；每一段中的运算符优先级相同。

3．标准库头文件

C++标准库头文件和 C 库头文件分别如表 A.3 和表 A.4 所示。

表 A.3　C++标准库头文件

头文件	描　　述
algorithm	复制、查找、排序和其他操作迭代器和容器的标准算法
array	标准固定数组容器
bitset	存储定长位序列的模板
complex	复数
deque	双端队列标准容器
exception	异常处理相关的基本异常类和函数
forward_list	标准单向链表容器
fstream	基于文件的流输入输出
functional	函数对象，一般用于标准算法
initializer_list	表示特定类型的值的数组的标准类型
iomanip	I/O 操纵符，与标准 I/O 流一起使用
ios	所有 I/O 流的基类声明
iosfwd	I/O 对象的向前引用声明
iostream	标准 I/O 对象的声明
istream	输入流和输入输出流
iterator	与标准容器和算法一起工作的附加迭代器
limits	数值类型的取值范围
list	标准双向链表容器
locale	格式化和解析数字、日期、时间、货币等需要的地区信息
map	关联映射标准容器（也称为字典）
memory	未初始化内存的分配器、算法和智能指针
new	全局的 new 和 delete 运算符以及其他管理动态存储空间的函数
numeric	数值算法
ostream	输出流
queue	队列和优先级队列容器适配器
random	随机数库
regex	正则表达式库
set	关联集合容器
sstream	基于字符串的 I/O 流
stack	栈容器适配器
stdexcept	标准异常类
streambuf	低层流缓冲，由高层 I/O 流使用
string	字符串和宽字符串
strstream	与字符数组一起使用的字符串流
tuple	元组模板及其伴随类型和函数
typeinfo	运行时类型信息
type_traits	标准库类型转换模板
unordered_map	无序关联映射容器

续表

头文件	描　　述
unordered_set	无序关联集合容器
utility	各种模板，大多和标准容器与算法一起使用
Valarray	数值数组
vector	向量标准容器

表 A.4　C 库头文件

头文件	描　　述
cassert	运行时的断言检查
cctype	字符分类和大小写转换
cerrno	错误代码
cfloat	浮点类型数据取值范围
ciso646	空的头文件，因为 C 声明已经合并到 C++语言中
climits	整型数取值范围
clocale	特定地区的信息
cmath	数学函数
csetjmp	非局部的 goto
csignal	异步信号
cstdarg	实现带可变个数参数函数的宏
cstddef	各种标准定义
cstdio	标准输入和输出
cstdlib	各种函数和相关声明
cstring	字符串处理函数
ctime	日期和时间的函数和类型
cwchar	宽字符函数，包括 I/O
cwctype	宽字符分类和大小写转换

4. 标准流库

I/O 流的类层次结构如图 A.1 所示。

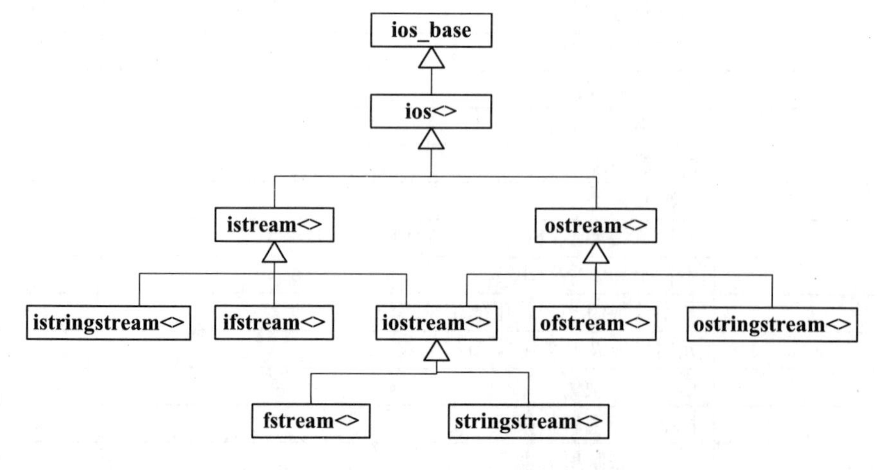

图 A.1　I/O 流的类层次结构

I/O 库类型和头文件如表 A.5 所示。

表 A.5　I/O 库类型和头文件

头文件	类　型	描　述
iostream	istream, wistream ostream, wostream iostream, wiostream	从流读取数据 向流写入数据 读写流
fstream	ifstream, wifstream oftream, wofstream fstream, wfstream	从文件读取数据 向文件写入数据 读写文件
sstream	istringstream, wistringstream ostringstream, wostringstream stringstream, wstringstream	从 string 读取数据 向 string 写入数据 读写 string

注：w 开始的类和函数名字表示宽字符 wchar_t 版本。

I/O 流操作如表 A.6 所示。

表 A.6　I/O 流操作

类别	操　作	描　述
输出流操作	os << expr	expr 是任何内置类型的表达式，包括 C 风格字符串 const char*，以及标准库 string 和 complex 类类型
	os.put(c)	将 char 型的实参 c 输出到输出流，并返回调用的 ostream 对象 os
	os.write(sink, length)	输出长度为 length 的字符数组 sink,返回 os
输入流操作	is >> lval	lval 是任何内置类型的变量，包括字符数组，标准库 string 和 complex 类类型
	is.get(ch)	从输入流 is 提取一个字符，包括空白字符，并将它存储在 ch 中；返回调用的 istream 对象 is
	is.get()	从输入流 is 读入一个字符，并返回该字符的 int 值
	is.get(buf, num, delim)	从输入流 is 读取 num 个字符，存放到 buf 指向的字符数组中；如果遇到终止符 delim 就结束读取动作，delim 默认为'\n'；返回 is。delim 字符本身不被读入，而是留在 istream 中，作为 istream 的下一个字符
	is.getline(buf, num, delim)	从输入流 is 中读取 num 个字符，存放到 buf 指向的字符数组中；如果遇到终止符 delim 就结束读取动作，delim 默认为'\n'；返回 is。会从 istream 对象中读取终止符 delim 并丢弃
	is.read(addr, size)	从输入流 is 中提取 size 个连续的字节，并将其存放在首地址为 addr 的内存中；返回 is
	is.gcount()	返回上一次输入操作实际从输入流 is 读取的字符个数。常用于返回上一个 get()或 getline()实际读入的字符数
	is.ignore(num, delim) is.ignore()	读入 is 中的 num 个字符并丢弃。num 默认为 1，delim 默认值为 EOF
非成员输入操作	getline(is, str, delim)	从输入流 is 中读入字符到 string 对象 str 中，读到 delim 或遇到文件结束符时输入结束，delim 默认值为'\n'。delim 从 istrm 中读出丢弃，不放入 str 中；返回参数 istream 对象 is

注：这些操作对 I/O 流、文件流、字符串流通用。

文件流特有操作如表 A.7 所示

表 A.7 文件流特有操作

操　　作	含　　义
fstream fstrm;	创建一个未绑定的文件流对象。fstream 是头文件 fstream 中定义的一个类型
fstream fstrm(s);	创建一个文件流，并打开名为 s 的文件。s 可以是 string 类型或指向 C 风格字符串的指针。 此构造函数是 explicit 的。 默认的文件模式依赖于 fstream 的类型：ifstream 默认 in 模式，ofstream 默认 out 模式，fstream 默认 in 和 out 模式
fstream fstrm(s, mode);	创建一个文件流，并打开名为 s 的文件，文件模式由 mode 指定
fstrm.open(s)	打开名为 s 的文件，并将文件与 fstrm 绑定。s 可以是一个 string 或指向 C 风格字符串的指针。返回 void。默认的文件模式依赖于 fstream 的类型
fstrm.close()	关闭与 fstrm 绑定的文件。返回 void
fstrm.is_open()	返回一个 bool 值，指出与 fstrm 关联的文件是否成功打开且尚未关闭

注：文件流继承 iostream 类型的行为。

文件模式如表 A.8 所示。

表 A.8 文件模式

文件模式	含　　义	用　　法
in	以读（输入）方式打开文件	只可以对 ifstream 或 fstream 设定
out	以写（输出）方式打开文件	只可以对 ofstream 或 fstream 设定。默认情况下，以 out 模式打开的文件会被截断，必须同时指定 app 模式，才会将数据追加到文件末尾。
app	写操作的内容追加到文件末尾	只要 trunc 没有设定，就可以设定 app 模式。app 模式下，即使没有显式指定，文件总是以 out 方式打开
trunc	删除之前存在的文件内容（截断文件）	只有当 out 设定时才可以设定
ate	打开文件后立即定位到文件末尾	可用于任何类型的文件流对象，可以与其他任何文件模式组合使用
binary	打开文件以二进制方式进行操作	可用于任何类型的文件流对象，可以与其他任何文件模式组合使用

注：文件模式 openmode 类型由 ios_base 定义，描述文件如何打开。

字符串流特有操作如表 A.9 所示。

表 A.9 字符串流特有操作

操　　作	含　　义
sstream strm;	创建一个未绑定的 stringstream 对象 strm。sstream 是头文件 sstream 中定义的一个类型
sstream strm(s);	strm 是一个 sstream 对象，保存 string s 的一个副本。 此构造函数是 explicit 的
strm.str()	返回 strm 所保存的 string 的副本
strm.str(s)	将 string s 复制到 strm 中。返回 void

注：字符串流继承 iostream 类型的行为。

I/O 库条件状态如表 A.10 所示。

表 A.10　I/O 库条件状态

头文件	描　　述
strm::iostate	strm 是一种 I/O 类型，iostate 是一种机器相关的类型，提供了表达条件状态的完整功能
strm::badbit	用来指出流已崩溃
strm::failbit	用来指出一个 I/O 操作失败了
strm::eofbit	用来指出流到达了文件结束
strm::goodbit	用来指出流未处于错误状态，此值保证为 0
s.eof()	若流 s 的 eof 置位，则返回 true
s.fail()	若流 s 的 failbit 或 badbit 置位，则返回 true
s.bad()	若流 s 的 badbit 置位，则返回 true
s.good()	若流处于有效状态，则返回 true
s.clear()	将流 s 的所有条件状态复位，将流的状态设置为有效。返回 void
s.clear(flags)	根据给定的 flags 标志位，将流 s 中对应条件状态位复位。flags 的类型为 strm::iostate。返回 void
s.setstate(flags)	根据给定的 flags 标志位，将流 s 中对应条件状态位置位。flags 的类型为 strm::iostate。返回 void
s.rdstate()	返回流 s 的当前条件状态，返回值类型为 strm::iostate

注：I/O 类定义的函数和标志，可以访问和操纵流的条件状态。

标准操纵符表如表 A.11 所示。

表 A.11　标准操纵符表

操　纵　符	含　　义
boolalpha	把 true 和 false 表示为字符串形式
*noboolalpha	把 true 和 false 表示为 1 和 0
showbase	产生前缀，指示数值的进制基数
*noshowbase	不产生进制基数前缀
showpoint	总是显示小数点
*noshowpoint	只有当小数部分存在时才显示小数点
showpos	在非负数值中显示+
*noshowpos	在非负数值中不显示+
*skipws	输入操作跳过空白字符
noskipws	输入操作不跳过空白字符
uppercase	在十六进制下显示 0X，科学计数法中显示 E
*nouppercase	在十六进制下显示 0x，科学计数法中显示 e
*dec	以十进制显示
hex	以十六进制显示
oct	以八进制显示
left	将填充字符加到数值的右边
right	将填充字符加到数值的左边
internal	将填充字符加到符号和数值的中间
*fixed	以小数形式显示浮点数

续表

操 纵 符	含 义
scientific	以科学计数法形式显示浮点数
flush	刷新 ostream 缓冲区
ends	插入空字符，然后刷新 ostream 缓冲区
endl	插入换行符，然后刷新 ostream 缓冲区
ws	“吃掉”空白字符
setfill(ch)	用 ch 填充空白字符（要求包含<iomanip>）
setprecision(n)	将浮点数精度设置为 n（要求包含<iomanip>）
setw(w)	按照 w 个字符来读写数值（要求包含<iomanip>）
setbase(b)	以进制基数 b 输出整数值（要求包含<iomanip>）

注：*表示流的默认状态。

参 考 文 献

[1] Stanley B Lippman, Josee Lajoie, Barbara E, Moo. C++ Primer[M]. 5th ed. New Jersey: Pearson Education, Inc.，2013.

[2] Michael Wond, IBM XL 编译器中国开发团队. 深入理解 C++11：C++11 新特性解析与应用[M]. 北京：机械工业出版社，2013.

[3] Stephen Prata. C++ Primer Plus [M]. 6th ed. New Jersey: Pearson Education, Inc.，2012.

[4] Scott Meyers. Effective Modern C++. Sebastopol: O'Reilly Media，2015.

[5] Nicolai M Josuttis. The C++ Standard Library A Tutorial and Reference[M]. 2nd ed. New Jersey: Pearson Education, Inc.，2012.

[6] Bjarne Stroustrup. The C++ Programming Language[M]. 4th ed. New Jersey: Pearson Education, Inc.，2013.

[7] Bruce Eckel. C++编程思想：1 卷：标准 C++导引[M]. 刘宗田，等，译. 北京：机械工业出版社，2002.

[8] Steve McConnell. 代码大全[M]. 2 版. 金戈，等，译. 北京：电子工业出版社，2009.

[9] Stanley B Lippman, Josee Lajoie, Barbara E Moo. C++ Primer[M]. 4th ed. New Jersey: Pearson Education, Inc.，2005.

[10] Stanley B Lippman, Josee Lajoie. C++ Primer[M]. 3 版. 潘爱民，等，译. 北京：中国电力出版社，2002.

[11] Herbert Schildt. C/C++ Programmer's Reference[M]. 3rd ed. California: McGraw-Hill/Osborne，2003.

参考文献

图书资源支持

感谢您一直以来对清华版图书的支持和爱护。为了配合本书的使用，本书提供配套的素材，有需求的用户请到清华大学出版社主页(http://www.tup.com.cn)上查询和下载，也可以拨打电话或发送电子邮件咨询。

如果您在使用本书的过程中遇到了什么问题，或者有相关图书出版计划，也请您发邮件告诉我们，以便我们更好地为您服务。

我们的联系方式：

地　　址：北京海淀区双清路学研大厦 A 座 707

邮　　编：100084

电　　话：010－62770175－4604

资源下载：http://www.tup.com.cn

电子邮件：weijj@tup.tsinghua.edu.cn

QQ：883604(请写明您的单位和姓名)

扫一扫

资源下载、样书申请

新书推荐、技术交流

用微信扫一扫右边的二维码，即可关注清华大学出版社公众号“书圈”。

质检5